普通高等教育"十一五"国家级规划教材
（高 职 高 专 教 材）

分 析 化 学

第三版

于世林　苗凤琴　编

化学工业出版社

·北京·

本书从实用观点出发介绍了分析化学中的化学分析法和仪器分析法两大部分。此次修订，在保留第二版基本内容基础上，重点对仪器分析法部分内容进行了增补或删减，并对全书的文字表达进行了完善。

全书共分十一章，化学分析法部分包括定量分析测定误差与分析化学质量保证，酸碱、配位、氧化还原、沉淀四大平衡的基础理论，滴定分析法和称量分析法；仪器分析法部分包括光谱分析法、电化学分析法、色谱分析法。此外，还介绍了定量分析中的分离方法及一般分析步骤；为拓宽学生视野，还增加了现代分析方法与分析仪器的发展趋向一章。

本书可作为高职高专院校化工类各专业学生的分析化学教材，也可作为理、工、农、医类院校非分析化学、工业分析专业师生的参考书，同时可供在职从事分析化学检测工作的人员自学使用。

图书在版编目（CIP）数据

分析化学/于世林，苗凤琴编．—3 版．—北京：化学工业出版社，2010.7（2019.8 重印）

普通高等教育"十一五"国家级规划教材（高职高专教材）
ISBN 978-7-122-08517-7

Ⅰ．分…　Ⅱ．①于…　②苗…　Ⅲ．分析化学-高等学校：技术学院-教材　Ⅳ.O65

中国版本图书馆 CIP 数据核字（2010）第 083564 号

责任编辑：陈有华　李姿娇　窦　臻　　　　　　装帧设计：史利平
责任校对：边　涛

出版发行：化学工业出版社（北京市东城区青年湖南街 13 号　邮政编码 100011）
印　　装：三河市延风印装有限公司
720mm×1000mm　1/16　印张 21¾　字数 455 千字　2019 年 8 月北京第 3 版第 5 次印刷

购书咨询：010-64518888　　售后服务：010-64518899
网　　址：http://www.cip.com.cn
凡购买本书，如有缺损质量问题，本社销售中心负责调换。

定　　价：**49.00 元**

前　　言

本书第三版仍遵循高职高专院校对分析化学课程的要求，贯彻理论够用为度的原则，注重理论联系实际，在确保基本理论、基本概念、基本知识的前提下，精简教材内容，注重基本知识的更新，以适应高职高专教学改革的需要。

本书内容包括化学分析法和仪器分析法两大部分。

在化学分析法中，保留了第二版中的全部内容，对文字叙述的不妥之处进行了更正；对酸碱水溶液平衡组分浓度计算中的相关计算方法和计算公式进行了认真的校核，完善了表达方式，修改了排版错误；在氧化还原反应及其平衡处理中，对活度系数和副反应效应系数的表达式进行了更正。

在仪器分析法中，从以下几处进行了增补或删减：

1. 在可见光吸收光谱中，对分光光度滴定法加强了阐述，删除了分光光度计中与紫外吸收光度计重复的内容。

2. 在红外吸收光谱法中，增加了对傅里叶变换红外吸收光谱仪的介绍。

3. 在原子吸收光谱法中，增加了对物理干扰及其消除的内容。

4. 在电化学分析法中，增加了对自动电位滴定仪和微量水测定仪的应用介绍。

5. 在气相色谱分析法中，增加了对电子压力控制系统、麦克雷诺兹常数评价固定液极性、毛细管柱的不同类型及电子捕获检测器机理的介绍。

6. 在高效液相色谱分析法中，增加了对双柱塞往复式串联泵、流动相黏度、离子交换色谱的固定相、抑制器的工作原理、流动相及超高效液相色谱的介绍。

7. 在萃取分离方法中，增加了对液固萃取和快速溶剂萃取的介绍。

为了开拓学生学习的视野，本版增加了现代分析方法与分析仪器的发展趋向一章，使学生了解分析化学发展的前沿领域和分析仪器在当代的进展，以调动学生获取新知识的积极性。

由于编者水平所限，书中如有不妥之处，恳请同行及读者提出宝贵意见。

于世林　苗凤琴

2010 年 3 月

第一版前言

根据高职高专学校对分析化学课程的要求，我们从实用观点出发，介绍了分析化学的理论和方法，力图做到内容广而新，既拓宽基础，又介绍前沿，以使学生适应对跨世纪人才培养的要求。本书具有以下特点。

1. 选材面广、内容新颖

编者根据近40年分析化学教学和科研实践，认为分析化学在教学内容上应当既有化学分析法也有仪器分析法；在实验技术上既介绍依据溶液中化学平衡原理建立的容量分析方法，也介绍在非平衡状态下依据化学反应和物理分散两个过程的动力学建立的流动注射分析方法；在研究对象上既有无机物也有有机物；在分析应用上既有与国计民生相关的化工、轻工、冶金、医药、农业等部门的应用，也有在国防、生命、材料、环境等前沿科学的应用。上述各方面并存的内容，就是分析化学在生产、科研中应用的实际情况。从实际出发介绍分析化学的理论和方法，就保证了选材面广、内容新颖。

2. 加强基础、重视更新

面对培养跨世纪人才的要求和当前仪器分析迅速发展的现状，结合分析化学在生产、科研中实际应用的情况，应当重新认真审定分析化学的基本理论、基本概念和基本知识。为此本教材在章、节内容上有所更新，全书分成三大部分。

(1) 分析误差与分析质量保证：学生通过分析化学的学习树立"量"的概念，在学习了化学分析法和仪器分析法之后，应当了解常量分析方法和微量分析方法的误差来源及表达方法，还应了解分析检验工作对产品质量管理的重要性，为此增加了分析质量控制与质量保证的内容。

(2) 化学平衡与化学分析法：在化学平衡原理中涉及到多种平衡共存时，为求算某一组分的平衡浓度，往往需进行复杂的数学运算，现随计算机技术的发展，对求解氢离子浓度的精确计算式、计算影响配合物平衡的副反应效应系数、绘制溶液中共存的多组分的分配图、浓度对数图等，都已比较容易进行。因此在化学平衡原理中将上述概念和图示法引入教材中，即使学生加深对化学平衡原理的理解，也使学生掌握具有重要实用价值的处理化学平衡的一般方法。

对经典的化学分析法中具有共性的内容集中介绍。对酸碱滴定法进行了重点剖析，介绍了滴定曲线的绘制、指示剂的选择和滴定误差的计算。对配位滴定法、氧化还原滴定法，侧重介绍了方法特点及应用范围。对称量分析法，介绍了在原材料分析、标准物质定值、超微粒子制备及环境污染分析中的应用。通过化学分析法的学习，使学生全面认识各种分析方法之间的关系是相辅相成的，并能了解湿法化学分析的前沿领域——流动注射分析（FIA）技术是在非平衡状态下化学反应在分析测定中应用的最新成果。

（3）分析仪器与仪器分析法：随着仪器分析法的迅速发展，功能齐全，微机化的分析仪器获得广泛的应用，本教材对仪器分析法给予了较多的关注，在介绍多种仪器分析法的方法原理、仪器组成及新进展，应用范围的基础上，对原子吸收光谱法、气相色谱法和高效液相色谱法作了较详细的介绍，因它们在无机物和有机物定量分析中，已经发挥了重要的作用。本部分介绍的各种方法可根据实际需求，择需使用，如可选学原子发射光谱法、原子吸收光谱法和电化学分析法；也可选学紫外吸收光谱法、红外吸收光谱法、气相色谱法和高效液相色谱法，而不必求全，以免加重学生的负担。通过仪器分析法的学习使学生看到分析化学发展的广阔前景，激发学生走出课堂，在生产实际中进一步深造。

3. 结合实际，深浅适度：分析化学作为高职高专学校学生获取信息的工具，理论内容应服务于应用，各章节在阐述分析方法的基本原理、处理化学平衡通用方法的基础上，注意实际应用对理论部分的要求，书中删除了冗长的理论推导，突出了结论对分析应用的指导作用。涉及分析化学前沿的新理论、新方法在本教材中的适当引入，是为了给学生留下再学习、进一步深造的向往。

本教材对超出课程要求的原理、方法及应用实例，以"阅读材料"方式编入教材，以启发学生的求知欲。全书各章附有习题、思考题，以培养学生综合运用所学理论去解决问题的能力。

本教材化学分析理论及方法由苗凤琴编写，仪器分析法由于世林编写。从大纲编写到初稿成文得到北京大学童沈阳教授精心指教，定稿后承北京大学常文保教授审阅，提出了宝贵意见，鼓励教材要创新，在此深深致谢。

由于编者水平所限，书中不妥之处，恳请同行及读者提出宝贵意见。

编　者
1997 年 5 月

第二版前言

本书再版根据高职高专学校对分析化学课程的要求，贯彻理论够用为度的原则，注重理论与实践相联系，在确保基本理论、基本概念、基本知识的前提下，精简教学内容，并注重基本知识的更新，以适应高职高专教学改革的需要。

本书内容包括化学分析法和仪器分析法两大部分。

化学分析法中以容量分析法作为主体，重点介绍溶液中的酸碱平衡和配位平衡。在酸碱平衡中以酸碱质子理论为中心，突出分布系数、质子平衡方程式及 H^+（或 OH^-）离子平衡浓度的计算。在配位平衡中，突出以酸效应系数为重点的各种副反应系数的应用。此外对氧化还原平衡、沉淀平衡也作了适度的介绍，从而使容量分析方法确立坚实的理论依据，并对酸碱滴定法、配位滴定法、氧化还原滴定法、沉淀滴定法的一般程序进行了扼要阐述，为扩展知识面还简介了在非平衡状态下，用于定量分析的流动注射分析法和在酸碱滴定法中使用的强化滴定的措施。称量分析法是化学分析法不可缺少的一部分，沉淀生成理论至今仍在纳米材料制备中获得重要应用。

定量分析测定误差与分析质量保证不仅是化学分析法也是仪器分析法必须关注的内容，它们是涉及分析结果的正确表达及建立分析实验室的质量保证体系的关键环节。

随着仪器分析法在分析化学中的应用日益广泛，本教材对仪器分析法给予了较多的关注，在介绍多种仪器分析法的方法原理、仪器组成、应用范围的基础上，对原子吸收光谱法、气相色谱法和高效液相色谱法作了较详细的介绍，因为它们在无机物和有机物的成分分析中已发挥了重要的作用。本书介绍的各种仪器分析法可根据实际需求，择需采用。如可选学原子发射光谱法、原子吸收光谱法和电化学分析法；也可选学紫外吸收光谱法、红外吸收光谱法、气相色谱法和高效液相色谱法，而不必求全，以免加重学生的负担。通过仪器分析法的学习，使学生看到分析化学发展的广阔前景，激发学生走出课堂，在生产实践中进一步深造。

本教材力求重点突出，阐述深入浅出，理论内容服务于应用，突出了结论对分析应用的指导作用，适度介绍分析化学的新方法，以给学生留下进一步深造的向往。书中以"阅读材料"出现的内容，可以选用，以启发学生的求知欲。

全书各章附有习题，以培养学生综合运用所学理论去解决问题的能力。

本次重新修订分析化学概论，增加了不确定度，精炼了酸碱平衡、配位平衡的阐述，删除了电化学分析中的极谱分析法。在气相色谱法中加强了毛细管柱和程序升温的内容，在分离方法中扼要介绍了膜分离法、固相萃取和固相微萃取、微波溶样或微波萃取、超临界流体萃取技术。

　　由于编者水平所限，书中不妥之处在所难免，恳请同行及读者提出宝贵意见。

于世林　苗凤琴

2005 年 9 月

目　　录

第一章　分析化学概论

第一节　分析化学的任务和作用

分析化学是一门实践性很强的化学学科的分支，它的任务是研究各种物质化学组成的测定方法。依据分析任务要求的不同，分析化学可分为定性分析和定量分析。定性分析用于确定物质由哪些元素、离子、官能团或化合物所组成；定量分析则用于测定物质中各个组分的含量。

20 世纪 50 年代以前，分析化学的任务主要是成分分析。即利用化学平衡的基本理论，采用湿法化学分析方法，以分析天平、滴定管、容量瓶、移液管、瓷坩埚和各种玻璃器皿作为分析工具，对各种矿石、金属冶炼材料、钢材、合金进行了大量的分析测定工作，提出了 H_2S 系统定性分析法及用于定量分析的重量分析法和容量分析法，满足了采矿、冶金、机械工业发展对成分分析的需求，并针对物质中含有的微量或痕量组分，发展了比色分析法，以后又发展了至今仍广泛使用的分光光度法。

进入 20 世纪 60 年代以后，随着石油化学工业、半导体、集成电路、电子计算机工业的发展，以及人类对环境保护认识的提高，为了追踪污染源和对环境污染的治理，广泛开展了环境监测工作。这都使分析化学面临新的挑战，当时已经建立的许多成熟的成分分析化学方法，已不能满足工业生产和社会发展的需求，从而迅速促使仪器分析方法的不断涌现。仪器分析方法是依据物理学（如光学、电学、磁学、热学、质谱学等）、物理化学（如色谱学）、生物化学（如锁匙络合物的亲和原理）、数学和计算机科学（如数理统计、化学计量学等）的基本原理，建立的各种组分或化合物的快速、灵敏、准确的测定方法。由仪器分析方法测定的数据不仅可满足成分分析的需要，还可提供化合物中不同原子排布及相互关联的分子结构信息；对半导体或超纯物质（纯度大于 99.99%）可进行表面、微区分析，以研究纳米（$1nm=10^{-9}m$）尺寸粒子的导电行为；对环境污染物可进行价态和形态分析，来判断它们的生理作用、生态效应和环境行为，特别是对人体健康产生的影响。

20 世纪分析化学获得了巨大的进展，它由成分分析扩展到结构分析、表面和微区分析、价态和形态分析。分析化学吸取了当代科学技术的最新成就，利用物质一切可以利用的性质，建立了对不同物质进行表征测量的新技术、新方法、新领域。

分析化学的巨大进展使它从一门实验技术上升为具有理论、测定方法和实际应用的一门科学。分析化学研究的对象不再局限于矿石、金属的定性和定量组成，还要对石油、高聚物、催化剂、化工助剂、农药等进行分子结构的测定，对高新技术中使用的超纯材料进行痕量杂质（$10^{-9}\sim10^{-12}$ 量级）含量及表面、微区原子排列、电子结构的分析，还要研究人类生存环境中大气、水源、土壤污染物存在的数量、价态、形态及对人类生命的危害，并在基因工程、蛋白质组学中对影响人类生命活动的核酸、蛋白质、多糖的结构和生物活性进行测定。在完成上述分析任务的过程中，分析化学使用的分析手段和测试工具也发生了质的变化。分析化学使用的测试工具不仅是分析天平、滴定管、容量瓶和移液管，而且广泛使用了各种电极和多种电化学分析仪器、分光光度计、原子发射光谱仪、原子吸收光谱仪、气相色谱仪、高效液相色谱仪、紫外吸收光谱仪、红外吸收光谱仪、核磁共振波谱仪、质谱仪、透射和扫描电子显微镜、电子能谱仪和离子能谱仪。

分析化学可提供有关物质成分组成的信息，分子结构的信息，表面、微区原子、电子空间分布信息，污染物存在价态、形态的信息。它与计算机技术相组合，实现了大量、快速的信息处理和传递，从而使分析化学不仅能检测或探测信息，而且可识别和处理信息，使分析化学延伸为分析化学信息学。

分析化学在 20 世纪发生的巨大变化可表达成：一个在不久之前仍被认为仅作为物理化学原理简单应用的一个化学领域，一瞬间成为提供包括物质成分组成、分子结构、表面和微区状态、元素价态和形态信息的组合和诠释的高级科学——一门用复杂的仪器和数学技术来解决当今世界许多紧迫问题的学科。分析化学解决当今世界紧迫问题（如环境保护）的能力已得到社会的公认和赞扬。

当代对分析化学定义的诠释可表达如下。

著名的分析化学家 K. S. Leitenen 提出："分析化学是人们获得物质分析组成、结构和信息的科学，即表征与测量的科学。"

著名的化学计量学家 B. R. Kowalski 提出："分析化学已由单纯的提供数据，上升到从分析数据中获取有用的信息和知识，成为生产和科研中实践问题的解决者"，"分析化学是一门信息科学。"

欧洲化学联合会 1993 年提出分析化学的现代定义："分析化学是一个发展并应用方法、仪器和策略以获取在特定空间和时间中有关物质组成和性质信息的科学分支。"

我国分析化学家汪尔康提出："现代分析化学是应用化学、物理学、电子学各学科原理、方法、技术成就，以解决物质的无机和有机组成、结构以及微区、薄层、价态、状态等的分析科学。"他还把现代分析化学概括为："研究原子、分子信息探测和识别规律的科学。"

在现代分析化学中，计算机技术的应用显示了极其重要的作用，由于分析手段的仪器化和分析体系的复杂化，经典分析化学中使用简单的数学计算来解析化学测量一维数值信号的方法已不适用，必须使用计算机来完成多维测量信息的解析，以实现信息的处理和传递。现代分析化学不仅要检测或探测信息，还要对获得的信息进行化学计量学的最优化处理，并指导如何实现最佳的实验测定条件，来快速、准确地获取最有价值的信息。

分析化学在国民经济发展和科学研究中发挥了重要的作用。

在现代钢铁、冶金、石油炼制、石油化工、高分子合成、制药工业中，对原料、中间产品和成品的检验仍然广泛使用仪器分析法进行成分分析，如原子发射光谱法、原子吸收光谱法、气相色谱法、高效液相色谱法已成为成分分析的主要分析手段。生产过程自动化的实现，促进了过程分析化学的发展，即在化学反应过程中通过过程分析仪器（如工业流程气相色谱仪、化学传感器等）来获取物料的定性、定量组成的信息，以控制或优化化学反应过程。过程分析仪器安装在工业流程的特定位置，实现了现场分析、在线分析、原位分析或不接触样品分析，并可通过遥测技术实现远程监控。对伴随工业生产过程产生的"三废"（废水、废气、废渣）的分析，也是成分分析的重要任务，有利于对"三废"的处理和利用。

在现代农业生产中，对土壤、灌溉用水、施用化肥、喷洒农药的分析和检测都离不开分析化学，对供应市场的农产品还需进行农药残留的检测，以保证食品的安全。

在环境监测、临床诊断、法庭医学检验、材料检验（如半导体、超纯物质、纳米粒子的检验）、国防建设中，都广泛应用了分析化学的方法和技术来解决各式各样的实际问题。

在当代高新技术科研中，分析测试仪器应用广泛。随着仪器分析技术的迅速发展，分析测试仪器工业已成为一种具有高技术的综合性产业。分析仪器采用了微电子学和计算机技术的最新成果，正朝着自动化和智能化方向发展，已成为高科技领域中不可缺少的重要分析手段。

第二节 分析化学方法的分类

分析化学中使用的分析方法种类繁多，根据分析任务、分析对象、测定原理、操作方法、试样用量、待测组分含量及分析结果作用的不同，可有不同的分类方法。

1. 按分析任务区分

（1）成分分析 是最广泛应用的分析方法，主要分为用于确定物质组成的定性分析及用于确定各组分含量的定量分析。

定性分析的任务是确定物质是由哪些元素、离子、官能团或化合物所组成。

定量分析的任务是测定物质所含组分的准确含量。

在实际测定中，定性分析先于定量分析，以便依据共存组分，考虑如何消除干扰组分，来选择对各个组分适用的定量分析方法。

（2）结构分析 用于测定无机化合物的单晶和多晶结构以及有机化合物的分子结构（测定所包含的特征官能团、碳链骨架、质谱碎片的质荷比和相对丰度等）。

（3）表面和微区分析 用于研究半导体材料、高分子材料、复合材料、多相催化剂等表面及微区的形貌、原子排布、电子结构的信息。

（4）价态和形态分析 用于测定样品中被测元素的价态和存在的形态（如配位态、吸附态、可溶态等），以研究它们在生命科学和环境科学中的可利用性以及毒性对人体健康的影响。

2. 按分析对象区分

（1）无机分析　分析对象为无机物，如矿石、金属、冶金材料、无机盐等。

（2）有机分析　分析对象为有机物，如石油、高分子材料、石油化工助剂、洗涤剂、有机染料等。

（3）生化分析　分析对象涉及与生命过程相关的样品，如与医学临床检验相关的血液、体液、代谢物等。

3. 按试样用量区分

按试样用量的不同，分析方法可分为常量分析、半微量分析、微量分析和超微量分析（又称痕量分析），参见表1-1。试样用量不同，分析操作方法不同。

表 1-1　按试样用量区分的分析方法

方　法	常量分析	半微量分析	微量分析	超微量分析（痕量分析）
试样质量	＞0.1g	0.01～0.1g	0.1～10mg	＜0.1mg
试样体积	＞10mL	1～10mL	0.01～1mL	＜0.01mL

痕量分析与微量分析两者含义不同。微量分析是指用尽可能少的样品获取尽可能多的化学信息而提出的分析技术，也就是取样量和操作规模都小于某一限度的分析技术。而痕量分析是以测出极低含量组分为目的，一般含量低于 0.01% 或 $100\mu g \cdot mL^{-1}$，样品用量的多寡则不受限制。

4. 按分析结果的作用区分

按分析结果的作用区分，分析方法可分为例行分析和仲裁分析。例行分析是指化验室在日常生产中所进行的原材料、中间品、成品分析或监测分析。仲裁分析是指确认质量事故及其责任者，或不同单位对分析结果有争论时请权威单位用标准方法进行裁判的分析工作，所测结果将负有法律责任。

5. 按测定方法的基本原理区分

按测定方法的基本原理和测量使用仪器的不同，将分析方法分为化学分析法和仪器分析法，见表1-2。

化学分析法是以定量进行的化学反应为基础的分析方法，主要分为称量分析法（又称重量分析法）、滴定分析法（又称容量分析法）和气体分析法。它们以分析天平、滴定管、容量瓶、移液管、气体吸收仪为分析工具，要求分析人员具有熟练的操作技能，通过正确操作可获得高精密度（$0.2\%\sim0.5\%$）和高准确度（0.2%）的分析结果。它们是分析化学的基础内容，也是本书讲授的主要内容。

仪器分析法是以物质的物理和物理化学性质为基础的分析方法，也可称作物理或物理化学分析法，由于它们都需借助特定的分析仪器进行测量，所以常称作仪器分析法。仪器分析法又可分为电化学分析法、光谱分析法、色谱分析法、质谱分析法、热分析法和核分析法。其优点是操作快速、简便。仪器分析法多使用与标准物质进行比较的方法来进行测定，精密度达 $0.5\%\sim2.0\%$，准确度达 $1.0\%\sim5.0\%$，它们在成分分析和结构分析中获得了广泛的应用。

表 1-2 分析方法分类简表

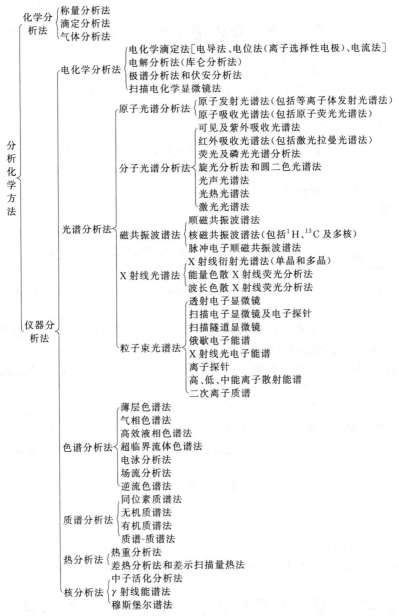

化学分析法与仪器分析法由于测定原理不同，方法的精密度、准确度、适用范围也各不相同，在实际分析任务中可发挥不同的作用。化学分析法是学习分析化学的基础，由于它的准确度、精密度都高，在基准方法中起着重要作用，在常量分析中是广泛使用的方法。而仪器分析法吸收了当代科学技术的最新成就，具有快速、灵敏、适用于微量分析的特点，被认为是现代分析化学方法。因此，化学分析法和仪器分析法是分析化学的两大支柱，两者唇齿相依、相辅相成，彼此

相得益彰。

第三节 分析测定的一般过程

从分析化学方法的分类可知，生产、科研任务向分析工作者提出的分析要求，通常为定性分析、定量分析和结构分析。为此，完成分析测定一般需以下过程。

1. 取样、制样

按国家标准或规定方法对固体、气体、液体样品取样，所取分析样品应具有代表性。

按规定方法制备分析样品，所制样品应具有均匀性和稳定性。

2. 定性分析

应用仪器分析法中的发射光谱法、红外光谱法，对无机样品确定元素组成及其所含的大、中、小量，对有机样品确定含有官能团的种类、分布和结构。

3. 定量分析

① 根据定性分析结果，依据待测元素含量及有机官能团的性质，确定选择的化学分析法或仪器分析法。

例如，测定微量元素 Hg、Cd、Pb，在仪器分析法中可选择擅长分析重金属元素的分析手段——阳极溶出伏安法。

同时还要结合要求的准确度、分析速度、成本、毒性等因素来考虑选择分析方法。

② 根据试样性质及选择的分析方法进行试样分解或进一步制备样品。

③ 消除干扰。选用任何分析方法，均应考虑干扰的消除。通用方法有配位掩蔽、沉淀分离、萃取分离、离子交换及色谱分离等。应按规定方法或查手册、专著，确定选取消除干扰的方法。

在微量分析中，消除干扰的同时，还可达到富集目的，所以称之为富集分离。

④ 定量测定。

4. 报出分析结果

将定量测定数据经统计处理后，报出分析结果，并对分析结果作出评定。

第四节 分析化学与化学计量学、过程分析化学

化学计量学作为化学学科的一个分支，是应用数学与统计学方法，以计算机为工具，设计或选择最优的分析方法与最佳的测量条件，并通过对有限的分析化学测量数据进行解析，获取最大强度的化学信息。化学计量学与分析化学有着特殊的密切关系，其研究对象几乎涉及分析化学全过程，如取样、试验设计、分析信号解析和化学信息获取等有关数学和统计学的共同性、基础性问题，它使分析化学从理论

到实践正逐步成为定量化的科学。正如化学计量学的先驱美国 B. R. Kowalski 教授所指出的"化学计量学将使分析化学从实验室发展成为一个科学领域"。例如在分析化学中引入线性和非线性动力学等数学、物理学方法以及模拟、优化等技术，对于溶液平衡、分离过程、测量条件可做到公式化、定量化的表达。化学计量学从 20 世纪 70 年代初提出以后，发展十分迅速，它应用化学模式识别与专家系统，协助分析者将原始分析数据转化为有用的信息与知识。分析工作者当前面临的问题是应尽快掌握分析化学中的化学计量学并应用于现代分析实验室。

以化学计量学为基础，应用于工业过程自动控制，所形成的过程分析化学是由化学、化学工程、电子工程、工艺工程以及计算机、自动控制等多学科相互渗透交叉组成的。过程分析化学应用各种现代分析仪器，实现了现场流程质量控制分析，使分析化学家摆脱了传统的实验室操作——离线分析；由单纯的数据提供者，转化为从分析数据获取有用信息，成为提高产品质量、控制生产过程的参与者。当前，过程分析化学已从工业过程控制发展到生物化学及生态过程控制，甚至生命过程控制。

化学计量学、过程分析化学的形成和发展，表明分析化学已超出化学概念，突破纯化学领域，它把化学与数学、统计学、物理学、计算机科学、生物学、电子学、信息科学、自动化紧密结合，发展成一个庞大的综合性多学科体系，出现了"分析科学"的新领域。

第五节　分析化学前沿与分析化学人才的培养

分析化学是人们获取信息、认识自然的重要手段之一，是人们获得物质化学组成和结构的信息科学。进入 20 世纪，现代科学技术的发展，相邻学科之间互相渗透，使分析化学的发展经历了三次巨大的变革。第一次是 20 世纪初，物理化学溶液理论的发展，为分析化学提供了理论基础，建立了溶液中的四大平衡理论，使分析化学从一门技术发展成为一门科学。第二次是 20 世纪 40 年代，原子能、半导体材料的发展和物理学、电子学的发展，使分析化学从以化学分析为主的局面，发展到以仪器分析为主的现代分析化学。从 70 年代末到现在以计算机应用为主要标志的信息时代的来临，给分析化学的发展带来前所未有的机会，生命科学、环境科学、新材料科学发展正在促进分析化学的发展。分析化学吸取了当代科学技术的最新成就，利用物质一切可以利用的性质，建立表征测量的新方法、新技术，开拓了新领域，迎接着当代科学技术和人类生产活动飞速发展的挑战。目前分析化学正处于第三次变革时期，其特点是对生命科学、环境科学、新材料科学中呈现的具有挑战性的新的未知信息的探索已成为分析化学最热门的研究课题；研究手段在综合光、电、热、声、磁的基础上，进一步采用数学、计算机科学及分子生物学等学科的新成就对物质进行纵深分析，获取物质尽可能全面的信息。计算机在分析化学中的应用和化学计量学已成为分析化学中最活跃的领域。对"分析科学"的热烈讨论，也反映了第三次变革的深刻程度。

从分析化学的发展来看，分析化学的前沿内容包括化学计量学、过程控制、传感器、自动化分析、机器人、专家系统、联用接口、样品引入技术、分析仪器智能化和微型化、固定化反应、生物技术和生化过程、微环境分析、形态和价态分析、生物大分子及生物活性物质分析、非破坏性检测及遥测。在生命科学、环境科学、新材料科学领域提出的开发痕量分析技术、提高分析方法灵敏度和选择性、解决复杂体系的分离等方面，分析化学将使检测单个原子或分子成为可能。在表征和测量方面，分析化学依靠信息科学的两大支柱——信息的采集和处理，来扩展时空多维信息，揭示化学反应机理与历程，并进行分子设计。在分子和细胞水平上，认识和研究生命过程，以揭示遗传奥秘。可以说，分析化学前沿集中了当代科学领域四大理论（天体、地球、生命、人类起源和演化）以及人类面临的"五大危机"（资源、能源、人口、粮食、环境）问题所密切相关的研究课题。展望其未来，分析化学已进入一个崭新时代，已成为庞大的综合性学科体系，分析化学家将成为解决人类社会实际问题的参与者。这就要求新一代分析化学人才应拓宽基础知识，注重素质教育与能力训练；重视由思想品德素质、科学文化素质、业务素质、心理素质和身体素质构成的全面综合素质的培养；加强用科学思维方法分析问题、解决问题的能力，具有自我获取知识和充分利用信息的能力以及勇于开发和创新的能力。新一代的分析化学家要瞄准分析化学前沿，打好基础，把分析化学教育与人才培养的挑战变为发展自己的机会，从更高角度深入探讨分析科学与工农业生产、国防建设、环境保护、生命科学中的"接口"问题，同工程学家、环境学家、生物学家、医学家协手为人类社会的可持续发展做出自己的贡献。

第二章 法定计量单位与分析化学计算

第一节 法定计量单位与国际单位制

一、法定计量单位

法定计量单位是由国家以法令形式规定，强制使用的计量单位。我国计量单位制的有关法令如下：

① 1984 年 2 月 27 日国务院发布"关于在我国统一实行法定计量单位的命令"，并颁布了"中华人民共和国法定计量单位"。

② 1985 年 9 月 6 日第六届人大常委会通过了"中华人民共和国计量法"。以法律形式规定国家采用国际单位制。"国际单位制计量单位和国家选定的其他单位为国家法定计量单位"，"非国家法定计量单位应当废除"，"计量法自 1986 年 7 月 1 日起实施"。

按照上述有关法令，1986 年起，凡新制订或修订的各级技术标准计量、检定规程，新撰写的研究报告、学术论文以及技术情报资料等，均应使用法定计量单位。1986 年起新出版的科技书刊一律采用法定计量单位，再版出版物按法定计量单位修订。1991 年起除个别领域外，不允许再使用非法定计量单位。

二、国际单位制

国际单位制（SI）是由国际计量大会所采用和推荐的一贯计量单位制。1960 年第十一届国际计量大会（CGPM）决议，以六个基本单位为基础的单位制称为"国际单位制"，1971 年第十四届国际计量大会通过第七个基本单位。

国际单位制的国际简称为 SI，它是法文 Le systeme International d'unite's 的缩写。国际单位制自 1960 年建立以来，由于它具有先进、实用、简单、科学等优越性，适用于文化教育、科学和经济建设各个领域，所以世界上已有 80 多个国家决定采用 SI。

1. 国际单位制的构成

$$
\text{国际单位制（SI）}
\begin{cases}
\text{SI 单位（主单位）}
\begin{cases}
\text{SI 基本单位} \\
\text{SI 辅助单位} \\
\text{SI 导出单位}
\end{cases} \\
\text{SI 词头} \\
\text{SI 单位的十进倍数单位}
\end{cases}
$$

2. SI 基本单位、辅助单位、导出单位

（1）SI 基本单位　基本量的计量单位，共七个，作为构成其他单位的基础单位，称为基本单位（见附录表十）。

（2）SI 辅助单位　国际计量大会将弧度（rad）和球面度（sr）这两个单位单独列为一类，称为 SI 辅助单位（见附录表十一）。

（3）SI 导出单位　导出量的计量单位称为导出单位。SI 导出单位是指基本单位借助于乘、除等数学符号或通过代数式表示的单位。其中 19 个给予了专门名称，称为具有专门名称的导出单位（见附录表十二）。

三、我国的法定计量单位

我国的法定计量单位由以下几部分构成：

① SI 基本单位。

② SI 辅助单位。

③ 具有专门名称的 SI 导出单位。

④ 国家选定的非国际制单位（见附录表十三）。

⑤ 组合形式单位。凡由两个或两个以上单位通过相乘、相除构成的单位称为组合单位，例如 $m \cdot s^{-1}$。由一个单位与数学符号或数字指数构成的单位也是组合单位，例如立方米 m^3、每摄氏度 $℃^{-1}$ 等。

⑥ 十进倍数和分数单位。将 SI 词头加在主单位之前就构成十进倍数和分数单位（见附录表十四）。国际单位制规定了 16 个词头及它们的通用符号，国际上称为 SI 词头。主单位是法定单位，则加 SI 词头后也是法定单位。

第二节　定量化学分析计算

定量化学分析计算包括滴定分析法计算、称量分析法计算和微量分析法计算。

一、滴定分析法计算

1. 滴定反应中标准溶液物质基本单元的确定

在滴定反应中，待测物质的基本单元是根据与标准溶液物质进行化学反应的定量关系来确定的。作为标准溶液物质的基本单元规定如下：

① 酸碱滴定法中，NaOH 标准溶液的基本单元规定为 NaOH。

② 配位滴定法中，EDTA 标准溶液的基本单元规定为 EDTA。

③ 氧化还原滴定法中，$K_2Cr_2O_7$ 标准溶液的基本单元规定为 $\frac{1}{6}K_2Cr_2O_7$，

$KMnO_4$ 标准溶液的基本单元规定为 $\frac{1}{5}KMnO_4$，$Na_2S_2O_3$ 标准溶液的基本单元规

定为 $Na_2S_2O_3$，$KBrO_3$ 标准溶液的基本单元规定为 $\frac{1}{6}KBrO_3$。

④ 沉淀滴定法中，$AgNO_3$ 标准溶液的基本单元规定为 $AgNO_3$。

2. 滴定反应中待测物质基本单元的推算

【例 2-1】酸碱滴定法中待测物质基本单元的推算。

① NaOH 标定 HCl，反应式为
$$HCl + NaOH =\!\!=\!\!= NaCl + H_2O$$

解　$HCl \backsim NaOH$，故 HCl 的基本单元为 HCl。

② NaOH 标定 H_2SO_4，反应式为
$$H_2SO_4 + 2NaOH =\!\!=\!\!= Na_2SO_4 + 2H_2O$$

解　$H_2SO_4 \backsim 2NaOH$，$\frac{1}{2}H_2SO_4 \backsim NaOH$，故 H_2SO_4 的基本单元为 $\frac{1}{2}H_2SO_4$。

③ Na_2CO_3 标定 HCl，推算 Na_2CO_3 的基本单元。

解　用甲基橙指示剂，反应式为
$$Na_2CO_3 + 2HCl =\!\!=\!\!= 2NaCl + CO_2 \uparrow + H_2O$$

$Na_2CO_3 \backsim 2HCl \backsim 2NaOH$，故 Na_2CO_3 的基本单元为 $\frac{1}{2}Na_2CO_3$。

用酚酞指示剂，反应式为
$$Na_2CO_3 + HCl =\!\!=\!\!= NaCl + NaHCO_3$$

$Na_2CO_3 \backsim HCl \backsim NaOH$，故 Na_2CO_3 的基本单元为 Na_2CO_3。

④ 酸碱滴定法测 P，测定方法是分解试样后将 P 转化成 H_3PO_4，使之生成磷钼酸铵沉淀，定量过滤洗净后，用准确过量的 NaOH 标准溶液将沉淀溶解，再用 HCl 标准溶液返滴定过量的 NaOH 标准溶液。反应式为
$$H_3PO_4 + 2NH_4^+ + 12MoO_4^{2-} + 22H^+ =\!\!=\!\!= (NH_4)_2HPO_4 \cdot 12MoO_3 \cdot H_2O + 11H_2O$$
$$(NH_4)_2HPO_4 \cdot 12MoO_3 \cdot H_2O + 24OH^- =\!\!=\!\!= 12MoO_4^{2-} + HPO_4^{2-} + 2NH_4^+ + 13H_2O$$

解　$P \backsim H_3PO_4 \backsim (NH_4)_2HPO_4 \cdot 12MoO_3 \backsim 24NaOH$，则 $\frac{1}{24}P \backsim NaOH$。

以 P 表示分析结果，P 的基本单元为 $\frac{1}{24}P$；

以 P_2O_5 表示分析结果，P_2O_5 的基本单元为 $\frac{1}{48}P_2O_5$。
$$P_2O_5 \backsim 2P \backsim 2(NH_4)_2HPO_4 \cdot 12MoO_3 \backsim 48NaOH$$

通过上述各例，基本单元的推算可总结为下述步骤：
（1）写出化学反应式并配平；
（2）推出待测物质与标准物质间的计量关系，并用"$\backsim$"符号连接；
（3）待测物的基本单元$\backsim$标准物质的基本单元。

EDTA 配位滴定法，由于化学计量关系均为 1:1，因此不进行推算。

氧化还原滴定法复杂，涉及多个化学反应式，但只要找出待测物与标准物质间的计量关系，仍可简单地推算待测物的基本单元。

【**例 2-2**】重铬酸钾法测铁，以 Fe、Fe_2O_3、Fe_3O_4 表示分析结果的基本单元推算。反应式为
$$6Fe^{2+} + Cr_2O_7^{2-} + 14H^+ =\!\!=\!\!= 6Fe^{3+} + 2Cr^{3+} + 7H_2O$$

解　$6Fe^{2+} \backsim Cr_2O_7^{2-}$，则 $Fe^{2+} \backsim \frac{1}{6}Cr_2O_7^{2-}$，$\frac{1}{2}Fe_2O_3 \backsim Fe^{2+} \backsim \frac{1}{6}Cr_2O_7^{2-}$，

$\dfrac{1}{3}Fe_3O_4 \backsimeq Fe^{2+} \backsimeq \dfrac{1}{6}Cr_2O_7^{2-}$。

故基本单元分别为 Fe、$\dfrac{1}{2}Fe_2O_3$、$\dfrac{1}{3}Fe_3O_4$。

【例 2-3】 高锰酸钾标准溶液用草酸钠标定，并用于测定 CaO，分别推算 $Na_2C_2O_4$、CaO 的基本单元。标定反应式为

$$5C_2O_4^{2-} + 2MnO_4^- + 16H^+ \Longrightarrow 10CO_2 \uparrow + 2Mn^{2+} + 8H_2O$$

测钙反应式为

$$Ca^{2+} + C_2O_4^{2-} \Longrightarrow CaC_2O_4 \downarrow$$

$$CaC_2O_4 + 2H^+ \Longrightarrow Ca^{2+} + H_2C_2O_4$$

$$2MnO_4^- + 5C_2O_4^{2-} + 16H^+ \Longrightarrow 2Mn^{2+} + 10CO_2 \uparrow + 8H_2O$$

解 $5C_2O_4^{2-} \backsimeq 2MnO_4^-$，则 $C_2O_4^{2-} \backsimeq \dfrac{2}{5}MnO_4^-$，$\dfrac{1}{2}C_2O_4^{2-} \backsimeq \dfrac{1}{5}MnO_4^-$，则草酸钠的基本单元为 $\dfrac{1}{2}Na_2C_2O_4$。

若用 $H_2C_2O_4 \cdot 2H_2O$ 标定，则基本单元仍为 $\dfrac{1}{2}(H_2C_2O_4 \cdot 2H_2O)$。

$CaO \backsimeq C_2O_4^{2-} \backsimeq \dfrac{2}{5}MnO_4^-$，故 $\dfrac{1}{2}CaO \backsimeq \dfrac{1}{5}MnO_4^-$，则氧化钙的基本单元为 $\dfrac{1}{2}CaO$。

【例 2-4】 溴酸钾法-碘量法测苯酚，推算苯酚的基本单元。反应式为

$$BrO_3^- + 5Br^- + 6H^+ \Longrightarrow 3Br_2 + 3H_2O$$

过量时反应式为

$$Br_2 + 2I^- \Longrightarrow 2Br^- + I_2$$

$$I_2 + 2S_2O_3^- \Longrightarrow 2I^- + S_4O_6^{2-}$$

解 $\backsimeq 3Br_2 \backsimeq 3I_2 \backsimeq 6S_2O_3^{2-}$，则 $\dfrac{1}{6}$ $\backsimeq S_2O_3^{2-}$，故苯酚的基本单元为 $\dfrac{1}{6}$ 。

【例 2-5】 碘量法测丙酮或酸碱滴定法测丙酮，推算丙酮的基本单元。
碘量法反应式为

$$CH_3COCH_3 + 3I_2 + 4NaOH \longrightarrow CH_3COONa + CHI_3 + 3NaI + 3H_2O$$

$$I_2 + 2Na_2S_2O_3 \Longrightarrow 2NaI + Na_2S_4O_6$$

酸碱滴定法反应式为

$$HCl + NaOH \Longrightarrow NaCl + H_2O$$

解 碘量法中，$CH_3COCH_3 \looparrowright 3I_2 \looparrowright 6Na_2S_2O_3$，则 $\frac{1}{6}CH_3COCH_3 \looparrowright Na_2S_2O_3$，

故丙酮的基本单元为 $\frac{1}{6}CH_3COCH_3$。

酸碱滴定法中，$CH_3COCH_3 \looparrowright NaOH$，故丙酮的基本单元为 CH_3COCH_3。

由这个测定实例说明，同一物质在不同反应中，基本单元不同。

【例 2-6】 碘酸钾法标定 $Na_2S_2O_3$，推算碘酸钾的基本单元。标定反应式为

$$IO_3^- + 5I^- + 6H^+ = 3I_2 + 3H_2O$$

$$I_2 + 2S_2O_3^{2-} = 2I^- + S_4O_6^{2-}$$

解 $IO_3^- \looparrowright 3I_2 \looparrowright 6S_2O_3^{2-}$，则 $\frac{1}{6}IO_3^- \looparrowright S_2O_3^{2-}$，故碘酸钾的基本单元为 $\frac{1}{6}KIO_3$。

3. 滴定分析计算

从滴定全过程看，遇到的计算问题有基准物的称量范围、标准溶液的配制与标定、滴定分析结果的计算。

在无机化学中已经学过的根据化学反应方程式中各物质的计量关系，利用比例系数进行的计算方法完全适用于上述问题的计算。

滴定反应通式为

$$bB + tT = dD + gG$$

则反应物计量关系为

$$n_B : n_T = b : t$$

式中，n_B 为待测物质的物质的量；n_T 为标准物质的物质的量。则

$$n_B = n_T \times \frac{b}{t}$$

$\frac{b}{t}$ 为比例系数，为反应方程式中两物质的计量数之比。

【例 2-7】 碱纯度的测定，若已知称样 $0.5000g$，用 $0.2500 mol \cdot L^{-1}$ 盐酸标准溶液滴定，以甲基橙为指示剂，消耗 $V(HCl)$ $36.46mL$。计算碱的纯度 $w(Na_2CO_3)$。

解 反应式为 $Na_2CO_3 + 2HCl = 2NaCl + CO_2 \uparrow + H_2O$，则

$$n_B/n_T = b/t = 1/2$$

$$w(Na_2CO_3) = \frac{0.2500 \times \dfrac{36.46}{1000} \times \dfrac{106.0}{2}}{0.5000} = 0.9660 = 96.60\%$$

对于简单的一步滴定反应，根据反应方程，利用物质的计算关系比例系数进行计算方便可行。对于复杂的分步滴定，则需根据多个反应方程分步计算。

从下述的计算实例中可以看到，掌握了物质的量 n、质量 m、摩尔质量 M、物质的量浓度 c 及质量分数 w 的定义及量的相互关系式，利用反应方程计量关系就能正确地进行滴定分析计算。

【**例 2-8**】配制 $0.1\text{mol} \cdot \text{L}^{-1}$ NaOH 溶液 500mL，应称取 NaOH 多少克？

解 $c_B V_B = \dfrac{m}{M(\text{NaOH})/1000}$，$M(\text{NaOH}) = 40.0\text{g} \cdot \text{mol}^{-1}$，则

$$m = c_B V_B M(\text{NaOH})/1000$$

$$= \frac{0.1 \times 500 \times 40.0}{1000} = 2.0(\text{g})$$

【**例 2-9**】配制 $0.1\text{mol} \cdot \text{L}^{-1}$ HCl 及 NaOH 溶液，分别用 Na_2CO_3（指示剂为甲基橙）及邻苯二甲酸氢钾标定（指示剂为酚酞），计算基准物的称量范围。

解 Na_2CO_3 对 HCl 溶液浓度的标定计算式为 $c_B V_B = \dfrac{m}{M\left(\frac{1}{2}\text{Na}_2\text{CO}_3\right)/1000}$，则

$$m = c_B V_B M\left(\frac{1}{2}\text{Na}_2\text{CO}_3\right)/1000$$

已知 $M\left(\frac{1}{2}\text{Na}_2\text{CO}_3\right) = 53.00\text{g} \cdot \text{mol}^{-1}$。为保证标定的准确度，HCl 用量通常按 $20 \sim 30\text{mL}$ 范围计算，则

$$m_1 = 0.1 \times 20 \times 53.00/1000 = 0.11 \ (\text{g})$$

$$m_2 = 0.1 \times 30 \times 53.00/1000 = 0.16 \ (\text{g})$$

实际标定时有两种方法。一种是准确称量多份基准物，溶解后标定。另一种是准确称取 10 倍计算量（1.1~1.6g）的基准物，溶解后，定量移入 250mL 容量瓶中配制，然后用移液管移取 25.00mL 标定。前者称为小份标定，后者称为大份标定。

邻苯二甲酸氢钾（$\text{KHC}_8\text{H}_4\text{O}_4$，简写作 KHP）标定的计算同 Na_2CO_3 标定，M(KHP) $= 204.2\text{g} \cdot \text{mol}^{-1}$，称量范围为 0.4~0.6g。由于摩尔质量大，用小份标定即可。

【**例 2-10**】称取 Na_2CO_3 0.2500g，以甲基橙为指示剂，标定 HCl 溶液，若消耗 40.00mL，计算 HCl 标准溶液的浓度。

解 $$c_B V_B = \frac{m}{M\left(\frac{1}{2}\text{Na}_2\text{CO}_3\right)/1000}$$

$$c(\text{HCl}) = \frac{m}{V(\text{HCl})M\left(\frac{1}{2}\text{Na}_2\text{CO}_3\right)/1000}$$

$$= \frac{0.2500}{40.00 \times 53.00/1000} = 0.1179(\text{mol} \cdot \text{L}^{-1})$$

【**例 2-11**】称取铁矿样品 0.2500g，用 $\text{K}_2\text{Cr}_2\text{O}_7$ 法测含量，若标准溶液 $c\left(\frac{1}{6}\text{K}_2\text{Cr}_2\text{O}_7\right)$ 为 $0.06000\text{mol} \cdot \text{L}^{-1}$，滴定消耗 25.00mL。以 Fe_2O_3 表示铁矿中铁的含量是多少？已知 $M\left(\frac{1}{2}\text{Fe}_2\text{O}_3\right) = 79.85\text{g} \cdot \text{mol}^{-1}$。

解 $$w(\text{Fe}_2\text{O}_3) = \frac{0.06000 \times 25.00 \times 79.85/1000}{0.2500} = 0.4791$$

$$= 47.91\%$$

二、称量分析法计算

在称量分析法中，待测元素往往与沉淀物或灼烧物的组成不一致，因此需使用换算因数。换算因数也称化学因数，是待测元素的摩尔质量与对应含该元素的化合物的摩尔质量之比，它通常为常数，且对应的待测元素的原子个数相等。

【例 2-12】 称取铁样 $0.1666g$，将 Fe^{3+} 沉淀为 $Fe(OH)_3 \cdot nH_2O$，再灼烧成 Fe_2O_3，称量形 Fe_2O_3 为 $0.1370g$，计算 $w(Fe)$、$w(Fe_3O_4)$。

解
$$w(Fe) = \frac{m(Fe_2O_3) \times \dfrac{M(2Fe)}{M(Fe_2O_3)}}{m_{样}} = \frac{0.1370 \times \dfrac{2 \times 55.85}{159.7}}{0.1666}$$
$$= 0.5750 = 57.50\%$$

$$w(Fe_3O_4) = m(Fe_2O_3) \times \frac{2 \times M(Fe_3O_4)}{3 \times M(Fe_2O_3)}$$

$$= \frac{0.1370 \times \dfrac{2 \times 231.5}{3 \times 159.7}}{0.1666} = 0.7947 = 79.47\%$$

以下列出称量分析法中，几种沉淀形和称量形相同或不同时，化学因数的计算方法：

欲测元素	沉淀形	称量形	化学因数
K_2O	K_2PtCl_2	K_2PtCl_2	$\dfrac{M(K_2O)}{M(K_2PtCl_2)}$
Mg	$MgNH_4PO_4$	$Mg_2P_2O_7$	$\dfrac{M(2Mg)}{M(Mg_2P_2O_7)}$
P	$MgNH_4PO_4$	$Mg_2P_2O_7$	$\dfrac{M(2P)}{M(Mg_2P_2O_7)}$

【例 2-13】 进行 NaBr 样品及其杂质 NaCl 的分析时，称样 $1.000g$，将其沉淀为 AgBr 和 AgCl，沉淀混合物的质量为 $0.5260g$，再将此沉淀混合物在氯气流中加热，使 AgBr 转化为 AgCl，再称其质量为 $0.4260g$。试计算样品中 NaCl、NaBr 的质量分数。

解　设 NaCl 的质量为 $x(g)$，NaBr 的质量为 $y(g)$，则

$$m(AgCl) = x \times \frac{M(AgCl)}{M(NaCl)} = x \times \frac{143.3}{58.44}$$

$$m(AgBr) = y \times \frac{M(AgBr)}{M(NaBr)} = y \times \frac{187.8}{102.9}$$

$$m(AgCl) + m(AgBr) = 0.5260g$$

由 AgBr 转化为 AgCl 的质量为 $m'(AgCl) = y \times \dfrac{M(AgCl)}{M(NaBr)}$，得

$$m(AgCl) + m'(AgCl) = 0.4260g$$

则
$$x \times \frac{143.3}{58.44} + y \times \frac{187.8}{102.9} = 0.5260g \tag{1}$$

$$x \times \frac{143.3}{58.44} + y \times \frac{143.3}{102.9} = 0.4260g \tag{2}$$

联立解式(1)、式(2) 得

$$x=0.04225g \quad y=0.2314g$$

则 $\quad w(NaCl)=4.23\%, \quad w(NaBr)=23.14\%$

三、微量分析法计算

微量分析法中，溶液的浓度常以 $\mu g \cdot mL^{-1}$、$ng \cdot mL^{-1}$ 或 $\mu g \cdot g^{-1}$、$ng \cdot g^{-1}$ 为单位，它表示每毫升或每克溶液中含有溶质的质量。进行溶液配制计算时，应用换算因数计算标准物质的质量。

【例 2-14】今欲配制 $1mg \cdot mL^{-1}$ 的 S^{2-} 标准溶液 500mL，应称取 Na_2S 多少克？

解 $$m(S^{2-})=m(Na_2S)\times\frac{M(S)}{M(Na_2S)}$$

式中，$\dfrac{M(S)}{M(Na_2S)}=\dfrac{32.06}{78.04}=0.4108$，为换算因数；而

$$m(S^{2-})=500mL\times1mg \cdot mL^{-1}=500mg$$

$$m(Na_2S)=500mg\times\frac{1}{0.4108}=1217mg=1.217g$$

【例 2-15】今欲配制 $1.0mg \cdot mL^{-1}$ 的 $Cr(VI)$ 标准溶液 500mL，应称取 $K_2Cr_2O_7$ 多少克？

解 $$m[Cr(VI)]=m(K_2Cr_2O_7)\times\frac{M(2Cr)}{M(K_2Cr_2O_7)}$$

其中 $$\frac{M(2Cr)}{M(K_2Cr_2O_7)}=\frac{2\times52.00}{294.18}=0.3535$$

$$m[Cr(VI)]=500mL\times1.0mg \cdot mL^{-1}=500mg$$

$$m(K_2Cr_2O_7)=m[Cr(VI)]\times\frac{M(K_2Cr_2O_7)}{M(2Cr)}$$

$$=500mg\times\frac{1}{0.3535}=1414.4mg=1.4144g$$

本例化学因数中 Cr 的原子个数要相等。同样，当用 Na_2HPO_4 配制 P_2O_5 标准溶液时，化学因数 $\dfrac{M(P_2O_5)}{M(2Na_2HPO_4)}$ 中 P 的原子个数应当相等。

习　题

一、法定计量单位在分析化学中的应用

1. 求算下列各物质的质量 (m)。

(1) $0.10mol\ H_2SO_4$

(2) $0.10mol\left(\frac{1}{2}H_2SO_4\right)$

(3) $1.00mol\left(\frac{1}{5}KMnO_4\right)$

2. 计算下列各溶液中溶质的质量（m）。

(1) 100mL 0.1000mol·L^{-1} NaOH 溶液

(2) 1000mL $c(H_2SO_4)$ 为 0.2000mol·L^{-1} 的 H_2SO_4 溶液

(3) 500mL $c\left(\dfrac{1}{2}H_2SO_4\right)$ 为 0.1000mol·L^{-1} 的 H_2SO_4 溶液

3. 计算下列各种物质的物质的量（n）。

(1) 98.08g H_2SO_4

(2) 49.04g $\left(\dfrac{1}{2}H_2SO_4\right)$

(3) 0.4g NaOH

4. 求算下列反应中划线物质的基本单元及摩尔质量。

(1) $NaOH + \underline{H_2SO_4} \Longrightarrow NaHSO_4 + H_2O$

$2NaOH + \underline{H_2SO_4} \Longrightarrow Na_2SO_4 + 2H_2O$

(2) $\underline{Na_2CO_3} + HCl \Longrightarrow NaHCO_3 + NaCl$

$\underline{Na_2CO_3} + 2HCl \Longrightarrow 2NaCl + CO_2\uparrow + H_2O$

(3) $\underline{KHC_2O_4 \cdot H_2C_2O_4} + 3NaOH \Longrightarrow KNaC_2O_4 \cdot Na_2C_2O_4 + 3H_2O$

(4) $5\underline{KHC_2O_4 \cdot H_2C_2O_4} + 4MnO_4^- + 17H^+ \Longrightarrow 5K^+ + 4Mn^{2+} + 20CO_2\uparrow + 16H_2O$

(5) $2MnO_4^- + 5\underline{H_2O_2} + 6H^+ \Longrightarrow 2Mn^{2+} + 5O_2\uparrow + 8H_2O$

(6) $Cr_2O_7^{2-} + \underline{6Fe^{2+}} + 14H^+ \Longrightarrow 2Cr^{3+} + 6Fe^{3+} + 7H_2O$

以 $\underline{Fe_2O_3}$、$\underline{Fe_3O_4}$ 表示分析结果时的基本单元及摩尔质量

(7) $2Na_2S_2O_3 + \underline{I_2} \Longrightarrow 2NaI + Na_2S_4O_6$

(8) $\underline{KIO_3} + 5KI + 3H_2SO_4 \Longrightarrow 3I_2 + 3K_2SO_4 + 3H_2O$

$\underline{I_2} + 2Na_2S_2O_3 \Longrightarrow 2NaI + Na_2S_4O_6$

(9) $\underline{KBrO_3} + 5KBr + 6H^+ \Longrightarrow 3Br_2 + 3H_2O + 6K^+$

$\underline{Br_2} + 2KI \Longrightarrow I_2 + 2KBr$

$I_2 + 2Na_2S_2O_3 \Longrightarrow 2NaI + Na_2S_4O_6$

(10) $\underline{Pb^{2+}} + CrO_4^{2-} \Longrightarrow PbCrO_4\downarrow$

$2PbCrO_4 + 2H^+ \Longrightarrow 2Pb^{2+} + Cr_2O_7^{2-} + H_2O$

$Cr_2O_7^{2-} + 6I^- + 14H^+ \Longrightarrow 2Cr^{3+} + 3I_2 + 7H_2O$

$I_2 + 2S_2O_3^{2-} \Longrightarrow 2I^- + S_4O_6^{2-}$

5. 计算下列溶液的浓度（c）。

(1) 称取 98.08g H_2SO_4 配成 1000mL 溶液，计算 $c(H_2SO_4)$。

(2) 称取 49.04g H_2SO_4 配成 1000mL 溶液，计算 $c\left(\dfrac{1}{2}H_2SO_4\right)$。

(3) 称取硼砂（$Na_2B_4O_7 \cdot 10H_2O$）4.7671g，配制成 250.0mL 溶液，计算 $c(Na_2B_4O_7)$。

(4) 称取 $KHC_8H_4O_4$（KHP）5.1050g，配制成 250.0mL 溶液，计算 c(KHP)。

二、滴定分析计算

1. 直接法配制下述标准溶液，计算应称取基准物质的质量（m）为多少克。

(1) 500mL $c\left(\dfrac{1}{6}K_2Cr_2O_7\right) = 0.1000$mol·L^{-1} 的溶液

(2) 1000mL $c\left(\dfrac{1}{6}KBrO_3\right) = 0.1000$mol·L^{-1} 的溶液

(3) 250mL $c\left(\frac{1}{2}Na_2C_2O_4\right)=0.1000mol \cdot L^{-1}$ 的溶液

2. 间接法配制标准溶液的配制与标定计算。

(1) 用浓 HCl 溶液配制 0.5L 0.1mol·L^{-1} 的 HCl 溶液，应量取浓 HCl 多少毫升？用 Na$_2$CO$_3$ 或硼砂（Na$_2$B$_4$O$_7$·10H$_2$O）标定此 HCl 溶液时，其基准物称量范围各为多少克？若称取 Na$_2$CO$_3$ 1.3515g，定量溶解，移入 250mL 容量瓶，稀释至标线后，用移液管移取 25.00mL，以甲基橙为指示剂，标定 HCl 溶液，消耗 HCl 的体积分别为 25.50mL、25.52mL、25.51mL，计算此 HCl 标准溶液的浓度。

(2) 配制 0.1mol·L^{-1} 的 NaOH 溶液 500mL，应称取 NaOH 多少克？若用 KHC$_8$H$_4$O$_4$（KHP）基准物标定，计算基准物的称量范围为多少克？若称取 KHP 0.5105g、0.4595g、0.4084g，滴定消耗 NaOH 溶液 25.00mL、25.50mL、20.00mL，计算 NaOH 标准溶液的浓度。

(3) 配制 0.02mol·L^{-1} EDTA 溶液，应称取 EDTA 二钠盐（Na$_2$H$_2$Y·2H$_2$O）多少克？若以 ZnO 为基准物标定，计算 ZnO 的称量范围为多少克？若称取 ZnO 0.4069g，以铬黑 T 为指示剂，大份标定 EDTA，消耗 EDTA 溶液 25.00mL，计算 EDTA 标准溶液的浓度。

(4) 学生实验需用 $c\left(\frac{1}{5}KMnO_4\right)=0.1mol \cdot L^{-1}$ 的 KMnO$_4$ 溶液，实验室工作人员应如何配制？标定 KMnO$_4$ 用基准物 Na$_2$C$_2$O$_4$，计算其称量范围。若用 Na$_2$C$_2$O$_4$ 标定，称量 Na$_2$C$_2$O$_4$ 0.1675g、0.1340g、0.1541g，分别消耗 KMnO$_4$ 25.00mL、20.00mL、23.00mL，计算 KMnO$_4$ 标准溶液的浓度 $c\left(\frac{1}{5}KMnO_4\right)$。

(5) 学生实验需用 $c(Na_2S_2O_3)=0.1mol \cdot L^{-1}$ 的 Na$_2$S$_2$O$_3$ 溶液，实验室工作人员应如何配制？若用 K$_2$Cr$_2$O$_7$ 基准物标定，称取基准物 1.2454g，大份标定，消耗 K$_2$Cr$_2$O$_7$ 标准溶液 25.15mL、25.12mL、25.10mL，计算 K$_2$Cr$_2$O$_7$ 标准溶液的浓度 $c\left(\frac{1}{6}K_2Cr_2O_7\right)$。

3. 标准溶液的稀释配制计算

(1) 今有 0.2000mol·L^{-1} HCl 溶液，实验需用 0.05000mol·L^{-1} HCl 溶液 250mL，应如何稀释配制？

(2) 实验室供应学生的 KMnO$_4$ 溶液的浓度为 $c(KMnO_4)=0.2mol \cdot L^{-1}$，由学生自己量取稀释成 $c\left(\frac{1}{5}KMnO_4\right)=0.02mol \cdot L^{-1}$ 的溶液 500mL，应量取浓 KMnO$_4$ 溶液多少毫升？如何配制？

(3) 今有 0.05000mol·L^{-1} 的 NaOH 溶液 400mL，实验需用 0.1000mol·L^{-1} 的 NaOH 溶液 500mL，应如何配制？

4. 用 0.3814g Na$_2$B$_4$O$_7$·10H$_2$O 标定 HCl 溶液时消耗 HCl 溶液 20.50mL，又测得此 HCl 溶液与另一 NaOH 溶液的体积比 $V(HCl)/V(NaOH)$ 为 1.005，计算 HCl 溶液与 NaOH 溶液的浓度。

5. 氯碱厂对产品 NaOH 的纯度进行质量检验，称取样品 0.10000g，用 0.1000mol·L^{-1} HCl 溶液滴定，消耗 HCl 溶液 24.45mL，计算 NaOH 的纯度。

6. 磷肥厂对进厂原料磷灰石进行 P$_2$O$_5$ 检验，称样 0.1000g，经处理沉淀为磷钼酸铵，用 0.2500mol·L^{-1} 的 NaOH 溶液 50.00mL 溶解沉淀后，以酚酞为指示剂，用 0.1000mol·L^{-1} 的 HCl 溶液滴定，消耗 HCl 溶液 5.00mL，计算 $w(P_2O_5)$。

7. 食品厂对原料柠檬酸的纯度进行检验，准确称样 $C_6H_8O_7 \cdot H_2O$ 1.300g，以酚酞为指示剂，滴定消耗 $c(NaOH)=0.2000mol \cdot L^{-1}$ 的 NaOH 溶液 24.50mL，计算柠檬酸的纯度。

8. 硫酸厂测产品 H_2SO_4 的含量，用安瓿球称样 0.5500g，以甲基红为指示剂，用 $0.5000mol \cdot L^{-1}$ 的 NaOH 溶液滴定，消耗 22.15mL，计算 H_2SO_4 的纯度。

9. 化肥厂对 NH_4HCO_3 中的氮含量进行分析，称样 1.5000g，加水溶解后，以甲基橙为指示剂，用 $1.000mol \cdot L^{-1}$ 的 HCl 溶液滴定，消耗 HCl 溶液的体积为 25.00mL，计算 N 含量 $w(N)$。

第三章 定量分析测定误差与分析化学质量保证

第一节 定量分析测定误差

随着科学技术的发展，对分析结果的可靠性提出了更高要求，要求分析结果经得起时间、空间的检验，要求国家之间、部门之间、协同实验室之间分析结果一致，具有可比性。例如，化学武器核查、进出口商品检验、环境污染中的酸雨检测等。然而，客观事实是误差与测量结果同时存在，测量数据在一定范围内波动，这就是误差公理——实验结果都具有误差，误差自始至终存在于一切科学实验之中。

定量分析的目的是准确测定被测物质的含量，但实验中由于误差的客观存在，仅能测定真实值的近似值。因此对分析者来说，不仅要报出测定结果，还需对结果的可靠性进行正确评价，对测定过程中引入的各类误差按其性质的不同采取相应措施，最大限度地减免，把误差降到最低，并在测定结果中对引入的误差进行估计和正确表示。本节对定量分析误差的定义、表征、分类、误差减免措施作简要叙述。

一、定量分析误差的定义

误差是指某量值的给出值与真实值之差。

给出值系指测量值、实验值、计算近似值、标称值、示值、预置值。真实值系指在某一时刻或某种状态下，某量值效应体现出的客观值或实际值（高精度仪器测量所得值）。

定量分析误差定义为测量值与真实值之差，有绝对误差和相对误差两种表示方法。

绝对误差 $$E = \overline{x} - T$$

式中，$\overline{x}$ 为测定结果平均值；T 为真实值。

相对误差 $$RE = \frac{E}{T} \times 100\%$$

相对误差表示误差在测定结果中所占的百分率，更具有实际意义。相对误差常用百分率（%）表示。

【例3-1】分析软锰矿标样中锰的百分含量，五次测量测得 $w(\text{Mn})$ 为 37.45%、37.20%、37.50%、37.30%、37.25%，已知标样 $w(\text{Mn})$ 为 37.41，计算分析结果的误差。

解 $\overline{x} = \dfrac{\sum x_i}{n} = (37.45\% + 37.20\% + 37.50\% + 37.30\% + 37.25\%)/5$

$\qquad = 37.34\%$

绝对误差　　　　　$E=37.34\%-37.41\%=-0.07\%$

相对误差　　　　　$RE=\dfrac{-0.07\%}{37.41\%}\times100\%=-0.18\%$

二、误差的分类

在定量测定全过程中，由于取样、制样、分析方法、实验用的仪器和试剂、实验环境、分析者操作以及数据的数字舍入和可疑值的取舍而引入的误差，按其性质不同可分为系统误差和随机误差两大类。

1. 系统误差

（1）特点　由某种固定原因造成，在多次测量中反复出现，数值大小比较固定，对真实值来说具有单一方向性，即正误差或负误差。系统误差不能以取平均值的方法加以消除，只能找出原因，测其大小加以扣除校正，因此又称可测误差。当重复测量时不能发现系统误差，只有改变实验条件才能发现。因此在大多数情况下，系统误差需通过实验来确定。

（2）系统误差的产生原因　系统误差是由方法、仪器、环境、操作者几个环节的误差因素构成的。

① 方法误差　由方法本身不完善造成。例如称量分析法中沉淀的溶解、共沉淀沾污、灼烧时沉淀的分解或挥发；滴定分析法中，滴定反应的不完全、副反应的发生及指示剂误差；光度分析法中，显色反应的灵敏度、稳定性、选择性的限制，显色条件的控制等。

② 仪器误差　来源于仪器精度限制或未经校正。如天平砝码示值、容量仪器和仪表刻度不准，分光光度计波长不准，比色皿光径长度不一致等。

③ 环境误差　实验室的环境温度、湿度、空气清洁度及实验室供应的水、试剂纯度和要求的条件不一致等引起的误差。

④ 操作者误差　指操作者本人操作是否正确与熟练程度，如对分析测定条件控制稍有出入以及操作者的主观误差。

（3）系统误差的校正方法　检查分析测定过程有无系统误差，对照试验是行之有效的方法。采用标准样品、标准方法、加标回收率三种对照试验方法中的任何一种，将所得结果进行统计检验以确定有无系统误差。

待找出原因，确定系统误差存在后，可测出校正值加以扣除。如进行空白试验，在不加试样的情况下，按照分析方法所得测量值即为空白值，从试样分析结果中扣除空白值可用以校正去离子水、试剂、器皿引入的系统误差；通过校准仪器，如砝码、容量仪器等，以校正仪器误差。

在实验安排技巧上，精心安排实验，可将系统误差随机化，从而消除系统误差。

2. 随机误差（偶然误差）

（1）特点　随机误差出现的原因不确定，是由多个随机微小因素共同影响的结果，数值时大时小，时正时负，又称不定误差。当消除系统误差后，多次测量结果的数据分布服从统计规律。

（2）随机误差的构成因素　为测定过程各环节太微小或太复杂的随机因素。例如，取样和制样的不均匀性、不稳定性；实验室仪器性能的微小变化，电压的偶然波动，环境温度、湿度、气压的微小波动，天平零点的偶然微小变动或砝码的偶然缺陷；实验室供应试剂、水在质量上的偶然失控以及分析者的情绪波动、分析条件控制的稍有出入等。

（3）随机误差的降低方法　随机误差的构成因素是不可避免的，其性质服从统计规律，因而通过增加平行测定次数可降到最低，在消除系统误差后，通过多次平行测定后可使测定值更接近于真实值。

由于分析者粗枝大叶、不负责任、不遵守实验操作条件而出现的读错、记错、异常值，称为过失误差。它不属于客观存在的误差，分析者应完全避免。

由两类误差的特点可知，最好的办法是把系统误差减小到相对于随机误差而言可以忽略不计的程度，而由随机误差控制分析结果。为此，学会减少系统误差的各种方法，对分析者来说是重要的。

三、分析结果的表征——准确度、精密度

在实际分析测定中，分析者总是在相同条件下，平行测定几次，得到分析结果的平均值，并用各次平行测定结果相互接近的程度表征分析结果的精密度，用分析结果的平均值与真实值接近的程度表征分析结果的准确度。

精密度用偏差量度。偏差小，表示测定条件变动小，测定结果精密度高；偏差大，表示测定条件变动大，测定结果精密度低，测定结果不可靠。

准确度用误差量度。误差小，表示测定结果与真实值接近，测定结果准确度高；反之，误差大，测定结果准确度低。通常测量值大于真实值，误差为正值，称分析结果偏高；反之，误差为负值，称分析结果偏低。

与误差定义的数学表示式相似，偏差的数学表示式为

$$d_i = x_i - \overline{x}$$

式中，x_i 为单次测定值；$\overline{x}$ 为测定结果平均值；d_i 为单次测量值的绝对偏差。

分析结果的精密度用单次测量的平均偏差和相对平均偏差表达，没有正负之分。

单次测量值的平均偏差 $\overline{d}$ 可表示为

$$\overline{d} = \frac{\sum\limits_{i=1}^{n} |d_i|}{n}$$

单次测量值的相对平均偏差 $\overline{d}_{\overline{x}}$ 可表示为

$$\overline{d}_{\overline{x}} = \frac{\overline{d}}{\overline{x}} \times 100\%$$

【例 3-2】根据例 3-1 软锰矿标样中 Mn 含量的测得数据，表示分析结果的精密度。

解　五次测量的绝对偏差 d_i 分别为 $+0.11\%$、-0.14%、$+0.16\%$、-0.04%、-0.09%，则

平均偏差

$$\overline{d} = \frac{\sum |d_i|}{n} = 0.11\%$$

相对平均偏差　$\overline{d}_{\frac{}{x}} = \frac{\overline{d}}{\overline{x}} \times 100\% = \frac{0.11\%}{37.34\%} \times 100\% = 0.29\%$

在分析测定过程中存在的两类不同性质的误差，由于具有传递的性质，因此会直接影响分析结果的精密度和准确度，其中随机误差既影响精密度也影响准确度，而系统误差只影响准确度。

评价分析结果应先看精密度，后看准确度。精密度高表示分析测定条件稳定，随机误差得到控制，数据有可比性，是保证准确度高的先决条件。精密度高、准确度也高的结果是可靠的结果。

【例 3-3】测定岩石中的 MgO 含量 $w(\text{MgO})$，已知真实值为 10.00%。A、B、C 三个分析者在相同条件下测定同一样品，测定结果（%）如下：

A	10.06	10.08	10.10	10.12	10.14	10.16
B	9.94	10.06	10.16	10.27	10.37	10.42
C	9.94	9.96	9.98	10.00	10.02	10.04

试比较三个分析者测定结果的精密度和准确度。

解　A　　$\overline{x}_A = 10.11\%$

精密度　$\overline{d}_A = 0.03\%$　　　$\overline{d}_{\frac{}{x_A}} = 0.30\%$

准确度　$E_A = +0.11\%$　　　$RE_A = +1.1\%$

B　　$\overline{x}_B = 10.20\%$

精密度　$\overline{d}_B = 0.15\%$　　　$\overline{d}_{\frac{}{x_B}} = 1.5\%$

准确度　$E_B = +0.20\%$　　　$RE_B = +2.0\%$

C　　$\overline{x}_C = 9.99\%$

精密度　$\overline{d}_C = 0.03\%$　　　$\overline{d}_{\frac{}{x_C}} = 0.30\%$

准确度　$E_C = -0.01\%$　　　$RE_C = -0.10\%$

结论：

C 的分析结果精密度高、准确度高，表明测定系统随机误差与系统误差得到控制，分析结果可靠。

B 的分析结果精密度、准确度均差，表明测定系统存在系统误差，且随机误差未得到控制，分析结果不可靠。

A 的分析结果精密度高、准确度差，表明测定系统存在系统误差，分析结果仍然不可取。

第二节　有　效　数　字

在测定中，有效数字是实际上能测到的数字，最后一位数字是估计值，不够准

确，又称可疑数字。通常，可能有±1或±0.5单位的误差。对初学者来说，应当会根据测量准确度要求，正确选择测量仪器，并根据测量仪器及分析方法的准确度，正确记录和表示分析结果的有效数字。

学习有效数字，重要的一点是掌握数字"0"在数字中不同位置的不同作用。

【例3-4】 "0"在下列数据中的作用：

1.0008　五位有效数字 ⎫
0.1000　四位有效数字 ⎬ 0在数字中间和数字后面，均为有效数字

0.0382　三位有效数字 ⎫
0.0005　一位有效数字 ⎬ 0在数字前，仅起定位作用，不算有效数字

3600　　有效数字位数不确定或称模糊不定

与仪器测量相联系的数字，有效数字位数一定要明确。

化学分析测定中，有效数字应遵循以下规则：

（1）记录的数据和计算结果只应保留一位可疑数字。

（2）应按"四舍六入五成双"规则，舍弃不必要的数字。

当测量值中被修约数字等于或小于4时，该数字应舍弃；等于或大于6时，应进位；等于5时，5后面数为0，若进位后尾数为偶数则进位，若舍弃后尾数为偶数则舍弃，5后面数不为零则一律进位。

【例3-5】 将下列测量值修约为两位有效数字：

$$3.148；75.5；7.3976；76.5；0.736；0.00705$$

解　3.148修约为3.1；75.5修约为76；

7.3976修约为7.4；76.5修约为76；

0.736修约为0.74；0.00705修约为0.0070。

（3）数字修约时，只允许对原测量值一次修约到所需要的有效数字，不能分次连续修约。

【例3-6】 7.5476修约为两位有效数字，应为7.5，不能分次连续修约，即 $7.548 \times 7.55 \times 7.6$。

（4）数字相加、减时，它们的和或差应以小数点后位数最少的数字为依据，来确定有效数字的保留位数；

数字相乘、除时，它们的积或商应以有效数字位数最少的数字为依据，来确定有效数字的保留位数。

数字运算过程可暂时多保留一位有效数字。

【例3-7】 $0.0121 + 25.64 + 1.05782 = 26.71$

　　　　　$0.0121 \times 25.64 \times 1.05782 = 0.328$

（5）对数值的有效数字位数由小数部分位数决定，而整数部分仅表示真数的10的乘方次数。例如，pH、pM、$\lg c$、$\lg K$ 等对数值；$pK_a = 4.74$、pH $= 11.26$ 均为两位有效数字。因此进行对数运算时，对数值保留的有效数字位数应与真数有效数字位数相同。

（6）分析化学计算中常遇到倍数、分数，它们可视为无限多位有效数字；涉及

的各种常数视为准确的。

（7）在运算中对第一位有效数字大于或等于 8 的数字的有效数字可以多算一位。例如 0.95 可视为三位有效数字。

（8）在分析化学测定及计算中，有些有效数字的位数保留是惯例，应当熟悉。例如，分析天平称量值为 $\pm 0.000x\,g$，滴定管读数为 $\pm 0.0x\,mL$，pH 测量值为 $0.0x$，吸光度值为 $\pm 0.00x$ 单位等。

误差仅仅保留一位最多两位有效数字。

化学平衡计算一般为两位有效数字。

分析结果的有效数字：高含量组分（＞10%）一般为四位有效数字，中含量组分（1%～10%）一般为三位有效数字，微量组分（＜1%）一般为两位有效数字。

第三节　实验数据的统计处理及分析结果的正确表达

在消除系统误差之后，测量结果的不一致是由随机误差引起的，随机误差服从统计规律。因此，对实验数据进行统计处理的前提是消除因系统误差产生的测量数据。统计处理的实质是处理随机误差。统计处理的理论基础是无限次测量随机误差呈正态分布，有限次测量随机误差呈 t 分布。

一、随机误差的正态分布与 t 分布

1. 随机误差的正态分布

无限次测量随机误差呈正态分布，可用正态分布概率密度函数 y 表示。

$$y = \phi(x) = \frac{1}{\sigma\sqrt{2\pi}} e^{-\frac{(x-\mu)^2}{2\sigma^2}}$$

式中，y 为误差出现的概率密度，它是 x 的函数，可用 $\phi(x)$ 表示，称为正态随机变量概率密度函数；x 为测量值；μ 为总体平均值，正态分布概率密度曲线最高点对应的测量值为 $\mu = \dfrac{\sum x_i}{n}$（其中 $n \to \infty$），当消除系统误差之后，μ 就是真实值，它代表样本值的集中趋势；σ 为正态分布总体标准偏差（$n \to \infty$ 时，$S \to \sigma$），是从总体平均值 μ 到正态概率密度曲线两个拐点中任何一个拐点的距离，$\sigma = \sqrt{\dfrac{\sum(x_i-\mu)^2}{n}}$，表示样本值离散的特性；$S$ 为样本标准偏差。

统计学上将考察对象全体称为总体，即随机变量 x 取值的全体。总体中随机抽取的测量值 x 称为样本值。样本所含测量值数目称为样本容量，即测量次数，以 n 表示。

由图 3-1 的正态分布曲线可知，σ 越小，数据集中趋势越高，精密度越高；而 σ 越大，数据越分散，精密度越差。但不管 σ

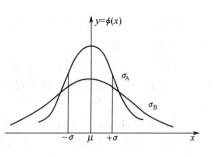

图 3-1　正态分布曲线

为何值，正态分布曲线与横轴（x 轴）之间所包含的面积就是概率密度函数 y 在 $-\infty < x < \infty$ 区间的积分值。它代表具有各种总体标准偏差（σ_A，σ_B）的样本值出现的概率总和，其值为 1。即概率为

$$P_{(-\infty < x < \infty)} = \int_{-\infty}^{\infty} \frac{1}{\sigma\sqrt{2\pi}} e^{-\frac{(x-\mu)^2}{2\sigma^2}} \mathrm{d}x = 1$$

式中，P 在统计学上称为置信概率，即样本值在某区间出现的概率。

图 3-2 中的 68.3%、95.5% 和 99.7% 分别表示测量值落入不同区间（$-\sigma$，$+\sigma$）、（-2σ，$+2\sigma$）和（-3σ，$+3\sigma$）的概率。

2. 随机误差的 t 分布

对有限次测量，可用 t 分布代替正态分布来研究随机误差。和正态分布概率密度函数一样，t 分布概率密度函数 y 为 t 的函数，即 $y = \phi(t)$。t 定义为

$$t = \frac{\overline{x} - \mu}{S_{\overline{x}}} = \frac{\overline{x} - \mu}{S / \sqrt{n}}$$

$$\overline{x} = \frac{1}{n}\sum_{i=1}^{n} x_i \qquad S = \sqrt{\frac{\sum (x_i - \overline{x})^2}{n-1}}$$

式中，S 为样本标准偏差；$S_{\overline{x}}$ 为平均值标准偏差；$\overline{x}$ 为有限次测量的算术平均值。

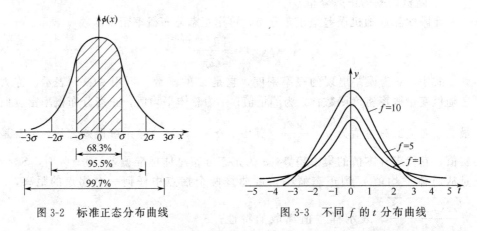

图 3-2　标准正态分布曲线　　　　　图 3-3　不同 f 的 t 分布曲线

绘制的 t 分布曲线（见图 3-3）纵坐标是概率密度函数 y，横坐标是 t，随自由度 f 变化，$f = n - 1$。

从图 3-3 中可以看到，t 分布曲线保持正态分布的钟形曲线形状。当 $f > 20$ 时，t 分布曲线与正态分布曲线很近似，从这一角度可知测量次数不是无限多才好，$n > 10$ 意义不大。

与正态分布曲线一样，t 分布曲线与横轴（t 轴）之间所夹的面积就是随机误差在此区间出现的概率。所不同的是，t 值不仅随概率变化，也随自由度 f 变化，不同概率与 f 值的 t 值见表 3-1。

表 3-1 $t_{\alpha,f}$ 值表（双边）

f	置信度,显著性水平		
	$P=0.90$ $\alpha=0.10$	$P=0.95$ $\alpha=0.05$	$P=0.99$ $\alpha=0.01$
1	6.31	12.71	63.66
2	2.92	4.30	9.92
3	2.35	3.18	5.84
4	2.13	2.78	4.60
5	2.02	2.57	4.03
6	1.94	2.45	3.71
7	1.90	2.36	3.50
8	1.86	2.31	3.36
9	1.83	2.26	3.25
10	1.81	2.23	3.17
20	1.72	2.09	2.84
∞	1.64	1.96	2.58

二、数据的统计处理方法及分析结果的正确表达

在一般分析测定中，测量次数是有限的，人们总是希望应用有限次随机样本值推断总体的情况，科学的方法是应用统计学知识，进行实验数据的统计处理。步骤及内容如下。

1. 构造统计量

① 在无限次测量中用总体平均值（μ）描述数据的集中趋势，在有限次测量中则用算术平均值（$\overline{x}$）、中位数（M）描述数据的集中趋势。

中位数（M）是将测量样本值（x_i）按大小顺序排列，若 n 为奇数，中位数就是位于中间的数，若 n 为偶数，则是中间两数的平均值。

【例 3-8】$K_2Cr_2O_7$ 法测 $w(Fe)$ 所得数据（%）如下：

4 次测量　67.27　67.40　67.43　67.47　中位数 $= \dfrac{67.40+67.43}{2}$

5 次测量　67.27　67.40　67.43　67.47　67.57　中位数 $=67.43$

对少数次测量，中位数可比平均值更为合理地描述数据的集中趋势。

② 在无限次测量中用总体标准偏差（σ）、总体方差（σ^2）描述数据的离散程度，在有限次测量中则用样本标准偏差（S）、样本相对标准偏差（CV）、样本方差（S^2）、平均值的标准偏差（$S_{\overline{x}}$）以及极差（R）来描述数据的离散程度。

样本标准偏差　$S=\sqrt{\dfrac{\sum(x_i-\overline{x})^2}{n-1}}$

S 对极值反应灵敏，是描述测量值离散程度的好方法，（$n-1$）称为自由度，用 f 表示。

样本相对标准偏差（又称变异系数、变动系数）　$CV=\dfrac{S}{\overline{x}}\times100\%$

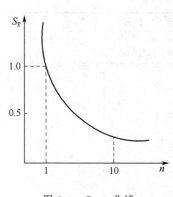

图 3-4　$S_{\bar{x}}$-n 曲线

样本方差　　　$S^2 = \dfrac{\sum(x_i - \bar{x})^2}{n-1}$

平均值的标准偏差　$S_{\bar{x}} = \dfrac{S}{\sqrt{n}}$

平均值的标准偏差 $S_{\bar{x}}$ 与测量次数的平方根成反比，表明增加测量次数可提高测量精密度。由图 3-4 可见，$n>10$ 时，$S_{\bar{x}}$ 随 n 的增加而减少已不明显，$n>20$ 已无意义。因此单纯靠增加测量次数提高测量精密度不是可行办法，测量应有一定的次数，一般要求 $n>3$，精密测量 $n>5$。

极差（又称量距或误差范围）以 R 表示，是一组样本值中最大值与最小值之差，即

$$R = x_{\max} - x_{\min}$$

【例 3-9】测定 $w(Al_2O_3)$ 所得五个样本值为 37.45%、37.20%、37.30%、37.50%、37.25%，用统计量描述样本值的集中趋势与离散程度。

解　　　$\bar{x} = \dfrac{\sum x_i}{n} = 37.34\%$

$$n = 5 \qquad M = 37.30\%$$

$$S = \sqrt{\dfrac{\sum(x_i - \bar{x})^2}{n-1}} = 0.13\% \qquad CV = \dfrac{S}{\bar{x}} \times 100\% = 0.35\%$$

$$S_{\bar{x}} = \dfrac{S}{\sqrt{n}} = 0.06\% \qquad S^2 = \dfrac{\sum(x_i - \bar{x})^2}{n-1} = 0.02\%$$

$$R = 37.50\% - 37.20\% = 0.30\%$$

2. 进行区间参数估计

由于 n 一般为 3～5 次，不能推断总体 μ、σ，只能推断总体的置信区间。置信区间的可信程度或把握程度以置信概率 P 表示，一般取 90% 或 95%。

平均值的置信区间为

$$\bar{x} \pm t \dfrac{S}{\sqrt{n}}$$

式中，t 为统计因子，可查 t 分布表中的 $t_{\alpha,f}$ 得到；f 为自由度，$f = n-1$；α 为显著性水平，通常采用 0.10 或 0.05，$P = 1-\alpha$。

【例 3-10】检测鱼体中的甲基汞含量，在无系统误差情况下，测得结果（$\mu g \cdot g^{-1}$）为 1.12、1.15、1.11、1.16、1.12。根据 5 次测量值推断 $P = 95\%$ 时总体均值落入的置信区间。

解　平均值置信区间为 $\bar{x} \pm t \dfrac{S}{\sqrt{n}}$，其中

$$\bar{x}=\frac{\sum x_i}{n}=1.13 \qquad S=\sqrt{\frac{\sum(x_i-\bar{x})^2}{n-1}}=0.022$$

$P=95\%$ 时，$\alpha=1-P=0.05$ $\qquad f=n-1=4$

查 $t_{\alpha,f}$ 分布表（见表 3-1）知 $t_{\alpha,f}=t_{0.05,4}=2.78$，则鱼体中甲基汞检测值的总体平均值置信区间为

$$1.13\pm 2.78\times\frac{0.022}{\sqrt{5}}=1.13\pm 0.03 \ (\mu g\cdot g^{-1})$$

3. 数据整理与可疑值舍弃

分析测定结束后，应先整理数据，舍弃可疑值，再进行分析结果的统计处理，并表达分析结果。

可疑值舍弃方法有 Q 检验法、$4d$ 法、格鲁布斯法等多种，本书仅介绍 Q 检验法（见表 3-2）。

表 3-2　Q 值表（置信度 90% 和 95%）

测定次数(n)	2	3	4	5	6	7	8	9	10
$Q_{0.90}$	…	0.94	0.76	0.64	0.56	0.51	0.47	0.44	0.41
$Q_{0.95}$	…	0.98	0.85	0.73	0.64	0.59	0.54	0.51	0.48

将数据由小到大排列 x_1、x_2、x_3、$\cdots$、x_{n-1}、x_n，其中 x_1、x_n 可能为可疑值。

若 x_1 为可疑值，统计因子 $Q=\dfrac{x_2-x_1}{x_n-x_1}$

若 x_n 为可疑值，统计因子 $Q=\dfrac{x_n-x_{n-1}}{x_n-x_1}$

如果 $Q_{计}\geqslant Q_{\alpha,n}$，则应舍弃可疑值；如果 $Q_{计}<Q_{\alpha,n}$，则应保留可疑值。

【例 3-11】 鱼体中甲基汞含量的四次检测数据为 1.25、1.28、1.31、1.40，用 Q 检验法决定其中 1.40 数据的取舍。

解 $\qquad x_n=1.40 \qquad x_{n-1}=1.31 \qquad x_1=1.25$

$$Q_{计}=\frac{1.40-1.31}{1.40-1.25}=0.60$$

查 Q 值表知 $Q_{0.05,4}=0.85$。$Q_{计}<Q_{0.05,4}$，故 1.40 应保留。

分析数据的统计处理及分析结果的表达是基础分析化学的重要内容。学习本章统计处理方法仅仅是个入门，许多内容系初步引入，尚待在今后的科研实践中深入学习和掌握，初学者应当建立的概念是正确记录数据、分析数据有效位数的保留、测量数据可疑值的取舍方法、分析结果的正确表达方法，学会用统计方法处理测量数据。

4. 分析测量的不确定度

用与测量结果相联系的参数，来合理地表征被测量数值的分散性，称为测量的

不确定度。

不确定度可分为标准不确定度和扩展不确定度，用来表征测量结果的可信性、有效性或对测量结果的怀疑程度、不肯定程度，它是用来表达测量结果质量的一组参数。

标准不确定度是用标准偏差来表示测量结果的不确定度。

当对测量结果进行有限的 n 次测量时，则样本的标准偏差 S 可表达为

$$S = \sqrt{\frac{\sum\limits_{i=1}^{n} (x_i - \overline{x})^2}{n-1}}$$

式中，n 为有限测量次数；x_i 为单次测量值；$\overline{x}$ 为 n 次测量的平均值。

当对测量结果进行无穷多的 N 次测量时，则总体的标准偏差 σ 可表达为

$$\sigma = \sqrt{\frac{\sum\limits_{i=1}^{N} (x_i - \mu)^2}{N}}$$

式中，N 为无穷多次测量（$n \to \infty$）；x_i 为单次测量值；μ 为无穷多次测量的总体平均值，即 $\mu = \lim\limits_{n \to \infty} \dfrac{1}{n} \sum\limits_{i=1}^{n} x_i$。

样本的标准偏差 S 和总体的标准偏差 σ 都表达了多次测量结果遵循统计分析的分散性，它们都可称作"A 类标准不确定度"，用 u_A 表示。

此外，当进行测定时，所用测量仪器的允许误差，计算中使用的相对原子质量、相对分子质量、化学因数的有效位数，所用分析方法的准确度等数据采用的是来自相关资料、实践经验的数据，具有主观估计的因素，并不遵循统计分析的规律，因此由这些因素引起的不确定度称作"B 类标准不确定度"，用 u_B 表示。

由于完成一个整体测量过程，A 类和 B 类标准不确定度共存，为表达二者对测定结果分散性产生的总体影响，又引入"合成标准不确定度" u_C。u_C 可按下式计算：

$$u_C = \sqrt{u_A^2 + u_B^2}$$

u_C 表征了一个整体测量结果的分散性。

为了更确切地表征一种测定方法或一种标准物质用于实际测量过程，所获测量结果数值分布的合理性，还引入"扩展不确定度" U。U 可按下式计算：

$$U = k u_C$$

式中，k 为覆盖因子（或包含因子），其数值为 2～3。

上述各种不确定度的关系如下：

$$测量不确定度\begin{cases} 标准不确定度\begin{cases} A\,类标准不确定度\ u_A \\ B\,类标准不确定度\ u_B \end{cases}\!\!\!\begin{array}{l}合成标准不确定度：\\ u_C = \sqrt{u_A^2 + u_B^2}\end{array} \\ 扩展不确定度：U = k u_C \end{cases}$$

第四节 分析质量与分析实验室质量控制、质量保证

一、分析质量

分析测试的目的就是准确、快速而经济地提供有关被测物质的各种分析信息。把分析测试看作一个获取被测物质各种分析信息的系统，如图 3-5 所示。

图 3-5 分析系统

分析信息是指与试样的组成、性质有关的信息，分析仪器和分析方法是获取这些信息的转化过程，因此分析系统工作内容如图 3-6 所示。

图 3-6 分析系统工作内容

计算机在分析化学中的广泛应用，使分析化学信息传递、信息处理全过程得以实现，对分析数据的质量要求也日益提高。随着现代分析仪器的普遍采用与痕量分析任务的复杂性，以及对分析人员知识水平的全面要求，提出了分析数据的质量控制与质量保证问题，因此赋予分析质量一个明确的含义是必要的。

分析质量是指数据质量、分析方法质量和分析体系质量三个方面的质量。

1. 数据质量

指单个数据质量。分析结果的质量可以用准确度来衡量，是被测物质的测定值与真实值接近的程度。它受系统误差和随机误差控制。

2. 分析方法质量

分析方法质量用方法的精密度、准确度来衡量。分析方法的质量还应包括方法的灵敏度与选择性、方法的经济成本及对环境污染的影响、分析方法的毒性等。

3. 分析体系质量

分析体系质量是构成分析系统的以下六个参数的综合体现。

(1) 分析者 分析者的知识、技术、经验是决定分析者误差的关键因素，因为分析结果可靠性的获得是由分析人员实验、判断来决定的。

分析者要经过良好训练，并熟练掌握分析仪器的操作方法，理解测定方法的原理和操作条件，正确使用有效数字和统计方法，并掌握分析测定结果的正确表达。

(2) 试样 欲获得准确的分析结果，分析者要采取必要的技术措施，制取具有代表性、均匀性、稳定性的样品，用统计学方法随机抽样。

样品的保存和管理应有严格的记录，并防止样品的沾污和变质。

（3）分析方法　样品必须经过适用的分析方法进行分析才能获取有关其组成和性质的信息。

对常规样品，应采用国家标准规定的分析方法；对需自行拟订的分析方法，应使用已知准确含量的标准物质来检验所选方法的准确度，也可与标准分析方法进行对照试验。

（4）实验室的环境、设备和管理　实验室应保持一定的空气清洁度，稳定的温度、湿度和大气压力，并有完善的电力供应和通风设备，这是获取可靠分析结果应必备的条件。

实验室应配备进行化学分析必需的分析天平和各种玻璃仪器，以及必需的分光光度计、气相色谱仪、液相色谱仪、电化学分析仪等仪器设备。所有的仪器设备每年要经过当地计量部门的计量检定，以保证测量精度，需自行检定的设备要定期进行检验。

实验室应建立质量管理体系，对分析人员应定期培训，仪器设备应建立档案管理及维护程序，对试剂、标准物质、水质应建立有效的使用制度。

（5）量值的溯源和校准　为保证分析结果有良好的再现性，对分析仪器要进行严格的校准和检定，并应正确使用均匀性、稳定性可靠的标准物质，来检验分析方法和测定结果的可信性。标准物质的使用可将在不同时间与空间的测量追溯到已有的国家计量基准，从而保证测定结果具有溯源性。

（6）实验记录和测定报告　实验记录是分析检测的原始记录依据，不能随意涂改。实验记录应妥善保存，以便当失误时查找原因；它具有再现功能和法律效果。

测定报告是分析测定结果质量的总体表达，它不仅要数据准确、表达无误，还具有法律责任。每个实验室的管理者必须严肃对待出示的测定报告，并承担相应的法律责任。

分析实验室的建立标志着分析系统的建立，但分析质量并未确定，还要控制上述分析系统的六个参数，以便将分析系统各类误差降到最低。这种为获取可靠分析结果的全部活动，就是分析质量控制与保证。

二、分析实验室质量控制

在一个给定的分析系统中，对分析测试所得数据质量的要求还和其他一些因素如成本费用、安全性、对环境污染的毒性、分析速度等有关。这个要求的限度就是在一定置信概率下，所得到的数据能达到预期的准确度与精密度，而所采取的减少误差的措施的全部活动，就是分析实验室的质量控制。

三、分析实验室质量保证

分析实验室质量保证由一个系统组成，借助于该系统，实验室就能向上级监督单位或鉴定机构申报该实验室所测分析数据，经过考核并达一定质量。

质量保证的任务就是把所有的误差，其中包括系统误差、随机误差甚至因疏忽造成的误差，减小到预期的最低水平。

质量保证的核心内容包括两个方面：一方面对从取样到分析结果计算的分析全

过程采取各种减少误差的措施，进行分析质量控制；另一方面采用行之有效的方法，对分析结果进行质量评价，及时发现分析过程中的问题，确保分析结果的准确可靠。

质量保证代表了一种新的工作方式，通过编制的大量文件，使实验室管理工作者增加了阅读、评价、归档及作出相应对策等大量日常文书工作，从而达到实验室管理工作科学化的目标，提高了实验室管理工作水平及质量。

习　题

1. 判断下列情况各属何种类型误差：

A. 系统误差　　　　　B. 随机误差　　　　　C. 过失误差

(1) 天平零点稍有变动。（　　　）

(2) 滴定时不慎，从锥形瓶中溅出一滴溶液。（　　　）

(3) 基准物放置在空气中吸收了水分和 CO_2。（　　　）

(4) 试剂中含有微量被测离子。（　　　）

(5) 洗涤沉淀时，少量沉淀因溶解而损失。（　　　）

(6) 过滤沉淀时出现穿滤现象，未及时发现。（　　　）

(7) 滴定管读数时，最后一位数字估计不准。（　　　）

(8) $H_2C_2O_4 \cdot 2H_2O$ 基准物的结晶水部分风化。（　　　）

(9) 分光光度计测定吸光度 (A) 时，发生电压偶然波动，A 值发生偏离。（　　　）

(10) 称量分析法测 SO_4^{2-}，当灼烧 $BaSO_4$ 沉淀时，天气骤变，砂粒随风落入坩埚。（　　　）

2. 正确表示下列结果的有效数字：

(1) $4.030+0.46-1.8259+13.7$

(2) $14.13 \times 0.07650 \div 0.78$

(3) $\lg(1.8 \times 10^{-5})$

(4) $pH=12.20$，$[H^+]=?$

$[H^+]=0.50 mol \cdot L^{-1}$，$pH=?$

$[H^+]=1 \times 10^{-9} mol \cdot L^{-1}$，$pH=?$

(5) 指出下列各数含有几位有效数字：

0.0030；8.023×10^{23}；84.120；4.80×10^{-10}；1000；34000；1.0×10^3；$pH=4.2$

3. 若要求分析结果达 0.2% 的准确度，试问减量法称样至少为多少克？滴定时所消耗标准溶液的体积至少为多少毫升？

4. 称取 Na_2CO_3 基准物 $0.1400g$，以甲基橙为指示剂标定 HCl 溶液的浓度，消耗 HCl 溶液 $22.10mL$。按极值误差传递，估计 HCl 溶液浓度标定误差。

5. 用 EDTA 法测定水泥中铁的含量，分析结果（%）为 6.12、6.82、6.32、6.22、6.02、6.32。根据 Q 检验法判断 6.82 是否应舍弃。

6. 用草酸标定 $KMnO_4$ 溶液，4 次标定结果（$mol \cdot L^{-1}$）为 0.2041、0.2049、0.2039、0.2043，试计算标定结果的平均值（$\bar{x}$）、个别测定值的平均偏差（$\bar{d}$）、相对平均偏差（$\bar{d_x}$）、标准偏差（S）、变异系数（CV）。

7. 甲、乙两位分析者分析同一批石灰石中钙的含量，测得结果（%）如下：

| 甲 | 20.48 | 20.55 | 20.58 | 20.60 | 20.53 | 20.55 |

| 乙 | 20.44 | 20.64 | 20.56 | 20.70 | 20.78 | 20.52 |

正确表示分析结果平均值（$\bar{x}$）、中位数（M）、极差（R）、平均偏差（$\bar{d}$）、相对平均偏差（$\bar{d}_{\bar{x}}$）、标准偏差（S）、变异系数（CV）、平均值的置信区间。

8. 用硼砂及碳酸钠两种基准物标定盐酸溶液的浓度，标定结果（mol·L^{-1}）如下：

用硼砂标定　0.1012、0.1015、0.1018、0.1021

用碳酸钠标定　0.1018、0.1017、0.1019、0.1023、0.1021

试判断 $P = 95\%$ 时用两种基准物标定 HCl 溶液的浓度，应如何表示结果？哪种基准物更好？

9. 甲、乙两位分析者，同时分析硫铁矿中的含 S 量，若称样 3.50g，分析结果报告为：

甲　42.0%　　41.0%

乙　40.99%　　42.01%

试问哪份报告合理？

10. （1）将下列数据修约成两位有效数字：

$$7.4978；0.736；8.142；55.5$$

（2）将下列数据修约成四位有效数字：

$$83.6424；0.57777；5.4262 \times 10^{-7}；3000.24$$

第四章 化学分析中的反应及平衡处理方法——副反应系数法

第一节 酸碱反应及其平衡处理

一、酸碱质子理论

1923 年，布朗斯特（J. N. Brönsted）和劳莱（T. M. Lowry）提出了酸碱质子理论。

1. 酸碱概念

凡能给出质子（H^+）的物质是酸，凡能接受质子的物质是碱。例如

$$HAc \Longrightarrow Ac^- + H^+ \qquad NH_3 + H^+ \Longrightarrow NH_4^+$$
$$\text{酸} \quad \text{碱} \quad \text{质子} \qquad \text{碱} \quad \text{质子} \quad \text{酸}$$

从上例可知，酸比碱多一个质子。掌握这一概念，可正确区分酸、碱。酸、碱通式为

$$HB \Longrightarrow H^+ + B^-$$
$$\text{酸} \quad \text{质子} \quad \text{碱}$$

2. 共轭酸碱对概念

酸（HB）失去质子后变成碱（B^-），而碱（B^-）接受质子后成为酸，它们之间的关系如以上通式。酸与碱相互依存的关系叫共轭关系。HB 是 B^- 的共轭酸，B^- 是 HB 的共轭碱，HB-B^- 称为共轭酸碱对。

【例 4-1】区分下列物质是酸还是碱，并指出共轭酸碱对：HAc、H_2CO_3、H_3PO_4、NaAc、$NaHCO_3$、Na_2CO_3、NaH_2PO_4、Na_2HPO_4、Na_3PO_4、H_2O、$(C_2H_5)_2NH$（二乙胺）、<chem>N</chem>（吡啶）。

在判断酸、碱时，会发现 $NaHCO_3$、NaH_2PO_4、Na_2HPO_4 类物质既能给出质子，也能接受质子，这类物质称为两性物质，而 NaAc、Na_2CO_3、Na_3PO_4 是碱，取消了"盐"的概念。在判断酸碱对时，如不熟悉的二乙胺、吡啶等有机碱，只要掌握酸与其共轭碱或碱与其共轭酸之间相差一个质子，就容易指出 $(C_2H_5)_2NH$ 与 $(C_2H_5)_2NH_2^+$、<chem>N</chem> 与 <chem>N-H⁺</chem> 为共轭酸碱对。H_2O 是两性物质，共轭酸碱对分别为 H_2O-OH^- 和 H_3^+O-H_2O。

3. 酸碱反应的实质

酸碱反应实际上是两个共轭酸碱对共同作用的结果，其实质是质子的转移。当酸给出质子时，必须有另一种能接受质子的碱存在才能实现。例如 HAc 在水中的

离解反应。

半反应 1 $\qquad$ HAc(酸 1)$\Longrightarrow$Ac$^-$(碱 1)$+$H$^+$

半反应 2 $\qquad$ H$^+$$+H_2$O(碱 2)$\Longrightarrow$H$_3^+$O(酸 2)

总的反应 $\qquad$ HAc$+$H$_2$O$\Longrightarrow$H$_3^+$O$+$Ac$^-$

其中，HAc-Ac$^-$、H$_3^+$O-H$_2$O 分别为共轭酸碱对。

从上例中可以看到，HAc 离解反应得以实现，是因为作为溶剂的 H$_2$O 此时作为碱可以接受质子。H$_3^+$O 称为水合质子，简写为 H$^+$。

为了书写方便，HAc 离解反应简化为 HAc $\Longrightarrow$ H$^+$$+Ac^-$，这一简化式代表了完整的酸碱质子传递过程。

应当指出的是，NaAc、Na$_2$CO$_3$ 在水中的总反应

$$Ac^- + H_2O \Longrightarrow HAc + OH^-$$

$$CO_3^{2-} + H_2O \Longrightarrow HCO_3^- + OH^-$$

称为碱的离解反应。作为溶剂的 H$_2$O，此时作为酸，可以给出质子，使碱的离解反应得以实现。

4. 水的质子自递作用及平衡常数

当质子转移发生在 H$_2$O 分子之间时，即

$$H_2O(酸 1) + H_2O(碱 2) \Longrightarrow OH^-(碱 1) + H_3^+O(酸 2)$$

这个反应称为水的质子自递反应。

$$K_w = a_{H_3^+O} a_{OH^-} = 1.00 \times 10^{-14} (25℃时)$$

K_w 称为水的质子自递常数或称水的活度积。

在电解质溶液中，由于荷电离子之间以及离子和溶剂之间相互作用，使离子在化学反应中表现出的有效浓度与真实浓度间有差别，将离子在化学反应中起作用的有效浓度称为离子活度。离子活度 a 与浓度 c 之间的关系是 $a = rc$，r 称为离子的活度系数，与离子强度有关。酸碱、沉淀、配位各类离解反应的平衡常数，用离子活度 a 或浓度 c 表示时，分别称为活度常数或浓度常数。

二、酸碱反应平衡常数与酸碱强度

酸碱强度取决于酸释放或碱夺取质子的能力以及介质传递质子的能力。酸碱强度是相对的，因酸碱物质、介质不同而不同。这里仅讨论以水为溶剂时酸碱强度的比较。

选择以 H$_3^+$O-H$_2$O 共轭酸碱对作为比较标准，则水溶液中酸的强度取决于它将质子释放给水分子的能力，而碱的强度取决于它从水分子中夺取质子的能力。衡量这种释放或夺取质子的能力的定量标度就是酸碱平衡常数——酸碱离解常数。如前所述，对于弱酸，K_a 值越大，pK_a 值越小，表示酸越强；对于弱碱，K_b 值越大，pK_b 值越小，表示碱越强。共轭酸碱对 K_a 与 K_b 的关系为

$$K_a K_b = \frac{a_{H_3^+O} a_{A^-}}{a_{HA}} \times \frac{a_{HA} a_{OH^-}}{a_{A^-}}$$

$$= a_{H_3^+O} a_{OH^-} = K_w$$

$$pK_a + pK_b = pK_w$$

由上式可知，对共轭酸碱对来说，若酸的酸性很强，则其共轭碱的碱性必弱，反之亦然。若知道共轭酸碱对的 pK_a 值，即可求得其 pK_b 值。

【例 4-2】 从附表一中查出下列物质的 pK_a 值或 pK_b 值，写出相应的酸碱型体，并比较酸碱强度。

$$H_2C_2O_4 \text{、} C_6H_5COOH \text{、} H_3BO_3 \text{、} C_6H_5NH_3^+$$

解　查表知

	$H_2C_2O_4$	C_6H_5COOH	H_3BO_3	$C_6H_5NH_2$
pK_a	1.25　4.29	4.21	9.24	pK_b　9.38

则酸度强弱顺序

$$H_2C_2O_4 > C_6H_5COOH > HC_2O_4^- > C_6H_5NH_3^+ > H_3BO_3$$

pK_a　1.25　<　4.21　<　4.29　<　4.62　<　9.24

碱度强弱顺序

$$H_2BO_3^- > C_6H_5NH_2 > C_2O_4^{2-} > C_6H_5COO^- > HC_2O_4^-$$

pK_b　4.76　<　9.38　<　9.71　<　9.79　<　12.75

【例 4-3】 从附表一中查出 H_3PO_4 的 pK_a 值，写出相应的酸碱型体并比较酸碱强度。

解　查表知 H_3PO_4 的 $pK_{a_1} = 2.16$，$pK_{a_2} = 7.21$，$pK_{a_3} = 12.32$。则

酸度强弱顺序　$H_3PO_4 > H_2PO_4^- > HPO_4^{2-}$

$\quad pK_a \qquad 2.16 \quad < 7.21 \quad < 12.32$

碱度强弱顺序　$PO_4^{3-} > HPO_4^{2-} > H_2PO_4^-$

$\quad pK_b \qquad 1.68 \quad < 6.79 \quad < 11.84$

从上例可知，多元酸在水溶液中逐级离解，存在多个共轭酸碱对，三元酸 H_3A 逐级离解为 H_2A^-、HA^{2-}、A^{3-}，对应 $pK_{a_1} < pK_{a_2} < pK_{a_3}$，其酸度强弱顺序为 $H_3A > H_2A^- > HA^{2-}$。

相应的共轭碱为 H_2A^-、HA^{2-}、A^{3-}，其中 $pK_{b_1} = pK_w - pK_{a_3}$，$pK_{b_2} = pK_w - pK_{a_2}$，$pK_{b_3} = pK_w - pK_{a_1}$，可知 $pK_{b_3} > pK_{b_2} > pK_{b_1}$，故其碱度强弱顺序为 $A_3^- > HA^{2-} > H_2A^-$，而共轭酸碱对为 $H_3A\text{-}H_2A^-$、$H_2A^-\text{-}HA^{2-}$、$HA^{2-}\text{-}A^{3-}$。

三、酸碱水溶液平衡组分浓度的计算

在弱酸弱碱水溶液中，其平衡体系组分往往具有多种存在形式，它的浓度分布由溶液中氢离子的浓度所决定，因此酸度是影响化学反应的重要因素。研究酸度对平衡组分型体分布的影响并计算其浓度，对控制分析测定条件、判断干扰离子、选择掩蔽剂均有指导意义，对工业生产控制、改进工艺条件也十分重要。

1. 分析浓度与平衡浓度

一元弱酸在溶液中存在离解平衡 $HA \Longrightarrow H^+ + A^-$，其总浓度 $c(HA)$ 称为分析浓度。离解达平衡时，两种型体 HA 与 A^- 各自的浓度称为平衡浓度，分别以 $[HA]$、$[A^-]$ 表示。分析浓度为各种存在型体平衡浓度的总和，数学表达式为

$$c(HA) = [HA] + [A^-]$$

【例 4-4】写出 $0.1mol \cdot L^{-1}$ H_3PO_4 溶液的分析浓度表达式。

解
$$c(H_3PO_4) = 0.1mol \cdot L^{-1}$$

$$c(H_3PO_4) = [H_3PO_4] + [H_2PO_4^-] + [HPO_4^{2-}] + [PO_4^{3-}]$$

2. 分布系数与组分平衡浓度的计算

通常，溶液的 pH 易于测得，当已知弱酸、弱碱的分析浓度时，需要判断的是在给定 pH 条件下，以哪些平衡组分型体的存在为主，需要定量计算这些组分的平衡浓度，这就要引入分布系数。分布系数将平衡浓度、分析浓度、介质 pH 联系起来，用于处理酸碱平衡问题。

（1）分布系数　分布系数为某酸碱组分的平衡浓度占总浓度 c 的分数，以 δ 表示。

对一元弱酸 HA，$HA \rightleftharpoons H^+ + A^-$，$c(HA) = [HA] + [A^-]$，则

$$\delta_{HA} = \frac{[HA]}{c(HA)} \qquad \delta_{A^-} = \frac{[A^-]}{c(HA)}$$

对二元弱酸 H_2A，$H_2A \rightleftharpoons HA^- + H^+$，$HA^- \rightleftharpoons H^+ + A^{2-}$，$c(H_2A) = [H_2A] + [HA^-] + [A^{2-}]$，则

$$\delta_{H_2A} = \frac{[H_2A]}{c(H_2A)} \qquad \delta_{HA^-} = \frac{[HA^-]}{c(H_2A)} \qquad \delta_{A^{2-}} = \frac{[A^{2-}]}{c(H_2A)}$$

对于三元酸 H_3A，$H_3A \rightleftharpoons H_2A^- + H^+$，$H_2A^- \rightleftharpoons HA^{2-} + H^+$，$HA^{2-} \rightleftharpoons H^+ + A^{3-}$，$c(H_3A) = [H_3A] + [H_2A^-] + [HA^{2-}] + [A^{3-}]$，则

$$\delta_{H_3A} = \frac{[H_3A]}{c(H_3A)} \quad \delta_{H_2A^-} = \frac{[H_2A^-]}{c(H_3A)} \quad \delta_{HA^{2-}} = \frac{[HA^{2-}]}{c(H_3A)} \quad \delta_{A^{3-}} = \frac{[A^{3-}]}{c(H_3A)}$$

分布系数还可表示成 $[H^+]$、K_a 的函数式。对于弱酸，若已知 pH、K_a，可计算分布系数。

一元弱酸　$\delta_{A^-} = \dfrac{[A^-]}{c(HA)}$

$$= \frac{[A^-]}{[HA] + [A^-]} = \frac{K_a}{K_a + [H^+]} \qquad (因为 \frac{[H^+][A^-]}{[HA]} = K_a)$$

$$\delta_{HA} = \frac{[HA]}{c(HA)}$$

$$= \frac{[HA]}{[HA] + [A^-]} = \frac{[H^+]}{K_a + [H^+]}$$

则
$$\delta_{A^-} + \delta_{HA} = 1$$

即 δ_{A^-} 和 δ_{HA} 为 $[H^+]$、K_a 的函数。

对于二元弱酸，分布系数与 $[H^+]$、K_a 关系的推导方法类同。

（2）分布系数的应用——计算组分的平衡浓度

【例 4-5】已知 $pH = 4.0$，$c(HAc) = 0.1mol \cdot L^{-1}$，计算 $[HAc]$、$[Ac^-]$ 各为多少。

解　因为 $[HAc]=c\delta_{HAc}$，而 $\delta_{HAc}=\dfrac{[H^+]}{K_a+[H^+]}=0.85$（其中 $K_a=1.8\times$

10^{-5}），所以

$$[HAc]=0.1\times0.85=0.085\ (mol\cdot L^{-1})$$

同理，$[Ac^-]=c\delta_{Ac^-}$，而 $\delta_{Ac^-}=\dfrac{K_a}{K_a+[H^+]}=0.15$，故

$$[Ac^-]=0.1\times0.15=0.015\ (mol\cdot L^{-1})$$

四、溶液中离子平衡图解法的应用

应用图像表示溶液中平衡体系的各组分分布情况或组分的浓度，能对溶液中复杂的离子平衡体系有一个清晰的了解，尤其是在辨别某一体系的主要组分和次要组分时，图解法简单实用。在计算平衡体系组分浓度时，图解法可简化计算，并能提供近似值，与代数法配合可简化计算过程。在计算机技术发展的基础上引入离子平衡图解法，为处理溶液平衡提供了有力工具。

以分布系数 δ 为纵坐标，pH 为横坐标，将给定的 pK_a、pH、δ 值输入计算程序后，绘制 δ-pH 分布图。以 HAc 为例，由图 4-1 可见，δ_{HAc} 随 pH 增大而减小，δ_{Ac^-} 随 pH 增大而升高，两曲线相交于 $pH=pK_a$（4.76），此时 $\delta_{HAc}=\delta_{Ac^-}=0.5$。

由图 4-1 可以看到，在不同 pH 条件下，组分存在的型体为：

① $pH<pK_a$ 时，以 HAc 为主；

② $pH>pK_a$ 时，以 Ac^- 为主；

③ $pH=pK_a$ 时，$\delta_{HAc}=\delta_{Ac^-}$。

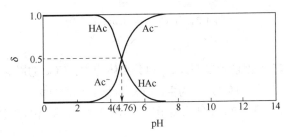

图 4-1　HAc 的 δ-pH 分布图

这一分布特征可推广到任何一种一元酸。对多元酸来说，分布图是一元酸的分布图的重复。δ-pH 分布图的应用见下述各例。

【例 4-6】 由 $H_2C_2O_4$ 的 δ-pH 分布图（见图 4-2）说明草酸钙的沉淀条件。在含有 Ca^{2+} 的酸性介质中，加甲基橙指示剂后逐滴加氨水，至指示剂由红刚刚变黄，生成 CaC_2O_4 沉淀。

解　沉淀操作条件是为了获取大晶形沉淀，控制相对过饱和度，甲基橙刚刚变黄表示 $pH=4.4$，此时溶液以 $[C_2O_4^{2-}]$ 为主。

【例 4-7】 由 H_2CO_3 的 δ-pH 分布图（见图 4-3）说明，$pH<5$ 时，CO_2 对酸碱滴定带来的误差可忽略，但 $pH>5$ 时结束滴定，CO_2 带来的误差不可忽略。

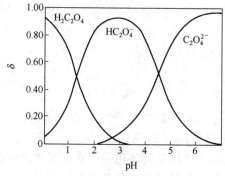

图 4-2　$H_2C_2O_4$ 的 δ-pH 分布图

($pK_{a_1} = 1.25$，$pK_{a_2} = 4.29$)

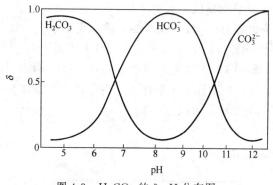

图 4-3　H_2CO_3 的 δ-pH 分布图

($pK_{a_1} = 6.38$，$pK_{a_2} = 10.25$)

解　因为 pH < 5 时溶液中以 H_2CO_3 组分型体为主，CO_2 的影响可忽略；而 pH > 5 时，溶液中以 $[H_2CO_3]$、$[HCO_3^-]$ 为主，CO_2 的影响不可忽略。

【例 4-8】 由 H_3PO_4 的 δ-pH 分布图（见图 4-4）判断 pH = 5 时下列组分关系式哪个正确。

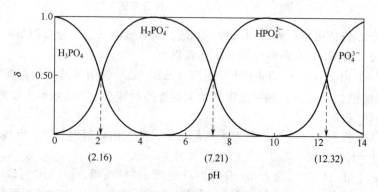

图 4-4　H_3PO_4 的 δ-pH 分布图

(1) $[H_3PO_4]=[H_2PO_4^-]$

(2) $[H_2PO_4^-]=[HPO_4^{2-}]$

(3) $[H_2PO_4^-]\gg[H_3PO_4]$

(4) $[HPO_4^{2-}]\gg[H_2PO_4^-]$

(5) $[PO_4^{3-}]\gg[HPO_4^{2-}]$

解　当 pH=5 时，溶液中的主要组分为 $H_2PO_4^-$，因此（3）的提法正确。

在上述多元酸分布图中，每一个 K_a 对应一条分布曲线，曲线连续分布为 S 形，曲线从 $\delta=0$ 增大到 1，再从 1 减小到 0，构成一个对称的钟形曲线，且相邻两条曲线相交于 pK_a 点，此时 $\delta=0.50$。δ-pH 分布图可以解决溶液平衡组分涉及的一些问题。

五、酸碱溶液的 H^+ 浓度计算

酸度指溶液的 H^+ 活度 a_{H^+}，以 pH 表示，$pH=-lga_{H^+}$。酸度是水溶液中最基本的化学参数。从上述各节中已经知道，它直接影响弱酸在溶液中各种型体的分布，因此准确知道 H^+ 活度是很重要的。在稀溶液中，可用 $[H^+]$ 代替 a_{H^+}，在处理化学平衡中可以用数学法求得 $[H^+]$。

酸碱溶液的 $[H^+]$ 计算，尤其是多元酸碱、混合酸碱溶液的 $[H^+]$ 计算，属于深入研究溶液平衡理论问题。本节仅介绍基于质子条件式导出的 $[H^+]$ 精确式（可用计算机精确求解）、不同简化条件下的简化计算式以及书写质子条件式的有关基本概念，为今后涉及这方面问题打下基础。

1. 物料平衡、电荷平衡、质子平衡方程式

（1）物料平衡方程式　简称物料平衡，用英文缩写 MBE 表示，它是指化学平衡体系中某一给定物质的分析浓度等于各有关组分平衡浓度之和。

例如 $c\,mol\cdot L^{-1}$ HAc 溶液的物料平衡（MBE）为 $c=[HAc]+[Ac^-]$。

【例 4-9】写出 $c\,mol\cdot L^{-1}$ Na_3PO_4 溶液的 MBE。

解　对 P 的 MBE 为 $c=[PO_4^{3-}]+[HPO_4^{2-}]+[H_2PO_4^-]+[H_3PO_4]$，对 Na^+ 的 MBE 为 $[Na^+]=3c$。

（2）电荷平衡方程式　简称电荷平衡，用英文缩写 CBE 表示，是指单位体积溶液中阳离子所荷正电荷的量（mol）应等于阴离子所荷负电荷的量，也就是电中性原则——溶液总是电中性的。根据这一原则，考虑荷电离子的电荷和浓度，很容易列出电荷平衡方程式。

【例 4-10】写出 HAc、Na_2HPO_4、$NaNH_4HPO_4$ 水溶液的 CBE。

解　HAc 水溶液的 CBE：$[H^+]=[Ac^-]+[OH^-]$。

Na_2HPO_4 水溶液的 CBE：$[Na^+]+[H^+]=2[HPO_4^{2-}]+3[PO_4^{3-}]+[H_2PO_4^-]+[OH^-]$。

$NaNH_4HPO_4$ 水溶液的 CBE：$[Na^+]+[NH_4^+]+[H^+]=2[HPO_4^{2-}]+3[PO_4^{3-}]+[H_2PO_4^-]+[OH^-]$。

注意：　$[HPO_4^{2-}]$、$[PO_4^{3-}]$ 前面应乘以所荷电荷价数作相应系数。如 HPO_4^{2-} 荷两个负电荷，为维持电中性，需 2 个荷正电荷离子与之中和。同样，对

PO_4^{3-}，需 3 个荷正电荷离子与之中和。从离子荷电量角度看必须乘相应系数。

书写电荷平衡方程式的规则可简单总结为：正电荷写左边，负电荷写右边；所乘系数为相应荷电价数；写电荷平衡方程式不应忘记 H_2O 提供的荷电离子 $[H^+]$ 及 $[OH^-]$。

（3）质子平衡方程式　简称质子平衡，用英文缩写 PBE 表示（或称质子条件式，用 PCE 表示）。当酸碱反应达平衡时，酸失质子的量与碱得质子的量应当相等，其数学表达式称为质子平衡方程式或质子条件式。

【例 4-11】 写出 $c\,mol \cdot L^{-1}$ HAc 溶液的 PBE，分析浓度以 c_a 表示。

解　HAc 的 MBE：　　　　$c_a = [HAc] + [Ac^-]$

CBE：　　　　　　　　　　$[H^+] = [Ac^-] + [OH^-]$

PBE：合并以上二式，消去 $[Ac^-]$，得

$$c_a - [H^+] = [HAc] - [OH^-]$$

则　　　　　　　　$[H^+] = c_a - [HAc] + [OH^-]$

$$[H^+] = [OH^-] + [Ac^-]$$

式中，$[OH^-]$ 代表 $H_2O \Longrightarrow H^+ + OH^-$ 离解，提供 $[H^+]$；$[Ac^-]$ 代表 $HAc \Longrightarrow H^+ + Ac^-$ 离解，提供 $[H^+]$。

由 MBE、CBE 求 PBE，对于复杂体系需用代数处理。

质子条件式是处理酸碱平衡中计算问题的基本关系式，溶液中 H^+ 浓度的计算、缓冲溶液的 pH 计算、滴定分析终点的误差计算，均依据这一关系式进行，因此必须会熟练正确书写。

质子平衡方程式的书写方法规定为：对 H_2O 参与的质子转移，等号左边写 $[H^+]$，等号右边写 $[OH^-]$；离解时提供 $[H^+]$ 写正号，提供 $[OH^-]$ 写负号，并依据提供 $[H^+]$、$[OH^-]$ 数量的不同，乘以不同的系数。

【例 4-12】 写出 $c\,mol \cdot L^{-1}$ Na_2HPO_4 水溶液的质子条件式。

解　PBE 为

$$[H^+] = [OH^-] + [PO_4^{3-}] - [H_2PO_4^-] - 2[H_3PO_4]$$

式中，$[OH^-]$ 代表 $H_2O \Longrightarrow H^+ + OH^-$ 离解，提供 $[H^+]$；$[PO_4^{3-}]$ 代表 $HPO_4^{2-} \Longrightarrow H^+ + PO_4^{3-}$ 离解，提供 $[H^+]$；$[H_2PO_4^-]$ 代表 $HPO_4^{2-} + H_2O \Longrightarrow H_2PO_4^- + OH^-$ 离解，提供 $[OH^-]$；$[H_3PO_4]$ 代表 $HPO_4^{2-} + 2H_2O \Longrightarrow H_3PO_4 + 2OH^-$ 离解，提供 $2[OH^-]$。

【例 4-13】 写出 $c\,mol \cdot L^{-1}$ $(NH_4)_2HPO_4$ 溶液的质子条件式。

解　PBE 为

$$[H^+] = [OH^-] + [NH_3] + [PO_4^{3-}] - [H_2PO_4^-] - 2[H_3PO_4]$$

式中，$[OH^-]$ 代表 $H_2O \Longrightarrow H^+ + OH^-$ 离解，提供 $[H^+]$；$[NH_3]$ 代表 $NH_4^+ \Longrightarrow H^+ + NH_3$ 离解，提供 $[H^+]$；$[PO_4^{3-}]$ 代表 $HPO_4^{2-} \Longrightarrow H^+ + PO_4^{3-}$ 离解，提供 $[H^+]$；$[H_2PO_4^-]$ 代表 $HPO_4^{2-} + H_2O \Longrightarrow H_2PO_4^- + OH^-$ 离解，提供 $[OH^-]$；$[H_3PO_4]$ 代表 $HPO_4^{2-} + 2H_2O \Longrightarrow H_3PO_4 + 2OH^-$ 离解，提供 $2[OH^-]$。

此外，还可选取质子参考水准或利用溶液中存在的全部离解平衡来书写质子条

件式，可参考其他书籍。

2. H^+ 浓度计算的精确式

（1）强酸（强碱）溶液　以 $c_a\,mol\cdot L^{-1}$ HCl 或 $c_b\,mol\cdot L^{-1}$ NaOH 溶液的 H^+ 浓度计算为例。PBE 为

$$[H^+]=[OH^-]+c_a \quad 或 \quad [OH^-]=[H^+]+c_b$$

变换为 $[H^+]$ 或 $[OH^-]$ 函数式，得

$$[H^+]=\frac{K_w}{[H^+]}+c_a \quad 或 \quad [OH^-]=\frac{K_w}{[OH^-]}+c_b$$

需求解 $[H^+]$ 或 $[OH^-]$ 的一元二次方程式：

$$[H^+]^2-c_a[H^+]-K_w=0$$

或

$$[OH^-]^2-c_b[OH^-]-K_w=0$$

得

$$[H^+]=\frac{c_a+\sqrt{c_a^2+4K_w}}{2}$$

或

$$[OH^-]=\frac{c_b+\sqrt{c_b^2+4K_w}}{2}$$

这一精确式是依据质子条件式，H_2O 离解提供 $[H^+]$ 或 $[OH^-]$ 不被忽略而导出的，其应用条件为

强酸　$c_a\leqslant\dfrac{20K_w}{[H^+]}$或 $c_a<10^{-6}\,mol\cdot L^{-1}$

强碱　$c_b\leqslant\dfrac{20K_w}{[OH^-]}$或 $c_b<10^{-6}\,mol\cdot L^{-1}$

【例 4-14】计算 $2\times10^{-7}\,mol\cdot L^{-1}$ HCl 溶液的 pH。

解　$c_a<10^{-6}\,mol\cdot L^{-1}$，故可用精确式解一元二次方程式，得

$$[H^+]=2.4\times10^{-7}\,mol\cdot L^{-1} \quad pH=6.62$$

【例 4-15】计算 $2\times10^{-7}\,mol\cdot L^{-1}$ NaOH 溶液的 pH。

解　$c_b<10^{-6}\,mol\cdot L^{-1}$，故可用精确式解一元二次方程式，得

$$[OH^-]=2.4\times10^{-7}\,mol\cdot L^{-1} \quad pOH=6.62 \quad pH=7.38$$

（2）弱酸（弱碱）溶液　以一元弱酸 $HA(c_{HA}\,mol\cdot L^{-1})$ 为例。PBE 为

$$[H^+]=[OH^-]+[A^-]$$

变换为 $[H^+]$ 函数式，得

$$[H^+]=\frac{K_w}{[H^+]}+\frac{K_{HA}[HA]}{[H^+]}$$

则

$$[H^+]=\sqrt{K_w+K_{HA}[HA]}$$

式中

$$[HA]=c_{HA}\frac{[H^+]}{[H^+]+K_{HA}}$$

展开后为 $[H^+]$ 的一元三次方程式

$$[H^+]^3+K_{HA}[H^+]^2-(c_{HA}K_{HA}+K_w)[H^+]-K_{HA}K_w=0$$

用计算机求解。

　　一元弱碱展开后为 [OH⁻] 的一元三次方程式，用计算机求解。对多元酸碱、两性物质、混合酸、混合碱，其 H⁺ 浓度计算的精确式导出方法类同，仍然是先正确写出质子条件式，再根据离解平衡关系式变换为 [H⁺] 函数式，展开后为高次方程，用计算机求解。

　　3. H⁺ 浓度计算的近似式

　　得到 [H⁺] 计算的精确式后，依据给定条件，通常对下述两个条件进行判断后，可简化计算。

　　① 水离解可否忽略。当 cK_a（或 cK_b）$\geqslant 20K_w$ 时水离解可忽略。

　　② 分析浓度可否代替平衡浓度。当 c/K_a（或 c/K_b）>500 时，分析浓度可以代替平衡浓度。

　　上述两个条件中若一个不可以简化，则采用近似式；若均可简化，可采用最简式。

　　【例 4-16】 计算 $0.10\text{mol} \cdot \text{L}^{-1}$ 二氯乙酸（$K_a = 5.5 \times 10^{-2}$）溶液的 pH 及 $1.0 \times 10^{-5}\text{mol} \cdot \text{L}^{-1}$ NH₃·H₂O（$K_b = 1.8 \times 10^{-5}$）溶液的 pH。

　　解　cK_a 或 cK_b 均 $>20K_w$，水离解可忽略，而 c/K_a 或 c/K_b 均 <500，分析浓度不可以代替平衡浓度，近似式为

$$[H^+] = \sqrt{K_a[HA]} = \sqrt{K_a(c - [H^+])}$$

则
$$[H]^2 + K_a[H^+] - cK_a = 0$$

得
$$[H^+] = \frac{-K_a + \sqrt{K_a^2 + 4cK_a}}{2}$$

或
$$[OH^-]^2 + K_b[OH^-] - cK_b = 0$$

得
$$[OH^-] = \frac{-K_b + \sqrt{K_b^2 + 4cK_b}}{2}$$

求得二氯乙酸溶液的 pH=1.28，氨水的 pH=8.85。

　　4. H⁺ 浓度计算的最简式

　　当水的离解可忽略，分析浓度可以代替平衡浓度时，H⁺ 浓度的计算采用最简式。这就是无机化学中学过的各类溶液的 pH 计算式。

　　强酸、强碱的最简式为 $[H^+] = c_a$ 或 $[OH^-] = c_b$，其应用条件为 $c_a > 10^{-6}\text{mol} \cdot \text{L}^{-1}$ 或 $c_b > 10^{-6}\text{mol} \cdot \text{L}^{-1}$。

　　【例 4-17】 $0.1\text{mol} \cdot \text{L}^{-1}$ 的 HCl 溶液，$[H^+] = 0.1\text{mol} \cdot \text{L}^{-1}$，pH=1。

　　【例 4-18】 $1.0 \times 10^{-3}\text{mol} \cdot \text{L}^{-1}$ 的 NaOH 溶液，$[OH^-] = 10^{-3}\text{mol} \cdot \text{L}^{-1}$，pOH=3.0，pH=11.0。

　　一元弱酸、弱碱 H⁺ 浓度计算最简式的应用条件为：cK_a（或 cK_b）$>20K_w$，且 c/K_a（或 c/K_b）>500。

　　最简式为

$$[H^+] = \sqrt{cK_a} \quad \text{或} \quad [OH^-] = \sqrt{cK_b}$$

　　【例 4-19】 计算 $0.10\text{mol} \cdot \text{L}^{-1}$ HAc（$K_a = 1.8 \times 10^{-5}$）溶液的 pH。

解　$[H^+]=\sqrt{cK_a}=1.3\times10^{-3}\ mol\cdot L^{-1}$，pH=2.88。

【例 4-20】 计算 $0.10\ mol\cdot L^{-1}\ NH_3\cdot H_2O$（$K_b=1.8\times10^{-5}$）溶液的 pH。

解　$[OH^-]=\sqrt{cK_b}=1.3\times10^{-3}\ mol\cdot L^{-1}$，pOH=2.88，pH=11.12。

对多元酸碱、两性物质溶液，仅要求学生会用最简式计算 pH，但要求用简化条件判断后，再选择计算式。

【例 4-21】 用 Na_2CO_3 标定盐酸溶液时，选用甲基橙作指示剂，计算终点时溶液的 pH。

解　标定反应为

$$CO_3^{2-}+H^+ =\!=\!= HCO_3^-\qquad\qquad HCO_3^-+H^+ =\!=\!= H_2CO_3$$

H_2CO_3 为二元酸，其饱和溶液浓度约为 $0.04\ mol\cdot L^{-1}$，$K_{a_1}=4.2\times10^{-7}$，$K_{a_2}=5.6\times10^{-11}$，$K_{a_1}\gg K_{a_2}$，可按一元弱酸处理。

因 $cK_{a_1}>20K_w$，$c/K_{a_1}>500$，故可按最简式计算：

$$[H^+]=\sqrt{cK_{a_1}}=\sqrt{0.04\times4.2\times10^{-7}}=1.3\times10^{-4}\ (mol\cdot L^{-1})$$

$$pH=3.9$$

【例 4-22】 用 $0.1\ mol\cdot L^{-1}\ HCl$ 溶液滴定 $0.1\ mol\cdot L^{-1}\ Na_2CO_3$ 溶液到第一化学计量点，计算溶液的 pH。

解　第一化学计量点前，滴定反应式为 $CO_3^{2-}+H^+=\!=\!=HCO_3^-$。

产物 $NaHCO_3$ 为两性物质，依据简化条件，$K_{a_1}\gg K_{a_2}$，$cK_{a_2}>20K_w$，水离解可忽略，又 $c/K_{a_1}>500$，分析浓度可以代替平衡浓度，故可用最简式计算：

$$[H^+]=\sqrt{K_{a_1}K_{a_2}}$$

$$[H^+]=4.9\times10^{-9}\ mol\cdot L^{-1}\qquad pH=8.32$$

酸碱溶液的 H^+ 浓度计算内容丰富，尤其对复杂体系的 pH 计算，需要特殊的数学处理，已属于高等分析化学的研究内容。本节希望达到两个目的：第一，依据质子条件式导出 $[H^+]$ 的精确计算式，用计算机求解；第二，结合分析化学中遇到的 H^+ 浓度计算，例如常见酸碱溶液的 H^+ 计算、典型化工产品的酸碱滴定、化学计量点溶液 pH 的计算以及缓冲溶液 pH 的计算，要求会进行判断，并正确选择最简式或近似式进行 pH 计算。

六、酸碱缓冲溶液

酸碱缓冲溶液在分析化学中具有重要的实用价值，因为化学反应与分析测定均需在一定的酸度下进行。对于缓冲溶液的缓冲容量、缓冲范围、选择应用、配制计算以及标准缓冲溶液的组成均应了解。

1. 缓冲溶液的作用与分类

缓冲溶液是一种对溶液酸度起控制作用的溶液，其作用是使溶液的 pH 不因外加少量酸、碱或稀释而发生显著变化。

缓冲溶液从用途上分为一般缓冲溶液和标准缓冲溶液。一般缓冲溶液（见表 4-1）用于对溶液酸度进行控制，如 HAc-NaAc 缓冲溶液、NH_3-NH_4Cl 缓冲溶液；

标准缓冲溶液（见表 4-2）用于校正酸度计的 pH，如 $0.025 mol \cdot L^{-1}$ KH_2PO_4 与 $0.025 mol \cdot L^{-1}$ Na_2HPO_4 组成的标准缓冲溶液，25℃时 pH 为 6.865。

缓冲溶液从组成上区分主要分为两类：一般常用缓冲溶液为浓度较大的弱酸及其共轭碱，基于弱酸离解平衡，稳定溶液的 H^+ 浓度；另一类是高浓度的强酸或强碱溶液，由于 H^+ 或 OH^- 浓度很高，故外加少量酸或碱或稀释时酸碱度相对改变不大。

表 4-1 常用缓冲溶液

缓 冲 溶 液	酸的存在形式	碱的存在形式	pK_a
氨基乙酸-HCl	$NH_3^+CH_2COOH$	$NH_3^+CH_2COO^-$	$2.35(pK_{a_1})$
一氯乙酸-NaOH	$CH_2ClCOOH$	CH_2ClCOO^-	2.86
甲酸-NaOH	$HCOOH$	$HCOO^-$	3.77
HAc-NaAc	HAc	Ac^-	4.76
六亚甲基四胺-HCl	$(CH_2)_6N_4H^+$	$(CH_2)_6N_4$	5.13
NaH_2PO_4-Na_2HPO_4	$H_2PO_4^-$	HPO_4^{2-}	$7.21(pK_{a_2})$
三乙醇胺-HCl	$NH^+(CH_2CH_2OH)_3$	$N(CH_2CH_2OH)_3$	7.76
三羟甲基胺-HCl	$NH_3^+C(CH_2OH)_3$	$NH_2C(CH_2OH)_3$	8.21
$Na_2B_4O_7$-HCl	H_3BO_3	$H_2BO_3^-$	9.24
NH_3-NH_4Cl	NH_4^+	NH_3	9.25
氨基乙酸-NaOH	$NH_3^+CH_2COO^-$	$NH_2CH_2COO^-$	$9.78(pK_{a_2})$
$NaHCO_3$-Na_2CO_3	HCO_3^-	CO_3^{2-}	$10.32(pK_{a_2})$
Na_2HPO_4-NaOH	HPO_4^{2-}	PO_4^{3-}	12.32

表 4-2 几种常用的标准缓冲溶液

标 准 缓 冲 溶 液	pH(25℃)
饱和酒石酸氢钾($0.034 mol \cdot L^{-1}$)	3.557
$0.05 mol \cdot L^{-1}$ 邻苯二甲酸氢钾	4.008
$0.025 mol \cdot L^{-1}$ KH_2PO_4 + $0.025 mol \cdot L^{-1}$ Na_2HPO_4	6.865
$0.01 mol \cdot L^{-1}$ 硼砂	9.180
饱和氢氧化钙	12.454

2. 缓冲溶液的 pH 计算及配制计算

一般缓冲溶液用于控制溶液酸度，对 pH 计算准确性要求不高，因此常采用最简式计算。

由弱酸 HA 及其共轭碱 NaA 组成的缓冲溶液，当 $c(HA)$、$c(A^-)$ 较 $[H^+]$ 大时，有

$$[H^+] = \frac{c(HA)}{c(A^-)} K_{HA} \qquad pH = pK_{HA} + \lg \frac{c(A^-)}{c(HA)}$$

由两性物质组成的缓冲溶液，如 Na_2HPO_4 与 NaH_2PO_4，按两性物质 pH 最简式计算：

$$pH = \frac{1}{2} pK_{a_1} + \frac{1}{2} pK_{a_2}$$

【例 4-23】计算 $0.1 mol \cdot L^{-1}$ $Na_2B_4O_7$ 缓冲溶液的 pH。

解　　　　　　$B_4O_7^{2-} + 5H_2O \Longrightarrow 2H_3BO_3 + 2H_2BO_3^-$

缓冲溶液由弱酸 H_3BO_3 及其共轭碱 $H_2BO_3^-$ 组成。

$$H_3BO_3 \Longrightarrow H^+ + H_2BO_3^- \qquad K_a = 5.8 \times 10^{-10}$$

$$c(H_2BO_3^-)=c(H_3BO_3)=0.2mol \cdot L^{-1}$$

$$pH=pK_{H_3BO_3}+lg\frac{c(H_2BO_3^-)}{c(H_3BO_3)}$$

$$pH=pK_{H_3BO_3}=9.24$$

【例 4-24】 配制 pH=4.0、总浓度为 1.0mol·L^{-1} 的 HAc 和 NaAc 缓冲溶液 1.0L，需多少克 HAc 和 NaAc？已知 HAc 的 $K_a=1.8\times10^{-5}$，$pK_a=4.74$。

解
$$pH=pK_a-lg\frac{c(HAc)}{c(Ac^-)}$$

已知 $c(HAc)+c(NaAc)=1.0mol\cdot L^{-1}$, pH=4.0

设 $c(HAc)=x$ mol·L^{-1}，则 $c(NaAc)=(1-x)$mol·L^{-1}。则有

$$4.0=4.74-lg\frac{c(HAc)}{c(Ac^-)}$$

$$lg\frac{x}{1-x}=0.74 \qquad x=0.85mol\cdot L^{-1}$$

$$c(NaAc)=(1-x)mol\cdot L^{-1}=0.15mol\cdot L^{-1}$$

故需 HAc $\qquad 0.85\times60=51(g)$

需 NaAc $\qquad 0.15\times82.034=12(g)$

【例 4-25】 0.800mol·L^{-1} HAc 及 0.400mol·L^{-1} NaAc 组成缓冲溶液，计算该溶液的 pH。若向 1L 此缓冲溶液中加入 0.400mol·L^{-1} 的 HCl 溶液 10mL，计算 pH 变化。

解 原 HAc-NaAc 缓冲溶液的 pH 为
$$pH=pK_a+lg\frac{c(NaAc)}{c(HAc)}$$

$$=4.74+lg\frac{0.400}{0.800}=4.44$$

加入 10mL 0.400mol·L^{-1} 的 HCl 溶液后，溶液中的 $c(HAc)$ 及 $c(NaAc)$ 发生变化。

新生成的 HAc 量为 $n(HAc)=0.400mol\cdot L^{-1}\times0.01L=0.004mol$，则

$$c'(HAc)=0.800+0.004=0.804(mol\cdot L^{-1})$$

$$c'(NaAc)=0.400-0.004=0.396(mol\cdot L^{-1})$$

$$pH=4.74+lg\frac{0.396}{0.804}=4.43$$

即 pH 变化 0.01 个单位。

【例 4-26】 人体血液中存在 H_2CO_3-HCO_3^- 平衡，起缓冲作用，若测得人体血液 pH=7.2，$[HCO_3^-]=23mmol\cdot L^{-1}$。已知 H_2CO_3 的 $pK_{a_1}=6.38$，计算人体血液中的 $[H_2CO_3]$ 及$[HCO_3^-]/[H_2CO_3]$。

解 H_2CO_3-HCO_3^- 缓冲溶液为弱酸及其共轭碱组成。

$$pH=pK_{a_1}+lg\frac{[HCO_3^-]}{[H_2CO_3]}$$

则
$$\lg \frac{[HCO_3^-]}{[H_2CO_3]} = pH - pK_{a_1}$$

$$\frac{[HCO_3^-]}{[H_2CO_3]} = 10^{pH - pK_{a_1}} = 10^{7.2 - 6.38} = 6.60$$

$$[H_2CO_3] = \frac{[HCO_3^-]}{6.60} = \frac{23}{6.60} = 3.48 \text{（mmol·L}^{-1}\text{）}$$

3. 标准缓冲溶液

标准缓冲溶液大多由逐级离解常数相差较小的两性物质组成，如酒石酸氢钾、邻苯二甲酸氢钾；也有的由直接配制的共轭酸碱对组成，如 KH_2PO_4 与 Na_2HPO_4。这类标准物质有商品直接出售，若实验室需自行配制，要查阅《分析化学手册》，按标准规定准确配制。

用于校正 pH 计的标准缓冲溶液 $pH = -\lg a_{H^+}$，它的 pH 是在一定温度下，经过实验准确测定的，计算此类溶液的 pH 必须作活度校正。

4. 缓冲容量及缓冲范围

每种缓冲溶液都具有一定缓冲能力，缓冲容量是缓冲溶液缓冲能力的量度，以 β 表示。

缓冲容量（β）又称缓冲指数，是使 1L 缓冲溶液 pH 增加（或减少）一个 pH 单位时，所需加入强碱 c_b（或强酸 c_a）的量。显然 β 值愈大，缓冲能力愈大。

$$\beta = \frac{dc_b}{dpH} = -\frac{dc_a}{dpH}$$

对给定的 HA-A 缓冲体系，把 K_a、c、pH 输入 β 精确式计算程序，可绘制缓冲溶液的 β-pH 图（见图 4-5）。图 4-5 中的实线表示 0.10mol·L^{-1} HAc-NaAc 溶液在不同 pH 的缓冲容量，曲线的最高点为 HAc-NaAc 缓冲溶液的 β_{max}；虚线表示强酸（pH<3）和强碱（pH>11）溶液的缓冲容量。

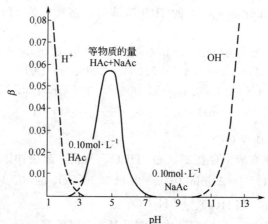

图 4-5   0.1mol·L^{-1} HAc-NaAc 的 β-pH 曲线

由图 4-5 及 β 计算式可知，影响 β 的因素有：

① 缓冲物质总浓度 c 愈大，β 愈大。

② 缓冲容量最大值 β_{max} 发生在 $pH = pK_a$ 处，此时 $c_a = c_b$，也就是说，缓冲组分浓度为 1:1 时 β 最大。

③ $pH = pK_a \pm 1$ 为各种缓冲溶液的有效缓冲范围，简称缓冲范围，其 β 值为 $\frac{1}{3}\beta_{max}$。

5. 缓冲溶液的应用与选择

缓冲溶液具有控制介质 pH 的作用，因而在化学、生物学、医学、生命科学各领域，在制备、分离、测定以及控制反应过程等方面有着广泛应用。例如对细胞的遗传物质脱氧核糖核酸（DNA）的研究与各种制备方法中用到了磷酸盐缓冲溶液（PBS），柠檬酸盐缓冲溶液（CBS），由三羟甲基氨基甲烷（Tris）、乙酸盐（A）、EDTA（E）三者组成的 TAE 缓冲溶液，由 Tris、EDTA 组成的 TE 缓冲溶液。这些混合组分缓冲溶液的特点是有效缓冲 pH 范围宽。在生命科学研究中，缓冲溶液的作用在于控制电解质的 pH，以提供稳定的介质环境。

在选择缓冲溶液时应考虑以下因素：

① 应根据所需控制的 pH，选择与其相近的 pK_a 缓冲溶液，或至少 pH 在 $pK_a \pm 1$ 有效范围内。

② 应选择有较大缓冲能力的缓冲溶液，即 β 值大。这就要求弱酸与其共轭碱浓度比为 1:1，缓冲物质总浓度应当大，通常为 $0.01 \sim 1 mol \cdot L^{-1}$。

③ 缓冲溶液组分在反应过程中无副反应干扰。还要考虑稀释值、盐效应。缓冲溶液成分最好就是掩蔽剂组分。

④ 混合缓冲溶液由多种弱酸、两性物质组成，既有宽的有效缓冲范围，又有生成配合物的掩蔽组分。

第二节 配位化合物反应及其平衡处理

将一种通常称为配位体的中性分子或阴离子键合到中心金属离子的周围，就形成配位化合物，简称配合物。配位化合物广泛用于分析化学的分离与测定，因为金属离子在溶液中大多数是以不同形式的配位离子存在的。目前广泛用于配位滴定法的是含有 —$N(CH_2COOH)_2$ 基团的有机化合物，该类化合物称为氨羧配合剂，其分子中含有羧基和氨基。目前已合成和研究过的氨羧配合剂有几十种，其中应用最广的是乙二胺四乙酸，简称 EDTA，其结构式为

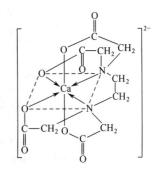

图 4-6 EDTA 与 Ca^{2+} 螯合物的结构示意图

EDTA 两个羧基上的 H 转移到 N 原子上形成双极离子，与金属离子形成配位化合物时，它的氮原子和氧原子与金属离子相键合。例如 EDTA 与 Ca^{2+} 形成配位化合物时，N 和 O 提供配位原子。EDTA 与金属离子形成 5～6 环配位化合物，此类配位化合物又称螯合物（见图 4-6），具有较高的稳定性。

本节讨论的是 EDTA 的配位化合物平衡及用副反应系数法处理平衡计算的方法。

一、配位化合物的稳定常数

1. EDTA 的离解平衡

EDTA 常用 H_4Y 表示，它溶于水时，两个羧基可再接受 H^+，形成 H_6Y^{2+}，这样 EDTA 相当于六元酸，有六级离解常数。EDTA 水溶液中存在如下离解平衡：

$$H_6Y^{2+} \Longrightarrow H_5Y^+ + H^+ \qquad K_{a_1} = 10^{-0.9} \qquad pK_{a_1} = 0.9$$
$$H_5Y^+ \Longrightarrow H_4Y + H^+ \qquad K_{a_2} = 10^{-1.6} \qquad pK_{a_2} = 1.6$$
$$H_4Y \Longrightarrow H_3Y^- + H^+ \qquad K_{a_3} = 10^{-2.07} \qquad pK_{a_3} = 2.07$$
$$H_3Y^- \Longrightarrow H_2Y^{2-} + H^+ \qquad K_{a_4} = 10^{-2.75} \qquad pK_{a_4} = 2.75$$
$$H_2Y^{2-} \Longrightarrow HY^{3-} + H^+ \qquad K_{a_5} = 10^{-6.24} \qquad pK_{a_5} = 6.24$$
$$HY^{3-} \Longrightarrow Y^{4-} + H^+ \qquad K_{a_6} = 10^{-10.34} \qquad pK_{a_6} = 10.34$$

EDTA 在水溶液中总是以 H_6Y^{2+}、H_5Y^+、H_4Y、H_3Y^-、H_2Y^{2-}、HY^{3-}、Y^{4-} 七种型体存在，各种型体的分布受 pH 的影响。

EDTA 各种型体在溶液中的总浓度 $[Y']$ 为

$$[Y'] = [Y^{4-}] + [HY^{3-}] + [H_2Y^{2-}] + [H_3Y^-] + [H_4Y] + [H_5Y^+] + [H_6Y^{2+}]$$

EDTA 的分布系数 δ 为

$$\delta_i = \frac{[Y_i]}{[Y']}$$

式中，$[Y_i]$ 为 EDTA 的七种游离型体各自的平衡浓度。EDTA 每种型体的分布系数 δ_i 随溶液 pH 变化的 δ-pH 图如图 4-7 所示。

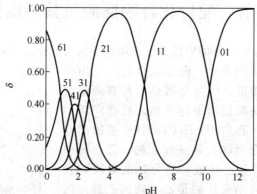

图 4-7　乙二胺四乙酸的分布图（δ-pH）

曲线：61—H_6Y^{2+} 的分布；51—H_5Y^+ 的分布；41—H_4Y 的分布；31—H_3Y^- 的分布；
21—H_2Y^{2-} 的分布；11—HY^{3-} 的分布；01—Y^{4-} 的分布

从图 4-7 中可以看到，在 pH<1 的强酸溶液中，EDTA 主要以 H_6Y^{2+} 型体存

在；在 pH 为 2.75～6.24 的溶液中，主要以 H_2Y^{2-} 型体存在；在 pH 为 6.24～10.34 的溶液中，主要以 HY^{3-} 型体存在；仅在 pH＞10.34 时，才主要以 Y^{4-} 型体存在。

2. EDTA 配位化合物的离解平衡——稳定常数、逐级稳定常数和累积稳定常数

（1）稳定常数、逐级稳定常数 金属离子与 EDTA 生成配位化合物的反应式如下：

$$M^{2+} + H_2Y^{2-} \rule[0.5ex]{2em}{0.4pt} MY^{2-} + 2H^+$$

$$M^{3+} + H_2Y^{2-} \rule[0.5ex]{2em}{0.4pt} MY^- + 2H^+$$

$$M^{4+} + H_2Y^{2-} \rule[0.5ex]{2em}{0.4pt} MY + 2H^+$$

通常用 H_2Y^{2-} 代表 EDTA。在研究 EDTA 配位化合物的稳定常数时，将以上反应式简化为

$$M + Y \rule[0.5ex]{2em}{0.4pt} MY$$

$$\frac{[MY]}{[M][Y]} = K_{MY}$$

K_{MY} 称为金属离子-EDTA 配位化合物的稳定常数，又称形成常数，此值越大配合物越稳定。其倒数为配合物的不稳定常数，又称离解常数。表 4-3 列出了常见 EDTA 配位化合物的 $\lg K_{稳}$。

表 4-3 常见 EDTA 配位化合物的 $\lg K_{稳}$（$I=0.1$，20～25℃）

阳离子	$\lg K_{稳}$	阳离子	$\lg K_{稳}$	阳离子	$\lg K_{稳}$
Na^+	1.66	Ce^{3+}	15.98	Hg^{2+}	21.8
Li^+	2.79	Al^{3+}	16.1	Cr^{3+}	23.0
Ba^{2+}	7.76	Co^{2+}	16.31	Th^{4+}	23.2
Sr^{2+}	8.63	Zn^{2+}	16.50	Fe^{3+}	25.1
Mg^{2+}	8.69	Pb^{2+}	18.04	V^{3+}	25.90
Ca^{2+}	10.69	Y^{3+}	18.09	Bi^{3+}	27.94
Mn^{2+}	14.04	Ni^{2+}	18.67		
Fe^{2+}	14.33	Cu^{2+}	18.80		

金属离子还能与其他配合剂 L 形成 ML_n 型配位化合物，ML_n 型配位化合物是逐级形成的，反应式如下：

$$M + L \rule[0.5ex]{2em}{0.4pt} ML \qquad K_{稳_1} = \frac{[ML]}{[M][L]}$$

$$ML + L \rule[0.5ex]{2em}{0.4pt} ML_2 \qquad K_{稳_2} = \frac{[ML_2]}{[ML][L]}$$

$$\vdots \qquad\qquad\qquad \vdots$$

$$ML_{n-1} + L \rule[0.5ex]{2em}{0.4pt} ML_n \qquad K_{稳_n} = \frac{[ML_n]}{[ML_{n-1}][L]}$$

同样，配位化合物 ML_n 在溶液中可逐级离解，离解反应式如下：

$$ML_n \rule[0.5ex]{2em}{0.4pt} ML_{n-1} + L \qquad K_{不稳_1} = \frac{[ML_{n-1}][L]}{[ML_n]}$$

$$ML_{n-1} \rule[0.5ex]{2em}{0.4pt} ML_{n-2} + L \qquad K_{不稳_2} = \frac{[ML_{n-2}][L]}{[ML_{n-1}]}$$

$$\vdots \qquad\qquad\qquad\qquad \vdots$$

$$\text{ML} = \text{M+L} \qquad\qquad K_{不稳} = \frac{[\text{M}][\text{L}]}{[\text{ML}]}$$

逐级稳定常数与不稳定常数的关系是：对于非 1：1 型配位化合物，其第一级稳定常数 $K_{稳_1}$ 与第 n 级不稳定常数 $K_{不稳_n}$ 互为倒数关系，第二级稳定常数 $K_{稳_2}$ 与第 $n-1$ 级不稳定常数 $K_{稳_{n-1}}$ 互为倒数关系，其余各级依次类推。即

$$K_{稳_1} = \frac{1}{K_{不稳_n}}, \ K_{稳_2} = \frac{1}{K_{不稳_{n-1}}}, \cdots, K_{稳_n} = \frac{1}{K_{不稳_1}}$$

应用这个关系，可研究 EDTA 配合物的离解平衡。EDTA 作为六元酸，手册上可查到的是酸的离解常数 K_a，实际上 EDTA 也可看作氢配合物，从而得到各级不稳定常数 $K_{不稳}$。

【例 4-27】已知 EDTA 的 $K_{a_1} \sim K_{a_6}$，求 EDTA 氢配合物的 $K_{稳_1} \sim K_{稳_6}$。为方便起见，以下离解反应方程式中省去各自的电荷。

EDTA 六元酸的离解平衡 →

$K_{稳_6} = \dfrac{1}{K_{a_1}} = 10^{0.9}$	$\text{H}_6\text{Y} = \text{H}_5\text{Y} + \text{H}$	$K_{a_1} = K_{不稳_1} = 10^{-0.9}$
$K_{稳_5} = \dfrac{1}{K_{a_2}} = 10^{1.6}$	$\text{H}_5\text{Y} = \text{H}_4\text{Y} + \text{H}$	$K_{a_2} = K_{不稳_2} = 10^{-1.6}$
$K_{稳_4} = \dfrac{1}{K_{a_3}} = 10^{2.07}$	$\text{H}_4\text{Y} = \text{H}_3\text{Y} + \text{H}$	$K_{a_3} = K_{不稳_3} = 10^{-2.07}$
$K_{稳_3} = \dfrac{1}{K_{a_4}} = 10^{2.75}$	$\text{H}_3\text{Y} = \text{H}_2\text{Y} + \text{H}$	$K_{a_4} = K_{不稳_4} = 10^{-2.75}$
$K_{稳_2} = \dfrac{1}{K_{a_5}} = 10^{6.24}$	$\text{H}_2\text{Y} = \text{HY} + \text{H}$	$K_{a_5} = K_{不稳_5} = 10^{-6.24}$
$K_{稳_1} = \dfrac{1}{K_{a_6}} = 10^{10.34}$	$\text{HY} = \text{Y} + \text{H}$	$K_{a_6} = K_{不稳_6} = 10^{-10.34}$

← EDTA 氢配合物的离解平衡

（2）逐级累积稳定常数　在配位化合物平衡计算中，经常遇到逐级稳定常数相乘，为此，将逐级稳定常数渐次相乘并用 β_n 表示，即得到逐级累积稳定常数。

第一级累积稳定常数 $\beta_1 = K_{稳_1}$

第二级累积稳定常数 $\beta_2 = K_{稳_1} K_{稳_2}$

第 n 级累积稳定常数 $\beta_n = K_{稳_1} K_{稳_2} \cdots K_{稳_n}$

最后一级累积稳定常数 β_n 又称为总稳定常数，即

$$K_{总稳} = \beta_n = K_{稳_1} K_{稳_2} \cdots K_{稳_n}$$

引入 β 后，可方便地计算各级配位化合物的平衡浓度。

$$\text{M+L} = \text{ML} \qquad [\text{ML}] = \beta_1[\text{M}][\text{L}]$$
$$\text{ML+L} = \text{ML}_2 \qquad [\text{ML}_2] = \beta_2[\text{M}][\text{L}]^2$$
$$\vdots \qquad\qquad\qquad \vdots$$
$$\text{ML}_{n-1} + \text{L} = \text{ML}_n \qquad [\text{ML}_n] = \beta_n[\text{M}][\text{L}]^n$$

若将 EDTA 视为氢配合物，则

$$\beta_1 = K_{\text{稳}_1} = \frac{1}{K_{a_6}} = 10^{10.34}$$

$$\beta_2 = K_{\text{稳}_1} K_{\text{稳}_2} = \frac{1}{K_{a_5} K_{a_6}} = 10^{16.58}$$

$$\beta_3 = K_{\text{稳}_1} K_{\text{稳}_2} K_{\text{稳}_3} = \frac{1}{K_{a_4} K_{a_5} K_{a_6}} = 10^{19.33}$$

$$\beta_4 = K_{\text{稳}_1} K_{\text{稳}_2} K_{\text{稳}_3} K_{\text{稳}_4} = \frac{1}{K_{a_3} K_{a_4} K_{a_5} K_{a_6}} = 10^{21.40}$$

$$\beta_5 = K_{\text{稳}_1} K_{\text{稳}_2} K_{\text{稳}_3} K_{\text{稳}_4} K_{\text{稳}_5} = \frac{1}{K_{a_2} K_{a_3} K_{a_4} K_{a_5} K_{a_6}} = 10^{23.0}$$

$$\beta_6 = K_{\text{稳}_1} K_{\text{稳}_2} K_{\text{稳}_3} K_{\text{稳}_4} K_{\text{稳}_5} K_{\text{稳}_6} = \frac{1}{K_{a_1} K_{a_2} K_{a_3} K_{a_4} K_{a_5} K_{a_6}} = 10^{23.9}$$

由此可方便地计算 EDTA 各种型体的平衡浓度，如

$$[HY] = \beta_1 [Y][H] \qquad [H_4Y] = \beta_4 [Y][H]^4$$

$$[H_2Y] = \beta_2 [Y][H]^2 \qquad [H_5Y] = \beta_5 [Y][H]^5$$

$$[H_3Y] = \beta_3 [Y][H]^3 \qquad [H_6Y] = \beta_6 [Y][H]^6$$

式中，$[Y]$ 为 EDTA 游离型体的平衡浓度。

二、各级配位化合物的分布

与处理酸碱平衡一样，可定义配位化合物的分布系数 δ。若金属离子分析浓度为 c_M，生成逐级配位化合物 ML_1、ML_2、$\cdots$、ML_n，则按分布系数 δ 的定义可得到 δ_M、δ_{ML_1}、$\cdots$、δ_{ML_n}，并可绘制分布图。图 4-8 是铜氨配位化合物的分布图。

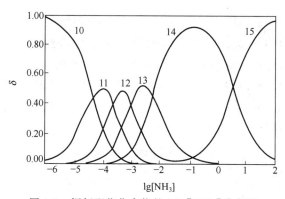

图 4-8　铜氨配位化合物的 δ-lg[NH_3]分布图

曲线：10—Cu^{2+} 的分布；11—$[Cu(NH_3)]^{2+}$ 的分布；12—$[Cu(NH_3)_2]^{2+}$ 的分布；

13—$[Cu(NH_3)_3]^{2+}$ 的分布；14—$[Cu(NH_3)_4]^{2+}$ 的分布；15—$[Cu(NH_3)_5]^{2+}$ 的分布

三、副反应系数

配位滴定中涉及的化学平衡比较复杂，不能像酸碱反应那样，单靠引入分布系数、分布系数图来解决所涉及的平衡组分计算。以 EDTA 配位滴定为例，溶液中存在如下平衡：

$$\begin{array}{ccccc}
A\diagdown M\diagup OH & + & H\diagdown N\diagup N & \Longrightarrow & H\diagdown MY\diagup OH & \text{主反应} \\
MA & M(OH) & HY & NY & MHY & M(OH)Y & \text{副反应} \\
\vdots & \vdots & \vdots & & & \\
MA_n & M(OH)_n & H_nY & & &
\end{array}$$

除 M 与 Y 之间生成 MY 的主反应外，还受介质 pH、其他共存金属离子（N）以及配合剂（A）的影响，这类反应统称为副反应。副反应会影响主反应进行的程度、主反应的组成及生成物的浓度。用副反应系数可定量标度副反应对主反应的影响程度。

1. 滴定剂 Y 的副反应及副反应系数 α_Y

（1）EDTA 酸效应与酸效应系数 $\alpha_{Y(H)}$　由于 H^+ 的存在，使配位体参加主反应能力降低的现象称为酸效应。由 H^+ 引起副反应时的副反应系数称为酸效应系数，用 $\alpha_{Y(H)}$ 表示。$\alpha_{Y(H)}$ 表示未参加与 M 配位的 EDTA 滴定剂各种型体的总浓度 $[Y']$ 是游离滴定剂 Y 的平衡浓度 $[Y]$ 的多少倍。

$$\alpha_{Y(H)} = \frac{[Y']}{[Y]}$$

其中　　　　　$[Y'] = [Y] + [HY] + [H_2Y] + \cdots + [H_6Y]$

由酸效应系数的定义式，可知它与 EDTA 游离型体 Y 的分布系数 δ 互为倒数关系，即 $\alpha_{Y(H)} = \dfrac{1}{\delta}$。

酸效应系数 $\alpha_{Y(H)}$ 也是累积稳定常数与 $[H^+]$ 的函数：

$$\alpha_{Y(H)} = \frac{[Y] + \beta_1[H^+][Y] + \beta_2[H^+]^2[Y] + \cdots + \beta_6[H^+]^6[Y]}{[Y]}$$
$$= 1 + \beta_1[H^+] + \beta_2[H^+]^2 + \cdots + \beta_6[H^+]^6$$

在 EDTA 滴定中，$\alpha_{Y(H)}$ 是常用的重要副反应系数，为应用方便，已制成 EDTA 的酸效应系数表（见表 4-4），并绘制成图（见图 4-9）。图 4-9 表明酸度对 $\alpha_{Y(H)}$ 值影响很大，pH = 1.0 时，$\lg\alpha_{Y(H)} = 18.01$。一般 EDTA 滴定在 pH 为 5~6 时进行，此时 $\lg\alpha_{Y(H)} = 6.6 \sim 4.8$；仅当 pH ≥ 12 时 $\lg\alpha_{Y(H)} = 0$，$\alpha_{Y(H)}$ 才等于 1，此时的酸效应才可忽略。

表 4-4　不同 pH 时的 $\lg\alpha_{Y(H)}$

pH	$\lg\alpha_{Y(H)}$	pH	$\lg\alpha_{Y(H)}$	pH	$\lg\alpha_{Y(H)}$
0.0	23.64	3.4	9.70	6.8	3.55
0.4	21.32	3.8	8.85	7.0	3.32
0.8	19.08	4.0	8.44	7.5	2.78
1.0	18.01	4.4	7.64	8.0	2.26
1.4	16.02	4.8	6.84	8.5	1.77
1.8	14.27	5.0	6.60	9.0	1.29
2.0	13.51	5.4	5.69	9.5	0.83
2.4	12.19	5.8	4.98	10.0	0.45
2.8	11.09	6.0	4.65	11.0	0.07
3.0	10.60	6.4	4.06	12.0	0.00

（2）共存离子效应　除金属离子 M 与 Y 生成配位化合物外，共存金属离子 N 也与 Y 生成配合物，此反应称为共存离子效应，是滴定剂 Y 存在的又一副反应，用副反应系数 $\alpha_{Y(N)}$ 表示。

（3）滴定剂 Y 的总副反应系数　假定存在 Y 与 N、Y 与 H^+ 的两个副反应，则滴定剂 Y 的总副反应系数为

$$\alpha_Y = \alpha_{Y(H)} + \alpha_{Y(N)} - 1$$

滴定剂的总副反应系数虽然有几项，但一般讨论的滴定中仅考虑 $\alpha_{Y(H)}$ 一项。

对酸效应系数仅作理论上的了解，搞清是怎样计算出来的即可，在实际应用中可查表。另外，由 $\lg\alpha_{Y(H)}$ -pH 图，可了解 $\lg\alpha_{Y(H)}$ 随 pH 变化的趋势，滴定介质 pH 愈低，酸度愈高，酸效应系数愈大，对配位滴定的影响愈大。

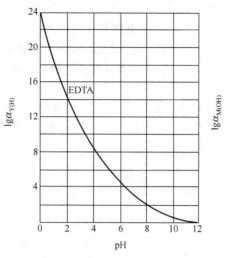

图 4-9　EDTA 的 $\lg\alpha_{Y(H)}$ -pH 曲线

2. 金属离子的副反应及副反应系数

由于其他配合剂（L 或 A）的存在，使金属离子（M）参加主反应能力降低的现象称为金属离子的副反应，其副反应系数用 $\alpha_{M(L)}$ 表示。$\alpha_{M(L)}$ 表示没有参加主反应的金属离子总浓度 $[M']$ 是游离金属离子浓度 $[M]$ 的多少倍。

$$\alpha_{M(L)} = \frac{[M']}{[M]} = \frac{[M]+[ML]+[ML_2]+\cdots+[ML_n]}{[M]}$$

$$= \frac{[M]+\beta_1[M][L]+\beta_2[M][L]^2+\cdots+\beta_n[M][L]^n}{[M]}$$

$$= 1+\beta_1[L]+\beta_2[L]^2+\cdots+\beta_n[L]^n$$

可见，$\alpha_{M(L)}$ 是累积稳定常数和 $[L]$ 的函数。

溶液中的金属离子因介质 pH 可形成羟基配合物；溶液中存在的辅助配合剂、掩蔽剂、缓冲溶液组分都可能与金属离子生成配位化合物，发生多种副反应。此时金属离子 M 参与的副反应对主反应的影响程度应当用金属离子总副反应系数 α_M 来表示。若溶液中同时有两种配合剂 L 和 A 与金属离子 M 发生副反应，表示为

$$
\begin{array}{c}
\quad\quad M \quad\quad\quad +Y \Longrightarrow MY \quad\quad \text{主反应}\\
\text{L}\diagup\; \big\|\; \diagdown\text{A}\\
ML \quad MA \quad\quad\quad\quad\quad\quad \text{副反应}\\
\vdots \quad\;\; \vdots\\
ML_n \quad MA_n
\end{array}
$$

则

$$[M'] = [M]+[MA]+\cdots+[MA_n]+[ML]+\cdots+[ML_n]$$

$$\alpha_M = \frac{[M']}{[M]}$$

$$\alpha_M = \alpha_{M(L)} + \alpha_{M(A)} - 1$$

式中，M 为金属离子的游离型体。

对初学者来说，无需对 n 种配合剂发生的多个副反应进行重复计算，只需从 $\alpha_M = \alpha_{M(A)} + \alpha_{M(L)} - 1$ 所示的两种副反应入手，掌握用副反应系数方法处理复杂的配位化合物平衡即可。

在水溶液中，当溶液酸度较低时，金属离子生成多羟基配位化合物，其副反应系数以 $\alpha_{M(OH)}$ 表示，见图 4-10。在配位化合物平衡计算中，溶液酸度是必须考虑的因素，$\lg\alpha_{M(OH)}$ 值可查附录表五。

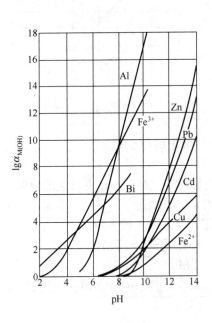

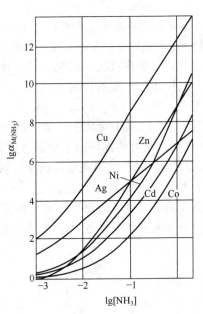

图 4-10　$\lg\alpha_{M(OH)}$ -pH 曲线 　　　　　图 4-11　$\lg\alpha_{M(NH_3)}$ -$\lg[NH_3]$ 曲线

【**例 4-28**】计算在 pH=10 的 NH_3-NH_4Cl 介质中，以铬黑 T（EBT）为指示剂，用 $0.02000 mol \cdot L^{-1}$ EDTA 滴定 $0.02000 mol \cdot L^{-1} Zn^{2+}$，游离氨浓度 $[NH_3]$=$0.20 mol \cdot L^{-1}$ 时锌离子的总副反应系数 α_{Zn}。$\lg\alpha_{M(NH_3)}$ -$\lg[NH_3]$ 曲线见图 4-11。

解

$$\underset{[Zn(NH_3)]^{2+}}{\overset{NH_3}{\diagdown}}\overset{Zn}{\underset{[Zn(OH)]^+}{\diagup}}\overset{OH^-}{} \quad +Y \Longrightarrow ZnY \quad 主反应$$

副反应

$$[Zn(NH_3)_4]^{2+}$$

则 　　　　　$\alpha_{Zn} = \alpha_{Zn(NH_3)} + \alpha_{Zn(OH)} - 1$

查附录表二得锌氨配合物的 $\lg\beta_1 \sim \lg\beta_4$ 为 2.27、4.61、7.01、9.06。则

$$\alpha_{Zn(NH_3)} = 1 + \beta_1[NH_3] + \beta_2[NH_3]^2 + \beta_3[NH_3]^3 + \beta_4[NH_3]^4$$

$$=1+10^{2.27}\times 0.20+10^{4.61}\times 0.20^2+10^{7.01}\times 0.20^3+10^{9.06}\times 0.20^4$$
$$=10^{6.28}$$

查附录表五得 pH＝10 时 $\lg\alpha_{Zn(OH)}=2.4$，则 $\alpha_{Zn(OH)}=10^{2.4}$。故

$$\alpha_{Zn}=10^{6.28}+10^{2.4}-1=10^{6.28}$$

【例 4-29】 在例 4-28 Zn^{2+} 的 EDTA 滴定中，若只给出 NH_3 的分析浓度 $c(NH_3)=$ $0.10mol\cdot L^{-1}$，pH＝9.0，计算 α_{Zn}。

解
$$NH_4^+\underset{H^+}{\overset{}{\rightleftharpoons}}NH_3\underset{}{\overset{Zn}{\diagdown}}\quad\diagdown OH^-\quad +Y\rightleftharpoons ZnY\qquad 主反应$$
$$[Zn(NH_3)]^{2+}\quad [Zn(OH)]^+\qquad\qquad 副反应$$
$$\vdots$$
$$[Zn(NH_3)_4]^{2+}\quad \alpha_{Zn}=\alpha_{Zn(NH_3)}+\alpha_{Zn(OH)}-1$$

查附录表五得 pH＝9.0 时 $\lg\alpha_{Zn(OH)}=0.2$，则 $\alpha_{Zn(OH)}=10^{0.2}$。

NH_3 的平衡浓度 $[NH_3]$ 可按下述方法之一求得。

按分布系数计算 $[NH_3]$：

$$[NH_3]=c(NH_3)\delta_{NH_3}=c(NH_3)\times\frac{K_a}{K_a+[H^+]}$$
$$=0.10\times\frac{10^{-9.4}}{10^{-9.4}+10^{-9.0}}=10^{-1.5}$$

按副反应系数计算 $[NH_3]$：

$$\alpha_{NH_3(H)}=1+\beta_1[H^+]=1+\frac{1}{K_a}[H^+]$$
$$=1+10^{9.4}\times 10^{-9}=10^{0.5}$$

$$[NH_3]=\frac{c(NH_3)}{\alpha_{NH_3(H)}}=\frac{0.1}{10^{0.5}}=10^{-1.5}$$

$$\alpha_{Zn(NH_3)}=1+\beta_1[NH_3]+\beta_2[NH_3]^2+\beta_3[NH_3]^3+\beta_4[NH_3]^4$$

$\lg\beta_1\sim\lg\beta_4$ 分别为 2.27、4.61、7.01、9.06，代入得 $\alpha_{Zn(NH_3)}=10^{3.2}$，则

$$\alpha_{Zn}=\alpha_{Zn(NH_3)}+\alpha_{Zn(OH)}-1$$
$$=10^{3.2}+10^{0.2}-1=10^{3.2}$$

在金属离子副反应系数计算中遇到最多的两种副反应产物是氨基配合物（见附录表二和图 4-11）与羟基配合物（见附录表五）。

类似例 4-29，在计算金属离子副反应系数时，往往只给配位体的分析浓度 c_B，而副反应系数计算要求知道配位体的平衡浓度 $[B]$，因此还要由分析浓度计算平衡浓度。由于配位体往往是弱碱，可由分布系数计算，$[B]=c_B\delta_B$；也可由酸效应系数计算，

$$[B]=\frac{c_B}{\alpha_{B(H)}}。$$

【**例 4-30**】镀锌液中含有柠檬酸盐、氰化物、铵盐的氨性介质，写出 Zn^{2+} 的副反应系数。

解　查配合物稳定常数可知柠檬酸盐、氰化物、铵盐分别提供配位体 Cit^-、CN^-、NH_3，氨性介质中存在羟基效应，因此存在 4 个副反应：

$$\alpha_{Zn} = \alpha_{Zn(OH)} + \alpha_{Zn(Cit)} + \alpha_{Zn(CN)} + \alpha_{Zn(NH_3)} - 3$$

3. 单一离子准确滴定的酸度选择

仅仅考虑酸效应的影响，由图 4-9 可以看到，在高酸度下配位化合物反应是不完全的。由图 4-10 曲线也可以知道，低酸度虽然酸效应系数小，但金属离子副反应不可忽略，$lg\alpha_{M(OH)}$ 值增大。因此，控制一定酸度是十分重要的反应条件。

仅考虑酸效应时，金属离子配合物的稳定常数可称作条件稳定常数 K'_{MY}：

$$\frac{[MY]}{[M][Y']} = \frac{K_{MY}}{\alpha_{Y(H)}} = K'_{MY}$$

为确定配位滴定允许的最低 pH，若假定金属离子 M 与 EDTA 的初始浓度皆为 c，化学计量点时都生成 MY，则 $[MY] \approx c$，若滴定误差（TE）为 0.1%，则化学计量点时 $[M]$ 和 $[Y']$ 都应小于 $0.1\% \, c$，则可求出：

$$K'_{MY} \geqslant \frac{c}{(0.1\% \, c)(0.1\% \, c)} = \frac{1}{10^{-6}c}$$

由此获得判断配位滴定可行性的标准：

$$cK'_{MY} \geqslant 10^6$$
$$lg(cK'_{MY}) \geqslant 6$$

通常配位滴定时，浓度 c 为 $10^{-2} \, mol \cdot L^{-1}$，则在此条件下

$$lgK'_{MY} \geqslant 8$$

由上述条件稳定常数的定义式可导出

$$lg\alpha_{Y(H)} = lgK_{MY} - lgK'_{MY}$$
则
$$lg\alpha_{Y[H]} \leqslant lgK_{MY} - 8$$

由 $lg\alpha_{Y[H]}$ 从酸效应系数表（见表 4-4）中查得 pH，此值就是 EDTA 准确滴定单一离子的最低 pH，或称最高酸度。

【**例 4-31**】求解 $10^{-2} \, mol \cdot L^{-1}$ EDTA 分别滴定等浓度 Bi^{3+}、Fe^{3+}、Al^{3+}、Zn^{2+}、Ca^{2+}、Mg^{2+} 的最高酸度。

解　Bi^{3+}　$lg\alpha_{Y[H]} \leqslant 27.9 - 8 = 19.9$　$pH \approx 1$

　　　　Fe^{3+}　$lg\alpha_{Y[H]} \leqslant 25.1 - 8 = 17.1$　$pH = 1 \sim 2$

　　　　Al^{3+}　$lg\alpha_{Y[H]} \leqslant 16.1 - 8 = 8.1$　$pH = 4 \sim 5$

Zn^{2+} lg$\alpha_{Y[H]}$ ≤16.5−8=8.5   pH=4

Ca^{2+} lg$\alpha_{Y[H]}$ ≤10.7−8=2.7   pH=8

Mg^{2+} lg$\alpha_{Y[H]}$ ≤8.7−8=0.7   pH=10

由上例可知，不同金属离子 lgK_{MY} 值不同，准确滴定的最低 pH 也不同。若以 lgK_{MY} 为横坐标，pH 为纵坐标，将不同金属离子 lgK_{MY} 对应的准确滴定最低 pH 作图，就得到酸效应曲线，如图 4-12 所示。对单一金属离子，只要查到 lgK_{MY}，就可以从酸效应曲线上查到 EDTA 准确滴定该金属离子所需的最低 pH 或最高酸度。ED-TA 滴定中选择、控制酸度是准确滴定的必要条件，因此酸效应曲线是非常有用的。

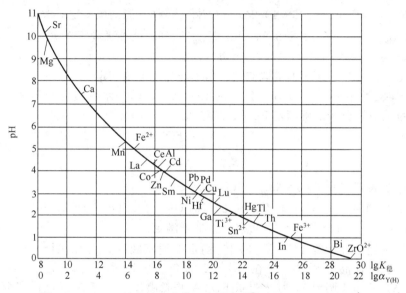

图 4-12   EDTA 的酸效应曲线（金属离子浓度为 0.01mol·L^{-1}）

配位滴定时酸度必须控制适宜，从酸效应曲线上可以查到各种金属离子滴定的最高酸度，但酸度也不可过低，因为酸度过低，金属离子会生成氢氧化物沉淀或羟基配合物，影响计量关系。

4. 混合离子连续滴定的可行性判断界限与控制酸度的分步滴定

混合离子的连续分步滴定是 EDTA 滴定的重要应用。实现连续滴定的方式有多种。例如，控制酸度在 pH 为 2、3、5、10 的介质中，可分别以磺基水杨酸、PAN 为指示剂连续分步滴定 Fe^{3+}、Al^{3+}、Mn^{2+}、Mg^{2+}；采用仪器指示法，在每次滴定之后提高 pH，可以实现 V(Ⅲ)-V(Ⅳ)、Fe^{3+}-Mn^{2+}、Ca^{2+}-Cu^{2+}、Bi^{3+}-Pb^{2+}-Ca^{2+}、Cu^{2+}-Ni^{2+}、Ni^{2+}-Zn^{2+}、Cu^{2+}-Zn^{2+}-Ca^{2+} 的安培滴定；采用双指示剂光度指示法，可实现 Ca^{2+}-Mg^{2+}、Zn^{2+}-Mg^{2+}、Bi^{3+}-Pb^{2+}、Cu^{2+}-Zn^{2+}、Fe^{3+}-Mn^{2+} 在不同 pH 介质中的连续测定；采用掩蔽与选择性解蔽的方法，可使 Pb^{2+} 在 Zn^{2+}、Cd^{2+} 存在下用 KCN 掩蔽、甲醛解蔽的方法实现连续测定；采用选择性 EDTA 释出法，可连续分步滴定 Pb^{2+}-Hg^{2+}-Tl^{3+}、Fe^{3+}-Al^{3+}-Ti^{3+} 等。

实现连续分步滴定是基于 EDTA 与金属离子配位化合物的稳定性的差别。若 $\Delta pM = \pm 0.2$，$TE = \pm 0.1\%$，且 $c_M = c_N$，则 $\Delta lgK_稳 \geqslant 6$，可以实现分步滴定。

正如单一离子滴定的可行性判断界限那样，由于目测终点与化学计量点 pM 的差值 ΔpM 为 $\pm 0.2 \sim \pm 0.5$，$TE > 0.1\%$。实际判断可否准确滴定，与对 $\Delta lgK_稳$、TE、ΔpM 的要求有关。这里学习的仅仅是处理此类问题的方法，不再进一步讨论更复杂的体系，因为实际测定中还是要通过实验来选择适宜的 pH。

【例 4-32】 用 $2 \times 10^{-2} mol \cdot L^{-1}$ 的 EDTA 滴定等浓度的 Ca^{2+}、Mg^{2+}，问在 $pH = 10.0$ 的介质中能否分别准确滴定 Ca^{2+}、Mg^{2+}？

解 查表 4-4 得 pH = 10.0 时 $lg\alpha_{Y(H)} = 0.45$

$lgK'_{CaY} = 10.69 - 0.45 = 10.24$，$lg(cK'_{CaY}) > 6$，能准确滴定 Ca^{2+}

$lgK'_{MgY} = 8.69 - 0.45 = 8.24$，$lg(cK'_{MgY}) > 6$，能准确滴定 Mg^{2+}

$\Delta lgK_稳 = 10.69 - 8.69 = 2.00$，$\Delta lgK_稳 < 6$

故 Ca^{2+}、Mg^{2+} 可同时准确滴定，但不能分别准确滴定。

【例 4-33】 用 $2 \times 10^{-2} mol \cdot L^{-1}$ 的 EDTA，以磺基水杨酸为指示剂，可否用控制酸度的方法分步准确滴定 Fe^{3+}、Al^{3+}？

解

$$Fe + Y \rightleftharpoons FeY$$
$$H^+ \qquad Al$$
$$HY \qquad AlY$$

查附录表三知 $lgK_{FeY} = 25.1$，$lgK_{AlY} = 16.1$。

若要求 $TE = \pm 0.1\%$，$\Delta pM = \pm 0.2$，且 $c(Fe^{3+}) = c(Al^{3+}) = 2 \times 10^{-2} mol \cdot L^{-1}$，因为 $\Delta lgK_稳 = 25.1 - 16.1 = 9$，可以分步准确滴定。

前述例题已经计算了 Fe^{3+} 和 Al^{3+} 滴定的适宜酸度分别为 $pH = 1 \sim 2$、$pH = 4 \sim 5$。在实际样品分析时，先在 $pH = 2$ 的介质中以磺基水杨酸为指示剂滴定 Fe^{3+}，然后将 pH 调到 5，加入过量 EDTA 并煮沸片刻，待 Al^{3+} 配位完全后，用 Fe^{3+} 标准溶液返滴定过量的 EDTA。

【例 4-34】 用 $2 \times 10^{-2} mol \cdot L^{-1}$ 的 EDTA，以铬黑 T 为指示剂，光度法检测终点，可否用控制酸度的方法分步准确滴定 Zn^{2+}、Mg^{2+}？

解

$$Zn + Y \rightleftharpoons ZnY$$
$$H^+ \qquad Mg$$
$$HY \qquad MgY$$

查附录表三知 $lgK_{ZnY} = 16.5$，$lgK_{MgY} = 8.7$，则 $\Delta lgK_稳 = 16.5 - 8.7 = 7.8 > 6$，可以分步准确滴定。

前述例题已经计算了 Zn^{2+} 和 Mg^{2+} 滴定的适宜酸度分别为 $pH = 4 \sim 7$、$pH = 9 \sim 10$。在实际样品分析时，取 Zn^{2+} 为 $pH = 6.8$，而 Mg^{2+} 为 $pH = 10$。

第三节　氧化还原反应及其平衡处理

一、水溶液中的氧化还原反应和电极电位

物质的氧化态和还原态构成了一个氧化还原电对，每一个氧化还原电对的氧化

能力和还原能力用电对的电极电位来衡量。

对于可逆氧化还原电对，例如 Ox-Red 电对，其电极电位可用能斯特方程式表示。

$$Ox + ne \Longrightarrow Red$$

$$\varphi = \varphi^{\ominus} + \frac{0.059}{n} \lg \frac{a_{Ox}}{a_{Red}} \qquad (25℃)$$

式中，a_{Ox}、a_{Red} 分别为氧化态和还原态的活度；$\varphi^{\ominus}$ 为电对的标准电极电位，它仅随温度变化，通常用于比较各氧化还原电对的氧化能力或还原能力。氧化还原电对的电极电位越高，氧化态的氧化能力越强；氧化还原电对的电极电位越低，还原态的还原能力越强。因此，作为氧化剂，它可以氧化电极电位比它低的还原剂；作为还原剂，它可以还原电极电位比它高的氧化剂。根据电极电位，可以判断氧化还原反应进行的方向。

二、条件电极电位

与水溶液中的酸碱平衡、配位平衡一样，水溶液中的氧化还原平衡也应考虑离子强度的影响和副反应的存在，因此电极电位的计算需用活度系数（γ）、副反应系数（α）来校正。校正后的活度为

$$a_{Ox} = \gamma_{Ox}[Ox] = \gamma_{Ox} c_{Ox} / \alpha_{Ox}$$
$$a_{Red} = \gamma_{Red}[Red] = \gamma_{Red} c_{Red} / \alpha_{Red}$$

式中，α_{Ox} 和 α_{Red} 为副反应系数。

$$\alpha_{Ox} = \frac{c_{Ox}}{[Ox]}$$

$$\alpha_{Red} = \frac{c_{Red}}{[Red]}$$

则上述能斯特方程式可改写为

$$\varphi = \varphi^{\ominus} + \frac{0.059}{n} \lg \frac{\gamma_{Ox}\alpha_{Red}}{\gamma_{Red}\alpha_{Ox}} + \frac{0.059}{n} \lg \frac{c_{Ox}}{c_{Red}}$$

当 $c_{Ox} = c_{Red} = 1 \text{mol} \cdot \text{L}^{-1}$ 时

$$\varphi^{\ominus\prime} = \varphi^{\ominus} + \frac{0.059}{n} \lg \frac{\gamma_{Ox}\alpha_{Red}}{\gamma_{Red}\alpha_{Ox}}$$

式中，$\varphi^{\ominus\prime}$ 称为条件电极电位，它表示在一定介质条件下，氧化态、还原态分析浓度均为 $1 \text{mol} \cdot \text{L}^{-1}$ 时的实际电极电位。条件电极电位在一定条件下为一常数，是校正了离子强度和副反应影响后的电极电位。引入条件电极电位后，能斯特方程式表示如下：

$$\varphi = \varphi^{\ominus\prime} + \frac{0.059}{n} \lg \frac{c_{Ox}}{c_{Red}}$$

附录表七 2 列出了部分氧化还原电对在不同介质中的条件电极电位，均为实验测得值。目前尚缺乏各种条件下的条件电极电位，因此用条件电极电位处理氧化还原平衡尚受限制。当缺乏相同条件下的条件电极电位时，可采用条件相近的条件电极电位数值，若也没有条件相近的条件电极电位值，只好采用标准电极电位。

三、氧化还原反应的速率与反应条件的控制

在研究氧化还原反应时，不能像研究酸碱反应、配位反应那样，仅从平衡观点

用 K_a、K_{MY} 以及副反应系数校正后的条件平衡常数 K' 值来衡量反应的可行性，还必须考虑反应速率。因为氧化还原反应的机理复杂，其反应本质是电子的转移，这个过程受到各种因素的阻力（包括荷电粒子的阻力），因此对氧化还原反应来说，$K'_{平衡} = 10^6$，$\Delta\varphi = \varphi_1^{\ominus\prime} - \varphi_2^{\ominus\prime}$ 至少大于 0.4V 才能用于定量分析。这不仅需要从平衡观点考虑反应的可能性，还要从实现氧化还原反应的反应速率来考虑反应的现实性。

进行氧化还原平衡计算依据的反应式仅仅表示反应的最初状态和终止状态，不能表示反应进行的实际情况。氧化还原反应往往是分步进行的，不同的氧化还原反应具有不同的反应历程。例如一般认为反应

$$Cr_2O_7^{2-} + 6Fe^{2+} + 14H^+ = 2Cr^{3+} + 6Fe^{3+} + 7H_2O$$

的历程为

第一步 $\qquad Cr(Ⅵ) + Fe(Ⅱ) = Cr(Ⅴ) + Fe(Ⅲ)$

第二步 $\qquad Cr(Ⅴ) + Fe(Ⅱ) = Cr(Ⅳ) + Fe(Ⅲ)$

第三步 $\qquad Cr(Ⅳ) + Fe(Ⅱ) = Cr(Ⅲ) + Fe(Ⅲ)$

每一步反应都有一个反应速率，只要有一步反应慢，就制约了总的反应速率。$Cr_2O_7^{2-}$ 氧化 Fe^{2+} 反应的第二步速率最慢，制约了整个反应速率。

了解影响反应速率的因素，控制好反应条件，按预定方向实现氧化还原反应是研究氧化还原反应的又一重要内容，它比平衡处理更具有实用性。

1. 氧化剂、还原剂的性质

由于氧化剂、还原剂的性质不同，参与的氧化还原反应历程不同，使反应具有不同的反应速率。例如 $Cr_2O_7^{2-} + 6I^- + 14H^+ = 2Cr^{3+} + 3I_2 + 7H_2O$ 反应速率慢，需放置一定时间，为了加快反应速率，要控制一定酸度和加入过量 KI。又如 $2MnO_4^- + 5C_2O_4^{2-} + 16H^+ = 2Mn^{2+} + 10CO_2\uparrow + 8H_2O$，室温下反应速率缓慢，为了加快反应速率并使反应定量进行，应当加热至 $70\sim85℃$，保持一定酸度和在 Mn^{2+} 催化剂存在下进行反应。因此决定反应速率的是氧化剂、还原剂的性质以及它们参与的反应历程。

2. 反应物浓度

一般说来，增大反应物浓度，能加快反应速率。所以在氧化还原反应中，反应物浓度需一定且往往过量。例如，用 $K_2Cr_2O_7$ 标定 $Na_2S_2O_3$ 的反应中，KI 一般过量 20%。

3. 温度和反应时间

对大多数反应来说，升高温度可以提高反应的速率，通常溶液温度每增高 $10℃$，反应速率提高 $2\sim3$ 倍。例如用草酸标定 $KMnO_4$ 的反应，可用加热至 $70\sim85℃$ 的方法来提高反应速率。但重铬酸钾氧化碘离子的反应就不能加热，因为碘会挥发，只有靠增加反应时间，才能确保反应定量完成。

4. 酸度

大多数氧化还原反应均有 H^+ 或 OH^- 参加，因此适宜的酸度能确保反应按一定方向定量完成。控制酸度作为氧化还原反应条件的重要原因还在于可防止其他副

反应的发生。

5. 催化剂

催化剂对反应速率影响很大，是提高反应速率行之有效的方法。例如 Mn^{2+} 对草酸标定 $KMnO_4$ 反应的催化，又如 Ce^{4+} 氧化 $As(\mathbb{III})$ 的反应靠碘离子的催化作用。催化剂使反应加速表明氧化还原反应是分步进行的，其历程是复杂的。

氧化还原滴定法的测定条件主要是酸度、浓度、温度、反应时间和催化剂，比酸碱、配位滴定法要复杂，因为这些条件都需要控制适当，否则都将成为方法的误差来源。由于氧化还原反应历程、机理目前还不十分清楚，因此氧化还原滴定法的测定条件不能像研究氧化还原平衡那样准确计算，但从反应速率认识这些条件的重要性，重视每种方法的误差来源，学习各类氧化还原测定方法在实际样品分析中积累的经验也是必要的。

第四节　沉淀反应及其平衡处理

一、条件溶度积

进行沉淀反应时，溶液中除含有发生沉淀的阴离子和阳离子外，往往还存在 H^+、OH^- 及能与 M^+ 配位的配位离子，也就是存在着酸效应、配合物效应等副反应。在有副反应存在的溶液中，沉淀溶解平衡常数应作副反应系数校正，溶度积 K_{sp} 经副反应系数校正后的条件溶度积，以 K'_{sp} 表示。

$$MA \Longrightarrow M^+ \quad + \quad A \qquad\qquad 主反应$$

$$M(OH) \quad\quad NA \qquad HA \qquad\qquad 副反应$$

$$[M][A] = K_{sp}$$

$$[M] = \frac{[M']}{\alpha_M} \qquad\qquad [A] = \frac{[A']}{\alpha_A}$$

$$K'_{sp} = [M'][A'] = K_{sp}\alpha_M\alpha_A$$

条件溶度积 K'_{sp} 随介质条件而变化，仅在一定条件下为一常数。用 K'_{sp} 处理沉淀平衡、计算沉淀溶解度更符合实际情况。

二、影响沉淀溶解度的因素

1. 同离子效应、盐效应及酸效应

在无机化学中已经学过同离子效应降低沉淀溶解度、盐效应增大沉淀溶解度；在学习了副反应系数处理沉淀平衡后可以知道酸效应可增大沉淀溶解度，应用条件溶度积可定量计算沉淀溶解度。

$$MA \Longrightarrow M^+ + A^- \qquad\qquad 主反应$$

$$OH^- \quad\quad HA \qquad\qquad 副反应$$

$$M(OH) \quad HA$$

由图 4-13 可以看到 K'_{sp} 与 pH 的关系：阴离子酸效应随 pH 增大，沉淀溶解度减小；而可溶性金属羟基配合物浓度在 pH 较高时增大，结果使沉淀溶解度也增大。

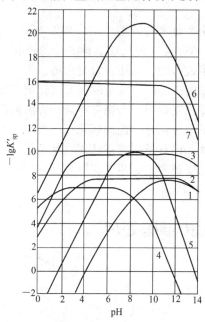

图 4-13　条件溶度积 K'_{sp} 与 pH 的关系

曲线：1—CaCO₃；2—CaC₂O₄；3—CaF₂；4—PbSO₄；5—PbCO₃；6—PbS；7—AgI

2. 配合物效应

在进行沉淀反应时，若溶液中存在能与金属离子形成配位化合物的配合剂，将增大沉淀溶解度，甚至使沉淀完全溶解。这种因配合物副反应发生而影响沉淀溶解度的效应称为配合物效应。

$$MA \rule[0.5ex]{1.5em}{0.4pt} M^+ + A^- \qquad 主反应$$
$$\Updownarrow L^+$$
$$ML \qquad\qquad\qquad 副反应$$

配合物效应往往用于掩蔽对主成分沉淀干扰的阳离子。例如 $KMnO_4$ 法测 $CaCO_3$ 样品的纯度，为掩蔽 Pb^{2+} 干扰而加入 EDTA。

3. 影响沉淀溶解度的其他因素

（1）温度　沉淀的溶解反应大多数为吸热反应，因此沉淀溶解度随温度升高而升高，沉淀条件一般均选择在热溶液中进行。

（2）溶剂　无机物沉淀在有机溶剂中的溶解度比在纯水中小，在沉淀条件中为减少沉淀溶解的损失，往往在水溶液中加入乙醇或丙酮，以使 $CaSO_4$、$PbSO_4$ 沉淀。

（3）沉淀颗粒大小　对同一种结晶离子沉淀来说，颗粒越小，沉淀溶解度越大，这是因为同样质量的小晶体比大晶体有更大的比表面。对晶形沉淀在沉淀形成后，将沉淀和母液一起放置一段时间称为陈化，其作用就在于让小晶体溶解，大晶体长大，达到纯化沉淀并易于过滤洗涤的目的。

（4）沉淀的析出时间　许多沉淀初生成时为亚稳态 α 构型，放置后逐渐转变为 β 型稳定态。如 α 型 CoS 的 $K_{sp} = 4 \times 10^{-20}$，$\beta$ 型 CoS 的 $K_{sp} = 7.9 \times 10^{-24}$，溶解度变小；又如，$\alpha$ 型 NiS 可溶于 HCl，而 β 型 NiS 则只能溶于王水。

上述影响沉淀溶解度的因素正是沉淀条件及其选择的依据。为获得准确的分析结果，必须选择适宜沉淀条件、控制沉淀溶解度，以得到易于纯化、过滤、洗涤的大晶形沉淀或防止胶体溶液沾污的无定形沉淀。

第五节　非平衡状态反应在分析测定中的应用——FIA 技术

前面讨论的副反应系数法处理溶液平衡是溶液化学分析法的主要理论内容。溶液化学分析方法已有 200 多年的历史，均基于被测组分与试剂间的反应，反应用于定量分析的量度是达到平衡时的平衡常数 K，为了保证定量分析的精密度和准确度，总是要求被测组分与试剂充分混合至均匀状态，并达到反应平衡时才能进行测定。另外，溶液化学分析法用于实际样品分析时，需要进行前处理，使被测组分转入溶液并经浓缩分离，最终成为测定所需要的价态和浓度范围。上述不论是手工测定还是前处理的复杂过程，均不能适应现代分析化学发展的需要。

20 世纪 70 年代中期，Rnzicka 与 Hansen 奠定了流动注射分析（flow injection analysis，简称 FIA）的理论与实验基础，FIA 迅速发展成溶液自动分析新方法，使溶液化学分析法在现代分析化学发展上成为前沿分析技术之一。

下面以流动注射分光光度法测定水硬度为例，介绍流动注射分析系统、FIA 的基本原理及方法特点。

图 4-14 表明流动注射分析系统由蠕动泵（P）、采样阀（V）、反应盘管（RC）、检测器（D）、记录仪（W）几部分组成。

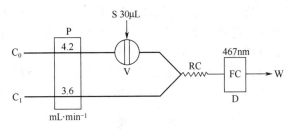

图 4-14　FIA 测水硬度工作原理示意图

以酸性铬蓝 K 为显色剂，用双波长测定技术，在两组波长处分别测定钙和镁。

启动蠕动泵将载液 C_0（水）及混合试剂 C_1（pH＝10.2 的硼砂缓冲溶液与酸性铬蓝 K 显色剂的混合溶液）推入管路系统，并将样品（S）由蠕动泵抽取到采样阀的定量取样环内，再由采样阀定量注射样品 $30\mu L$。被注射的样品在管路中分散在反应盘管中，与载流中的酸性铬蓝 K 显色剂在 pH＝10.2 的硼砂缓冲液介质中显色，并被载流带入由流通池（FC）和光敏元件构成的检测器中，于 467nm 波长处检测吸光度 A，由记录仪记录检测器输出的电信号 A。典型的 FIA 信号是个尖形的峰，用峰高标准曲线法定量，测得水硬度。

从试样注入 FIA 系统开始到检测为止，试样、试剂、载流之间经历着一个复杂的物理化学作用过程，这个过程称作 FIA 综合过程。FIA 综合过程一般可分为三个过程：第一个过程是载流、样品、试剂三者间扩散和对流的分散混合过程——物理过程；第二个过程是试样与试剂之间发生反应的过程——化学反应动力学过程；第三个过程是能量转换过程。所以 FIA 应是试样注入、受控分散、高精度的时机重现（恒定的存留时间）三者有机的结合。

从 FIA 综合过程和原理可以看出，FIA 系统测定与传统的溶液化学分析法建立于均匀体系和平衡状态下的反应不同，它是非均匀、非平衡状态下的反应测定。这一特点突破了溶液化学分析法的基础和传统概念，对拓宽定量分析的反应范围有着重要意义，对于曾被人们以平衡常数衡量而不能用于定量分析的不稳定的反应、不定量发生的反应有必要进行重新评价。

FIA 系统的另一重要应用在于实现了试样预处理的自动化，它通过简单的泵、阀、管路系统，把原来手工进行的耗时处理过程变为几十秒钟的自动化在线操作。

FIA 与其他分析技术的一项重要区别在于：每次进样都可以提供高度重现的试样浓度梯度连续变化信息。这一功能被认为是 FIA 技术的核心。FIA 梯度峰中的信息可以通过电子计算机、化学计量学等计算技术与数学工具深入解析。

FIA 是能渗入到分析化学的又易于普及到分析实验室的溶液自动分析技术，是一种高效率的分析技术。它的出现和发展体现了化学实验室中溶液处理技术的一次带有根本性的变革，是现代科学技术发展过程中对化学信息的质量与数量要求不断提高的结果，它所提供信息的广泛性是均匀、平衡体系所无法达到的。FIA 成了信息时代与计算机时代分析化学第三次变革的组成部分，是未来化学家手中强有力的基本实验技术。

FIA 把化学过程与近代物理检测手段紧密结合，使学生把分析化学基础与仪器分析结合起来，深刻体会两者相辅相成的关系，有助于提高学生分析问题、解决问题的能力及综合运用各种分析技术的能力；另一方面，通过 FIA 技术，学生还可了解除了均匀平衡状态分析技术外，还有非均匀非平衡状态分析技术，这不仅仅是仪器分析中应当学习的内容，也应在分析化学基础教学中注入这个概念。

习　题

一、酸碱平衡

1. 共轭酸碱对的 K_a、K_b、pK_a、pK_b 换算

（1）指出下列物质哪些是酸、碱、两性物质：

$NaNO_2$、C_6H_5OH、NH_4Cl、NH_4OH、$CH_3NH_3^+$、$(CH_2)_6N_4$、$NaHS$、Na_2CO_3、$NaHCO_3$、$NaHSO_3$。

（2）指出上述物质对应的共轭酸或共轭碱。

（3）根据附录表一中的 K_b、K_a 值计算上述物质对应的共轭酸或共轭碱的 K_a、pK_a 值或 K_b、pK_b 值。

（4）根据 pK_a、pK_b 值比较上述酸碱的强弱顺序。

2. 多元酸碱的 K_{a_1}、K_{a_2}、K_{a_3} 与 K_{b_1}、K_{b_2}、K_{b_3} 换算

（1）指出下列多元酸或多元碱对应的共轭碱或共轭酸：

Na_2CO_3、$H_2C_2O_4$、$C_6H_4(COOH)_2$（邻苯二甲酸）、Na_2S、NH_2NH_2（联氨）、H_3PO_4

$$
\begin{matrix}
CH_2NH_2 \\
| \\
CH_2NH_2
\end{matrix}
\text{（乙二胺）、}
\begin{matrix}
CH_2COOH \\
| \\
C(OH)COOH \\
| \\
CH_2COOH
\end{matrix}
\text{（柠檬酸）}
$$

（2）计算上述物质对应的 K_a 或 K_b 值，指出 K_{a_1}、K_{b_1}、K_{a_2}、K_{b_2} 对应的酸或碱型体。

（3）根据 pK_a、pK_b 值，比较上述酸碱的强弱顺序。

3. 依据 δ-pH 分布图指出下列不同 pH 下，各物质存在的型体及其分布系数 δ 表示式。

（1）pH＝2.13　砷酸

（2）pH＝6.50　铬酸

(3) pH＝7.05　氢硫酸

(4) pH＝1.92　硫酸

(5) pH＝4.76　醋酸

4. 习题 3 中各酸的总浓度为 $0.1mol \cdot L^{-1}$，分别写出在上述不同 pH 下 $[H_3AsO_4]$、$[H_2AsO_4^-]$、$[H_2CrO_4]$、$[HCrO_4^-]$、$[H_2S]$、$[HS^-]$ 等型体的平衡浓度计算式。

5. 依据碳酸盐溶液中 H_2CO_3、HCO_3^- 和 CO_3^{2-} 的分布系数，若总浓度 c 为 $0.2mol \cdot L^{-1}$，则上述各型体在 pH 为 4.0、9.0 时的平衡浓度各为多少？

6. 若溶液中 HAc、NaAc 和 $Na_2C_2O_4$ 的浓度分别为 $0.50mol \cdot L^{-1}$、$0.50mol \cdot L^{-1}$ 和 $1.0 \times 10^{-4} mol \cdot L^{-1}$，计算此溶液中 $C_2O_4^{2-}$ 的平衡浓度。

7. 写出下列物质水溶液的质子条件式（PBE）：

NH_3、NH_4Cl、$(NH_4)_2CO_3$、NH_4HCO_3、$(NH_4)_3PO_4$、$(NH_4)_2SO_4$、H_3BO_3、Na_2S、H_2SO_4、$H_3BO_3+HAc+HCN$

8. 计算下列溶液的 pH：

(1) $c(HCl)＝2.0 \times 10^{-7} mol \cdot L^{-1}$

(2) $c(NaOH)＝1.0 \times 10^{-5} mol \cdot L^{-1}$

(3) $c(HAc)＝1.0 \times 10^{-4} mol \cdot L^{-1}$

(4) $c(NaAc)＝0.10 mol \cdot L^{-1}$

(5) $c(Na_2CO_3)＝0.10 mol \cdot L^{-1}$

9. 写出下列混合物水溶液的质子条件式（PBE）：

(1) $HCl+H_3BO_3$　　　　(2) $NaOH+NaAc$

(3) $NaAc+HAc$　　　　(4) $HF+HCOOH$

(5) $(CH_2)_6N_4+C_5H_5N$　(6) $CH_3NH_2+C_2H_5NH_2$

10. 计算下列溶液的 pH（等体积混合）：

(1) pH 1.00＋pH 3.00

(2) pH 3.00＋pH 8.00

(3) pH 8.00＋pH 8.00

(4) pH 8.00＋pH 10.00

11. 计算下列缓冲溶液的 pH：

(1) $c(HAc)＝1.0 mol \cdot L^{-1}$，$c(NaAc)＝1.0 mol \cdot L^{-1}$

(2) $c(HAc)＝0.10 mol \cdot L^{-1}$，$c(NaAc)＝0.10 mol \cdot L^{-1}$

(3) $c(NH_3)＝1.0 mol \cdot L^{-1}$，$c(NH_4Cl)＝1.0 mol \cdot L^{-1}$

(4) $c(Na_2HPO_4)＝0.025 mol \cdot L^{-1}$，$c(NaH_2PO_4)＝0.025 mol \cdot L^{-1}$

(5) $c(Na_2B_4O_7 \cdot 10H_2O)＝0.10 mol \cdot L^{-1}$

12. 下列溶液加水稀释 10 倍，计算稀释前后的 pH 变化 ΔpH：

(1) $0.01 mol \cdot L^{-1}$ HCl

(2) $0.10 mol \cdot L^{-1}$ NaOH

(3) $0.10 mol \cdot L^{-1}$ HAc 与 $0.10 mol \cdot L^{-1}$ NaAc

(4) $1.0 mol \cdot L^{-1}$ NH_3 与 $1.0 mol \cdot L^{-1}$ NH_4Cl

13. 指出下列混合溶液哪些是缓冲溶液：

(1) $(CH_2)_6N_4$ 加适量 HCl

(2) $(CH_2)_6N_4$ 加适量 NaOH

（3）NaCl 加适量 HCl

（4）$Na_2B_4O_7$ 加适量 HCl

（5）Na_2HPO_4 加适量 NaOH

14. 下列酸碱水溶液能否准确进行滴定？

（1）$0.1mol \cdot L^{-1}$ H_3BO_3 　　　　　　（2）$0.1mol \cdot L^{-1}$ NH_4^+

（3）$0.1mol \cdot L^{-1}$ HCOOH 　　　　　　（4）$0.1mol \cdot L^{-1}$ CH_3NH_2

（5）$0.1mol \cdot L^{-1}$ $(CH_2)_6N_4$ 　　　　　（6）$0.1mol \cdot L^{-1}$ NH_2NH_2

（7）$0.1mol \cdot L^{-1}$ $C_6H_5NH_2 \cdot HCl$ 　　（8）$0.1mol \cdot L^{-1}$ HCN

15. 下列多元酸碱及混合物溶液能否准确滴定（用 $0.1mol \cdot L^{-1}$ 滴定剂等浓度滴定）？

（1）H_3AsO_4 　　　　　　　　（2）H_3PO_4

（3）邻苯二甲酸 　　　　　　　（4）柠檬酸

（5）顺丁烯二酸 　　　　　　　（6）HCl＋HAc

（7）HCl＋H_3BO_3 　　　　　　（8）NaOH＋$(CH_2)_6N_4$

（9）HCOOH＋CH_3COOH 　　（10）NH_3＋NH_2NH_2

16. 用双指示剂法测某一含有 Na_2CO_3、$NaHCO_3$ 及其他惰性物质的样品中 Na_2CO_3、$NaHCO_3$ 的含量。称样 0.3010g，用酚酞指示剂时滴定消耗 $0.1060mol \cdot L^{-1}$ HCl 20.10mL，用甲基橙指示剂继续滴定时，消耗 HCl 共计 47.70mL。计算 Na_2CO_3、$NaHCO_3$ 的含量。

17. 用凯氏定氮法测定有机物中氮的含量，称样 0.2000g，用 25.00mL $0.1000mol \cdot L^{-1}$ 的 HCl 标准溶液吸收过量 HCl，用 $0.1000mol \cdot L^{-1}$ NaOH 标准溶液回滴，以甲基红为指示剂，消耗 NaOH 标准溶液 8.10mL，计算样品中氮的含量。

二、配位平衡

1. 解答下列问题

（1）Cu^{2+} 各类配合物常数如下：

Cu-柠檬酸的不稳定常数　$K_{不稳}=6.3 \times 10^{-15}$

Cu-乙酰丙酮的累积稳定常数　$\beta_1=1.86 \times 10^8$　$\beta_2=2.19 \times 10^{16}$

Cu-乙二胺的逐级稳定常数　$K_{稳_1}=5.75 \times 10^{10}$　$K_{稳_2}=2.1 \times 10^9$　$K_{稳_3}=10$

Cu-氨配合物的累积稳定常数　$\lg\beta_1=4.13$　$\lg\beta_2=7.61$　$\lg\beta_3=10.48$　$\lg\beta_4=12.59$

Cu-磺基水杨酸的累积稳定常数　$\lg\beta_3=16.45$

Cu-酒石酸的逐级稳定常数　$\lg K_{稳_1}=32$　$\lg K_{稳_2}=19$　$\lg K_{稳_3}=0.33$　$\lg K_{稳_4}=1.73$

Cu-EDTA 的稳定常数　$\lg K_{稳}=18.80$

Cu-氰化物的累积稳定常数　$\lg\beta_2=24.0$　$\lg\beta_3=28.6$　$\lg\beta_4=30.3$

Cu-邻二氮菲配合物的累积稳定常数　$\lg\beta_1=9.1$　$\lg\beta_2=15.8$　$\lg\beta_3=21.0$

按总稳定常数 $\lg K_{总稳}$ 从小到大的顺序将其排列，说明在 EDTA 滴定中应选用何种掩蔽剂掩蔽 Cu^{2+} 干扰。

（2）EDTA 为六元酸，从 δ-pH 分布图说明在不同 pH 范围内 EDTA 存在的主要型体。EDTA 滴定法中常以何种型体存在？反应方程如何书写？

（3）EDTA 为六元酸，其离解常数 $K_{a_1} \sim K_{a_6}$ 为已知，写出 EDTA 的 $K_{不稳_1} \sim K_{不稳_6}$、$K_{稳_1} \sim K_{稳_6}$ 及 $\beta_1 \sim \beta_6$。

2. 配合物平衡组分浓度的计算

（1）已知 NH_3 的 K_b，NH_4^+ 作为氢配合物，其 $K_{稳}$、$K_{不稳}$ 值各为多少？若已知 $c(NH_3)=$

$0.50\text{mol} \cdot \text{L}^{-1}$，pH＝8.0，用 δ_{NH_3} 或 $\alpha_{\text{NH}_3(\text{H})}$ 计算 $[\text{NH}_3]$。

（2）EDTA 为六元酸，写出 EDTA 水溶液中存在的型体，并写出 pH＝2 时各种型体平衡浓度的比值。

（3）EDTA 分析浓度 c 为 $0.01\text{mol} \cdot \text{L}^{-1}$，pH＝5.0 时 $[\text{Y}]$ 是多少？

3. 副反应系数的计算

（1）计算 pH 为 0～11 范围内 EDTA 的 $\lg\alpha_{\text{Y[H]}}$ 并与附表值比较。在坐标纸上绘制 $\lg\alpha_{\text{Y[H]}}$ -pH 曲线，由图查出 pH＝5 时的 $\lg\alpha_{\text{Y[H]}}$ 值。

（2）计算 pH＝10、$[\text{NH}_3]=0.01\text{mol} \cdot \text{L}^{-1}$ 时的 $\alpha_{\text{Zn(NH}_3)}$、$\alpha_{\text{Zn(OH)}}$、α_{Zn}。

4. 条件稳定常数的计算

（1）pH＝10、EDTA 与 Mg^{2+} 形成配合物时，计算 $\lg K'_{\text{MgY}}$。

（2）pH＝8、EDTA 与 Ca^{2+} 形成配合物时，计算 $\lg K'_{\text{CaY}}$。

（3）pH＝5、EDTA 与 Zn^{2+} 形成配合物时，计算 $\lg K'_{\text{ZnY}}$。

（4）pH＝10、$[\text{NH}_3]=0.10\text{mol} \cdot \text{L}^{-1}$、$\text{Zn}^{2+}$ 与 EDTA 形成配合物时，计算 $\lg K'_{\text{ZnY}}$。

5. 滴定可行性的判断：用浓度为 $0.01\text{mol} \cdot \text{L}^{-1}$ 的 EDTA 滴定等浓度的 Mg^{2+}、Ca^{2+}、Zn^{2+}、Cd^{2+}、Pb^{2+}、Ni^{2+}。

（1）根据单一离子滴定可行性判断标准，分别判断 4（1）～（4）题中给定的 pH 条件下 Mg^{2+}、Ca^{2+}、Zn^{2+} 准确滴定的可能性。

（2）根据混合离子滴定可行性判断标准，判断下述混合液中的各离子可否准确连续分步滴定。

$\text{Bi}^{3+}\text{-Pb}^{2+}$ $\quad\quad\quad\quad$ $\text{Zn}^{2+}\text{-Cd}^{2+}$

$\text{Mg}^{2+}\text{-Ca}^{2+}$ $\quad\quad\quad\quad$ $\text{Zn}^{2+}\text{-Al}^{3+}$

混合液中各离子浓度均为 $0.01\text{mol} \cdot \text{L}^{-1}$。

6. 单一离子与混合离子滴定时介质酸度的选择：

（1）Bi^{3+} $\quad\quad$（2）Cd^{2+} $\quad\quad$（3）Al^{3+}

（4）Mg^{2+} $\quad\quad$（5）Zn^{2+} $\quad\quad$（6）Ca^{2+}

若 EDTA 滴定等浓度上述单一离子，EDTA 浓度为 $0.01\text{mol} \cdot \text{L}^{-1}$，计算准确滴定时介质的最高酸度与最低酸度。

（7）$\text{Bi}^{3+}\text{-Pb}^{2+}$ $\quad\quad\quad\quad$（8）$\text{Fe}^{3+}\text{-Al}^{3+}\text{-Ca}^{2+}\text{-Mg}^{2+}$

查酸效应曲线选择用 EDTA 连续分步滴定上述混合离子的介质 pH。

7. 应用掩蔽剂的混合离子选择性滴定

选择合适的掩蔽剂进行 EDTA 选择性滴定（不必计算）：

（1）$\text{Zn}^{2+}\text{-Al}^{3+}$ $\quad$ 介质 pH 为 5～6 $\quad$ XO 为指示剂。

（2）$\text{Zn}^{2+}\text{-Cd}^{2+}$ $\quad$ 介质 pH 为 5～6 $\quad$ XO 为指示剂。

（3）$\text{Zn}^{2+}\text{-Pb}^{2+}$ 含量测定。

（4）$\text{Ca}^{2+}\text{-Mg}^{2+}$ 水硬度测定，Fe^{3+}、Al^{3+}、Pb^{2+}、Cu^{2+}、Co^{2+}、Ni^{2+} 封闭 EDTA 指示剂，应如何消除上述杂质离子的干扰。

8. EDTA 配位滴定结果计算

（1）水泥成分分析。称样 1.0000g 溶解后，定量移入 250mL 容量瓶，准确移取 25.00mL 进行测定，在 pH＝2 的介质中以磺基水杨酸为指示剂，以 $0.02000\text{mol} \cdot \text{L}^{-1}$ EDTA 滴定 Fe^{3+}，消耗 EDTA 30.00mL。然后加入上述 EDTA 溶液 25.00mL，加热煮沸，在 pH＝5 的介质中以 XO 为指示剂，用 $0.02000\text{mol} \cdot \text{L}^{-1}$ Cu^{2+} 标准溶液滴定 Al^{3+}，消耗 5.00mL，再调 pH＝10（氨

性介质），以 EBT 为指示剂，用 EDTA 滴定 $Ca^{2+}+Mg^{2+}$，消耗 EDTA 45.00mL，用 NaOH 沉淀 Mg^{2+} 后，以钙指示剂指示终点，用 EDTA 滴定 Ca^{2+}，消耗 EDTA 10.00mL。计算样品中 Fe_2O_3、Al_2O_3、CaO、MgO 的含量。

（2）武德合金中 Bi^{3+}、Pb^{2+}、Cd^{2+}、Sn^{4+} 含量的测定。测定原理基于以下方法：

$$样品 \xrightarrow{HNO_3} \begin{array}{l} \xrightarrow{\text{析出沉淀}} \xrightarrow{\text{灼烧}} SnO_2 \text{ 称量法测 } Sn^{4+} \\ \xrightarrow{\text{溶液 } Pb^{2+}、Cd^{2+}、Bi^{3+}} \end{array}$$

pH = 2，XO，EDTA 测 Bi^{3+}

pH = 4～6，XO，EDTA 测 $Cd^{2+}+Pb^{2+}$ $\xrightarrow{\text{加入邻二氮菲}}$

PbY
Cd-邻二氮菲 + Y $\xrightarrow[XO]{Pb(NO_3)_2}$ Cd

今将 2.318g 合金样品溶于热 HNO_3 中，析出沉淀经灼烧称量为 0.3661g，测得 Sn^{4+} 量。将溶液定量移入 500mL 容量瓶，移取 50.00mL，在 pH=2 的介质中用 $0.05000mol \cdot L^{-1}$ EDTA 滴定 Bi^{3+}，消耗 EDTA 11.20mL，调 pH 为 5～6（六亚甲基四胺介质），仍以 XO 为指示剂，用 EDTA 滴定 $Pb^{2+}+Cd^{2+}$，消耗 10.80mL，再加入邻二氮菲与 Cd^{2+} 生成配合物，析出等量 EDTA，用 $0.0463mol \cdot L^{-1}$ $Pb(NO_3)_2$ 标准溶液滴定 EDTA 到终点，消耗 $Pb(NO_3)_2$ 6.15mL，测得 Cd^{2+} 量。分别计算 Sn^{4+}、Bi^{3+}、Cd^{2+}、Pb^{2+} 的含量。

三、氧化还原平衡

1. 已知 $Fe^{3+}+e \Longrightarrow Fe^{2+}$，$\varphi^{\ominus}=0.771V$，当 $[Fe^{3+}]/[Fe^{2+}]$ 为（1）10^{-2}，（2）10^{-1}，（3）1，（4）10，（5）100 时，计算 $\varphi_{Fe^{3+}/Fe^{2+}}$。

2. 计算银电极在 $0.0100mol \cdot L^{-1}$ NaCl 溶液中的电极电位。已知电极反应 $Ag^++Cl^- \Longrightarrow AgCl\downarrow$，$\varphi^{\ominus}_{Ag^+/Ag}=0.800V$，$K_{sp}(AgCl)=1.8\times10^{-10}$。

3. 定性说明在 pH=1 或 8 的溶液中 MnO_4^- 能否氧化 Br^-。已知 $\varphi^{\ominus}_{MnO_4^-/Mn^{2+}}=1.51V$，$\varphi^{\ominus}_{Br_2/2Br^-}=-1.09V$，电极反应为 $MnO_4^-+8H^++5e \Longrightarrow Mn^{2+}+4H_2O$。

4. 判断下列不同 pH 介质中，氧化还原反应 $H_3AsO_4+2H^++3I^- \Longrightarrow H_3AsO_3+I_3^-+H_2O$ 进行的方向。已知 $[H_3AsO_4]=[H_3AsO_3]=1mol \cdot L^{-1}$，$[I_3^-]=[I^-]=1mol \cdot L^{-1}$。

（1）pH=1   （2）pH=8

5. 用一定体积的 $KMnO_4$ 溶液恰能氧化一定质量的 $KHC_2O_4 \cdot H_2C_2O_4 \cdot 2H_2O$；同样质量的 $KHC_2O_4 \cdot H_2C_2O_4 \cdot 2H_2O$ 恰能被 $KMnO_4$ 溶液体积一半的 $0.2000mol \cdot L^{-1}$ NaOH 溶液所中和，计算 $c\left(\frac{1}{5}KMnO_4\right)$。

6. 0.1500g 铁矿石经样品处理后，用 $KMnO_4$ 法测其含量，若消耗 $c\left(\frac{1}{5}KMnO_4\right)=0.5000mol \cdot L^{-1}$ 的 $KMnO_4$ 溶液 15.03mL，计算铁矿石中的铁含量，以 $w(FeO)$、$w(Fe_2O_3)$ 表示。

7. 溶解氧测定方法是基于碱性条件下加 $MnSO_4$ 将氧固定，酸化后用碘量法测定。反应式如下：

$$4Mn^{2+}+8OH^-+O_2 \Longrightarrow 2Mn_2O_3\downarrow+4H_2O$$
$$Mn_2O_3+6H^++2I^- \Longrightarrow 2Mn^{2+}+I_2+3H_2O$$
$$2S_2O_3^{2-}+I_2 \Longrightarrow 2I^-+S_4O_6^{2-}$$

某河流污染普查，若测定时取样 100mL，用碘量法测定溶解氧时消耗 $0.02000mol \cdot L^{-1}$ $Na_2S_2O_3$ 溶液 5.00mL，计算溶解氧（DO，以 $mg \cdot L^{-1}$ 表示）并问此河流是否污染。

8. 用溴量法与碘量法测定化工厂排污口废水中的酚含量。取样量为 1L，分析时移取稀释 10.0 倍的试样 25.00mL，加入含 KBr 的 $c\left(\dfrac{1}{6}KBO_3\right)=0.02000mol\cdot L^{-1}$ 的 $KBrO_3$ 溶液 25.00mL，酸化放置，反应完全后加入 KI，析出的碘用 $c(Na_2S_2O_3)=0.02000mol\cdot L^{-1}$ 的 $Na_2S_2O_3$ 溶液滴定，消耗 10.00mL。计算废水中的酚含量（以 $mg\cdot L^{-1}$ 表示）。该污染源是否超标？

9. 碘量法测定 As_2O_3 的含量。若称样 0.1000g 溶于 NaOH 溶液，用 H_2SO_4 中和后加 $NaHCO_3$，在 pH=8 的介质中用 $c(I_2)=0.05000mol\cdot L^{-1}$ 的 I_2 标准溶液滴定，消耗 20.00mL，计算 As_2O_3 的含量。

10. 碘量法测定维生素 C($M=1761g\cdot mol^{-1}$) 的含量。取市售果汁样品 100.0mL，酸化后加 $c\left(\dfrac{1}{2}I_2\right)=0.5000mol\cdot L^{-1}$ 的 I_2 标准溶液 25.00mL，待碘液将维生素 C 氧化完全后，过量的碘用 $c(Na_2S_2O_3)=0.02000mol\cdot L^{-1}$ 的 $Na_2S_2O_3$ 溶液滴定，消耗 2.00mL。计算果汁中维生素 C 的含量，以 $mg\cdot mL^{-1}$ 表示。

四、沉淀平衡

1. 计算下列换算因数：
（1）$PbCrO_4$ 中的 PbO_2
（2）$K_2Cr_2O_7$ 中的 Cr
（3）Na_2S 中的 S
（4）$Mg_2P_2O_7$ 中的 MgO
（5）$(NH_4)_3PO_4\cdot 12MoO_3$ 中的 P_2O_5

2. 判断下列情况对称量分析法结果的影响：
A. 偏高　　　　B. 偏低　　　　C. 无影响
（1）$BaSO_4$ 沉淀法测 S 或测 Ba 均发生 H_2SO_4 吸附共沉淀。（　　　）
（2）$BaSO_4$ 沉淀法测 S 或测 Ba 均发生 $BaCl_2$ 包藏共沉淀。（　　　）
（3）$BaSO_4$ 沉淀法测 S 或测 Ba 均发生以下杂质离子沾污：$PbSO_4\cdot KMnO_4$ 混晶共沉淀，$Fe_2(SO_4)_3$、$CuSO_4$、$Ba(NO_3)_2$ 吸附共沉淀。（　　　）
（4）CaC_2O_4 沉淀时杂质 Mg^{2+} 发生 MgC_2O_4 后沉淀，于 550℃灼烧成 $CaCO_3$ 测定。（　　　）

3. 测定合金钢中的 $w(Ni)$。称样 0.5000g，在氨性介质中沉淀为二乙酰二肟镍，烘干后称量 $NiC_8H_{14}N_4O_4$ 沉淀质量为 0.1050g。计算样品中的 $w(Ni)$。

4. 测定矿石中 K_2O 的含量。称样 0.5000g，熔样后将 K^+ 沉淀为四苯硼酸钾 $KB(C_6H_5)_4$($M=358.3g\cdot mol^{-1}$)，烘干、冷却、称量沉淀质量为 0.2050g。计算矿石样品的 $w(K_2O)$。

5. 测定硅酸盐中 SiO_2 的含量。称样 0.5000g，氨法沉淀为 $SiO_2\cdot nH_2O$ 及杂质 $Fe(OH)_3$、$Al(OH)_3$，灼烧后称得沉淀 $SiO_2+Fe_2O_3+Al_2O_3$ 的质量为 0.2550g，经 H_2SO_4-HF 处理，使 SiO_2 转化为 SiF_4 除去，再灼烧残渣称量为 0.0015g，计算硅酸盐矿石中 SiO_2 的含量。

第五章　滴定分析法

第一节　滴定分析法的条件与误差

滴定分析法是化学分析中最重要的分析方法，主要用于常量组分的分析，即被测组分含量在1%以上，通常测定相对误差在0.2%以内。

滴定分析法基于的化学反应是被测物质 A 与标准物质 B 之间达平衡状态时的稳定化学反应，具有与化学反应式相符的计量关系。

$$\underset{\text{被测物质}}{a\text{A}} + \underset{\text{标准物质}}{b\text{B}} = c\text{C} + d\text{D}$$

滴定分析法定量测定过程是将被测物质经化学处理，定量转入溶液，并呈化学反应式需要的离子状态后，加入指示剂及辅助试剂，用标准物质滴定到终点，根据滴定消耗的标准物质的量计算被测物质的量。

一、滴定分析法的基本概念

(1) 标准溶液　已知准确浓度的溶液，又称滴定剂。

(2) 滴定　将标准溶液通过滴定管逐滴加入到被测物质溶液中，这个操作过程称为滴定。

(3) 化学计量点　当标准物质与被测物质的量正好符合化学反应式的计量关系时，称为化学计量点，又称理论终点。

(4) 滴定终点　因指示剂颜色发生明显变化而停止滴定时，称为滴定终点。

(5) 指示剂　在滴定过程中能给出明显外部效果指示人们停止滴定的试剂。大多数指示剂为有机化合物，是具有不同颜色的同分异构物，其颜色随介质条件的变化而发生改变。指示剂发生明显颜色变化时称为指示剂变色点，以 pT 表示。

(6) 滴定误差　指示剂变色点 pT 与化学计量点不能恰好一致，由此造成的误差称为滴定误差，用 TE 表示，又称终点误差，以 E_t 表示。滴定误差是滴定分析法的方法误差主要来源，它的大小取决于所用方法选择的化学反应的平衡常数 K_t 和所选择的指示剂。

(7) 辅助试剂　为保持化学反应在一定的介质条件下进行，加入的酸、碱、缓冲溶液、掩蔽剂等。

从滴定分析法测定过程及定量计算式可知，进行滴定分析要具备下述条件：滴定分析反应、标准溶液、容量仪器、确定终点的指示剂。滴定分析法的误差也正来自这几个方面，即滴定反应的不完全、标准溶液浓度的不准确、容量仪器的不准确或未经校正、指示剂误差以及操作误差。本章在各类滴定分析法中将结合具体分析方法进行讨论。

二、标准溶液的配制与标定

标准溶液配制与浓度标定的准确性直接关系到分析结果的准确性，因此应按规定方法进行。

1. 直接法

准确称取一定量基准物质，溶解后，定量移入容量瓶中，用去离子水稀释至刻度。根据称量基准物质的质量和容量瓶的体积计算标准溶液的浓度。一般滴定分析用标准溶液的浓度为 $0.02\sim0.5\text{mol}\cdot\text{L}^{-1}$。通常以四位有效数字表示标准溶液的浓度。

(1) 基准物质　用于直接配制标准溶液或标定溶液浓度的物质称为基准物质。基准物质必须符合以下要求：

① 组成恒定并与化学式相符；

② 纯度高，达 99.9% 以上；

③ 稳定性高，不易吸收空气中的水分、CO_2，不易被氧化。

(2) 标准物质　标准物质是已准确确定了一个或多个特性量值，用于校准仪器、评价测量方法、直接作为比对标准的物质。它必须具有良好的均匀性、稳定性和制备的再现性。所谓特性量值是指物质的物理性质、化学成分、工程参数等。标准物质分为一级标准物质和二级标准物质，国际标准化组织（ISO）命名一级标准物质为 CRM（certified reference material）。我国将国内最高水平并相当于国际水平、经中国计量测试学会标准物质专业委员会技术鉴定、国家计量局批准颁布并带有证书的标准物质定为一级标准物质。二级标准物质是一般科研单位与生产单位为了满足自身和行业需要而研制的工作标准，它可以直接与一级标准物质比较或用其他可靠方法定值。

标准物质在分析化学中用于：①校准分析仪器；②评价分析方法的准确度；③作为工作标准使用，在仪器分析法中用于绘制工作曲线；④提高合作实验结果的精密度；⑤实施分析化学质量保证计划；⑥作为技术仲裁依据。

要区分基准物质与标准物质，两者分别用于不同目的和场合。

2. 标定法

大多数物质不符合基准物条件，不能直接配成标准溶液，如 HCl、NaOH、$KMnO_4$、EDTA、I_2、$Na_2S_2O_3$ 等，它们的标准溶液在配制时应先大致配成所需浓度的溶液，然后用基准物质确定其浓度，这个过程称为标定。这种配制标准溶液的方法为间接配制法，又称标定法。分析化学中常用的标准溶液见《分析化学实验》（苗凤琴、于世林编）教材附表。

三、容量分析仪器

容量分析仪器通常指滴定管、容量瓶、移液管，它们是化学分析必备的量器。

容量分析仪器的体积测量误差来自三方面：①容量分析仪器材质随温度升高而膨胀，另外，水及溶液的体积也随温度升高而增大，即体积与温度有关；②容量分析仪器的体积刻度，对不同等级允差不同；③相同等级的容量分析仪器在相同条件下测量体积时，由于分析者操作水平不同，体积测量误差也不同（因为溶液的流出和仪器内壁清洁程度、垂直状态、流出速度、等待时间以及分析者读数误差有关)。

为减少容量分析仪器的体积测量误差,要求分析者进行温度校正或在标准温度下使用仪器,进行仪器的绝对校正和相对校正,按规定的基本操作使用容量分析仪器(详细内容见实验教材)。

四、滴定终点的确定方法

1. 指示剂法

滴定分析法利用被测组分与试剂间的定量化学反应进行测定,然而达化学计量点时,并非所有的反应都能给出外部效果。例如 $KMnO_4$ 测定 H_2O_2,稍过量的 MnO_4^- 使溶液呈粉红色而达终点;但大多数化学反应是没有外部效果的,例如反应 $H^+ + OH^- \rule[0.5ex]{2em}{0.4pt} H_2O$ 和 $Zn^{2+} + H_2Y^{2-} \rule[0.5ex]{2em}{0.4pt} ZnY^{2-} + 2H^+$,为此需借助于指示剂给出外部效果来指示滴定终点,这种确定终点的方法称为指示剂法。

各类型滴定分析法中应用的指示剂大多数为有机物,并具有不同颜色的型体,随着介质条件的变化,不同颜色型体的浓度发生变化。在变色点时,指示剂发生明显颜色变化,从而指示滴定终点。不同指示剂的变色原理各不相同,指示剂按其变色原理可分为酸碱指示剂、金属指示剂、氧化还原指示剂、吸附指示剂、生成有色沉淀指示剂,此外还有自身指示剂。

指示剂法目测终点是滴定分析法确定终点的基本方法,简单易行,在水溶液与非水溶液滴定中均可应用,尤其是酸碱滴定所用指示剂大多可用于非水滴定。指示剂法的局限性:首先,由于人眼睛分辨 ΔpH 或 ΔpM 的极限一般为 $0.3pH$ 或 $0.3pM$,而仪器法分辨 ΔpH 或 ΔpM 的极限为 $0.1pH$ 或 $0.1pM$,这使目测终点的指示剂法的方法误差大于仪器法。其次,由于人对各种颜色的分辨敏感度不同,而每个人的分辨力又有差异,因此目测终点存在主观误差,重现性不如仪器法。这些都限制了指示剂法的应用。实际上将指示剂法与仪器法相结合来确定终点,或用仪器法确定终点,可以减少终点误差,提高滴定分析法的精密度和准确度,并扩大滴定分析法的应用范围,可用于微量及混合组分滴定终点的确定。

2. 仪器法

利用滴定体系或滴定产物的光学、电化学性质的改变,用仪器检测终点的方法。如光度滴定法、电位滴定法、电导滴定法等。

五、滴定方式

1. 直接滴定法

用标准溶液直接滴定待测物质是滴定分析法中最常用和最基本的滴定方式,称为直接滴定法。例如碱度测定、水硬度测定等。当滴定反应不能符合直接法要求时,可以变换滴定方式进行滴定。

2. 返滴定法

当反应速率缓慢或待测物质为固体时,可用返滴定法。例如,EDTA 滴定法测 Al^{3+}、酸碱滴定法测固体碳酸钙、在酸性介质中用银量法测氯,均采用返滴定方式。EDTA 与 Al^{3+} 反应速率慢,不能加入滴定剂后按反应式立即完成,可先加入一定量过量的 EDTA 标准溶液，并加热煮沸促使反应完全后，将溶液冷却，加入指示剂后，再用 Zn^{2+} 标准溶液返滴定过量 EDTA，完成定量测定。$CaCO_3$ 是固体样品，酸碱直接法滴定时反应速率缓慢，难于准确测定，可加入一定量过量的 HCl 标准溶液，加热煮沸除去 CO_2 后，加入指示剂，用 NaOH 标准溶液返滴定过量 HCl，完成定量测定。

判断是否属于返滴定方式，以滴定方法是否采用两种标准溶液为依据。测定过程先加入一种过量的标准溶液，待其与被测组分反应完全后，再用另一种标准溶液滴定剩余的滴定剂，这种滴定方式称为返滴定法，又称回滴法。

3. 置换滴定法

当反应不按一定反应式进行或伴有副反应时，可以将被测物质定量转化为可以直接滴定的物质，这种方式称为置换滴定法。例如 $Na_2S_2O_3$ 能直接与碘定量反应，但与许多氧化物却不能直接定量反应，往往伴有副反应，$S_2O_3^{2-}$ 不仅氧化成 $S_4O_6^{2-}$，还可氧化成 SO_4^{2-}，与之相反，许多氧化性物质易与碘化钾定量反应析出碘，这样通过置换反应，可定量测定许多氧化物，尤其是有机氧化物。例如，具有氧化性的有机药物哈拉腙（净水龙）的有效 Cl 测定，反应式为

$$I_2 + 2Na_2S_2O_3 \longrightarrow Na_2S_4O_6 + 2NaI$$

溴量法-溴酸钾法在有机化合物测定中的应用具有特殊意义。因为有机化合物难于发生化学反应或伴有许多副反应。但许多有机化合物的溴代反应不但可以按其反应式定量进行，而且反应迅速，这样利用置换反应就扩大了溴酸钾法的应用。例如苯酚含量的测定，反应式为

$$BrO_3^- + 5Br^- + 6H^+ \longrightarrow 3Br_2 + 3H_2O$$

$$Br_2(过量) + 2KI \longrightarrow 2KBr + I_2$$
$$I_2 + 2Na_2S_2O_3 \longrightarrow Na_2S_4O_6 + 2NaI$$

4. 间接滴定法

不能与滴定剂直接发生反应的物质，可通过另外的化学反应，使其转化为适于直接滴定的物质。例如，甲醛法测铵盐：

$$4NH_4^+ + 6HCHO \longrightarrow (CH_2)_6N_4 + 4H^+ + 6H_2O$$

应用上述反应，定量置换出 H^+，用 NaOH 标准溶液滴定。又如 $KMnO_4$ 法测 Ca^{2+}，先将 Ca^{2+} 定量沉淀为 CaC_2O_4，再用 $KMnO_4$ 在酸性介质中与 CaC_2O_4 反应以定量测定 Ca^{2+}，反应式为

$$2MnO_4^- + 5C_2O_4^{2-} + 16H^+ \Longrightarrow 2Mn^{2+} + 10CO_2 \uparrow + 8H_2O$$

滴定方式的变换扩大了滴定分析法的适用范围。对滴定方式的选择还要靠分析者掌握的化学反应，以及对各种方式滴定分析误差的控制。

第二节　酸碱滴定法

酸碱滴定法是滴定分析法中应用最广的方法。结合本章内容学习掌握选择酸碱滴定反应、判断哪些物质能用酸碱滴定法测定，正确选择指示剂并计算终点误差，对不能用酸碱滴定法直接测定的物质，学习各种强化措施，为解决酸碱滴定法实际应用中的问题拓宽思路。

一、酸碱滴定反应的类型

以酸碱反应（中和反应）为基础的滴定分析方法叫酸碱滴定法，又叫中和法。

酸碱滴定反应的完全程度用滴定反应平衡常数 K_t 来度量，选择适用的酸碱滴定反应可根据 K_t 来判断。

1. 强酸强碱类型滴定反应（如 HCl 滴定 NaOH）

$$H^+ + OH^- \Longrightarrow H_2O \qquad K_t = \frac{1}{a_{H^+} a_{OH^-}} = \frac{1}{K_w} = 10^{14}$$

反应进行完全。

2. 强碱弱酸类型滴定反应（如 NaOH 滴定弱酸 HA）

$$HA + OH^- \Longrightarrow A^- + H_2O \qquad K_t = \frac{1}{K_b} = \frac{K_a}{K_w}$$

由实验确定滴定突跃 $\Delta pH > 0.3$ 才能准确测定终点，可推论当弱酸 $cK_a \geq 10^{-8}$ 时才能被准确滴定，因而弱酸可被准确滴定的反应平衡常数应为

$$K_t = \frac{K_a}{K_w} \geq \frac{10^{-8}/c}{10^{-14}} = \frac{10^6}{c}$$

式中，c 为弱酸的浓度。当弱酸的浓度为 $0.1mol \cdot L^{-1}$ 时，其 $K_t \geq 10^7$ 才能被准确滴定。

【例 5-1】根据 K_t 判断 $0.1mol \cdot L^{-1}$ 的 HAc、HF、苯酚、硼酸可否用酸碱滴定法测定。

解　HAc：$K_a = 1.8 \times 10^{-5}$，则 $K_t = 1.8 \times 10^9$（可以）

HF：$K_a = 6.8 \times 10^{-4}$，则 $K_t = 6.8 \times 10^{10}$（可以）

苯酚：$K_a = 1.1 \times 10^{-10}$，则 $K_t = 1.1 \times 10^4$（不可以）

硼酸：$K_a = 5.8 \times 10^{-10}$，则 $K_t = 5.8 \times 10^4$（不可以）

3. 强酸弱碱类型滴定反应（如 HCl 滴定弱碱 B^-）

$$H^+ + B^- \Longrightarrow HB \qquad K_t = \frac{1}{K_a} = \frac{K_b}{K_w}$$

与弱酸类似，当弱碱的 $cK_b \geq 10^{-8}$ 时才能被准确滴定，因此弱碱可被准确滴

定的平衡常数应为

$$K_t = \frac{K_b}{K_w} \geqslant \frac{10^{-8}/c}{10^{-14}} = \frac{10^6}{c}$$

式中，c 为弱碱的浓度。当弱碱的浓度为 $0.1 \text{mol} \cdot \text{L}^{-1}$ 时，其 $K_t \geqslant 10^7$ 才能被准确滴定。

【例 5-2】 可否用酸碱滴定法测定 $0.1 \text{mol} \cdot \text{L}^{-1}$ 的 NH_3、乙胺、羟胺、苯胺？

解 NH_3：$K_b = 1.8 \times 10^{-5}$，则 $K_t = \dfrac{K_b}{K_w} = 1.8 \times 10^9$（可以）

乙胺（$C_2H_5NH_2$）：$K_b = 4.3 \times 10^{-4}$，则 $K_t = 4.3 \times 10^{10}$（可以）

羟胺（NH_2OH）：$K_b = 9.1 \times 10^{-9}$，则 $K_t = 9.1 \times 10^5$（不可以）

苯胺（$C_6H_5NH_2$）：$K_b = 4.2 \times 10^{-10}$，则 $K_t = 4.2 \times 10^4$（不可以）

二、滴定曲线和指示剂的选择

1. 酸碱指示剂

酸碱指示剂是一些弱的有机酸或弱的有机碱，它们的酸式型体、碱式型体具有不同的颜色。在滴定过程中，当溶液 pH 发生改变时，指示剂作为质子迁移体获得质子或失去质子，即酸式型体与碱式型体平衡浓度的比值发生变化，伴随的外部效果是溶液颜色的变化。以甲基橙、酚酞为例。

甲基橙（MO）

黄色（偶氮式，碱式型体）　　　　　　　　红色（醌式，酸式型体）

酚酞（PP）

无色（酸式型体）　　　　　　粉红色（碱式型体）

以 HIn 代表指示剂酸式型体，In^- 代表指示剂碱式型体，在溶液中存在如下离解平衡：

$$HIn \rightleftharpoons H^+ + In^-$$

在酸性溶液中，平衡左移，主要以酸式型体存在，甲基橙呈红色，酚酞呈无色；在碱性溶液中，平衡右移，主要以碱式型体存在，甲基橙呈黄色，酚酞呈粉红色。

用离解平衡常数定量标度颜色变化与 pH 的关系：

$$\frac{[H^+][In^-]}{[HIn]} = K_a \qquad \frac{[In^-]}{[HIn]} = \frac{K_a}{[H^+]}$$

$[H^+]$ 决定了 $[In^-]/[HIn]$ 比值，也就是说，在不同 pH 介质中，指示剂呈现不同色调。所以指示剂依靠自身的颜色变化能指示滴定过程中介质的 pH 变化及终点。各种无机分析、有机分析常用酸碱指示剂的变色点 pT 和变色范围见表 5-1。

表 5-1 常用的酸碱指示剂

指 示 剂	颜 色			pK_In	pT	变色范围	每 10mL 被滴定溶液
	酸色型	过渡	碱色型	(HIn)			中指示剂的用量
百里酚蓝(第一步离解)	红	橙	黄	1.7	2.6	1.2~2.8	1~2 滴 0.1%水溶液
甲基黄	红	橙黄	黄	3.3	3.9	2.9~4.0	1 滴 0.1%乙醇溶液
溴酚蓝	黄		紫	4.1	4	3.0~4.4	1 滴 0.1%水溶液
甲基橙	红	橙	黄	3.4	4	3.1~4.4	1 滴 0.1%水溶液
溴甲酚绿	黄	绿	蓝	4.9	4.4	3.8~5.4	1 滴 0.1%水溶液
甲基红	红	橙	黄	5.0	5.0	4.4~6.2	1 滴 0.1%水溶液
溴甲酚紫	黄		紫		6	5.2~6.8	1 滴 0.1%水溶液
溴百里酚蓝	黄	绿	蓝	7.3	7	6.0~7.6	1 滴 0.1%水溶液
酚红	黄	橙	红	8.0	7	6.4~8.0	1 滴 0.1%水溶液
百里酚蓝(第二步离解)	黄		蓝	8.9	9	8.0~9.6	1~5 滴 0.1%水溶液
酚酞	无色	粉红	红	9.1		8.0~9.8	1~2 滴 0.1%乙醇溶液
百里酚酞	无色	淡蓝	蓝	10.0	10	9.4~10.6	1 滴 0.1%乙醇溶液

表 5-1 中的变色范围与变色点 pT 值均为实验测得值。变色范围是指示剂由酸色变为碱色对应的 pH 范围；变色点 pT 是指示剂颜色变化最明显的那一点的 pH。而理论上变色范围、变色点是这样定义的：从色度学角度，一般来说，如果 $\dfrac{[In^-]}{[HIn]} \geqslant 10$，

看到的是 $[In^-]$ 的颜色；反之，如果 $\dfrac{[HIn]}{[In^-]} \geqslant 10$，看到的则是 $[HIn]$ 的颜色；当

$10 > \dfrac{[In^-]}{[HIn]} > 0.1$ 时，看到的是它们的混合色，称为过渡色。因此指示剂的变色范围

应为 $pH = pK_a \pm 1$，与实测值是有出入的；当 $\dfrac{[HIn]}{[In^-]} = 1$ 时，定义为指示剂的理论变色

点，$pT = pK_a$，这也与实测值有出入，这是由于人的眼睛对各种颜色的敏感度不同。

2. 指示剂的选择

正确选择指示剂的目的在于降低指示剂误差，因此指示剂必然依据不同酸碱物质反应达化学计量点时溶液的酸碱性或 pH 来选择。归纳起来有以下几种方法。

（1）定性选择酸性范围或碱性范围变色指示剂   例如，若用 HCl 滴定 NH$_3$·H$_2$O，实验室仅有甲基橙、酚酞，应选择哪种指示剂呢？

考虑化学计量点时溶液组分为 NH$_4$Cl + H$_2$O，溶液中存在以下平衡：

$$NH_4^+ \rightleftharpoons NH_3 + H^+$$

溶液呈酸性，应选择在酸性范围内变色的指示剂甲基橙（3.1~4.4）。

又如对 HCl 与 HAc 混合酸各组分的含量测定，第一化学计量点、第二化学计量点应各选用何种指示剂呢？

第一化学计量点时溶液组分为 NaCl、HAc、H$_2$O，溶液中存在以下平衡：

$$HAc \rightleftharpoons H^+ + Ac^-$$

溶液呈酸性，甲基橙适用。第二化学计量点时溶液组分为 NaCl、H$_2$O、NaAc：

$$Ac^- + H_2O \Longrightarrow HAc + OH^-$$

溶液呈碱性，酚酞适用。

这种定性选择指示剂的方法简单易行，要求考虑化学计量点时的溶液组分，判断溶液的酸碱性，选择酸性范围变色指示剂甲基橙、甲基红，或碱性范围变色指示剂酚酞、百里酚酞。初学者的疏忽往往是只考虑化学计量点的产物，未考虑体系中存在的其他组分而选错指示剂。

（2）化学计量点 pH 与指示剂的选择　计算化学计量点时溶液的 pH，选择 pT 相近的指示剂。

例如以 $0.1000mol \cdot L^{-1}$ NaOH 滴定等浓度 HAc，应该选择哪种指示剂？

化学计量点时产物为 NaAc，$[OH^-] = \sqrt{cK_b}$，pH＝8.73，酚酞的理论 pT 值为 9.0，因此应选择酚酞指示剂。

若以 $0.1000mol \cdot L^{-1}$ HCl 滴定等浓度 $NH_3 \cdot H_2O$，应该选择何种指示剂？

化学计量点时为 $NH_4Cl \cdot H_2O$ 溶液，$NH_4^+ \Longrightarrow NH_3 + H^+$，$[H^+] = \sqrt{cK_a}$，pH＝5.28，因此选择 pT＝5.0 的甲基红最合适。

由于可查到的 pT 值有限，所以还需要根据滴定曲线的突跃范围来选择指示剂。

3. 滴定曲线、突跃范围与指示剂的选择

要选择合适的指示剂，减小滴定误差，就有必要研究滴定过程中溶液 pH 的变化，特别是化学计量点附近溶液 pH 的改变。以加入滴定剂的体积 V 或中和百分数为横坐标，溶液 pH 为纵坐标，描述滴定过程中溶液 pH 变化情况的曲线称为滴定曲线。下面情况予以讨论。

（1）强酸滴定强碱或强碱滴定强酸　滴定反应为 $H^+ + OH^- \Longrightarrow H_2O$，反应平衡常数 $K_t = \dfrac{1}{K_w} = 10^{14}$。可见，反应完全程度高，是一类合适的滴定反应，易于准确测定。

以 $0.1000mol \cdot L^{-1}$ NaOH 滴定 20.00mL $0.1000mol \cdot L^{-1}$ HCl 为例，绘制滴定曲线，讨论指示剂的选择。

① 滴定前溶液的 pH，由 HCl 溶液的酸度决定，$[H^+] = 0.1000mol \cdot L^{-1}$，pH＝1.00。

② 滴定开始至化学计量点前 0.1% 处溶液的 pH，由剩余 HCl 溶液的酸度决定。

③ 化学计量点时溶液的 pH，由体系产物的离解决定。在化学计量点时，体系产物为 NaCl 和 H_2O，因此，$[H^+] = [OH^-] = \sqrt{K_w}$，pH＝7.00。

④ 化学计量点后溶液的 pH，由过量 NaOH 的浓度决定。

将数据列于表 5-2，并绘制滴定曲线，见图 5-1。

表 5-2　$0.1000mol \cdot L^{-1}$ NaOH 滴定 20.00mL $0.1000mol \cdot L^{-1}$ HCl 的 pH 变化

加入 NaOH 的体积/mL	HCl 被滴定百分数/%	剩余 HCl 的体积/mL	过量 NaOH 的体积/mL	$[H^+]$	pH
0.00	0.0	20.00		1.00×10^{-1}	1.00
18.00	90.0	2.00		5.26×10^{-3}	2.28
19.80	99.0	0.20		5.02×10^{-4}	3.30

续表

加入 NaOH 的 体积/mL	HCl 被滴定 百分数/%	剩余 HCl 的 体积/mL	过量 NaOH 的 体积/mL	$[H^+]$	pH	
19.98	99.9	0.02		5.00×10^{-5}	4.30	突
20.00	100.0	0.00		1.00×10^{-7}	7.00	跃
20.02	100.1		0.02	2.00×10^{-10}	9.70	范围
20.20	101.0		0.20	2.01×10^{-11}	10.70	
22.00	110.0		2.00	2.10×10^{-12}	11.68	
40.00	200.0		20.00	3.00×10^{-13}	12.52	

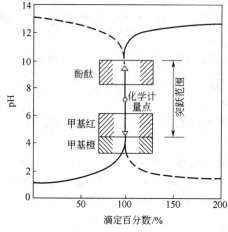

图 5-1　NaOH 滴定 HCl 的滴定曲线

从表 5-2 或图 5-1 均可看到，在化学计量点前后 0.1％处 pH 发生突然改变，由 4.30 变到 9.70，滴定曲线近似垂直。将化学计量点前后 0.1％处对应的 pH 范围称为滴定突跃范围。

滴定突跃是选择指示剂的依据。凡指示剂变色点在滴定突跃范围以内，或指示剂变色范围在滴定突跃范围以内或占据一部分均可选用。此时滴定误差小于 0.1％。

在本例滴定中选用酚酞、甲基橙、甲基红等指示剂均可以。如果用 0.1mol·L^{-1} HCl 滴定等浓度 NaOH，酚酞、甲基红均可以选为指示剂，如果用甲基橙作指示剂，从黄色滴定到橙色（pH 为 4.0）将有 +0.2％的误差。

从滴定突跃的计算可以看出，强酸强碱滴定突跃还与溶液酸碱浓度 c 有关，如图 5-2、表 5-3 所示。

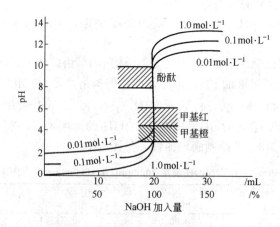

图 5-2　不同浓度 NaOH 滴定 0.1mol·L^{-1} HCl 的滴定曲线

表 5-3 不同浓度 NaOH 滴定 0.1mol·L^{-1} HCl 的突跃范围

$c(NaOH)/mol \cdot L^{-1}$	1.0	0.10	0.01	0.001	10^{-8}
突跃范围	3.3~10.7	4.3~9.7	5.3~8.7	6.3~7.7	10.3~10.42
ΔpH	7.4	5.4	3.4	1.4	0.12

由表 5-3 可知，c 越大，突跃范围 ΔpH 越大，可以选用的指示剂也越多。实验室用滴定剂浓度一般为 0.05~0.5mol·L^{-1}，工厂例行分析一般为 0.02~1.0mol·L^{-1}。

当滴定突跃范围为 3.3~10.7 时，选甲基橙指示剂，滴定误差仍小于 0.1%。当滴定突跃范围为 5.3~8.7 时，选甲基橙误差高达 1%，此时只有甲基红的变色点（pT=5.0）和变色范围（4.4~6.2）均在突跃范围以内，滴定误差小于 0.1%。

（2）一元弱酸（或弱碱）的滴定

① 强碱滴定一元弱酸（HA）

$$HA + OH^- \Longrightarrow A^- + H_2O \qquad K_t = \frac{[A^-]}{[HA][OH^-]} = \frac{K_a}{K_w}$$

可见，此类型反应的完全程度较强酸强碱滴定类型差。从滴定误差考虑，此类型滴定反应受 K_a 值的限制，不是所有的弱酸、弱碱均能用于水溶液酸碱滴定，存在着滴定可行性判断界限。

先以 0.1000mol·L^{-1} NaOH 滴定 20.00mL 0.1000mol·L^{-1} HAc 为例绘制滴定曲线，讨论指示剂的选择。

a. 滴定前溶液的 pH，由 0.1000mol·L^{-1} HAc 溶液的酸度决定，$[H^+] = \sqrt{cK_a}$，pK_a 为 4.76，$[H^+] = \sqrt{10^{-4.76} \times 10^{-1.0}} = 10^{-2.88}$，pH=2.88。

b. 滴定开始至化学计量点前 0.1% 处溶液的 pH，由 HAc 与 NaAc 组成的缓冲体系决定，$pH = pK_a + \lg \frac{c(Ac^-)}{c(HAc)} = 7.76$。

c. 化学计量点时溶液的 pH，由体系产物的离解决定。化学计量点时体系产物为 NaAc 及 H$_2$O，$[OH^-] = \sqrt{cK_b}$。化学计量点时，溶液体积增大一倍，NaAc 浓度为 $c/2 = 0.05000$mol·L^{-1}，pH=8.72。

d. 化学计量点后 0.1% 处溶液的 pH，由过量 NaOH 的浓度决定，pH=9.70。

按上述方法绘制强碱滴定 HAc 及不同强度的弱酸的滴定曲线，见图 5-3 及图 5-4，相关数据列于表 5-4 和表 5-5。

表 5-4 0.1000mol·L^{-1} NaOH 滴定 20.00mL 0.1000mol·L^{-1} HAc
或 HA（$K_a = 10^{-7}$）的 pH 变化

加入 NaOH 的体积/mL	酸被滴定百分数/%	pH	
		HAc	HA($K_a = 10^{-7}$)
0.00	0	2.88	4.00
10.00	50.0	4.76	7.00

加入 NaOH 的体积/mL	酸被滴定百分数/%	pH	
		HAc	HA($K_a=10^{-7}$)
18.00	90.0	5.71	7.95
19.80	99.0	6.76	9.00
19.96	99.8	7.46	9.56
19.98	99.9	7.76	9.70
20.00	100.0	8.72	9.85
20.02	100.1	9.70	10.00
20.04	100.2	10.00	10.13
20.20	101.0	10.70	10.70
22.00	110.0	11.70	11.70

表 5-5   0.1000mol·L^{-1} NaOH 滴定不同强度弱酸的滴定突跃范围

K_a	10^{-3}	10^{-4}	10^{-5}	10^{-6}	10^{-7}	10^{-8}	10^{-9}
突跃范围	5.6~10	6.6~10	7.6~10	8.6~10	9.56~10.13	10.3~10.42	10.8~10.82
ΔpH	4.4	3.4	2.4	1.4	0.57	0.12	0.02

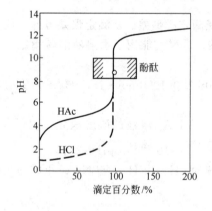

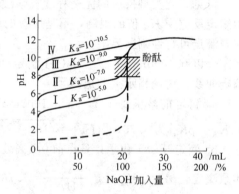

图 5-3   0.1000mol·L^{-1} NaOH 滴定
0.1000mol·L^{-1} HAc 的滴定曲线

图 5-4   NaOH 溶液滴定不同强度
弱酸溶液的滴定曲线

图 5-3 比较了用 NaOH 滴定 HCl 及 HAc 的滴定曲线,可以看到,这两条滴定曲线均有一个滴定突跃,可以选择各自合适的指示剂。不同的是,在相同浓度下的 HAc 滴定突跃比 HCl 小,且化学计量点不是中性而呈弱碱性(pH>7)。这种差别使 HAc 滴定只能选择在碱性范围变色的指示剂如酚酞、百里酚蓝,而在酸性范围变色的指示剂甲基橙、甲基红等都不能选用,也就是说,可供选择的指示剂范围变小了。

由图 5-4 比较具有不同 K_a 值弱酸的滴定(或见表 5-5)可以知道,酸越弱,K_a 值越小,滴定反应常数 K_t 就越小,突跃范围也越小。因此酸的强弱是影响滴定突跃大小的重要因素。在强酸强碱滴定类型中已讨论了酸的浓度对滴定突跃的影响。综合这两个因素可以得出结论:酸的强弱(由 K_a 来衡量)及浓度 c 影响滴定突跃的大小。

② 强酸滴定一元弱碱（如氨水）

$$NH_3 \cdot H_2O + H^+ \Longrightarrow NH_4^+ + H_2O \qquad K_t = \frac{[NH_4^+]}{[NH_3][H^+]} = \frac{K_b}{K_w}$$

用 HCl 滴定 $NH_3 \cdot H_2O$ 的滴定曲线如图 5-5 所示，相应数据见表 5-6。

表 5-6　$0.1000 mol \cdot L^{-1}$ HCl 滴定 20.00mL $0.1000 mol \cdot L^{-1}$ $NH_3 \cdot H_2O$ 的 pH 变化

加入 HCl 的体积/mL	$NH_3 \cdot H_2O$ 被滴定百分数/%	算　式	pH
0.00	0	$[OH^-] = \sqrt{cK_b}$	11.12
10.00	50.0		9.25
18.00	90.0	$[OH^-] = K_b \dfrac{c(NH_3)}{c(NH_4^+)}$	8.30
19.80	99.0		7.25
19.98	99.9		6.25
20.00	100.0	$[H^+] = \sqrt{cK_a}$	5.28
20.02	100.1		4.30
20.20	101.0	$[H^+] = c(HCl)$	3.30
22.00	110.0		2.32

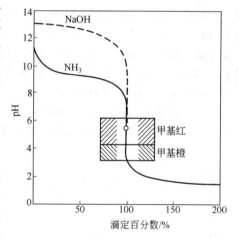

　　强酸滴定弱碱的过程中 pH 的变化见表 5-6 和图 5-5，滴定曲线形状与强碱滴定弱酸的滴定曲线相似，但 pH 变化方向相反。最大的区别是化学计量点在酸性范围（pH＜7），因此只能选择在酸性范围变色的指示剂，例如甲基红、溴甲酚绿等。

三、滴定可行性的判断

1. 一元弱酸或弱碱滴定的可行性判断

　　用强碱滴定弱酸时，判断弱酸在水溶液中准确滴定的可行性标准为：当用指示剂来确定滴定终点时，考虑到人眼睛分辨的不确定性为 0.3pH 单位（对应滴定突跃为 0.6pH 单位），若滴定终点误差不大于 0.2%，则要求 $c_a K_a \geqslant 10^{-8}$。

图 5-5　$0.1000 mol \cdot L^{-1}$ HCl 滴定 $0.1000 mol \cdot L^{-1}$ $NH_3 \cdot H_2O$ 的滴定曲线

　　用强酸滴定弱碱时，判断弱碱在水溶液中准确滴定的可行性标准为：若要求滴定终点误差不大于 0.2%，则要求 $c_b K_b \geqslant 10^{-8}$。

　　由上述可知，弱酸或弱碱的浓度 c_a（或 c_b）和它们的强度 K_a（或 K_b）均影响滴定反应的完全程度。

　　2. 多元酸和多元碱分步滴定的可行性判断

　　（1）多元酸的滴定　常见的多元酸多数是弱酸，在水溶液中分步离解，因此能否选择合适的指示剂进行分步滴定是人们关注的重点。基于滴定突跃的影响因素为 c 及 K_a，人眼睛分辨的不确定性为 0.3pH，若分步滴定的允许误差达 ±0.5%，则多元酸可被分步滴定的条件如下：

对二元酸，$K_{a_1}/K_{a_2} \geqslant 10^5$ 且 $cK_{a_1} > 10^{-8}$、$cK_{a_2} > 10^{-8}$，则二元酸 H_2A 可分步准确滴定到每一型体 HA^- 和 A^{2-}。

对三元酸，$K_{a_1}/K_{a_2} \geqslant 10^5$、$K_{a_2}/K_{a_3} \geqslant 10^5$ 且 $cK_{a_1} > 10^{-8}$、$cK_{a_2} > 10^{-8}$、$cK_{a_3} > 10^{-8}$，则三元酸 H_3A 可分步准确滴定到每一型体 H_2A^-、HA^{2-} 和 A^{3-}。

事实上，在水溶液中能准确分步滴定到每一型体的多元酸在附录表中是查找不到的。二元酸中多数为有机弱酸，如草酸（$K_{a_1} = 5.6 \times 10^{-2}$、$K_{a_2} = 5.1 \times 10^{-5}$）、邻苯二甲酸（$K_{a_1} = 1.1 \times 10^{-3}$、$K_{a_2} = 3.9 \times 10^{-6}$），若 c 为 $0.1\text{mol} \cdot \text{L}^{-1}$，则它们的 cK_{a_1}、cK_{a_2} 均大于 10^{-8}，但 K_{a_1}/K_{a_2} 均小于 10^5，对于这类酸不能分步准确滴定，但能一步滴定到 A^{2-}，中和全部氢离子，测得总酸量。

三元酸中以 H_3PO_4（$K_{a_1} = 6.9 \times 10^{-3}$、$K_{a_2} = 6.2 \times 10^{-8}$、$K_{a_3} = 4.8 \times 10^{-13}$）为例，应用上述判断标准，首先判断有几个 H^+ 能被直接滴定，再判断能否分步滴定，有几个突跃。

H_3PO_4 的 $cK_{a_1} > 10^{-8}$、$cK_{a_2} > 10^{-8}$、$cK_{a_3} < 10^{-8}$，则有 2 个 H^+ 能被直接滴定。$K_{a_1}/K_{a_2} = 10^5$、$K_{a_2}/K_{a_3} = 10^5$，则 H_3PO_4 可分步准确滴定到 H_2A^-、HA^{2-} 两个型体，滴定曲线有两个突跃，见图 5-6。第一化学计量点，产物为 NaH_2PO_4，pH$=4.71$，应选用 pT$=4.4$ 的溴甲酚绿或 pT$=5.0$ 的甲基红指示剂，通常实验选用甲基橙指示剂。第二化学计量点，产物为 Na_2HPO_4，pH$=9.66$，选用 pT$=10$ 的百里酚酞比酚酞更好，误差为 $+0.5\%$。第三化学计量点，是在加入 $CaCl_2$ 强化反应 [反应式为 $2HPO_4^{2-} + 3Ca^{2+} = Ca_3(PO_4)_2 \downarrow + 2H^+$] 后，得到的 H^+ 被直接滴定，由于滴定溶液中有 $Ca_3(PO_4)_2$ 沉淀，为使沉淀完全，选择酚酞指示剂（变色范围为 $8.0 \sim 9.8$）滴定到碱性。

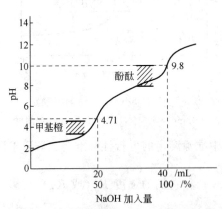

图 5-6　NaOH 滴定 H_3PO_4 的滴定曲线

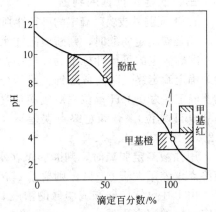

图 5-7　$0.1\text{mol} \cdot \text{L}^{-1}$ HCl 滴定
$0.05\text{mol} \cdot \text{L}^{-1}$ Na_2CO_3 的滴定曲线

（2）多元碱的滴定　若分步准确滴定的允许误差为 $\pm 0.5\%$，对于二元碱 $B(OH)_2$，若 $K_{b_1}/K_{b_2} \geqslant 10^5$ 且 $cK_{b_1} > 10^{-8}$、$cK_{b_2} > 10^{-8}$，则可分步准确滴定至

每一型体 $B(OH)^+$、B^{2+}；对三元碱 $B(OH)_3$，若 $K_{b_1}/K_{b_2} \geqslant 10^5$、$K_{b_2}/K_{b_3} \geqslant 10^5$ 且 $cK_{b_1}>10^{-8}$、$cK_{b_2}>10^{-8}$、$cK_{b_3}>10^{-8}$，则可分步准确滴定至每一型体 $B(OH)_2^+$、$B(OH)^{2+}$、B^{3+}。

以 Na_2CO_3 为例，若用 $0.1mol \cdot L^{-1}$ HCl 溶液滴定（见图 5-7），由于 $K_{b_1}/K_{b_2}=10^4<10^5$（$K_{b_1}=10^{-3.75}$、$K_{b_2}=10^{-7.62}$），$cK_{b_1}>10^{-8}$，$cK_{b_2}>10^{-8}$，滴定反应分两步进行：

$$CO_3^{2-}+H^+ \Longrightarrow HCO_3^-$$
$$HCO_3^-+H^+ \Longrightarrow H_2CO_3$$
$$\longrightarrow CO_2 \uparrow + H_2O$$

滴定到 HCO_3^- 时，化学计量点 pH＝8.32，由于 $K_{b_1}/K_{b_2}=10^4$，准确度不高，选用甲酚红与百里酚蓝混合指示剂（pT＝8.3），并用同浓度 $NaHCO_3$ 溶液作参比，结果误差约 0.5％。第二化学计量点产物为 H_2CO_3 饱和溶液，浓度约为 $0.4mol \cdot L^{-1}$，pH＝3.9，可选 pT＝4.0 的甲基橙或 pT＝4.1 的甲基橙-靛蓝磺酸钠混合指示剂（见表 5-7）。若使终点敏锐、准确度高，最好采用 CO_2 饱和的相同浓度 NaCl 溶液为参比，或近终点时加热除去 CO_2。

表 5-7 常用的几种混合指示剂

指示剂溶液的组成	变色点 pH	颜色 酸色	颜色 碱色	备 注
1 份 0.1％甲基黄乙醇溶液和 0.1％甲基蓝乙醇溶液	3.25	蓝紫色	绿色	pH＝3.4 绿色 pH＝3.2 蓝紫色
1 份 0.1％甲基橙水溶液和 1 份 0.25％靛蓝磺酸钠水溶液	4.1	紫色	黄绿色	pH＝4.1 灰色
3 份 0.1％溴甲酚绿乙醇溶液和 1 份 0.2％甲基红乙醇溶液	5.1	酒红色	绿色	pH＝5.1 灰色 pH＝5.4 蓝绿色
1 份 0.1％溴甲酚绿钠盐水溶液和 1 份 0.1％氯酚红钠盐水溶液	6.1	蓝绿色	蓝紫色	pH＝5.8 蓝色 pH＝6.0 蓝带紫 pH＝6.2 蓝紫色
1 份 0.1％中性红乙醇溶液和 1 份 0.1％亚甲基蓝乙醇溶液	7.0	蓝紫色	绿色	
1 份 0.1％甲基红水溶液和 3 份 0.1％百里酚蓝水溶液	8.3	黄色	紫色	pH＝8.2 粉色 pH＝8.4 清晰的紫色
1 份 0.1％百里酚蓝的 50％乙醇溶液和 3 份 0.1％酚酞的 50％乙醇溶液	9.0	黄色	紫色	从黄到绿再到紫

3. 酸或碱混合溶液分别滴定的可行性

酸（或碱）混合溶液可能是强酸（碱）与弱酸（碱）的混合，也可能是两种弱酸（弱碱）的混合，当判断能否分别准确滴定时，可将混合酸（碱）视为多元酸（碱）处理。下面以混酸为例进行说明。

对混酸 $HA(c_{HA}、K_{HA})$ 与 $HB(c_{HB}、K_{HB})$，假定 $K_{HA}>K_{HB}$，若滴定误差为 ±0.5％，则 $c_{HA}K_{HA}>10^{-8}$、$c_{HB}K_{HB}>10^{-8}$ 且 $c_{HA}K_{HA}/(c_{HB}K_{HB})>10^5$ 时，可分别准确滴定 HA 与 HB。

例如，对于 $0.2mol \cdot L^{-1}$ HCl 与 $0.2mol \cdot L^{-1}$ HAc 等体积混合的混酸，可否

用 $0.1mol \cdot L^{-1}$ NaOH 溶液分别准确滴定？应如何选择指示剂？对此混合酸视为多元酸处理，HAc 的 $K_a = 1.8 \times 10^{-5}$，则 $cK_a > 10^{-8}$；HCl 为强酸，由于 $c_{HA}K_{HA}/(c_{HB}K_{HB}) > 10^5$，因此可分别准确滴定。

第一化学计量点，溶液组分为 NaCl＋HAc。

$[H^+] = \sqrt{cK_a}$，$c = 0.05mol \cdot L^{-1}$，则 $[H^+] = 9.3 \times 10^{-4} mol \cdot L^{-1}$，pH＝3.03，可选 pT＝3.25 的甲基黄-甲基蓝混合指示剂。

第二化学计量点，溶液组分为 NaCl 与 NaAc。

$[OH^-] = \sqrt{cK_b}$，$c = 0.1mol \cdot L^{-1}/3 = 0.033mol \cdot L^{-1}$，则 $[OH^-] = 4.4 \times 10^{-6} mol \cdot L^{-1}$，pH＝8.6，可选 pT＝9.0 的百里酚蓝指示剂。

又如 $0.2mol \cdot L^{-1}$ 乳酸（I）与 $0.2mol \cdot L^{-1}$ 苯甲酸（II）等体积混合，能否用 $0.1mol \cdot L^{-1}$ NaOH 溶液分别准确滴定？选用何种指示剂？对此混合酸仍视为多元酸处理，乳酸 $K_a = 1.4 \times 10^{-4}$，苯甲酸 $K_a = 6.2 \times 10^{-5}$，因为 $c_{HA}K_{HA}/(c_{HB}K_{HB}) < 10^5$，所以不能分别准确滴定。但 $c_{HA}K_{HA} > 10^{-8}$，$c_{HB}K_{HB} > 10^{-8}$，因此可以一次中和乳酸和苯甲酸中的氢离子，测酸的总量。化学计量点产物为乳酸钠和苯甲酸钠。

$$[OH^-] = \sqrt{cK_{bI} + cK_{bII}}$$

乳酸钠　$K_{bI} = K_w/K_{aI} = 10^{-14}/(1.4 \times 10^{-4}) = 7.1 \times 10^{-11}$

苯甲酸钠　$K_{bII} = K_w/K_{aII} = 10^{-14}/(6.2 \times 10^{-4}) = 1.6 \times 10^{-11}$

$[OH^-] = \sqrt{0.05 \times 7.1 \times 10^{-11} + 0.05 \times 1.6 \times 10^{-11}} = 2.1 \times 10^{-6}$ （$mol \cdot L^{-1}$）

pH＝8.32，可选 pT＝8.3 的甲酚红-百里酚蓝混合指示剂。

以上讨论了各种类型滴定的可行性判断与指示剂选择，对于没有合适指示剂不能进行滴定的反应，滴定的可行性从根本说是个反应完全程度的问题，然而实际上在生产或科研开发中遇到的往往是不能滴定但却要求测出含量的问题。例如在硼砂生产中要求测硼砂中硼酸的含量，柠檬酸盐生产中要求测定柠檬酸与柠檬酸盐的含量。另外，大多数有机酸碱如氨基乙酸、苯胺、吡啶等都不能在水溶液中测定。这些问题的解决，要求分析者综合运用所学知识，利用物质可以利用的性质去强化反应，进行测定。

四、酸碱滴定反应的强化措施

1. 利用化学反应的强化

例如 H_3BO_3 的 $pK_a = 9.24$，不能直接准确滴定。若加入多元醇（甘露醇或甘油）生成配位酸，其 $pK_a = 4.26$，可以直接用碱滴定。

又如 H_3PO_4 的 $K_{a_1} = 6.9 \times 10^{-3}$、$K_{a_2} = 6.2 \times 10^{-8}$、$K_{a_3} = 4.8 \times 10^{-13}$，第三化学计量点无法准确滴定。利用沉淀反应，加入 $CaCl_2$ 后生成 $Ca_3(PO_4)_2$ 沉淀

而强化，可以用 NaOH 标准溶液滴定。

$$2HPO_4^{2-}+3Ca^{2+}\!=\!=\!=Ca_3(PO_4)_2\downarrow+2H^+$$

再如在化工生产分析中，甲醛、苯甲醛含量的测定是利用氧化反应，将其氧化成甲酸或苯甲酸后，用 NaOH 滴定。

2. 应用离子交换剂的强化

利用离子交换剂与溶液中离子的交换作用，强化一些极弱的酸或碱，然后用酸碱滴定法测定。例如 NH_4Cl 的测定，可用强酸型阳离子交换剂强化测定过程如下：

$$NH_4Cl+R\!-\!SO_3H^+\longrightarrow R\!-\!SO_3^-\!-\!NH_4^+ +HCl$$

置换出的 HCl 用标准碱溶液滴定。

对强酸强碱盐 KNO_3，也可用强碱型阴离子交换树脂进行强化反应：

$$KNO_3+R\!-\!NR_3'\!-\!OH\longrightarrow R\!-\!NR_3'NO_3+KOH$$

置换出的 KOH 用标准酸溶液滴定。

医药食品工业生产中测定柠檬酸及柠檬酸盐的含量，应用的也是离子交换剂强化的原理，采用装 1g 阳离子交换树脂的小型柱完成测定。先取一份 VmL 样品，以酚酞为指示剂，用 NaOH 测柠檬酸量。然后再取另一份样品，流经阳离子交换树脂柱，收集淋洗液，也以酚酞作指示剂，用 NaOH 测定总酸量。计算式为

$$c(\text{柠檬酸})=\frac{V_1c(\text{NaOH})M\left(\frac{1}{3}\text{柠檬酸}\right)}{V_\text{样}}$$

$$c(\text{柠檬酸钠})=\frac{(V_2-V_1)c(\text{NaOH})M\left(\frac{1}{3}\text{柠檬酸钠}\right)}{V_\text{样}}$$

式中，V_1 为样品经柱交换前，滴定消耗 NaOH 标准溶液的体积，mL；V_2 为样品经柱交换后，滴定消耗 NaOH 标准溶液的体积，mL；$V_\text{样}$ 为柠檬酸与柠檬酸盐的取样量，mL；柠檬酸和柠檬酸盐的含量单位为 $mg\cdot mL^{-1}$。

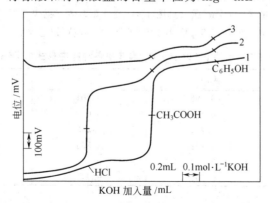

图 5-8　用 $0.1mol\cdot L^{-1}$ 氢氧化钾的醇溶液在不同
介质中滴定盐酸、醋酸和苯酚的混合物
曲线：1—水；2—二甲基甲酰胺；3—乙二胺

3. 改换滴定介质，强化滴定反应——非水滴定

非水溶液滴定，简称非水滴定，是指用水以外的其他溶剂作滴定介质进行滴定，见图5-8。非水滴定介质一般多为有机溶剂，例如酸性比水强的甲酸、冰醋酸、丙酸、三氟乙酸、三硝基甲烷等酸性溶剂；碱性比水强的乙二胺、四甲基胍、正丁胺、吡啶等碱性溶剂；两性溶剂的酸性、碱性介于上述两种溶剂之间，其酸性、碱性相互平衡，如甲醇、乙醇、丙醇、异丙醇、丁醇、异丁醇等。

非水溶剂作为滴定介质显示了如下优点：

① 对有机化合物的溶解能力比水强，不能在水中滴定的有机物，大多数可以进行非水滴定。

例如，含氮有机碱胺类的测定。脂肪胺中的伯胺、仲胺、叔胺、二乙胺、乙二胺、三乙胺、环乙胺，芳香胺中的苯胺、联苯胺可在冰醋酸介质中以结晶紫-α-萘酚-苯甲醇为混合指示剂，用 $HClO_4$ 标准溶液滴定。

② 弱的有机酸、碱在非水介质中酸、碱性增强，可以进行测定。

水溶液中最强的酸是 H_3^+O，最强的碱是 OH^-，因此能在水中滴定的酸碱范围很窄（cK_a 或 $cK_b \geqslant 10^{-8}$），而非水溶剂中酸性溶剂能增强溶质的碱度，碱性溶剂能增强溶质的酸度。因此弱有机酸、碱便可在非水介质中滴定，并成为非水酸碱滴定方法。

例如苯酚在乙二胺介质中可用氨基乙醇钠为标准溶液进行电位滴定。其他酚类如邻苯二酚、间苯二酚、对苯二酚均可用类似方法测定。

非水介质强化了化学反应，扩大了滴定分析法的应用范围和测定对象，已成为有机分析特别是有机功能团定量分析的重要手段。

五、酸碱滴定法误差（阅读材料）

酸碱滴定法误差作为方法误差，除已讨论的反应完全程度 K_t、指示剂选择外，CO_2 的影响是其重要误差来源，也是酸碱滴定法特有的误差。CO_2 的来源很多，水中溶解的 CO_2、NaOH试剂吸收的 CO_2，NaOH 标准溶液配制保存过程吸收的 CO_2，以及滴定过程不断吸收的空气中的 CO_2。根据 H_2CO_3 的 δ-pH 分布图（见图4-3）及分布系数（见表5-8）可知，CO_2 的影响大小视终点 pH 而定。一般来说，终点 pH 小于 5，CO_2 的影响可以忽略。

表 5-8 不同 pH 时 H_2CO_3 溶液中各种存在形式的分布

pH	$\delta_{H_2CO_3}$	$\delta_{HCO_3^-}$	$\delta_{CO_3^{2-}}$
4	0.996	0.004	0.000
5	0.960	0.040	0.000
6	0.704	0.296	0.000
7	0.192	0.808	0.000
8	0.023	0.971	0.006
9	0.002	0.945	0.053

以 $0.5mol \cdot L^{-1}$ HCl 滴定 $0.5mol \cdot L^{-1}$ NaOH 为例。若采用甲基橙作指示剂（pT=4.0），由分布系数表及分配图可知，此时溶液中吸收的 CO_2 呈 H_2CO_3 型体，$H_2CO_3 \Longleftrightarrow CO_2 \uparrow + H_2O$，即 CO_2 的影响可忽略；如果用酚酞作指示剂（pT=9.0），吸收的 CO_2 被中和至 HCO_3^-，

显然 CO_2 的影响不可忽略。对于弱酸样品的测定，由于化学计量点在碱性范围内，只能选酚酞作指示剂，此时 CO_2 的影响不可忽略，为此应采用同一指示剂在同一条件下进行标定和测定，可部分抵消 CO_2 的影响。

CO_2 作为环境空气中的成分引入误差也不可避免，如何最大程度地减小它的影响具有实用意义。首先，蒸馏水中含 CO_2，其平衡常数 $K = \dfrac{[H_2CO_3]}{[CO_2]} = 2.16 \times 10^{-3}$，$CO_2$ 在水溶液中占 0.3%，因此若采用酚酞作指示剂时，应当用新鲜经煮沸除去 CO_2 的蒸馏水；其次，配制不含 CO_3^{2-} 的 NaOH 溶液，常用的配制方法可见《分析化学实验》教材。

六、酸碱滴定法的应用

酸碱滴定法是滴定分析法中应用最广的方法。

1. 用 NaOH 标准溶液测定酸度、游离酸、总酸量

各种强酸以及 $cK_a > 10^{-8}$ 的无机或有机弱酸，均可以用 NaOH 标准溶液直接滴定。

例如食醋中总酸量的测定。食醋中含醋酸 $3\% \sim 5\%$，此外还含有少量其他有机酸，如乳酸等。以酚酞为指示剂，用 NaOH 标准溶液可测定食醋的总酸量。

在食品检验中，酸味剂的总酸度、饼干的酸度、方便面的酸价、软饮料的酸度、啤酒的总酸度、蜂蜜和蜂王浆的总酸度、面粉和淀粉的酸度、油和油脂的酸值、奶油的酸度、蛋及其制品的酸度等均可以酚酞作指示剂，用 NaOH 标准溶液滴定。

又如，在药物分析中，有机羧酸类药物醋酸、酒石酸、草酸、三氯醋酸、柠檬酸、乳酸、苯甲酸、水杨酸、阿司匹林（乙酰水杨酸）、烟酸均含羧基（—COOH），K_a 在 $10^{-6} \sim 10^{-3}$ 之间，也可以酚酞作指示剂，用 NaOH 标准溶液进行滴定。

2. 用盐酸标准溶液测定碱度、总碱量

碱度、总碱量分析在化工生产分析和原材料、中控、产品分析中广泛应用，例如纯碱的总碱度测定。工业用 Na_2CO_3 俗称纯碱，含有 NaCl、Na_2SO_4、NaOH 或 $NaHCO_3$ 等杂质，用盐酸标准溶液滴定可测总碱度（以 Na_2O 表示）。

碱度测定中以混合碱分析最重要。下面以烧碱中 NaOH 和 Na_2CO_3 的测定为例加以介绍。

（1）双指示剂法 一定量试样溶解后，先以酚酞为指示剂，用盐酸标准溶液滴定，消耗盐酸 V_1 mL，此时 NaOH 全部被中和，Na_2CO_3 被中和到 $NaHCO_3$；再以甲基橙为指示剂，继续用盐酸标准溶液滴定，又消耗盐酸 V_2 mL，显然 V_2 mL 盐酸是 $NaHCO_3$ 中和到 H_2CO_3 消耗的酸。滴定反应式及计算式为

$$HCl + NaOH \Longrightarrow NaCl + H_2O \qquad 酚酞作指示剂$$
$$HCl + Na_2CO_3 \Longrightarrow NaHCO_3 + NaCl \qquad 第一化学计量点$$
$$c(HCl)V_1 = n(NaOH) + n(Na_2CO_3)$$
$$NaHCO_3 + HCl \Longrightarrow NaCl + H_2CO_3 \qquad 甲基橙作指示剂$$
$$H_2CO_3 \Longrightarrow CO_2 \uparrow + H_2O \qquad 第二化学计量点$$

$$c(HCl)V_2 = n(NaHCO_3)$$

由于 $n(Na_2CO_3) = n(NaHCO_3)$，故

$$w(Na_2CO_3) = \frac{c(HCl)V_2 M(Na_2CO_3)}{m_{样} \times 1000}$$

或

$$w(Na_2CO_3) = \frac{c(HCl)2V_2 M\left(\frac{1}{2}Na_2CO_3\right)}{m_{样} \times 1000}$$

$$w(NaOH) = \frac{c(HCl)(V_1 - V_2)M(NaOH)}{m_{样} \times 1000}$$

（2）氯化钡法　一定量试样溶解后，稀释到一定体积，取两等份试液，分别测定。第一份以甲基橙为指示剂，用 HCl 滴定，测总碱度，消耗 HCl V_1 mL。第二份加 $BaCl_2$ 使 Na_2CO_3 沉淀，然后加酚酞作指示剂，用 HCl 滴定，消耗 HCl V_2 mL。滴定反应式及计算式为

$$HCl + NaOH == NaCl + H_2O \quad \text{甲基橙作指示剂}$$
$$2HCl + Na_2CO_3 == H_2CO_3 + 2NaCl$$
$$c(HCl)V_1 = n(NaOH) + n(Na_2CO_3)$$
$$Na_2CO_3 + BaCl_2 == BaCO_3 \downarrow + 2NaCl$$
$$NaOH + HCl == NaCl + H_2O \quad \text{酚酞作指示剂}$$

$$w(NaOH) = \frac{c(HCl)V_2 M(NaOH)}{m_{样} \times 1000}$$

$$w(Na_2CO_3) = \frac{c(HCl)(V_1 - V_2)M\left(\frac{1}{2}Na_2CO_3\right)}{m_{样} \times 1000}$$

碱度测定还广泛用于食品检验中，如皮蛋的总碱度、饼干中 Na_2CO_3 和 $NaHCO_3$ 的含量、白酒中总碱的含量、锡罐头钝化液中游离碱的测定。在医药工业中，硼砂、Na_2CO_3、$NaHCO_3$、MgO、硅酸镁、硬脂酸镁、碳酸镁、碳酸钙的测定，也用盐酸标准液直接滴定或剩余量返滴定。

3. 铵盐中氮及蛋白质中氮的测定

肥料、土壤分析常常需要测定氮的含量，如化肥成品 $(NH_4)_2CO_3$、$(NH_4)_2SO_4$、NH_4NO_3、农用氨水的铵盐分析；有机化合物分析也常要求测含氮量，如食品的蛋白质中氮含量的测定。通常将样品适当处理使氮转化为铵后，再行测定，常用的方法有蒸馏法、甲醛法及凯氏定氮法。

（1）凯氏定氮法　将一定量有机化合物样品与浓 H_2SO_4 共热，有机物中的碳原子炭化转变成 CO_2，氢原子转变成 H_2O，而氮原子则转变成 NH_3，H_2SO_4 被还原成 SO_2 及 H_2O，NH_3 与过量 H_2SO_4 结合成 NH_4HSO_4 而保留在溶液中，这一步骤叫消化。为使样品中的氮原子完全转变成 NH_3，采用加入 K_2SO_4 或无水 Na_2SO_4 的方法使消化温度上升，再加少量 $CuSO_4$（无水）、HgO、CuO 作催化剂缩短消化时间（无机铵盐和有机酰胺类化合物因易与碱作用放出 NH_3，不必消化），消化后采用蒸馏法定氮。

（2）蒸馏法　于蒸馏瓶中加浓碱 NaOH 使 NH_4^+ 转变为 NH_3，加热蒸馏，用过量盐酸标准溶液吸收 NH_3，以甲基橙或甲基红为指示剂，再用 NaOH 标准溶液返滴定。目前多采用 H_3BO_3 吸收，然后用盐酸标准溶液直接滴定，选甲基红作指示剂。

吸收反应 　　　　　　$H_3BO_3 + NH_3 \Longrightarrow NH_4^+ + H_2BO_3^-$

滴定反应 　　　　　　$H_2BO_3^- + H^+ \Longrightarrow H_3BO_3$

计算式 　　$w(N) = \dfrac{[c(HCl)V(HCl) - c(NaOH)V(NaOH)]M(N)}{m_{样} \times 1000}$

（3）甲醛法　甲醛与 NH_4^+ 作用定量置换出酸：

$$4NH_4^+ + 6HCHO \longrightarrow (CH_2)_6N_4 + 4H^+ + 6H_2O$$

然后用 NaOH 标准溶液滴定，终点产物为 $(CH_2)_6N_4$，选酚酞作指示剂。

$$w(N) = \dfrac{c(NaOH)V(NaOH)M(N)}{m_{样} \times 1000}$$

用甲醛法可测氨基酸总量。氨基酸具有酸性基团—COOH 和碱性基团—NH₂，加入甲醛与—NH₂ 结合，用碱滴定—COOH 来间接测定氨基酸总量，以百里酚酞为指示剂，终点 pH 为 $8.4 \sim 9.2$。在食品检验中，肉松、乳粉、牛奶、麦乳精、水产品、干酵母等中的蛋白质，啤酒中的游离 α-氨基氮，腊肉中的挥发 NH_3，水产品中的挥发 NH_3 均用此法测定。

4. 有机化合物酸值、羟值、酯值、皂化值的测定

（1）酸值　指中和 1g 试样中游离脂肪酸所需 KOH 的质量，以 KOH（mg·g^{-1}）表示。

测定方法一般为称取一定量样品置于烧瓶中，加入一定量乙醇或乙醚-乙醇溶剂，加温使样品溶解，然后加酚酞指示剂，用 KOH 标准溶液滴定。

（2）羟值　指 1g 试样乙酰化后，中和连接在羟基上的醋酸所需 KOH 的质量（mg）。

测定方法为：称取一定量样品，于烧瓶中加入醋酸酐-吡啶酰化试剂酰化样品，冷却后，以酚酞为指示剂，用 KOH 乙醇标准溶液滴定。

（3）酯值　指皂化 1g 试样中的酯所需 KOH 的质量（mg）。

测定方法为：称取一定量样品于烧瓶中，加入乙醇及酚酞指示剂，用 KOH 中和游离酸之后，再加入一定量过量标准 KOH 乙醇溶液加热皂化试样中的酯，冷却后以酚酞为指示剂，用酸标准溶液滴定过量 KOH，测得样品的酯值。

（4）皂化值　指皂化 1g 试样中的酯以及中和其中游离酸所需 KOH 的质量（mg）。

测定方法为：称取一定量试样，准确加入一定量过量 KOH 乙醇标准溶液，水浴加热，皂化试样中的酯与中和游离酸，冷却，加入酚酞指示剂，用酸标准溶液滴定多余的 KOH。

上述方法用于石油化工产品以及有机化工原料产品生产分析中酸值、羟值、酯值、皂化值的测定。

5. 非水介质中的酸碱滴定

弱的有机酸碱大多采用非水滴定，在本节"四、酸碱滴定反应的强化措施"中已作过介绍，此处不再赘述。

第三节　配位滴定法、氧化还原滴定法及沉淀滴定法

一、配位滴定法

配位滴定法是以配位反应为基础的滴定分析方法。

1. 方法特点

EDTA 为广泛使用的滴定剂，所形成的配合物大多带电荷、水溶性好，是具有多个五元环的螯合物（见图 4-6），稳定性高（见表 4-3）。因此反应完全度高，方法准确度高，一般达 0.2%，甚至可达 0.1%。

EDTA 几乎能与元素周期表中所有金属元素的离子形成配合物，用间接滴定方式还可以测定阴离子，所以 EDTA 配位滴定法适用范围广，而且从高含量（1%～95%）到低含量（≥0.2%）均能测定。

EDTA 与金属离子大多形成 1:1 型配合物，且配合物形成速率快。滴定反应式为 $M^{2+} + H_2Y^{2-} \Longrightarrow MY^{2-} + 2H^+$，滴定过程释放 H^+，需用缓冲溶液控制介质的 pH。EDTA 滴定法简单、快速。

利用金属离子与 EDTA 所生成的配合物的稳定性差别和酸效应及其他副反应的影响，用控制酸度与掩蔽的方法，可以进行金属离子的连续滴定，使 EDTA 滴定法在金属材料测定中显示了独特的作用。

2. 金属指示剂

EDTA 滴定法所用指示剂为金属指示剂。它是一类可与金属离子生成配合物的有机染料，染料本身的颜色与生成的金属离子配合物的颜色不同。下面以铬黑 T（EBT）为例，说明金属指示剂的变色原理。

铬黑 T 为偶氮染料，由两个芳香环通过偶氮基—N=N—互相偶联而成，并在发色偶氮基邻位有助色的取代基—OH，以简式 H_2In^- 表示。

H_2In^-　（紫红色）　　　　　　pH＜6.3

在水溶液中存在下列离解平衡：

$$H_2In^- \underset{\text{（紫红色）}}{\overset{pK_a = 6.3}{\Longleftrightarrow}} HIn^{2-} \underset{\text{（蓝色）}}{\overset{pK_a = 11.6}{\Longleftrightarrow}} In^{3-}_{\text{（橙色）}}$$

HIn^{2-}　（蓝色）　　　　　　pH＝6.3～11.6

EBT 在 pH 6.3～11.6 范围内与金属离子形成配合物时，由蓝色变为酒红色，颜色发生明显变化。

$$M^{2+} + HIn^{2-} \rightleftharpoons MIn^- + H^+$$
（蓝色）　　　（酒红色）

酒红色（MIn⁻）

金属指示剂与酸碱指示剂相比较，二者相同的地方是金属指示剂也是质子给予/接受体，因此是在不同 pH 介质中具有不同颜色的 pH 指示剂；不同的地方是金属指示剂还是有机螯合剂，可提供金属离子配位体，在一定 pH 介质中生成与染料颜色不相同的金属离子配合物。因此，各种金属指示剂都有一个适用的 pH 范围，以提供明显颜色转变的配位体。

金属指示剂的变色机理可用配合物的离解平衡常数 K_{MIn}（稳定常数）定量标度，颜色变化与 pM 有关。略去电荷，表示为

$$M + In \rightleftharpoons MIn$$

$$\frac{[MIn]}{[M][In]} = K_{MIn}$$

$$\frac{[MIn]}{[In]} = K_{MIn}[M]$$

[M] 决定了 [MIn]/[In] 比值的大小，也就是说，指示剂呈现的颜色取决于 pM，所以金属指示剂能指示滴定过程中介质的 pM 变化及终点。表 5-9 及附录表六列出了常用金属指示剂使用的 pH 范围并提供了变色点 pM_t 值，所提供的金属指示剂均为实验测得值。

3. 方法误差（阅读材料）

(1) 反应选择、指示剂选择、介质 pH 选择　由滴定误差可知，影响配位滴定误差的因素与酸碱滴定一样，首先是 K'_{MY}，配合物的条件稳定常数愈大，反应进行得愈完全，滴定误差愈小，这是配位滴定反应的选择问题，是方法误差的主要来源；其次，$\Delta pM'$ 愈小，滴定误差愈小，这是指示剂的选择问题；无论是 K'_{MY}，还是指示剂 pM_t 都有酸效应的影响，所以滴定介质 pH 的选择，关系 K'_{MY} 与 pM'_t 值并和滴定误差有关。最后，滴定误差还与滴定剂浓度有关，滴定剂浓度 c 愈大，滴定误差 TE 愈小，EDTA 一般浓度为 $0.02\sim0.05mol\cdot L^{-1}$。滴定介质 pH、$K'_{MY}$ 和滴定剂浓度对滴定曲线的影响见图 5-9～图 5-11。

(2) 共存离子干扰　共存离子干扰是 EDTA 滴定法应用中的主要误差来源。EDTA 具有广泛形成配合物的特性，可用于 80 余种金属离子的直接滴定、连续滴定和 20 余种离子的间接滴定，同时也带来了方法应用中杂质离子的干扰问题。

表 5-9 常用的金属指示剂

指 示 剂	使用 pH 范围	颜色变化 In	颜色变化 MIn	直 接 滴 定 离 子	指示剂的配制	对指示剂封闭的离子
铬黑 T(EBT)	7~10	蓝	红	pH=10,Mg^{2+},Zn^{2+},Cd^{2+},Pb^{2+},Mn^{2+},稀土元素离子	1:100NaCl（固体）	Co^{2+},Ni^{2+},Cu^{2+},Fe^{3+},Al^{3+},Ti^{4+}
二甲酚橙(XO)	<6	黄	红	pH<1,ZrO^{2+}; pH=1~3,Bi^{3+},Th^{4+},Sn^{4+}; pH=5~6,Zn^{2+},Pb^{2+},Cd^{2+},Hg^{2+},稀土元素离子	0.5%水溶液	pH≤6 时,Al^{3+},Fe^{3+},Ni^{2+},Ti^{2+},Ti^{4+} 有封闭作用
1-(2-吡啶偶氮)-2-萘酚(PAN)	2~12	黄	红	pH=2~3,Bi^{3+},Th^{4+}; pH=4~5,Cu^{2+},Ni^{2+}; pH=5~6,Cu^{2+},Cd^{2+},Pb^{2+},Zn^{2+},Sn^{4+}; pH=10,Cu^{2+},Zn^{2+}	0.1% 乙醇溶液	
酸性铬蓝 K	8~13	蓝	红	pH=10,Mg^{2+},Zn^{2+}; pH=13,Ca^{2+}	1:100NaCl（固体）	
钙指示剂	10~13	蓝	红	pH=12~13,Ca^{2+}	1:100NaCl（固体）	Co^{2+},Ni^{2+},Cu^{2+},Fe^{3+},Al^{3+},Ti^{4+}
磺基水杨酸①	1.5~3	无色	紫红	pH=1.5~3,Fe^{3+}（加热）	2%水溶液	

① 磺基水杨酸本身无色，与 Fe^{3+} 形成紫红色配合物。

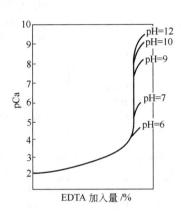

图 5-9 不同 pH 介质中
$0.01\text{mol} \cdot \text{L}^{-1}$ 的 EDTA 滴定
$0.01\text{mol} \cdot \text{L}^{-1}$ Ca^{2+} 的滴定曲线

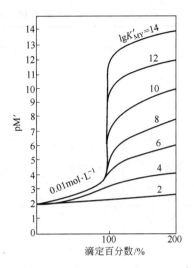

图 5-10 金属离子具有不同
$\lg K'_{MY}$ 时的滴定曲线

共存离子干扰直接影响分析结果的准确度，为此，EDTA 滴定法对水及试剂纯度要求高，应用中常加掩蔽剂消除干扰（见表 5-12）。合成新的有机掩蔽剂是解决共存离子干扰的主要途径。近 40 年提出了 50 多种氨羧配合剂，如 EGTA、EDTP、TTHA、Trein 等，但 EDTA 仍独占鳌头。同样，指示剂中，常用的指示剂仍为表 5-9 中的几种。

（3）滴定终点的确定 由于配合物的生成有个速率问题，在化学计量点：

$$MIn + Y \Longleftrightarrow MY + In$$

EDTA 夺取 MIn 中的 M 也有个速率问题，因此滴定速度不同，终点色调不同。终点判断是否准确与操作者的经验有关。用仪器法指示终点如光度滴定、电位滴定、离子性选择电极法可克服终点确定不准的问题。

4．EDTA 滴定法的应用（阅读材料）

（1）控制酸度的滴定 控制酸度，保证一定的 K'_{MY} 值，可准确滴定单一离子，见表 5-10。利用不同离子的滴定介质 pH 不同，在其共存时，通过控制酸度可实现连续分步滴定，见表 5-11。

（2）使用掩蔽剂的选择性滴定 若被测金属离子与干扰离子的 $K_{稳}$ 相差不多，就不能用控制酸度的方法准确滴定，而要采用掩蔽和选择性解蔽的方法。利用掩蔽和选择性解蔽的方法可以提高配位滴定的选择性。方法是先加入一种试剂与金属离子形成配合物，再加另一种试剂将配合物

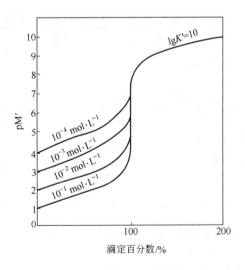

图 5-11 不同浓度 EDTA
溶液的滴定曲线

表 5-10　常见离子的配位滴定法

金属离子	pH 介质	指示剂	滴定剂	其　他
Bi^{3+}	1	XO	EDTA	HNO_3 介质
Fe^{3+}	2	磺基水杨酸	EDTA	50～60℃
Cu^{2+}	2.5～10	PAN	EDTA	加热条件下
	8	紫脲酸铵	EDTA	
Cd^{2+}	5.5	XO	EDTA	
Pb^{2+}	5.5	XO	EDTA	
Zn^{2+}	9～10	铬黑 T	EDTA	
Ni^{2+}	9～10	紫脲酸铵	EDTA	加热 50～60℃
Mg^{2+}	10	EBT	EDTA	
Ca^{2+}	12～13	钙指示剂	EDTA	

金属离子	pH 介质	指示剂	滴定剂	返滴定剂
Sn^{4+}	1～2	XO	EDTA	Bi^{3+}
Al^{3+}	5～6	XO	EDTA	Zn^{2+}
	5～6	PAN	EDTA	Cu^{2+}
Ni^{2+}	10	EBT	EDTA	Mg^{2+} 或 Zn^{2+}
Co^{2+}、Ni^{2+}	12～13	钙指示剂	EDTA	Cu^{2+}
Ti^{3+}	4～5	邻苯二酚紫	EDTA	Cu^{2+}
Cr^{3+}	4～5	XO	EDTA(煮沸)	Th^{4+}

表 5-11　常见阳离子的连续滴定及应用

混　合　液	介质 pH	指　示　剂	被滴定离子
Ca^{2+}-Mg^{2+}	10	紫脲酸铵	Ca^{2+}
	10	铬黑 T	光度滴定 Mg^{2+}
Zn^{2+}-Mg^{2+}	6.8	铬黑 T	Zn^{2+}
	10	铬黑 T	Mg^{2+}
Bi^{3+}-Pb^{2+}	1	XO	Bi^{3+}
	5	XO	Pb^{2+}
Cu^{2+}-Zn^{2+}	5.1～5.4	邻苯二酚紫	Cu^{2+}
	9	邻苯二酚紫	Zn^{2+}
Fe^{3+}-Mn^{2+}	3～4	甲基百里酚蓝	EDTA 滴定 Fe^{3+}
	6～6.5	甲基百里酚蓝	EDTA 滴定 Mn^{2+}
Fe^{3+}-Al^{3+}	2	磺基水杨酸	EDTA 滴定 Fe^{3+}
	5	磺基水杨酸	Fe^{3+} 返滴定测 Al^{3+}
Fe^{3+}-Al^{3+}	2	磺基水杨酸	EDTA 滴定 Fe^{3+}
	3	PAN	Cu^{2+} 返滴定测 Al^{3+}
Al^{3+}-Cr^{3+}		钛铁指示剂	Fe^{3+} 返滴定测 Al^{3+} 然后重新加入 EDTA 再返滴定测 Cr^{3+}
Fe^{3+}-Al^{3+}-Ca^{2+}-Mg^{2+}-Mn^{2+} 将溶液分两份	一份(连续滴定)2	磺基水杨酸	EDTA 滴定 Fe^{3+}
	3	PAN	Cu^{2+} 返滴定测 Al^{3+}
	5	PAN	Cu^{2+} 返滴定测 Mn^{2+}
	10	PAN	Cu^{2+} 返滴定测 Ca^{2+}、Mg^{2+}
	另一份用草酸盐沉淀 Ca^{2+} 后,pH=10	PAN	Cu^{2+} 返滴定测 Mg^{2+}

中的金属离子或配位体定量释放出来，用标准溶液滴定金属离子或配位体，即可测得待测金属离子的含量。

例如，Al^{3+}、Ti^{4+} 共存，分别测其含量。先用 EDTA 将 Al^{3+}、Ti^{4+} 配位成配合物 AlY、TiY，再加入 NH_4F 则释放出 EDTA，用 Zn^{2+} 标准溶液滴定，测得 Al^{3+}、Ti^{4+} 总量。另取一份 AlY、TiY，加入苦杏仁酸，它只能选择性解蔽 TiY，释放 EDTA，同上法滴定，测得 Ti^{4+} 含量，经差减计算 Al^{3+} 含量。

又如用甲醛选择性解蔽 Zn^{2+}、Cd^{2+} 测定其含量，用于铜合金中 Cu^{2+}、Zn^{2+}、Pb^{2+} 共存时，测 Zn^{2+}、Pb^{2+}。方法是先在氨性介质中用 KCN 掩蔽 Cu^{2+}、Zn^{2+}，以铬黑 T 为指示剂，用 EDTA 滴定 Pb^{2+}，测定 Pb^{2+} 含量，之后在此溶液中加入甲醛，则 $[Zn(CN)_4]^{2-}$ 被解蔽而释放出 Zn^{2+}，用 EDTA 滴定测得 Zn^{2+} 含量。

上述应用掩蔽剂进行选择性滴定的方法在金属材料分析中广泛应用。所用各种掩蔽剂见表 5-12～表 5-14。

表 5-12　常用的配合物掩蔽剂

掩蔽剂	介质 pH	被掩蔽离子及其应用
KCN	pH＞8	Cu^{2+}、Ni^{2+}、Co^{2+}、Hg^{2+}、Zn^{2+}、Cd^{2+}、Ag^+、Fe^{3+}、Fe^{2+} 及铂族。其中 Cu^{2+}、Ni^{2+}、Co^{2+}、Hg^{2+} 直接掩蔽，Zn^{2+}、Cd^{2+} 掩蔽后被甲醛解蔽，Ca^{2+}、Mg^{2+}、Pb^{2+} 及稀土元素离子不被氰化物掩蔽
NH_4F	pH＞4	Al^{3+}、Be^{2+}、Sn^{4+}、Ti^{4+}、Zr^{4+} 及稀土元素离子，NH_4F 可作为 Al^{3+}、Ti^{4+} 的选择性解蔽剂，苦杏仁酸用作 Ti^{4+}、Sn^{4+} 的选择性解蔽剂
乙酰丙酮	pH＝5～6	掩蔽 Al^{3+}、Fe^{3+}、Be^{2+}、Pd^{2+}、UO_2^{2+}，部分掩蔽 Cu^{2+}、Hg^{2+}、Cr^{3+}、Ti^{4+}，然后用 EDTA 滴定 Pb^{2+}、Zn^{2+}、Mn^{2+}、Co^{2+}、Ni^{2+}、Cd^{2+}、Bi^{3+}、Sn^{2+} 等
柠檬酸	中性溶液	Bi^{3+}、Cr^{3+}、Fe^{3+}、Sn^{4+}、Th^{4+}、Ti^{4+}、UO_2^{2+}、Zr^{4+} 等，然后用 EDTA 滴定 Cu^{2+}、Hg^{2+}、Cd^{2+}、Pb^{2+} 和 Zn^{2+}
酒石酸	氨性溶液	酒石酸掩蔽 Fe^{3+}、Al^{3+} 后，用 EDTA 滴定 Mn^{2+}。掩蔽作用与柠檬酸类似
草酸	氨性溶液	Fe^{3+}、Al^{3+}、Mn^{2+}、Th^{4+}、VO^{2+} 等
邻二氮菲	pH＝5～6	Cu^{2+}、Ni^{2+}、Zn^{2+}、Cd^{2+}、Hg^{2+}、Co^{2+}、Mn^{2+}
三乙醇胺	碱性溶液	Fe^{3+}、Al^{3+}、Ti^{4+}、Sn^{4+} 和少量 Mn^{2+}
磺基水杨酸	酸性溶液	pH＝10，Al^{3+}、Sn^{4+}、Ti^{4+}、Fe^{3+} pH＝11～12，Fe^{3+}、Al^{3+} 及少量 Mn^{2+}
硫脲	弱酸性	Cu^{2+}、Hg^{2+}、Ti^{4+}

表 5-13　常用的沉淀掩蔽剂

沉淀剂	被沉淀掩蔽离子	被滴定离子及应用	
H_2SO_4	Pb^{2+}、Ba^{2+}、Sr^{2+}	Bi^{3+}（Ca^{2+}、Mg^{2+}）	pH＝1　XO　测 Bi^{3+} pH＝10　EBT　测 Ca^{2+}-Mg^{2+}
Na_2S	Fe^{3+}、Hg^{2+}、Pb^{2+}、Bi^{3+}、Cu^{2+}、Cd^{2+}	Ca^{2+}、Mg^{2+}	pH＝10　EBT　测 Ca^{2+}-Mg^{2+}

续表

沉淀剂	被沉淀掩蔽离子	被滴定离子及应用		
铜试剂	Fe^{3+}、Hg^{2+}、Pb^{2+}、Bi^{3+}、Cu^{2+}、Cd^{2+}	Ca^{2+}、Mg^{2+}	pH=10 EBT 测 Ca^{2+}-Mg^{2+}	
K_2CrO_4	Ba^{2+}	Sr^{2+}	pH=10 MgY-EBT 测 Sr^{2+}	
KI	Cu^{2+}	Zn^{2+}	pH=5~6 PAN 测 Zn^{2+}	
NH_4F	Ba^{2+}、Sr^{2+}、Ca^{2+}、Mg^{2+}、稀土元素离子	Zn^{2+}、Cd^{2+}、Mn^{2+} Cu^{2+}、Co^{2+}、Ni^{2+}	pH=10 EBT 测 Zn^{2+}、Cd^{2+}、Mn^{2+} pH=10 紫脲酸铵 测 Cu^{2+}、Co^{2+}、Ni^{2+}	
NaOH	Mg^{2+}	Ca^{2+}	pH=12 钙指示剂 测 Ca^{2+}	

表 5-14 常用的氧化还原掩蔽剂

氧化还原剂	被掩蔽的离子及原理	被滴定离子及应用
盐酸羟胺	$Fe^{3+} \longrightarrow Fe^{2+}$	
硫代硫酸钠	$Cu^{2+} \longrightarrow [Cu(S_2O_3)_2]^{3-}$	Zn^{2+}、Ni^{2+}
H_2O_2	$Cr^{3+} \longrightarrow CrO_4^{2-}$	

二、氧化还原滴定法

氧化还原滴定法也是重要的滴定分析方法，尤其对有机物的测定来说，是应用广泛的滴定分析方法。氧化还原反应较酸碱反应、配位反应复杂，不仅存在氧化还原平衡，实现反应还受反应速率制约。因此，学习氧化还原滴定法，重要的内容是控制反应条件与方法误差。另外，根据滴定剂不同，氧化还原滴定法分为高锰酸钾法、重铬酸钾法、碘量法、溴酸钾法、碘酸钾法、铈量法等，学习中应掌握各类方法的特点及应用范围，以便根据测定对象的性质及分析要求，选择不同的氧化还原滴定方法。在实际样品分析时，由于氧化还原滴定需要被测组分呈一定价态，所以氧化还原滴定前的预处理也是分析者必须掌握的内容。

1. 高锰酸钾法

高锰酸钾是强氧化剂，它的氧化作用和溶液酸度有关。

在强酸性溶液中，反应为

$$MnO_4^- + 8H^+ + 5e =\!=\!= Mn^{2+} + 4H_2O, \varphi^{\ominus}_{MnO_4^-/Mn^{2+}} = +1.51V$$

在中性或弱碱性溶液中，反应为

$$MnO_4^- + 2H_2O + 3e =\!=\!= MnO_2 + 4OH^-, \varphi^{\ominus}_{MnO_4^-/MnO_2} = +0.58V$$

在强碱性溶液中，反应为

$$MnO_4^- + e =\!=\!= MnO_4^{2-}, \quad \varphi^{\ominus}_{MnO_4^-/MnO_4^{2-}} = +0.56V$$

由于 $KMnO_4$ 在强酸性溶液中具有更强的氧化能力，因此一般在强酸性溶液中使用。但 $KMnO_4$ 氧化有机物的反应在碱性条件下比在酸性条件下更快，所以用 $KMnO_4$ 法测定有机物一般都在碱性条件下进行。

（1）方法特点 $KMnO_4$ 法的优点是 $KMnO_4$ 氧化能力强，可以直接、间接地测定许多有机物。另外，$KMnO_4$ 作为自身指示剂，滴定无需选择指示剂。

（2）$KMnO_4$ 法的误差来源　主要是 $KMnO_4$ 标准溶液不稳定，浓度标定不准确引入的误差，其次是测定条件的酸度、温度控制不当以及发生副反应引入的误差。$KMnO_4$ 法的不足之处也在于它的氧化能力强，可以同许多还原性物质作用，所以方法应用时要消除干扰。但总的来说，$KMnO_4$ 法还是准确的测定方法。

（3）$KMnO_4$ 标准溶液的配制　市售 $KMnO_4$ 常含有 MnO_2 及其他杂质，纯度一般为 $99\% \sim 99.5\%$，因此为了获得稳定的 $KMnO_4$ 溶液，必须按下述方法配制：

称取稍多于理论计算用量的 $KMnO_4$，溶于一定体积去离子水中，加热至沸，保持微沸约 1h，使还原性物质完全氧化（一般配好后放置 $2\sim3$ 天）。用玻璃砂芯漏斗过滤除去析出的沉淀（滤纸有还原性，不能用滤纸过滤），将过滤后的 $KMnO_4$ 储于棕色瓶中，置于暗处保存，避免光对 $KMnO_4$ 的催化分解。

若需用浓度较稀的 $KMnO_4$ 溶液，通常临用前用去离子水稀释并立即标定使用，不宜长期储存。

（4）$KMnO_4$ 标准溶液的标定　标定 $KMnO_4$ 溶液的基准物较多，有 $H_2C_2O_4 \cdot 2H_2O$、$Na_2C_2O_4$、As_2O_3 及铁丝等。其中，$Na_2C_2O_4$ 因不含结晶水、性质稳定、容易提纯，故较为常用，在 $105\sim110℃$ 烘 2h 即可使用。标定反应式为

$$2MnO_4^- + 5C_2O_4^{2-} + 16H^+ =\!=\!= 2Mn^{2+} + 10CO_2\uparrow + 8H_2O$$

在 H_2SO_4 溶液中，为使反应定量进行，应控制好以下条件：

① 温度。为 $70\sim80℃$。低于此温度或在室温下反应速率极慢；若温度超过 $90℃$，则 $H_2C_2O_4$ 会部分分解（$H_2C_2O_4 =\!=\!= CO_2\uparrow + CO\uparrow + H_2O$），导致标定结果偏高。

② 酸度。滴定应在一定酸度的 H_2SO_4 介质中进行，酸度过低，MnO_4^- 会部分被还原成 MnO_2；酸度过高，则会促进 $H_2C_2O_4$ 分解。一般滴定开始时溶液 $[H^+]$ 为 $0.5\sim1mol\cdot L^{-1}$，滴定终了时为 $0.2\sim0.5mol\cdot L^{-1}$。

③ 滴定速度。滴定开始时，滴入第一滴 $KMnO_4$ 溶液后，待红色未退去之前不应加入第二滴，因为滴定反应极慢，只有滴入 $KMnO_4$ 反应生成 Mn^{2+} 作为催化剂时，滴定才可逐渐加快。否则在热的酸性溶液中，滴入的 $KMnO_4$ 来不及和 $C_2O_4^{2-}$ 反应而发生分解，导致标定结果偏低。

$$4MnO_4^- + 12H^+ =\!=\!= 4Mn^{2+} + 5O_2\uparrow + 6H_2O$$

④ 滴定终点。$KMnO_4$ 终点不太稳定，这是由于空气中的还原性气体及尘埃等杂质使 MnO_4^- 缓慢分解，粉红色消失，所以经 30s 不退色，即可认为已经到达滴定终点。

标定好的 $KMnO_4$ 溶液放置一段时间后，若发现有 $MnO(OH)_2$ 沉淀析出，应重新标定。$KMnO_4$ 溶液的配制、标定与方法误差的产生主要因为它的氧化能力强，易受各种还原杂质的影响。

（5）$KMnO_4$ 滴定法的应用（阅读材料）

① 直接滴定法。$KMnO_4$ 能直接滴定许多还原性物质，如 Fe^{2+}、$C_2O_4^{2-}$、H_2O_2、$As(Ⅲ)$、$Sb(Ⅲ)$、NO_2^- 等。

例如 $KMnO_4$ 法测定 H_2O_2，滴定反应式为

$$2MnO_4^- + 5H_2O_2 + 6H^+ === 2Mn^{2+} + 5O_2 \uparrow + 8H_2O$$

分析步骤为 1mL H_2O_2 样品加 20mL 去离子水稀释，加 10% H_2SO_4 20mL，用 $c\left(\dfrac{1}{5}KMnO_4\right) =$ 0.1mol·L^{-1} 的 $KMnO_4$ 溶液滴到粉红色为终点。

② 返滴定法。一些不能直接用 $KMnO_4$ 溶液滴定的物质可用返滴定法测定，如有机物的测定、软锰矿及溶解氧的测定等。

例如在食品检验中油脂氧化值的测定，基于 $KMnO_4$ 氧化 100g 酸败油脂分解物，剩余 $KMnO_4$ 用草酸还原，最后用 $KMnO_4$ 回滴剩余草酸，计算酸败油脂分解物氧化所需氧的质量（mg）。油脂氧化值的大小说明油脂新鲜与否及酸败程度。

又如水和废水分析方法规定，水中的溶解氧测定是在碱性条件下，加入 $MnSO_4$ 将氧经 $MnO(OH)_2$ 形式固定下来，再用碘量法进行测定。

$KMnO_4$ 法在有机物的各种测定中，作为消化前处理手段，是在碱性条件下加热，与有机物快速反应（$MnO_4^- + e === MnO_4^{2-}$），然后再作其他处理后测定。

③ 间接测定法。例如 $KMnO_4$ 法测 Ca。钙是动植物生长发育所必需的常量元素之一，植物摄取的钙来自土壤，因此在农业上土壤以及石灰、石灰石、石膏分析都是必需的。在药物分析中，葡萄糖酸钙、氯化钙、乳酸钙等钙盐分析均用到 $KMnO_4$ 法。方法基于钙离子与草酸根离子作用生成草酸钙沉淀：

$$Ca^{2+} + C_2O_4^{2-} === CaC_2O_4 \downarrow$$

将草酸钙溶于 H_2SO_4，反应为

$$CaC_2O_4 + H_2SO_4 === CaSO_4 + H_2C_2O_4$$

用 $KMnO_4$ 标准溶液滴定草酸。

为了获得纯净和粗粒的草酸钙晶型沉淀，应在酸性 Ca^{2+} 试液中，加入过量 $(NH_4)_2C_2O_4$ 沉淀剂，然后滴加稀氨水慢慢中和试液，控制 pH 在 3.5~4.5 之间，加甲基橙显黄色，使草酸钙沉淀完全，并须放置陈化一段时间。沉淀应当先用冷的、稀的 $(NH_4)_2C_2O_4$ 溶液洗涤，最后用尽可能少的冷水洗至无 Cl^-，然后将滤纸铺在原来进行沉淀的烧杯壁上，用 H_2SO_4 将沉淀洗下来。将溶液加热至 70~80℃，用 $KMnO_4$ 标准溶液滴到粉红色为终点。此时将滤纸浸入溶液中，如果退色，则继续滴定到粉红色 30s 不退色为止。

2. 重铬酸钾法

（1）方法特点 该方法的基本反应式为

$$Cr_2O_7^{2-} + 14H^+ + 6e === 2Cr^{3+} + 7H_2O \qquad \varphi^\ominus = 1.33V$$

在 0.5mol·L^{-1} H_2SO_4 中条件电位 $\varphi^{\ominus\prime} = 1.08V$，在 1mol·$L^{-1}$ HCl 中 $\varphi^{\ominus\prime} = 1.00V$。$K_2Cr_2O_7$ 与 Fe^{2+} 的氧化还原反应速率快，计量关系好，无副反应。与 $KMnO_4$ 法比较，$K_2Cr_2O_7$ 法具有以下特点：$K_2Cr_2O_7$ 易于提纯，含量可达 99.99%，在 150~180℃ 干燥 2h 可直接配制标准溶液；溶液非常稳定，长期保存浓度不变；室温下不与 Cl^- 作用，可在 HCl 溶液中滴定 Fe^{2+}；$K_2Cr_2O_7$ 法的应用范围较 $KMnO_4$ 法窄，但选择性较 $KMnO_4$ 法高。

$K_2Cr_2O_7$ 法需外加指示剂确定终点，常用氧化还原指示剂为二苯胺磺酸钠。$K_2Cr_2O_7$ 法的最大缺点是 Cr(Ⅵ) 为致癌物，滴定废水污染环境，应加以处理。

（2）指示剂 $K_2Cr_2O_7$ 法所用指示剂为氧化还原指示剂，系有机物，本身为氧化剂或还原剂，且氧化态与还原态具有不同的颜色。在滴定过程中，当溶液电位

发生变化时，指示剂因被氧化或还原而发生氧化态或还原态浓度变化，从而发生颜色变化，指示滴定过程中体系电位的变化和终点。

表 5-15 列出了常用氧化还原指示剂的电位及颜色变化。表中电位值为实测值。氧化还原指示剂对氧化还原反应普遍适用。

表 5-15 重要的氧化还原指示剂

常用名或化学名称(经验式)	n	pH	$\varphi^{\ominus}/V$	$\varphi^{\ominus\prime}_{目测}$ (1mol·L^{-1} H$^+$A$^-$)	颜 色		指示剂溶液的质量分数 $w/\%$
					还原态	氧化态	
靛蓝胭脂红，靛蓝-5,5′-二磺酸(C$_{16}$H$_{10}$O$_8$N$_2$S$_2$)		5.0	−0.010		无色	蓝	0.05 (钾盐)
		7.0	−0.125				
		9.0	−0.199				
酚藏花红(C$_{18}$H$_{15}$N$_4$Cl)		7.0	−0.252	+0.28	无色	红	0.2
亚甲基蓝(C$_{16}$H$_{18}$N$_3$SCl)	1	5.0	+0.101	+0.36	无色	蓝	0.05 (氯化物)
		7.0	+0.011				
		9.0	−0.050				
1-萘酚-2-磺酸靛酚(C$_{16}$H$_{10}$O$_5$NSNa)		7.0	+0.123	+0.54	无色	红	0.02
二苯胺(C$_{12}$H$_{11}$N) 二苯基联苯胺(C$_{24}$H$_{20}$N$_2$)			+0.76①	+0.80	无色	紫	每100mL 浓硫酸中含1g
二苯胺-对磺酸(C$_{12}$H$_{11}$O$_3$NS)或三苯胺磺酸钠			+0.84①	+0.85	无色	蓝紫	0.2 (钠盐)
羊毛罂红 A(C$_{37}$H$_{42}$O$_9$N$_4$S$_3$)	2		+1.00①	+1.0	黄绿	橙红	0.1
对硝基二苯胺(C$_{12}$H$_{10}$O$_2$N$_2$)				+1.06	无色	蓝紫	
N-邻苯氨基苯甲酸(C$_{13}$H$_{11}$O$_2$N)			0.89	+1.08	无色	红紫	0.107②
邻二氮菲(C$_{12}$H$_8$N$_2$)亚铁螯合物{[Fe(C$_{12}$H$_8$N$_2$)$_3$]$^{2+}$}	1		+1.06①	+1.14	红	苍蓝	1.624③
硝基邻二氮菲亚铁螯合物{[Fe(C$_{12}$H$_7$O$_2$N$_2$)$_3$]$^{2+}$}	1		+1.25①	+1.31	紫红	苍蓝	1.7④

① 指在 H$^+$A$^-$ 为 1mol·L^{-1} 的介质中。
② 0.107g 指示剂溶于 20mL 5% 的 Na$_2$CO$_3$ 溶液中，用水稀释至 100mL。
③ 1.624g 指示剂和 0.695g FeSO$_4$ 配成 100mL 水溶液。
④ 1.7g 指示剂溶于 100mL 0.025mol·L^{-1} 的 FeSO$_4$ 溶液中。

注：氧化还原电位值参照标准氢电极(20℃)。符号 $\varphi^{\ominus\prime}_{目测}$ 表示单色指示剂在观察到最初微显颜色时的氧化还原电位；对双色指示剂，则是该颜色变化的目测终点。

（3）K$_2$Cr$_2$O$_7$ 法的应用（阅读材料） 例如，铁矿石全铁量测定标准方法。该方法是用浓 HCl 溶样，SnCl$_2$ 将 Fe^{3+} 还原为 Fe^{2+}，过量 SnCl$_2$ 用 HgCl$_2$ 除去，在 H$_2$SO$_4$+H$_3$PO$_4$ 介质中，以二苯胺磺酸钠为指示剂，用 K$_2$Cr$_2$O$_7$ 标准溶液滴至由浅绿色变为紫红色为终点。

$$Cr_2O_7^{2-} + 6Fe^{2+} + 14H^+ \rule[0.5ex]{1.5em}{0.4pt} 2Cr^{3+} + 6Fe^{3+} + 7H_2O$$

滴定中加入 H$_3$PO$_4$ 的目的是使 Fe^{3+} 生成 [Fe(PO$_4$)$_2$]$^{3-}$，降低电对电位，消除二苯胺磺酸钠在化学计量点前被氧化的误差。

近年来出现的"无汞测铁法"是用 SnCl$_2$ 将 Fe^{3+} 还原成 Fe^{2+}，过量 SnCl$_2$ 改用甲基橙氧化除去，SnCl$_2$ 将甲基橙还原成氢化甲基橙退色而消除过量 SnCl$_2$，此还原反应不可逆，氢化甲基橙不会消耗 K$_2$Cr$_2$O$_7$。

又如化学需氧量（COD）的测定。COD 反映了水体受污染程度，水质标准分析方法规定，在强酸性溶液中，以 Hg$_2$SO$_4$ 为催化剂，加入过量 K$_2$Cr$_2$O$_7$，用硫酸亚铁铵标准溶液滴定，以试亚铁灵（邻二氮菲亚铁螯合物）为指示剂。

3. 碘量法

(1) 方法概述　碘量法是以 I_2 作为氧化剂或以 I^- 作为还原剂进行测定的分析方法,其半反应为

$$I_2 + 2e \Longrightarrow 2I^- \qquad \varphi^{\ominus}_{I_2/I^-} = 0.545V$$

碘在水中溶解度很小且易挥发,通常将 I_2 溶解在 KI 溶液中,此时 I_2 以 I_3^- 形式存在,为方便起见仍简写为 I_2。由电对电位可知 I_2 是较弱的氧化剂,只能与较强的还原剂作用;而 I^- 是中等强度的还原剂,能与许多氧化剂作用。用碘标准溶液直接滴定的称为直接碘量法或碘滴定法,如 As(Ⅲ)、S^{2-}、SO_3^{2-}、$S_2O_3^{2-}$、维生素 C 的测定;利用 I^- 还原作用,在一定条件下与许多氧化性物质作用析出碘,用 $Na_2S_2O_3$ 标准溶液滴定,这种方法叫间接碘量法或滴定碘法,可以测定 Cu^{2+}、Fe^{3+}、MnO_4^-、$Cr_2O_7^{2-}$、IO_3^-、AsO_4^{3-}、ClO^-、NO_2^-、H_2O 等,应用范围甚广。

(2) 方法特点

① 应用广泛,既可测氧化剂,又可测还原剂。而且测定一般在酸性介质中进行,氧化剂与 KI 作用析出碘:

$$2MnO_4^- + 10I^- + 16H^+ \Longrightarrow 2Mn^{2+} + 5I_2 + 8H_2O$$

然后在中性或弱碱性介质中用 $Na_2S_2O_3$ 滴定碘。

$$I_2 + 2Na_2S_2O_3 \Longrightarrow Na_2S_4O_6 + 2NaI$$

测定不可在碱性介质中进行,否则将有副反应发生:

$$S_2O_3^{2-} + 4I_2 + 10OH^- \Longrightarrow 2SO_4^{2-} + 8I^- + 5H_2O$$

在强酸性溶液中,$Na_2S_2O_3$ 会分解:

$$S_2O_3^{2-} + 2H^+ \Longrightarrow H_2SO_3 + S\downarrow$$

$$H_2SO_3 + I_2 + H_2O \Longrightarrow SO_4^{2-} + 4H^+ + 2I^-$$

② I_2/I^- 电对可逆性好,副反应少,电位在 pH<9 酸度范围内不受酸度和其他配合剂影响。

③ 淀粉指示剂灵敏度高,I_2 浓度在 $1×10^{-5}$ mol·L^{-1} 时即显蓝色。淀粉本身为有机化合物,与 I_3^- 生成深蓝色吸附化合物而显蓝色。

(3) 碘量法的误差来源　主要是碘的挥发与 I^- 被空气氧化。为防止碘挥发,析出碘反应必须在低于 25℃ 的碘量瓶中进行,并加入过量 KI,使碘生成 I_3^-,反应完全后应立即滴定;大量碘存在时勿剧烈摇动。在酸性溶液中,I^- 易被空气氧化成碘:

$$4I^- + 4H^+ + O_2 \Longrightarrow 2I_2 + 2H_2O$$

酸性愈强则反应愈快。阳光直接照射和某些杂质如 Cu^{2+}、NO_2^-,会催化空气氧化碘离子,因此所用去离子水和试剂不应含有杂质离子,并将碘量瓶于暗处放置。

碘量法的误差来源还有指示剂的吸附误差。间接碘量法中淀粉指示剂不能过早加入,否则大量 I_2 与淀粉结合成蓝色物质,不易与 $Na_2S_2O_3$ 反应而产生指示剂吸附误差。

碘量法的误差还取决于标准溶液碘、硫代硫酸钠的浓度标定是否准确。

（4）标准溶液的配制与标定

① 碘标准溶液的配制与标定。用升华法制得的纯碘可直接配制碘标准溶液。但一般是将市售碘配成近似浓度，再进行标定。

碘在水中的溶解度很小，20℃为 $1.33 \times 10^{-3}\,mol \cdot L^{-1}$，所以配制时一般加过量 KI，使 I_2 生成 I_3^-，提高碘的溶解度并降低其挥发性。配制的碘溶液储于棕色瓶，放于暗处保存，并避免与橡胶制品及有机物接触。

碘溶液可用 $Na_2S_2O_3$ 标准溶液标定，也可用 As_2O_3 基准物标定。As_2O_3 用 NaOH 溶解，生成亚砷酸盐。

$$As_2O_3 + 6OH^- == 2AsO_3^{3-} + 3H_2O$$

在 pH＝8～9 的介质中标定：

$$HAsO_2 + I_2 + 2H_2O == HAsO_4^{2-} + 2I^- + 4H^+$$

标定时用 $NaHCO_3$ 保持溶液的 pH。

② $Na_2S_2O_3$ 标准溶液的配制与标定。市售结晶 $Na_2S_2O_3 \cdot 5H_2O$ 容易风化，并含有少量杂质 S、Na_2CO_3、Na_2SO_4、Na_2SO_3、NaCl 等，因此不能用直接法配制其标准溶液，而应用标定法配制。

$Na_2S_2O_3$ 标准溶液应当用新煮沸并冷却的去离子水配制，并加入少量 Na_2CO_3 使溶液呈弱碱性，配好的溶液储于棕色瓶中，并置于暗处，经 8～14 天后进行浓度标定。长期保存应隔一定时间重新加以标定，若发现浑浊表示有硫析出，溶液应重新配制。

用于标定 $Na_2S_2O_3$ 的基准物有 $K_2Cr_2O_7$、KIO_3、$KBrO_3$ 等，由于 $K_2Cr_2O_7$ 价廉且易纯制，故最为常用。标定反应为

$$Cr_2O_7^{2-} + 6I^- + 14H^+ == 2Cr^{3+} + 3I_2 + 7H_2O$$
$$I_2 + 2S_2O_3^{2-} == 2I^- + S_4O_6^{2-}$$

以淀粉为指示剂，终点由碘-淀粉的蓝色变为 Cr^{3+} 的绿色。

标定条件：酸度以 0.2～0.4mol $\cdot L^{-1}$ 为宜，酸度太高 I^- 易被空气氧化；$K_2Cr_2O_7$ 与 KI 反应较慢，加入 KI 后应于暗处放置 5min，待反应完全后，再用 $Na_2S_2O_3$ 滴定；滴定前将溶液稀释，既降低酸度，防止 I^- 被空气氧化，又使 $Na_2S_2O_3$ 分解作用减小，而且 Cr^{3+} 颜色变浅，终点便于观察。淀粉指示剂应在近终点时加入，以减少指示剂吸附误差。滴至终点，几分钟后又出现蓝色是由于空气氧化碘离子所致，不影响标定结果；若迅速变蓝，表示反应未定量完成，应重新标定。

$Na_2S_2O_3$ 溶液不稳定和标定条件控制不当，是 $Na_2S_2O_3$ 标准溶液浓度的误差来源。

$Na_2S_2O_3$ 溶液不稳定的原因有：

a. 水中溶解的 CO_2 能使它分解。

$$Na_2S_2O_3 + CO_2 + H_2O == NaHSO_3 + NaHCO_3 + S\downarrow$$

b. 微生物的作用。水中微生物会消耗 $Na_2S_2O_3$ 中的 S。

$$Na_2S_2O_3 \xrightarrow{微生物作用} Na_2SO_3 + S\downarrow$$

c. 空气的氧化作用。

$$2Na_2S_2O_3 + O_2 \Longrightarrow 2Na_2SO_4 + 2S\downarrow$$

少量 Cu^{2+} 杂质会催化该反应进行。

因此配制 $Na_2S_2O_3$ 溶液，应用新煮沸并冷却的去离子水以除去水中溶解的 CO_2、O_2 并杀死微生物。加少量 Na_2CO_3 使溶液呈弱碱性，也可抑制细菌生长。为避免微生物分解，可加少量 HgI_2。

（5）碘量法的应用（阅读材料）　在污染源分析中，直接碘量法用于测定废水、废气、烟气中 SO_2、SO_3^{2-} 污染物的含量。

在药物分析中，直接碘量法用于维生素 C 的测定。在 HAc 介质中用碘标准溶液滴定，维生素 C 分子中的烯醇基因具有还原性，可以被 I_2 氧化成二酮基。

间接碘量法用于漂白粉中有效氯的测定，水分析中余氯（包括 HOCl、OCl^-、NH_2Cl、$NHCl_2$ 等）、总余氯以及药物中哈拉宗（净水龙）有效氯的测定。有效氯就是加酸时能放出的氯，漂白粉含有效氯 30%～35%，反应式为

$$CaCl(OCl) + 2H^+ \Longrightarrow Cl_2 + H_2O + Ca^{2+}$$
$$Cl_2 + 2I^- \Longrightarrow 2Cl^- + I_2$$
$$I_2 + 2S_2O_3^{2-} \Longrightarrow 2I^- + S_4O_6^{2-}$$

析出的碘用 $Na_2S_2O_3$ 滴定。

水质分析中溶解氧（DO）的测定属间接碘量法。水样中加 $MnSO_4$ 和碱性 KI，水中的溶解氧将 Mn^{2+} 氧化为 $MnO(OH)_2$，加酸后 Mn^{4+} 与 I^- 反应析出碘，用 $Na_2S_2O_3$ 滴定。

环境废水中硫化物的测定属返滴定法。测定时以 ZnS 形式将 S^{2-} 固定，加过量碘标准溶液，在 H_2SO_4 介质中与 S^{2-} 作用，过量碘用 $Na_2S_2O_3$ 滴定。

4. 溴酸钾法

溴酸钾为强氧化剂（$\varphi^{\ominus}_{BrO_3^-/Br_2} = 1.44V$），易纯制，可直接配成标准溶液。

利用 $KBrO_3$ 标准溶液在酸性溶液中直接滴定还原性物质，化学计量点时溶液中微过量的 BrO_3^- 便与反应生成的 Br^- 作用产生 Br_2，Br_2 氧化破坏含氮的酸碱指示剂甲基橙或甲基红，终点时红色消失。反应式为

$$BrO_3^- + 6H^+ + 6e \Longrightarrow Br^- + 3H_2O$$
$$BrO_3^- + 5Br^- + 6H^+ \Longrightarrow 3Br_2 + 3H_2O$$

溴酸钾滴定法可直接测定一些还原性物质，如 As(Ⅲ)、Sb(Ⅲ)、Sn^{2+}、Cu^+、Fe^{2+} 及碘化物、联氨等。

溴酸钾法的重要应用还在于测定那些能被 $KBrO_3$ 氧化并能与溴发生取代或加成反应的有机物，例如芳香酚类、芳香胺类。由于苯环上的羟基或氨基使邻位和对位氢原子活泼，容易发生溴化反应。将一定量 $KBrO_3$ 与过量 KBr 配制成溴标准溶液，在酸性条件下，生成定量新生态溴与被测物发生溴化反应，过量 Br_2 与 KI 作用，析出等物质的量碘，用 $Na_2S_2O_3$ 滴定，以淀粉为指示剂，终点时蓝色消失。这种 $KBrO_3$ 法与碘量法相结合，又称溴量法，可进行化工原材料、药物、废水等中苯酚含量的测定。

向溴化钠饱和无水甲醇溶液中加入液溴，即得三溴化合物甲醇溶液的溴标准溶

液，这种配制溴标准溶液的方法称为霍夫曼法。这种方法配制的溴标准溶液中溶质为 $NaBr \cdot Br_2$，较稳定，常用于测定有机化合物双键不饱和程度的碘值，过量的 Br_2 与 KI 作用析出碘：

$$NaBr \cdot Br_2 + 2KI \Longrightarrow NaBr + 2KBr + I_2$$

再用 $Na_2S_2O_3$ 滴定。例如食用油、椰子油、棕榈油碘值的测定，化妆品原材料甜杏仁油、鳄梨油碘值的测定，都可按此法进行。

5. 铈量法

Ce^{4+} 为强氧化剂，$\varphi^{\ominus\prime}$ 为 1.44V $\left[在 1mol \cdot L^{-1} \left(\frac{1}{2} H_2SO_4 \right) 中 \right]$，凡 $KMnO_4$ 能测定的物质几乎都能用铈量法测定，且反应简单，副反应少。指示剂为邻二氮菲、二苯胺等氧化还原指示剂。标准溶液用 $Ce(SO_4)_2 \cdot 2(NH_4)_2SO_4 \cdot 2H_2O$ 直接法配制，溶液稳定。也可用硫酸铈以标定法配制，标定用基准物 As_2O_3、$Na_2C_2O_4$，也可用 $Na_2S_2O_3$ 间接标定。

例如硫酸亚铁糖浆的测定，样品在 H_2SO_4 介质中以邻二氮菲为指示剂，用 $Ce(SO_4)_2$ 标准溶液滴定，终点由红变为淡蓝。滴定反应为

$$2Ce(SO_4)_2 + 2FeSO_4 \Longrightarrow Fe_2(SO_4)_3 + Ce_2(SO_4)_3$$

6. 氧化还原滴定中样品的预处理

从氧化还原滴定法的分类可知，由于还原剂在空气中易被氧化，所以滴定剂大多数为氧化剂，因此测定中被测物质要进行预处理，使之呈低价态。如测 Sn 应呈 Sn^{2+}，测 Fe 应呈 Fe^{2+}。而 Mn^{2+}、Cr^{3+} 应呈高价态 MnO_4^-、$Cr_2O_7^{2-}$ 后再测定，因为找到一个电位比 $\varphi^{\ominus}_{Cr_2O_7^{2-}/Cr^{3+}}$、$\varphi^{\ominus}_{MnO_4^-/Mn^{2+}}$ 还高的氧化剂是不大可能的。

氧化还原预处理是氧化还原滴定法应用中的重要环节，如何选择合适的氧化还原预处理剂，使之既能将欲测组分定量氧化或还原，过量的部分在测定前又易于除去，而预处理中又具有选择性，是十分必要的。例如测 Fe 时，将 Fe^{3+} 还原为 Fe^{2+}，从表 5-16 中可以看到 SO_2、$SnCl_2$、$TiCl_3$、Zn、Al、锌汞齐均可将 Fe^{3+} 还原为 Fe^{2+}。但其中 Zn、Al、锌汞齐均不合适，因为 Sn、Ti 也被还原。SO_2 在中性或弱酸性条件下才能将 Fe^{3+} 还原为 Fe^{2+}。只有 $TiCl_3$ 及 $SnCl_2$ 适用，其中过量 $SnCl_2$ 利用 $HgCl_2$ 可以除去，但 $HgCl_2$ 有毒。

$$SnCl_2 + 2HgCl_2 \Longrightarrow SnCl_4 + Hg_2Cl_2 \downarrow$$

$TiCl_3$ 在无汞测铁时用作还原剂，并可用甲基橙指示剂作还原剂。

表 5-16 列出常用的氧化还原预处理剂，学生应当熟悉它们，这是解决实际分析任务时必备的分析知识。

表 5-16　常用的氧化还原预处理剂

氧化还原预处理剂	反应条件	应　用	除 去 方 法
$(NH_4)_2S_2O_8$	酸性	$Mn^{2+} \longrightarrow MnO_4^-$ $Cr^{3+} \longrightarrow Cr_2O_7^{2-}$ $VO^{2+} \longrightarrow VO_2^+$	煮沸分解

续表

氧化还原预处理剂	反应条件	应　用	除 去 方 法
$NaBiO_3$	酸性	$Mn^{2+} \longrightarrow MnO_4^-$ $Cr^{3+} \longrightarrow Cr_2O_7^{2-}$ $VO^{2+} \longrightarrow VO_3^+$	过滤
H_2O_2	碱性	$Cr^{3+} \longrightarrow CrO_4^{2-}$	煮沸分解
Cl_2、Br_2	酸性或中性	$I^- \longrightarrow IO_3^-$	煮沸或空气氧化
SO_2	中性或弱酸性	$Fe^{3+} \longrightarrow Fe^{2+}$	煮沸或通 CO_2
$SnCl_2$	酸性加热	$Fe^{3+} \longrightarrow Fe^{2+}$ $As(V) \longrightarrow As(III)$ $Mo(VI) \longrightarrow Mo(V)$	加 $HgCl_2$
$TiCl_3$	酸性	$Fe^{3+} \longrightarrow Fe^{2+}$	水稀释,Cu^{2+} 催化,空气氧化
Zn、Al	酸性	$Sn(IV) \longrightarrow Sn(II)$ $Ti(IV) \longrightarrow Ti(III)$	过滤或加酸溶解
锌汞齐	酸性	$Fe^{3+} \longrightarrow Fe^{2+}$ $Ti(IV) \longrightarrow Ti(III)$ $VO_2^+ \longrightarrow V^{2+}$ $Cr^{3+} \longrightarrow Cr^{2+}$	

三、沉淀滴定法

利用沉淀反应作为滴定的方法，最常用的是银量法。反应式为

$$Ag^+ + X^- = AgX \downarrow$$

银量法可测 Cl^-、Br^-、I^-、SCN^- 和 Ag^+。沉淀滴定法按所用指示剂不同分为莫尔法、佛尔哈德法、法扬司法，分别介绍如下。

1. 莫尔法

（1）原理　以铬酸钾（K_2CrO_4）为指示剂，在中性或弱碱性介质中（pH＝6.5～10.5），以 $AgNO_3$ 为滴定剂，利用分步沉淀原理进行滴定。

$$Ag^+ + Cl^- = AgCl \downarrow \text{（白色）}$$

终点时
$$2Ag^+ + CrO_4^{2-} = Ag_2CrO_4 \downarrow \text{（砖红色）}$$

（2）特点及应用范围　莫尔法为直接滴定法，方法简单。在 Cl^- 测定中应用较广，如奶油盐分、皮蛋盐分、罐头食品盐含量、味精或面粉中 $NaCl$ 含量的测定及海盐分析。莫尔法的局限性一方面是仅能在中性或弱碱性介质中应用，应用范围有限；另一方面是选择性较差，凡能与 CrO_4^{2-} 和 Ag^+ 生成沉淀的离子如 Ba^{2+}、Pb^{2+}、Hg^{2+} 及 PO_4^{3-}、AsO_4^{3-}、S^{2-}、$C_2O_4^{2-}$ 均干扰测定。莫尔法只能用于测定 Cl^-、Br^-，不能测定 I^-、SCN^-。

2. 佛尔哈德法

（1）原理　用铁铵矾［$(NH_4)_2Fe(SO_4)_2$］作指示剂，在 HNO_3 介质中进行滴定，分直接滴定法和返滴定法两种。

直接滴定法：滴定反应式为

$$Ag^+ + SCN^- = AgSCN \downarrow \text{（白色）}$$

$$Fe^{3+} + SCN^- \Longrightarrow [FeSCN]^{2+} \text{（红色）}$$

返滴定法：先加一定量过量的 $AgNO_3$，然后以铁铵矾为指示剂，用 NH_4SCN 标准溶液返滴定过量的 $AgNO_3$。

（2）特点及应用范围　该法的最大特点是在 HNO_3 介质中测定，扩大了应用范围和提高了选择性，许多弱酸性离子如 PO_4^{3-}、AsO_4^{3-}、CrO_4^{2-} 不再干扰测定，仅与 SCN^- 起作用的强氧化剂、低价氧化物及铜盐、汞盐干扰，应预先除去。

3. 法扬司法

（1）原理　用吸附指示剂指示终点。常用的吸附指示剂见表 5-17。曙红不能用于测定 Cl^-。

吸附指示剂本身是一种有机染料，同时也是一种有机弱酸，因此在溶液中应用时有一定的 pH 使用范围。例如荧光黄（以 HFI 表示）在 pH 为 $7\sim10$ 时呈黄绿色。

$$HFI \Longrightarrow H^+ + FI^- \qquad pK_a = 7$$

不同吸附指示剂的 pK_a 不同，因此适用 pH 范围也不同，见表 5-17。

表 5-17　常用的吸附指示剂

指 示 剂	K_a	被测离子	滴 定 剂	滴定介质 pH
荧光黄	10^{-7}	Cl^-、Br^-、I^-	$AgNO_3$	$7\sim10$（一般 $7\sim8$）
二氯荧光黄	10^{-4}	Cl^-、Br^-、I^-	$AgNO_3$	$4\sim10$（一般 $5\sim8$）
曙红	10^{-2}	Br^-、I^-、SCN^-	$AgNO_3$	$2\sim10$（一般 $3\sim8$）
溴甲酚绿	10^{-5}	Ag^+、SCN^-	$AgNO_3$、$NaCl$	$4\sim5$
甲基紫	10^{-4}	Ag^+	$NaCl$、$NaBr$	酸性溶液
溴酚蓝	10^{-4}	Hg_2^{2+}	Cl^-、Br^-	酸性溶液
罗丹明 6G	1	Ag^+	KBr	酸性溶液
金土试剂		SO_4^{2-}	Ba^{2+}	$1.5\sim3.5$

吸附指示剂的变色机理是当指示剂阴离子被异性电荷沉淀粒子吸附时，因结构变形而引起颜色变化，从而指示滴定终点。

例如，$AgNO_3$ 滴定 Cl^-，用荧光黄作指示剂，在 pH $=7\sim10$ 介质中，化学计量点前，反应为 $Ag^+ + Cl^- \Longrightarrow AgCl\downarrow$，溶液中有过量的 Cl^-，此时 AgCl 沉淀胶粒吸附 Cl^- 而带负电，$AgCl\cdot Cl^-$ 不吸附 FI^-，溶液呈黄绿色；化学计量点时，因加入过量 Ag^+，AgCl 沉淀胶粒吸附 Ag^+ 而带正电，$AgCl\cdot Ag^+$ 吸附 FI^- 成为 $AgCl\cdot AgFI$，因结构变形而呈粉色，从而指示终点的到达。

（2）特点及应用范围　该法为直接滴定方法，操作简单，可应用不同指示剂在不同 pH 范围滴定，并且方法较准确。

沉淀吸附是沉淀滴定法的主要误差来源。例如，在莫尔法中，主要是 AgCl 沉淀吸附 Cl^-，导致终点提前；在佛尔哈德法中，误差来源于 AgCl 与 AgSCN 沉淀的转化及沉淀吸附，加入有机溶剂如 1,2-二氯乙烷，可阻止沉淀转化；在法扬司法中，常加入保护胶体如糊精，以阻止卤化银凝聚，保持 AgX 呈胶体状态，增大沉淀表面吸附，使终点明显。

为使测定结果准确，沉淀滴定法滴定过程应控制滴定介质的 pH，并用力振荡，减少吸附，避免阳光照射等。

习　题

一、酸碱滴定法

1. 称取 $H_2C_2O_4 \cdot 2H_2O$ 晶体 5.000g，加水溶解并稀释至 250.0mL。移取 25.00mL，用 $0.5000mol \cdot L^{-1}$ NaOH 15.00mL 滴定至酚酞指示剂由无色变成浅粉色。计算晶体中 $H_2C_2O_4 \cdot 2H_2O$ 的含量。

2. 称取含 NaOH 和 Na_2CO_3 的试样 0.7225g，溶解后稀释定容为 100mL。取 20.00mL 以甲基橙为指示剂，用 $0.1135mol \cdot L^{-1}$ HCl 26.12mL 滴定至终点；另取一份 20.00mL 试液，加入过量 $BaCl_2$ 溶液，以酚酞作指示剂，用 HCl 标准溶液 20.27mL 滴定至终点。计算试样中 NaOH 和 Na_2CO_3 各自的含量。

3. 某试样含有 Na_2CO_3 和 $NaHCO_3$，称取 0.5895g，以酚酞作指示剂，用 $0.3000mol \cdot L^{-1}$ HCl 标准溶液滴定至指示剂变色，用去 24.08mL，再加入甲基橙指示剂，继续用 HCl 滴定，又用去 HCl 12.02mL，求试样中 Na_2CO_3 和 $NaHCO_3$ 的含量。

4. 欲测化肥中的氮含量，称样品 1.000g，经凯氏定氮法使其中所含的氮全部转化成 NH_3，并吸收于 50.00mL $0.5000mol \cdot L^{-1}$ 标准 HCl 溶液中，过量的酸再用 $0.5000mol \cdot L^{-1}$ NaOH 标准溶液返滴定，用去 1.56mL，求化肥中氮的含量。

5. 某含磷样品 1.000g，经溶解处理后将其中的磷沉淀为磷钼酸铵，再用 $0.1000mol \cdot L^{-1}$ NaOH 标准溶液 20.00mL 溶解沉淀，过量的 NaOH 用 $0.2000mol \cdot L^{-1}$ HNO_3 7.50mL 滴定至酚酞退色，计算试样中 P_2O_5 的含量。

二、配位滴定法

1. 称取 Zn、Al 合金试样 0.2000g，溶解后调至 pH = 3.5，加入 50.00mL $0.05mol \cdot L^{-1}$ EDTA 煮沸，冷却后加入乙酸缓冲溶液调至 pH = 5.5，以二甲酚橙为指示剂，用 $0.05000mol \cdot L^{-1}$ 标准 $ZnSO_4$ 溶液滴定至由黄色变成红色，用去 5.08mL。再加定量 NH_4F，加热至 40℃，用上述 $ZnSO_4$ 标准溶液滴定，用去 20.70mL。计算试样中 Zn 和 Al 各自的含量。

2. 称取 0.5000g 煤试样，经灼烧使其中的硫完全氧化成 SO_4^{2-}，经溶解除去沉淀后，向滤液中加入 $0.05000mol \cdot L^{-1}$ $BaCl_2$ 20.00mL，使生成 $BaSO_4$ 沉淀，过量的 Ba^{2+} 用 $0.02500mol \cdot L^{-1}$ EDTA 滴定，用去 20.00mL。计算煤的含硫量。

3. 分析 Cu-Zn-Mg 合金，称取 0.5000g 试样，溶解后配成 100.0mL 试液。移取 25.00mL，调 pH = 6.0，以 PAN 作指示剂，用 $0.05000mol \cdot L^{-1}$ EDTA 滴定 Cu^{2+} 和 Zn^{2+}，用去 37.30mL。另移取 25.00mL 调至 pH = 10，加 KCN 掩蔽 Cu^{2+} 和 Zn^{2+}，以铬黑 T 为指示剂，用上述 EDTA 标准溶液滴至终点，用去 4.10mL，然后再滴加甲醛以解蔽 Zn^{2+}，再用 EDTA 滴定，又用去 13.40mL。计算试样中 Cu^{2+}、Zn^{2+}、Mg^{2+} 各自的含量。

4. 称取 0.5000g 黏土试样，用碱熔融后分离除去 SiO_2，配成 250.0mL 溶液。移取 100.0mL 试液，在 pH 为 2.0～2.5 的溶液中，以磺基水杨酸作指示剂，用 $0.02000mol \cdot L^{-1}$ EDTA 7.20mL 滴定 Fe^{3+}，再调 pH 为 4～5，煮沸，以 PAN 作指示剂，用 $CuSO_4$ 标准溶液（$0.00500g \cdot mL^{-1}$ $CuSO_4 \cdot 5H_2O$）滴定至呈紫红色，再加入定量 NH_4F，煮沸，再用上述 $CuSO_4$ 标准溶液滴定，用去 25.20mL。试计算黏土中 Fe_2O_3 和 Al_2O_3 各自的含量。

三、氧化还原滴定法

1. 用 $KMnO_4$ 法测催化剂的含钙量。称样 0.4207g，用酸分解后，加入 $(NH_4)_2C_2O_4$ 生成 CaC_2O_4 沉淀，沉淀经过滤、洗涤后，溶于 H_2SO_4 中，再用 $0.09580mol \cdot L^{-1}$ $KMnO_4$ 标准溶

液滴定 $H_2C_2O_4$，用去 43.08mL。计算催化剂中钙的含量。

2. 用 $K_2Cr_2O_7$ 法测铁矿石中铁的含量。称取 1.2000g 铁矿样，用 40mL 浓 HCl 溶解，稀释至 250.0mL。移取 25.00mL，加热近沸，逐滴加入 5% $SnCl_2$ 将 Fe^{3+} 还原为 Fe^{2+} 后，立即用冷水冷却，加水 50mL，加 H_2SO_4-H_3PO_4 混酸 20mL，以二苯胺磺酸钠作指示剂，用 0.008300mol·L^{-1} $K_2Cr_2O_7$ 标准溶液滴至终点，用去 16.30mL。计算矿石中铁的含量。

3. 将含有 $NaNO_2$ 的 $NaNO_3$ 样品 4.0300g 溶于 500.0mL 水中，移取 25.00mL 并与 0.1186mol·L^{-1} $Ce(SO_4)_2$ 标准溶液 50.00mL 混匀，酸化后反应 5min，过量的 $Ce(SO_4)_2$ 用 0.04289mol·L^{-1} $(NH_4)_2Fe(SO_4)_2$ 标准溶液滴定，用去 31.13mL。计算 $NaNO_3$ 样品中 $NaNO_2$ 的含量。

4. 有一含 KI 和 KBr 的样品 1.0000g，溶于水并稀释至 200.0mL。移取 50.00mL，在中性介质中用 Br_2 处理以使 I^- 被氧化成 IO_3^-，过量的 Br_2 加热煮沸除去。向溶液中加入过量 KI，酸化后，用 0.05000mol·L^{-1} $Na_2S_2O_3$ 标准溶液滴定生成的 I_2，用去 40.80mL。再移取另一份 50.00mL 溶液，用 $K_2Cr_2O_7$ 在强酸溶液中氧化 KI 和 KBr，使生成的 I_2 和 Br_2 被蒸馏出来，并被吸收在浓 KI 溶液中，再用前述 $Na_2S_2O_3$ 标准溶液滴定 Br_2 与 KI 反应生成的 I_2 和吸收的 I_2，共用去 29.80mL。试计算原样品中 KI 和 KBr 的含量。

四、沉淀滴定法

1. 称取银合金试样 0.3000g，用酸溶解后，加铁铵矾指示剂，用 0.1000mol·L^{-1} NH_4SCN 标准溶液滴定，用去 23.80mL，计算样品中银的含量。

2. 称取可溶性氯化物 0.2266g，加入 0.1121mol·L^{-1} $AgNO_3$ 标准溶液 30.00mL，过量的 $AgNO_3$ 用 0.1185mol·L^{-1} NH_4SCN 标准溶液滴定，用去 6.50mL，计算试样中氯的含量。

3. 称取含有 NaCl 和 NaBr 的试样 0.6280g，溶解后用 $AgNO_3$ 溶液处理，获得干燥 AgCl 和 AgBr 沉淀 0.5064g。另称取相同质量的试样一份，用 0.1050mol·L^{-1} $AgNO_3$ 标准溶液滴定至终点，用去 28.34mL。计算试样中 NaCl 和 NaBr 各自的含量。

4. 碘化钾试剂的分析。以曙红为指示剂，在 pH＝4 的介质中，用法扬司法测定。称样 1.652g，溶于水后，用 $c(AgNO_3)＝0.05000$mol·L^{-1} 的 $AgNO_3$ 标准溶液滴定，消耗 20.00mL。计算 KI 试剂的纯度。

第六章 称量分析法

第一节 概 述

称量分析法是通过称量物质的质量进行含量测定的方法。

称量分析法分为以下三类。

1. 挥发法

利用物质的挥发性进行称量分析。测定时，将一定质量的样品通过加热或与某种试剂作用，使被测成分生成挥发性物质逸出，然后根据样品质量的减少值计算被测成分的含量；或者应用某种吸收剂将逸出的挥发性物质吸收，根据吸收剂质量的增加来计算被测成分的含量。例如水分、灰分、挥发分、灼烧残渣的测定。

2. 沉淀法

利用沉淀反应，使待测组分生成难溶化合物沉淀析出，经过滤、洗涤、烘干或灼烧，使之转化为称量形式，称量沉淀质量，计算被测组分的含量。

例如，样品中硫酸盐的含量测定。利用 Ba^{2+} 与 SO_4^{2-} 反应析出 $BaSO_4$ 沉淀，经过滤、洗涤、烘干、灼烧，最后称量 $BaSO_4$ 沉淀的质量来测 SO_4^{2-} 含量。

3. 电解法

利用电解法使待测组分在电极上析出，然后称量电极质量，计算欲测组分的含量。

称量分析法是直接用分析天平称量而获得分析结果，属绝对测量方法，准确度高达 0.2% 以内，适用于常量分析。在标准物质定量、校对其他分析方法准确度时，常用称量分析法。在生产分析上，某些常量元素如 P、S、Si、W、Ni 以及几种稀有元素的测定常采用沉淀称量分析法；各类原材料中水分、灰分、挥发分等的测定大多用挥发法。

称量分析法中，沉淀称量分析法由于沉淀、过滤、洗涤等一系列操作烦琐费时，灵敏度低，不适用于低含量组分的测定及快速分析要求，因此其应用受到限制，但沉淀形成理论、获取大的晶形的沉淀条件及均匀沉淀法在无机特种材料的制备中有着重要应用。

第二节 挥发法在分析中的应用（阅读材料）

挥发法有两类：一类是将一定质量的样品在某一温度下加热，使被测组分成挥发性物质逸出而测定；另一类则利用被测组分在两种互不相溶的溶剂中的溶解度不同，使被测组分转入萃取剂中，蒸干萃取剂，称量萃取物的质量。

一、水分测定

存在于物质中的水分一种是吸湿水，另一种是结晶水。吸湿水因物质吸收空气中的水蒸气而形成，其含量随空气湿度、物质的粉碎程度而改变，没有化学计量关系。结晶水是结晶化合物内部的水分，有一定组成，因而含量有化学计量关系，例如 $CuSO_4 \cdot 5H_2O$ 和 $BaCl_2 \cdot 2H_2O$。

在一般情况下，当物质受热到某一温度时，吸湿水首先失去，继续加热到某一较高温度时，则结晶水相继失去。利用在烘箱中加热恒温的办法可测定吸湿水和结晶水。结晶水的含量随物质的不同和结晶水含量测定时温度的不同而不同。

例如钙镁磷肥生产用原料磷矿石中水分的测定。

磷矿石中存在外在水（湿存水）、内在水（吸附水）和化合水三种，其水分测定是配料和经济核算的依据。

（1）外在水分的测定　外在水分指室温条件下风干矿石失去的质量。先将样品在 45～50℃ 干燥 6～8h，冷却至室温称量，再在室温下自然干燥 1h，称量，直到恒重，测得外在水。

（2）内在水分的测定　样品平铺于称量瓶中，半开瓶盖，在 105～110℃ 干燥 2h，在干燥器中冷却至室温（25～30min），称量，重复干燥，每次 30min，直到恒重。

（3）总水分的测定　总水分指外在水与内在水之和。将试样在 110℃ 干燥 2h，取出在空气中冷却至室温，称量，重复干燥（每次 30min）至恒重（前后两次称量之差不超过原来试样质量的 0.1%）。

二、灼烧失量测定

灼烧失量是指高温下灼烧失去的质量。灼烧过程中，由于化合水、CO_2 及有机物、硫化物等的挥发使样品的质量减轻，而亚铁等的氧化则使质量增加，所以灼烧失量是各种化学反应引起质量变化的总和。

测定方法为：称取试样 1g（称准至 0.0002g），置于已灼烧至恒重的磁坩埚中，移入马弗炉内，由低温逐渐升高至 950℃ 再灼烧 30min，在干燥器中冷却至室温，称量，再重复灼烧，直至恒重。

三、灰分、挥发分测定

灰分是指灼烧后残留下的无机物。测定时在 550～600℃ 马弗炉内灰化至白色灰烬后称量。此法应用于食品分析，可对腌肉、腊肉、腊肠、乳粉、麦乳精、干酪素和奶、皮蛋、糖果、饼干、巧克力、方便面、蜂蜜、蜂王浆、糖、盐、味精、酱油、面粉、牛羊油、椰子油、棕榈油等测定灰分。挥发分则随样品不同测定温度不完全相同，可高达 130℃。

四、不溶物、悬浮物测定

水质分析、食品分析、锅炉用水分析中悬浮物的测定方法是：先称取样品，再经过滤，将不溶物或悬浮物烘干后称量测定。

例如水质悬浮物的测定。取水样 200～500mL，用定量滤纸过滤，冷水洗 3～5 次，将带有悬浮物的滤纸置于称量瓶中，在 110℃ 烘箱中干燥 1h，冷却至室温后称量，重复干燥称量直至恒重。

五、萃取称量法

有些中草药结构复杂，尚无更好的测定方法，常用萃取称量法测定。方法是加入某种试剂，使其溶解，然后用有机溶剂萃取，萃取液蒸干后测残渣的质量。

例如测定山道年片中山道年的含量。样品用 $CHCl_3$ 溶解，水浴蒸干，于 105℃ 干燥后称量。同样方法也可用于测定苯妥英钠、戊巴比妥钠、荧光素钠等。

第三节　沉淀分析法的原理和应用

沉淀分析法是将欲测组分以沉淀形式析出，灼烧后得称量形式而称量测定的。

用于沉淀分析法的难溶化合物，必须溶解度小，易于过滤、洗涤纯化；经烘干或灼烧所得称量形式必须有确定的化学组成；在空气中稳定，不受水分、CO_2、O_2 的影响；相对分子质量要大，以减少沉淀溶解损失和称量误差。

一、沉淀的类型

沉淀一般分为晶形沉淀和非晶形沉淀（又称无定形沉淀）两大类。$BaSO_4$、CaC_2O_4 为晶形沉淀；$Al(OH)_3$、$Fe(OH)_3$、$SiO_2 \cdot nH_2O$ 为无定形沉淀；$AgCl$ 则介于两者之间，是凝乳状沉淀。它们之间的差别主要是沉淀颗粒大小不同，晶形沉淀颗粒直径为 $0.1\sim1\mu m$，无定形沉淀颗粒直径仅 $0.02\mu m$。

生成沉淀的类型决定于沉淀离子的性质，但也与沉淀条件以及沉淀后处理密切相关。

二、沉淀的形成原理

沉淀的形成过程可大致表示如图 6-1。

图 6-1　沉淀的形成过程

1. 成核作用

当溶液呈过饱和状态时，构晶离子由静电作用而缔合形成晶核，这种过饱和溶质从均匀溶液中自发地产生晶核的过程叫做均相成核；与此同时，由于介质和容器壁不可避免地存在着固体微粒，这些外来杂质可起到晶核作用，这种成核过程称为异相成核。

2. 晶核长大过程

溶液中有了晶核以后，过饱和溶质在晶核上沉积，晶核逐渐长大为沉淀颗粒。沉淀颗粒大小由晶核形成速率和晶粒生长速率的相对大小决定。如果晶核形成速率小于晶核生长速率，则沉淀颗粒较大；反之，如果晶核形成速率大于晶核生长速率，则势必形成大量微晶。

3. 定向排列与聚集作用

晶核生成后，一方面，随沉淀剂的加入，溶质中的构晶离子在静电引力作用下，向晶核表面扩散，并按一定顺序沉积排列在晶核表面上，晶核逐渐长大成晶粒，称为定向排列作用，其排列速率称为定向排列速率；另一方面，随沉淀剂的加入，溶液中的构晶离子继续相互聚集起来生成微小晶核，称为聚集作用，其聚集为晶核的速率称为聚集速率。

4. 晶形沉淀与无定形沉淀的形成

当定向排列速率大于聚集速率时，构晶离子有足够的时间整齐排列于晶格位置上，形成晶形沉淀；反之，当聚集速率大于定向排列速率时，形成许多微小晶核，致使构晶离子来不及有规则地排列成晶体而凝聚形成细小的胶状无定形沉淀。

5. 沉淀条件的选择

基于沉淀的类型与形成过程可知，不同类型的沉淀应选择不同的沉淀条件。

（1）晶形沉淀条件　晶形沉淀条件在于控制相对过饱和度 $\dfrac{Q-S}{S}$。式中，Q 为加入沉淀剂瞬间溶质的浓度；S 为沉淀的溶解度；$Q-S$ 为过饱和度。有利于晶体生长的条件如下。

① 在稀溶液中进行沉淀：可降低相对过饱和度。

② 在热溶液中进行沉淀：可使沉淀溶解度略有增加，相对过饱和度相对降低，从而使晶核形成较少，有利于晶体生长，同时减少杂质吸附，有利于沉淀纯化。

③ 不断搅拌下缓慢加入沉淀剂：避免局部过浓，相对过饱和度过大。局部过浓是沉淀颗粒细小的重要原因。

④ 陈化：陈化是沉淀完全后，让沉淀和母液一起放置一段时间，以获得完整、粗大、纯净的晶形沉淀。在陈化过程中晶体完整化是主要目的。因为陈化时，不完整的晶体离子易于重新进入溶液，使结晶趋于完整，同时释放包藏在晶体中的杂质。陈化时由于细小晶体逐渐溶解，粗粒晶体进一步长大，从而得到易于过滤和洗涤的晶形沉淀，同时减少了杂质吸附，纯化了沉淀。

（2）非晶形沉淀条件　非晶形沉淀条件在于促使凝集、防止胶溶并减少杂质吸附。

① 在较浓溶液中沉淀：可使生成的沉淀含水量少、较紧密，当沉淀完毕时，加大量热水稀释并充分搅拌，以使沉淀表面吸附的杂质转入溶液中。

② 在热溶液中进行沉淀：可使生成的沉淀紧密和防止胶溶，并减少对杂质的吸附。

③ 快速倒入沉淀剂：可使生成的沉淀含水量少、紧密，便于过滤洗涤。

④ 不必陈化：沉淀完毕待沉淀下沉后，便可过滤，以免放置后聚集紧密，吸附在沉淀表面的杂质不易洗去。

⑤ 加入适当电解质：促进凝聚，防止胶溶。

三、减少沉淀沾污，获得纯净沉淀的方法

（1）选择适宜的分析步骤　例如测定试样中少量组分的含量时，应使少量组分首先沉淀下来，否则若先沉淀大量组分，会由于少量组分混入沉淀中而引起测定误差。

（2）选择合适的沉淀剂　有机沉淀剂选择性高，共沉淀现象少。

（3）改变杂质离子的存在状态或浓度　例如沉淀 $BaSO_4$ 时，Fe^{3+} 成混晶而共沉淀。若将 Fe^{3+} 还原为 Fe^{2+} 或加入 EDTA 降低 Fe^{3+} 的浓度，则 Fe^{3+} 共沉淀量可大大减少。

（4）选择合适的沉淀条件　沉淀条件包括介质的酸度、温度、溶液体积、沉淀剂与欲沉淀离子的浓度以及沉淀剂的加入次序及加入速率、沉淀陈化。这些条件关系到沉淀颗粒大小及纯净程度，应根据沉淀反应类型、共存离子情况进行选择。

（5）再沉淀　将已得到的沉淀过滤洗涤后，重新溶解再沉淀。此时杂质含量大大降低，共沉淀现象可以减少。

若采取了上述措施，沉淀纯度仍难于提高，可对杂质进行测定，然后对分析结果加以校正。

四、沉淀分析法的应用

沉淀分析法应用实例见表 6-1，下面以 K、Si、P、Ni 为例进行简要介绍。

表 6-1　沉淀分析法应用实例

测定元素	沉　淀　剂	沉　淀　条　件
Ag	2-甲基巯基苯咪唑	pH＝8.4～10，EDTA 和酒石酸盐存在下
Al	8-羟基喹啉	pH＝4.2～9.8，醋酸性或酒石酸介质
Bi	铋试剂Ⅱ	pH＝0～2.5
Cd	2-(羟基苯)苯并噁唑	pH＝11～12
Co	邻氨基苯甲酸	中性或醋酸性
Cu	水杨醛肟	pH＞2.6
Fe	5,7-二溴-8-羟基喹啉	$0.0125～0.05 mol \cdot L^{-1}$ 无机酸
Hg	羟苯基苯并咪唑	pH＝6～7
K	四苯硼酸钠	$0.1～1 mol \cdot L^{-1} HAc$
Mg	8-羟基喹啉	pH＝9.5～12.7
Na	α-甲氧基苯乙酸	中性或弱酸性
Ni	丁二肟(二甲基乙二醛肟)	pH＝7.5～8.1
Pb	己烷二肟-1,2(镍肟试剂)	pH＝0.7～5
Sn	苯胂酸	无机酸溶液
Ti	铜铁试剂	pH＝4.3～7.0
Zn	喹那啶酸	pH＝2.3～6.5

(1) 盐化工产品氯化钾中钾含量的测定　用四苯硼酸钠沉淀 K^+，反应式为 $(C_6H_5)_4B^- + K^+ \Longrightarrow K(C_6H_5)_4B\downarrow$。方法是在 $0.2 mol \cdot L^{-1} HAc$ 介质中，加入 2%四苯硼酸钠沉淀剂，生成的沉淀用玻璃坩埚抽滤，于 120℃烘干称量。

(2) 钙镁磷肥生产分析中磷灰石中 SiO_2 含量的测定　方法是将样品碱熔，用热水提取，再加入浓 HCl，加热至 80℃条件下，用动物胶凝聚硅酸沉淀，沉淀在 900℃马弗炉中灼烧，冷却后称量。硅酸盐矿石也用此法测定。近年来有用 CTMAB（十六烷基三甲基溴化铵）为沉淀剂的报道，较动物胶凝聚方法优越。

(3) 磷矿石中 P_2O_5 的测定　方法是用酸分解矿石并处理成 PO_4^{3-}，在 7%～10%HNO_3 溶液中，与钼酸钠和喹啉作用，形成磷钼酸喹啉沉淀 $(C_9H_7N)_3H_3[PO_4 \cdot 12MoO_3] \cdot H_2O$。

(4) 镍磷铁中 Ni 的测定　方法是在氨性液中（pH 在 7.5～8.5 之间），有机沉淀剂二甲基乙二醛肟与 Ni^{2+} 在 70～80℃生成红色沉淀，于 120～135℃烘干称量。对共存元素 Fe、Al、Mn、Cr 的干扰，用柠檬酸或酒石酸钾钠掩蔽使它们生成配合物而消除干扰。

第四节　均匀沉淀法与沉淀法在材料制备中的应用

均匀沉淀法是通过化学反应过程，在溶液中缓慢、均匀地产生沉淀剂，因而避免了一般沉淀法的缺点，所生成的晶体颗粒较大的沉淀方法。这种改进的沉淀方法，不仅用于称量分析（见表 6-2），而且在高科技领域新型材料的制备中得到了广泛应用。

表 6-2　均匀沉淀法应用示例

沉淀剂	加入试剂	利用的化学反应	被测组分
OH^-	尿素 六亚甲基四胺	$CO(NH_2)_2 + H_2O \longrightarrow CO_2 + 2NH_3$ $(CH_2)_6N_4 + 6H_2O \longrightarrow 6HCHO + 4NH_3$	Al^{3+}, Fe^{3+}, $Th(IV)$ $Th(IV)$
PO_4^{3-}	磷酸三甲酯 尿素+磷酸盐	$(CH_3)_3PO_4 + 3H_2O \longrightarrow 3CH_3OH + H_3PO_4$	$Zr(IV)$, $Hf(IV)$ Be^{2+}, Mg^{2+}
$C_2O_4^{2-}$	草酸二甲酯 尿素+草酸盐	$(CH_3)_2C_2O_4 + 2H_2O \longrightarrow 2CH_3OH + H_2C_2O_4$	Ca^{2+}, $Th(IV)$, 稀土元素离子
SO_4^{2-}	硫酸二甲酯	$(CH_3)_2SO_4 + 2H_2O \longrightarrow 2CH_3OH + SO_4^{2-} + 2H^+$	Ba^{2+}, Sr^{2+}, Pb^{2+}
S^{2-}	硫代乙酰胺	$CH_3CSNH_2 + H_2O \longrightarrow CH_3CONH_2 + H_2S$	各种硫化物

例如，用均匀沉淀法可以得到具有结晶性质的 $Fe_2O_3 \cdot nH_2O$ 和 $Al_2O_3 \cdot nH_2O$ 水合氧化物，（其中沉淀剂 OH^- 利用尿素离解反应产生）。$Al_2O_3 \cdot nH_2O$ 可进一步烧结处理得到高纯 Al_2O_3 制品（其中 Al_2O_3 含量可达99％以上），后者是耐高温、耐腐蚀、绝缘性能好的特种陶瓷材料，可生产各种管材、彩电荧光粉、生产用氧化铝坩埚；用氧化锆增韧技术制造的氧化铝磁粉，用于制造计算机外存储器磁盘，由于使用的磁粉磨损率低，保证了磁粉化学组成稳定和颗粒均匀，所制磁盘满足使用要求。

又如二氧化锆超微粒子的制备，以尿素为沉淀剂。将氧氯化锆溶液及 $YCl_3 \cdot 6H_2O$ 溶液混合，送入热压釜中，在 $160 \sim 220℃$、$5.066 \sim 7.093MPa$（$50 \sim 70atm$）条件下进行水热反应，加入沉淀剂尿素，尿素伴随温度升高不断释出 NH_3，在 NH_3 作用下，$ZrOCl_2$ 被中和生成 $ZrO_2 \cdot nH_2O$，通过改变反应条件 pH、温度、压力可以控制粒径。产品纯度达99.9％以上，粒径小，只有 $0.01\mu m$，所以可以低温烧结得到强度高、韧性好的烧结体。用此法制备的 ZrO_2 超微细粒子除了用作高级研磨材料外，尚可作高纯超细陶瓷原料，用于制造特殊结构的材料，如发动机部件、耐腐蚀阀门衬材以及与 Al_2O_3 和 Si_3N_4 的复合材料，另外，也适用于制造功能陶瓷增强剂，在宇宙工业、电子工业、原子能工业和激光技术中用作新能源的保温材料。超细 TiO_2、$CaCO_3$、$PbCrO_4$、Sb 和 Cd 的硫化物的制备均可用均匀沉淀法。

沉淀法也用于材料制备。例如，新型氧化镁催化剂的制备是将高纯 MgO（99.92％）分散于25倍的水中，加入一定量的金属硝酸盐溶液，室温下搅拌24h，加热除去水分，在空气中于110℃干燥24h。为除去吸附的水及 CO_2，在氮气流中于600℃下加热2h，制得添加金属氧化物 CaO 和 MnO_2 的新型氧化镁催化剂，该催化剂对于轻质烃类热解成乙烯、丙烯有很高的选择性。

又如液体肥料聚磷酸硫酸铵的制备。在一个管式错流反应器中将高品级的湿法磷酸与95％H_2SO_4 和氨混合，将生成物加到水中，在一个蒸发冷却器中冷却，再把硅镁土加到含水悬浮物中以防止使用前固体沉淀出来，便制成悬浮液体肥料。该法与传统方法相比，成本较低。

在上述各种材料的制备中均用到了沉淀反应原理，通过控制反应条件可得到预期产品，并使沉淀法在新的研究领域发挥了重要作用。

第七章 光谱分析法

第一节 可见光吸收光谱法——分光光度法

一、物质对光的选择性吸收与吸收光谱法

物质是由分子、原子构成的。单一原子由原子核及电子构成。大多数分子由双原子或多原子构成。分子、原子、电子均处于不同的运动状态中，具有一定的能量，按能级高低分布（见图 7-1）。

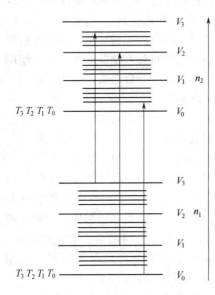

图 7-1　分子能级的跃迁

n—电子能级；V—振动能级；T—转动能级

分子具有电子（价电子）能级、分子的振动能级和分子的转动能级，它们的能级分布是不连续的、量子化的。实现电子能级跃迁所需能量最大，能级差为 $1\sim20\mathrm{eV}$，相当于波长为 $200\sim800\mathrm{nm}$ 的紫外-可见光区电磁波所具有的能量；实现分子的振动能级跃迁所需能量小一些，能级差为 $0.05\sim1\mathrm{eV}$，相当于波长为 $1\sim50\mu\mathrm{m}$ 的近红外、中红外光区电磁波所具有的能量；实现分子的转动能级跃迁所需能量最小，能级差小于 $0.05\mathrm{eV}$，相当于波长为 $10\sim10000\mu\mathrm{m}$ 的中红外至微波光区电磁波所具有的能量。

当光波照射到物质上时，光子的能量可在一个非连续过程中传递给物质的分子、原子，若其能量恰恰符合 $\Delta E = E_2 - E_1 = h\nu = h\dfrac{c}{\lambda}$（式中，$h$ 为普朗克常数；ν、c、λ 分别为光的频率、速度和波长）量子化条件，则使之发生能级跃迁。如果接受光子能量的是原子，便产生原子吸收光谱；如果接受光子能量的是分子，便产生分子吸收光谱。

当原子、分子发生能级跃迁时，由基态变为不稳定的激发态，$M + h\nu \longrightarrow M^*$，激发态原子、分子的寿命为 $10^{-9}\sim10^{-8}\mathrm{s}$，会以热、光发射返回到基态，并产生发射光谱。

应当强调，由于物质的原子、分子结构不同，实现能级跃迁时所需量子化的能量 ΔE 不同，即物质对光呈现选择性吸收，并产生相应的光谱分析法，见表 7-1。

表 7-1 光谱分析法

电磁波谱		波长范围	跃迁类型	光谱分析法
γ 射线		$10^{-2} \sim 10^{-1}$ nm	核跃迁（核反应）	γ 射线光谱法，穆斯堡尔光谱法
X 射线		$10^{-1} \sim 10$ nm	内层电子跃迁	X 射线衍射分析法，X 微区分析法 X 射线吸收光谱法 X 荧光光谱法
紫外-可见光	远紫外	$10 \sim 200$ nm	中层电子跃迁	
	近紫外	$200 \sim 400$ nm	外层电子跃迁	比色分析法 紫外-可见分光光度法 原子吸收光谱法，发射光谱法 原子荧光光谱法，火焰光度法
	可见光	$400 \sim 750$ nm		
红外光	近红外	$0.75 \sim 2.5 \mu m$	分子振动	红外分光光度法 拉曼光谱法
	中红外	$2.5 \sim 50 \mu m$		
	远红外	$50 \sim 1000 \mu m$	分子转动和低位振动	
微波		$0.1 \sim 10$ cm	分子转动和电子自旋	顺磁共振波谱法 微波光谱法
无线电波 （射频波）	超短波	$0.1 \sim 10$ m	核自旋	核磁共振波谱法
	中波	$10 \sim 1000$ m		超声波吸收法

二、可见分光光度法的特点

可见分光光度法是基于物质对 $400 \sim 750$ nm 可见光区的选择性吸收而建立的分析方法。它包括比色分析法和分光光度法，亦称可见吸光光度法，是微量分析的简便而通用的方法。该方法的主要特点如下：

（1）灵敏度　该方法适用于微量组分的测定，一般测定下限可达 $10^{-4}\% \sim 10^{-5}\%$。若采用预富集措施，甚至亦可对含量为 $10^{-6}\% \sim 10^{-8}\%$ 的组分进行测定。

（2）准确度　该方法的相对误差为 $2\% \sim 5\%$，若用精密仪器可达 $1\% \sim 2\%$。

（3）测量范围　当物质的含量为微量（$1\% \sim 10^{-3}\%$）、痕量（$10^{-4}\% \sim 10^{-5}\%$）时均可采用分光光度法测定，甚至当含量在常量范围（$1\% \sim 50\%$）也可用示差分光光度法测定。

（4）应用领域　元素周期表上几乎所有金属元素均能用分光光度法测定，一些非金属元素如 B、Si、As、P、F、Cl、Br、I 等元素亦能用此法测定。另外尚可测定许多有机化合物，如醇、醛、酮、胺及具有共轭双键的有机化合物、酚、芳烃以及氨基酸、蛋白质等。除含量测定外，可见分光光度法还是进行配合物化学平衡、动力学研究的有力工具。

（5）操作简便，价格低廉。

（6）前景广阔　现代科学技术发展向分光光度法提出了高灵敏、高选择、高精度的要求，而分光光度法依靠本身方法及仪器的发展，使新方法、新仪器不断出现。如双波长分光光度法、导数吸收光谱法、光声光谱法，使光度分析法不仅能分析液体样品，还能分析固体样品、浑浊样品，不仅能分析单一组分，还能分析多组分。当激光及电子计算机技术引入分光光度仪器后，出现了激光光声光谱仪等，使分光光度计向自动化方向前进了一大步。目前，用微处理机控制的紫外-可见分光光度计可自动调零、选波长及自动进行功能检查、显示故障，已为实验室普遍选用。分光光度法目前仍有普及推广的必要，且应用前景广阔。

三、分光光度法的基本原理

1. 溶液对光的吸收与颜色的关系

颜色是光和眼睛相互作用而产生的一种生理感觉，事实上，颜色是大脑对投射在视网膜上的不同性质的光线进行辨认的结果。

物质呈现某种颜色的原因，是物质对可见光区域的辐射光具有选择性吸收，所呈现的颜色为吸收光的互补色，见表 7-2。

表 7-2 物质颜色与吸收光颜色的关系

物质颜色	吸 收 光		物质颜色	吸 收 光	
	颜色	波长范围/nm		颜色	波长范围/nm
黄绿	紫	400～450	紫	黄绿	560～580
黄	蓝	450～480	蓝	黄	580～610
橙	绿蓝	480～490	绿蓝	橙	610～650
红	蓝绿	490～500	蓝绿	红	650～760
紫红	绿	500～560			

单一波长的光称为单色光，由不同波长的光组合而成的光称为复合光。日光、白炽灯光等可见光都是复合光，它在可见光区包括七种颜色。

如果让一束白光（日光）通过棱镜，经折射后，便可分解为上述红、橙、黄、绿、青、蓝、紫七色光。反之，这些颜色的光按一定强度比例混合便可产生白光。把两种适当颜色的单色光（见表 7-2）按一定强度比例混合可以得到白光，此时这两种单色光称为互补色光。

2. 吸收曲线

测量溶液对不同波长单色光的吸收程度，以波长为横坐标，吸光度为纵坐标，

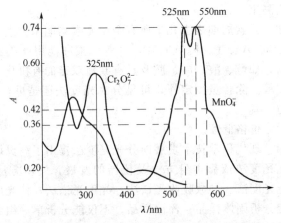

图 7-2 $KMnO_4$ 和 $K_2Cr_2O_7$ 溶液的光吸收曲线

可得一曲线，此曲线称为（光）吸收曲线或吸收光谱。光谱峰值处对应的波长称为最大吸收波长，以 λ_{max} 表示。图 7-2 是 $c\left(\dfrac{1}{5}KMnO_4\right)=0.001mol \cdot L^{-1}$ 的 $KMnO_4$ 溶液和 $c\left(\dfrac{1}{6}K_2Cr_2O_7\right)=0.001mol \cdot L^{-1}$ 的 $K_2Cr_2O_7$ 溶液的吸收曲线。$KMnO_4$ 的 $\lambda_{max}=$ 525nm，而 $K_2Cr_2O_7$ 的 $\lambda_{max}=325nm$。图 7-3 为不同浓度的 $KMnO_4$ 溶液的吸收曲线。由图可知，吸收曲线描述了物质对不同波长光的吸收能力，它反映了物质分子中电子能级的跃迁。不同物质由于内部结构不同，对不同波长的光具有选择性吸收，从而吸收曲线形状不同，具有各自的特征，借此可以定性鉴定各种物质。另外，不同浓度的同一物质，它的吸收曲线形状与最大吸收波长是不变的，但吸光度随浓度增大而增大。显然，在最大吸收波长处测量吸光度，其灵敏度最高。因此，吸收曲线是吸光光度法选择测量波长的依据。

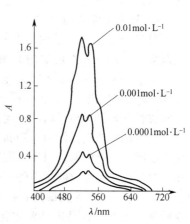

图 7-3　不同浓度 $KMnO_4$ 溶液的光吸收曲线

3. 光的吸收定律——朗伯-比耳定律

当一束平行的单色光垂直照射某一稀的均匀的吸收介质溶液时，若入射光强度为 I_0，在吸收介质中经过的距离为 b，由于被吸光介质部分吸收，透射光强度降至 I，则光吸收的朗伯-比耳定律的数学表达式为

$$A=\lg \frac{I_0}{I}=\lg \frac{1}{T}=Kbc$$

式中，A 为溶液的吸光度；b 为光径长度；c 为吸光物质的浓度；T 为透光度，$T=I/I_0$；K 为比例常数，与吸光物质的性质、入射光波长、温度等因素有关。K 因溶液浓度 c 及液层厚度 b 所采用单位的不同而不同。

当浓度 c 以 $mol \cdot L^{-1}$ 表示，光径长度 b 以 cm 为单位时，则比例常数 K 以 ε 表示，称为摩尔吸光系数，单位是 $L \cdot mol^{-1} \cdot cm^{-1}$。此时光吸收定律的数学表达式为

$$A=\lg \frac{I_0}{I}=\lg \frac{1}{T}=\varepsilon bc$$

其物理意义是当一束平行的单色光，通过稀的、均匀的吸光物质溶液时，溶液的吸光度与吸光物质的浓度及光径长度的乘积成正比。它是分光光度法定量测定的依据。

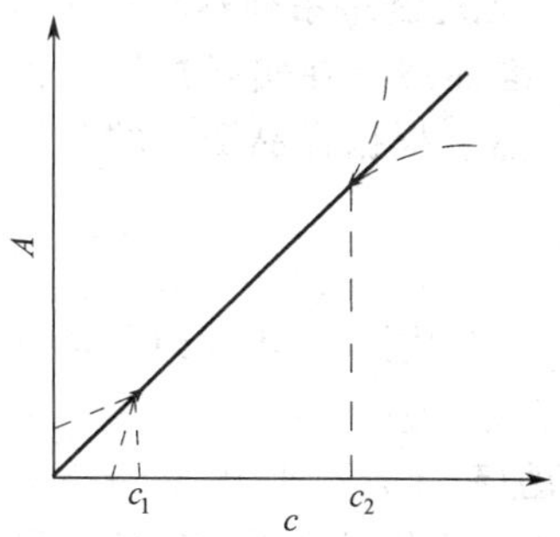

光吸收定律的应用条件为：入射光是单色光，吸光介质为稀溶液、均匀介质。

图 7-4　吸光度对比耳定律的偏离

以图形表示时，若纵坐标为 A，横坐标为 c，则光吸收定律为通过原点的一条直线，该直线称为标准曲线，如图 7-4 中的直

线所示。当 $b=1cm$ 时，直线的斜率为吸光光度法的灵敏度 ε。

当实际测定不符合光吸收定律的应用条件时，标准曲线会偏离线性而呈弯曲状，这种现象称为偏离朗伯-比耳定律。大多数情况在标准曲线两端呈现弯曲（见图7-4），因此应标明光吸收定律适用的浓度范围 $c_1 \sim c_2$，这也是选用分光光度法时应考虑的参数之一。

4. 分光光度法的灵敏度

分光光度法的灵敏度是人们选择和评价该分析方法的重要依据。通常用摩尔吸光系数 ε 表示分光光度法的灵敏度。

摩尔吸光系数 ε 表示吸光物质浓度为 $1mol \cdot L^{-1}$，液层厚度为 $1cm$ 时溶液的吸光度，ε 的单位是 $L \cdot mol^{-1} \cdot cm^{-1}$，显然 ε 可由实验测得。对一个化合物来说，在不同波长下 ε 值不同，但在一定波长下 ε 是一个特征常数，表征了吸光物质对某一特定波长的选择性吸收能力。通常用 λ_{max} 下的 ε 值作为选择显色反应、衡量光度分析法灵敏度的一个依据。对于不同吸光物质来说，在同一波长下，ε 愈大，表示该吸光物质对该波长的吸收能力愈强，一般认为，若 $\varepsilon < 10^4$，则显色反应的灵敏度低；ε 为 $(1 \sim 5) \times 10^4$ 属中等灵敏度；ε 在 $6 \times 10^4 \sim 10^5$ 之间时为高灵敏度；$\varepsilon > 10^5$ 为超高灵敏度。因此 ε 也是定性鉴定化合物特别是有机化合物的参数之一。

四、分光光度测定方法

1. 单一组分测定

（1）目视比色法　目视比色法是用眼睛比较溶液的颜色深浅，确定待测组分含量的方法，最常用的是标准系列法。即用一套比色管配制一系列不同含量的标准色阶，从管口垂直向下观察，比较待测试液与色阶中哪一个溶液颜色相同，则认为两者浓度相同，从而确定待测试液的含量。这种测量方法实质上是比较透光度，与分光光度法有原理上的区别。该法应用最多的是批量产品中杂质检验的限界分析，例如对试剂中 Fe^{3+} 杂质的检验，应用邻菲啰啉显色剂分别配得一级品、二级品、三级品允许的 Fe^{3+} 标准，然后抽样比较该批量产品的 Fe^{3+} 杂质，再确定为几级品。由于目视比色法不用仪器、操作简便，因而在快速分析中得到应用。

（2）标准曲线法　分光光度法测定单一组分含量时，先配制一系列不同浓度的欲测组分标准溶液，显色后测量吸光度 A，绘制 A-c 标准曲线（在实际样品分析时，应当用与样品组成相同的标准物质绘制工作曲线）；然后根据样品测定的吸光度 A 在标准曲线上查得样品中待测组分的含量。

2. 多组分测定

当几个组分的吸收曲线互不重叠时，与单一组分的测定相同。在不同组分各自的最大吸收波长处测定吸光度 A，绘制标准曲线，确定组分含量。

如果几个组分的吸收曲线部分重叠，则根据吸光度的加和性 $A = A_1 + A_2 + \cdots + A_n$，当一束平行的某一波长单色光通过多组分体系时，若各组分吸光质点彼此不发生作用，但均对该波长单色光有吸收，则总的吸光度等于各组分吸光度的总和。

例如，邻二甲苯、间二甲苯、对二甲苯、乙基苯四种组分在环己烷混合液中吸收光谱的最大吸收波长分别为 745.2nm、768.0nm、741.2nm、696.3nm。四个波长下所测吸光度值分别为 0.7721、0.8676、2.2036、0.7386，$b = 2cm$，如表 7-3 所列（已知不同吸收波长下的 ε）。

表 7-3　四种苯衍生物的吸光度值

λ/nm	对二甲苯	间二甲苯	邻二甲苯	乙基苯	$A_总$
	$\varepsilon_1 b_1$	$\varepsilon_2 b_2$	$\varepsilon_3 b_3$	$\varepsilon_4 b_4$	
745.2	2.8288	0.0968	0.000	0.0768	0.7721
768.0	0.0492	2.8542	0.000	0.1544	0.8676
741.2	0.0645	0.0668	4.7690	0.5524	2.2036
696.3	0.0641	0.1289	0.000	1.6534	0.7386

根据吸光度的加和性得

$$A_{\lambda_1} = \varepsilon_{\lambda_1}^A c^A + \varepsilon_{\lambda_1}^B c^B + \varepsilon_{\lambda_1}^C c^C + \varepsilon_{\lambda_1}^D c^D$$
$$A_{\lambda_2} = \varepsilon_{\lambda_2}^A c^A + \varepsilon_{\lambda_2}^B c^B + \varepsilon_{\lambda_2}^C c^C + \varepsilon_{\lambda_2}^D c^D$$
$$A_{\lambda_3} = \varepsilon_{\lambda_3}^A c^A + \varepsilon_{\lambda_3}^B c^B + \varepsilon_{\lambda_3}^C c^C + \varepsilon_{\lambda_3}^D c^D$$
$$A_{\lambda_4} = \varepsilon_{\lambda_4}^A c^A + \varepsilon_{\lambda_4}^B c^B + \varepsilon_{\lambda_4}^C c^C + \varepsilon_{\lambda_4}^D c^D$$
$$0.7721 = 2.8288c_1 + 0.0968c_2 + 0.000c_3 + 0.0768c_4$$
$$0.8676 = 0.0492c_1 + 2.8542c_2 + 0.000c_3 + 0.1544c_4$$
$$2.2036 = 0.0645c_1 + 0.0668c_2 + 4.7690c_3 + 0.5524c_4$$
$$0.7386 = 0.0641c_1 + 0.1289c_2 + 0.000c_3 + 1.6534c_4$$

用矩阵法可解出四种组分的含量为

$c_1 = 0.252g \cdot (50mL)^{-1}$（对二甲苯）　　$c_3 = 0.406g \cdot (50mL)^{-1}$（邻二甲苯）

$c_2 = 0.277g \cdot (50mL)^{-1}$（间二甲苯）　　$c_4 = 0.415g \cdot (50mL)^{-1}$（乙基苯）

应用计算机程序求解这类方程极为简便。新型的微机控制的分光光度计一般均提供这种程序软件，并自动报出结果。

3. 双波长分光光度法

在多组分测定时，若吸收曲线绝大部分重叠或全部重叠，或当背景吸收较大或为浑浊样品时，均不能用上述单一组分的经典测定方法，可用双波长分光光度法。

双波长分光光度法利用双波长分光光度计进行测定。采用双波长技术，作为参比的是试液本身对某一波长的吸光度，从分析波长信号减去来自参比波长的信号，消除组分干扰，进行准确测定。定量测定依据为

$$\Delta A = (\varepsilon_{\lambda_1} - \varepsilon_{\lambda_2})bc$$

试样溶液对波长 λ_2 和 λ_1 的吸光度差值 ΔA 与待测物质的浓度成正比，绘制 ΔA-c 工作曲线，从而测得组分含量。

4. 示差分光光度法

当待测组分含量过高或过低，溶液吸光度值不能控制在 $A = 0.2 \sim 0.8$ 范围内时，为避免测量时读数误差过大，提高分析结果的准确度和精密度，可采用示差分光光度法。

该方法基于采用一个已知浓度的标准溶液作参比溶液，进行样品吸光度的测

定。定量测定依据为

$$A_{样} - A_{参} = \varepsilon b(c_{样} - c_{参})$$
$$\Delta A = \varepsilon b \Delta c$$

5. 分光光度滴定法

通过测定待测液吸光度的变化来确定滴定终点的滴定分析方法称为分光光度滴定法，又简称光度滴定法。

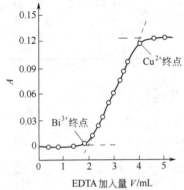

图 7-5　100mL 12.0×10^{-3} mol·L^{-1} Bi^{3+} 和 Cu^{2+} 溶液的光度法滴定曲线

（滴定剂为 0.1mol·L^{-1}EDTA，

指示剂为邻苯二酚紫，

440nm，BiY 的 $\varepsilon = 0$）

例如在 Bi^{3+} 存在下测定 Cu^{2+} 时，将盛有待测 Cu^{2+}、Bi^{3+} 混合液的滴定池置于分光光度计光径内，加入滴定剂 EDTA，于选定的测定波长 440nm 处，在指示剂邻苯二酚紫存在下测定吸光度 A，绘制 A-V 滴定曲线，见图 7-5，可在干扰离子 Bi^{3+} 存在下测定 Cu^{2+} 的含量。

光度滴定法具有下述优点：首先，此法精密度、准确度均优于滴定分析法，相对误差可小于 0.1%；其次，此法应用范围广，从高浓度到浓度小于 10^{-5} mol·L^{-1} 的稀溶液或浑浊溶液、深色溶液，均可用光度滴定法，测量待测物质的绝对量为 $10^{-1} \sim 10^{-8}$ g；使用指示剂光度法还可扩大光度滴定法的可测元素范围；由仪器检测终点，易于实现分析自动化。

五、分光光度计

各种型号的可见分光光度计基本上都由五部分组成，见图 7-6。

图 7-6　单波长单光束分光光度计组件

由光源提供连续辐射光，经色散系统获得一定波长单色光后照射到样品溶液，样品选择性吸收后经检测系统将光强度的变化转换为电流强度的变化，并经信号指示系统调制放大后显示或打印吸光度 A，完成测定。

1. 光源

可见分光光度计常用光源为钨灯（6～12V），钨灯可提供 400～800nm 连续辐射光。

分光光度计对光源的要求：在使用波长范围内能提供连续辐射光；光强度应足够大；有良好的稳定性；使用寿命长。

2. 色散系统

色散系统由单色器和准光器组成。单色器是分光光度计的核心部分，其功能是将辐射光色散成各种波长的单色光。单色器由狭缝和色散元件（棱镜或光栅）组成，狭缝宽度一般为 0.1～1mm，精密分光光度计为 0.01～0.1mm，入射光与出射光的狭缝宽度控制着谱线宽度（nm）及其强度。准光器则由透镜或凹面反光镜组成，其作用是使入射光成平行光。

近年来生产的全息光栅色散元件具有线槽密度高、杂散光少、无鬼线等优点，为多数精密分光光度计所选用。

狭缝是单色器的重要组件，对单色器的分辨率起重要作用。单色器的狭缝多数为可调宽度狭缝。狭缝宽度有两种表示方法：刀口间实际宽度（mm）、有效带宽（nm，即呈最大透光度值一半处的谱带宽度）。

3. 吸收池

吸收池又叫比色皿，用于盛放样品与参比溶液，测定时推入光路，所盛放试液对辐射光进行选择性吸收。可见光区吸收池用光学性能一致的玻璃或透明聚合物材料制作，规格有 0.5cm、1cm、2cm、5cm 四种。微型吸收池有 0.1mm 规格，毛细管吸收池可盛放微升量试样。吸收池除要求光学性能一致外，端面距离平行性应为 ±0.2mm，因为它们直接影响光程长度的精度，因此除制作应符合规格外，分析者在使用中还应注意吸收池的清洗，保护好它的光学性能一致性，在精密分析中应严格挑选参比与试样的吸收池，使其配对或测定 A 一致后才可使用。

4. 检测系统

用于检测吸光物质选择性吸收后光强度的变化，并以电信号显示这种变化的光电转换部件称为检测器。常用检测器中最简单的为硒光电池，其他还有光电管、光电倍增管。上述检测器是基于光电转换元件的光电效应，用于直接测量光吸收后其光强度的变化。

5. 显示系统

与检测器相连接的是相应的电子放大线路或读数系统。现在用微处理机或通过计算机来实现电学比例式放大而完成测定。当前多用数字显示输出，如国产 721A、751、752、730 等自动记录分光光度计，通过屏幕显示，直接绘图，打印输出结果。

6. 分光光度计的类型与型号

分光光度计按光学系统区分为单波长单光束分光光度计、单波长双光束分光光度计、双波长双光束分光光度计三类，分别代表了低、中、高三档分光光度计；按适用波长范围区分为两类，即可见分光光度计及紫外-可见分光光度计。

(1) 单波长单光束分光光度计　是最简单的分光光度计，如国产 721 型、710 型、751 型，其结构与工作原理如前所述（见图 7-6）。由光源发出的光经光学系统后成一束平行光，再经棱镜、狭缝组成的单色器获得一条平行单色光。测定时，将参比池、样品池推入光路，依次照射到参比池与样品池，再经检测系统转换为电流强度变化，信号经调制放大，测得以参比为零时样品的吸光度 A。由仪器设计原理可知，对光源和检测系统要求有很高的稳定性。因此光源的不稳定，样品、参比推入光路的光径长度 b 不一致等，将使仪器测定中引入误差。

(2) 单波长双光束分光光度计　为克服单波长单光束仪器误差，研制出单波长双光束分光光度计，其检测流程如图 7-7 所示。与单波长单光束分光光度计相比，它增加了一个斩波器，固定了参比池、样品池在光路中的位置。这样当从色散系统所获一束平行单色光经斩波器时，斩波器以一定频率把一个光束交替分成两路，一路通过样品，另一路通过参比，最后由检测系统交替接收、放大、显示，排除了光源不稳、手工操作推入光路带来的误差，使测定自动化，可直读扫描吸收光谱。国产730型、740型为此类型分光光度计。

图 7-7　单波长双光束分光光度计检测系统

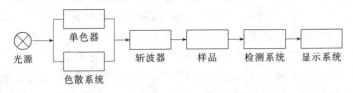

图 7-8　双波长双光束分光光度计检测系统

（3）双波长双光束分光光度计　该类仪器适用于浑浊样品、多组分样品的分析。在结构上，色散系统有两个单色器、不用参比池，如图 7-8 所示。其原理是两个单色器所获单色光，一束在浑浊样品波峰 λ_1，另一束在浑浊样品波谷 λ_2，由斩波器以一定频率交替照射到样品池，经检测、显示系统，最后测得样品对波长 λ_1、λ_2 吸光度的差值 ΔA，$\Delta A = A_{\lambda_1} - A_{\lambda_2} = (\varepsilon_{\lambda_1} - \varepsilon_{\lambda_2})bc$。由此可知，作为参比的是样品对某一波长的吸光度，这样不仅避免了样品与参比吸收池的光径差异引入的误差，更重要的是提高了灵敏度及选择性，适于对不易找到参比物质或吸光干扰较大的物质的测定以及浑浊样品的测定。双波长双光束分光光度计也具有单波长双光束分光光度计所具有的特点，可消除光源不稳、检测系统不稳带来的仪器误差，便于自动测定、直读、扫描等。国产 WFZ800-S 型双波长紫外-可见分光光度计属此类型。

六、分光光度法的误差与提高分析结果准确度的方法

分光光度法的误差来源主要有方法误差、仪器误差和操作误差。

1. 方法误差

① 显色反应的选择关系到方法的灵敏度、准确度。通常用于分光光度法的显色反应应符合下述条件，灵敏度 ε 在 $10^4 mol \cdot L^{-1} \cdot cm^{-1}$ 以上；对比度 $|\lambda_{max}^{MR} - \lambda_{max}^{R}|$ 至少在 60nm 以上（对比度系指试剂与金属离子所成配合物的最大吸收波长与试剂最大吸收波长之差）；选择性要高，即干扰离子要少；另外，生成的有色螯合物组成应恒定，性质要稳定，显色条件易控制。

② 显色条件的选择关系到方法的灵敏度、准确度。因为分光光度显色剂大多为有机螯合剂，显色条件决定了配合物平衡及稳定性。显色条件中重要的是介质的酸度，它影响显色剂的离解程度和显色反应的完全程度。其次，显色温度、显色时

间、显色剂用量、显色介质均应考虑进行优化。

③ 分光光度法显色体系对光吸收定律的偏离。分光光度法的测量依据光吸收定律 $A=\varepsilon bc$ 的导出有三个假设条件，即单色光、稀溶液、均匀介质。因为假设吸光质点间无相互影响和相互作用，光线通过溶液时除选择性吸收外，无损失。而实际上当 $c>0.01\mathrm{mol}\cdot\mathrm{L}^{-1}$ 时，邻近吸光质点彼此电荷分布相互受影响，加上吸光质点间离解、缔合、凝聚、配合物生成、发生化学变化均影响吸光质点的吸收效应；显色溶液中存在的胶体、悬浮物、水中颗粒物质都使入射光线因散射而损失，从而引入偏离光吸收定律的误差。

2. 仪器误差

分光光度计在使用时，由于电源电压波动引起显示值不稳定、波长指示值未经校正、检测器光敏元件老化、两个吸收池吸光度不配对等因素，会导致仪器测量误差。

3. 操作误差

由于操作者知识、经验、操作水平的不同，即使用同一分光光度法、同一台分光光度计，也会在同一样品分析中引入不同误差。这类操作误差主要有以下三个方面。

（1）标准曲线的绘制　除应采用回归法并对其线性进行检验外，标准溶液的配制与分取等分析化学基本操作的正确也十分重要。

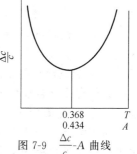

图 7-9 $\dfrac{\Delta c}{c}$-A 曲线

（2）显色条件的控制　前面提到的多个显色条件均要求操作者按操作步骤控制好，否则将偏离正确的分析结果。

（3）仪器的读数误差　一般分光光度计透光度 T 的读数误差 ΔT 为 $0.2\%\sim2\%$。实际上，分光光度计的读数刻度标尺各段的读数误差是不同的。图 7-9 表明只有当待测吸光物质溶液的浓度控制在适当范围内时，由仪器测量引起的相对误差 $\Delta c/c$ 才比较小，当 $T=36.8\%$、$A=0.434$ 时，$\Delta c/c$ 相对误差达到最小值。实际分析中，透光度 T 控制在 $65\%\sim15\%$，吸光度 A 控制在 $0.2\sim0.8$ 范围。

第二节　紫外吸收光谱法

一、基本原理

在可见光吸收光谱法中应用的许多有机试剂都可与金属离子形成螯合物，显示出对特征波长可见光有强烈的吸收作用，但也有不少无色透明的有机化合物，它们不吸收可见光，而对具有特征波长的紫外光有强烈的吸收作用，当用一束具有连续波长的紫外光照射该类化合物时，会在特征紫外吸收波长处显示出强吸收峰。若以波长 λ 作横坐标，以吸光度 A 作纵坐标，就可绘出该类化合物的紫外吸收光谱图，如图 7-10 所示。可用吸收带的最大吸收波长 $\lambda_{\max}$ 和该波长下的摩尔吸光系数 $\varepsilon_{\max}$ 来表示此类化合物的紫外吸收特征。紫外吸收谱带的形状、$\lambda_{\max}$ 和 $\varepsilon_{\max}$ 的数值与有机化合物的结构密切相关。

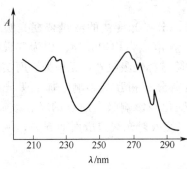

图 7-10　茴香醛的紫外吸收光谱

紫外吸收光谱是由有机分子中的价电子能级跃迁所产生的，而价电子的能级跃迁往往要引起分子中原子核运动状态的变化，此跃迁能量高于分子振动或分子转动能级跃迁所需的能量，因而在价电子跃迁的同时，也伴随分子振动能级和转动能级的跃迁。在与电子能级跃迁所对应产生的吸收谱线上都要叠加上分子振动和转动能级的跃迁变化，所以形成的紫外吸收谱带并不是波长狭窄的吸收谱带，而是波长分布较宽的吸收谱带。从紫外吸收谱带的 λ_{max} 和 ε_{max} 一般无法判断何种官能团的存在，但它能提供有机化合物的结构骨架（双键与未成键电子的共轭情况）及构型、构象（共轭体系周围存在的取代基的种类和数目）的情况，因此它是测定有机化合物分子结构的一种重要手段。

1. 分子轨道与电子跃迁的类型

普通有机化合物分子中存在着由不同原子的核外电子构成的化学键（即成键的分子轨道），主要为 σ 键和 π 键以及未参与成键的仍存在于原子轨道上的孤对 n 电子。通常两个原子轨道可以线性组合成两个分子轨道，其中一个分子轨道的能量比构成它的原子轨道能量低，称它为成键分子轨道；另一个分子轨道能量比构成它的原子轨道能量高，称它为反键分子轨道，并用"＊"号标出。

根据分子轨道理论的计算结果，分子轨道的能级高低排布次序如下（见图 7-11）：

$$\sigma^* < \pi^* < n < \pi < \sigma$$

当用适当波长的光照射分子时，处于能量较低的成键 σ、π 轨道及 n 轨道上的电子会跃迁至反键 π^*、σ^* 轨道，从而可能产生 $\sigma \rightarrow \sigma^*$、$\pi \rightarrow \pi^*$、$n \rightarrow \pi^*$、$n \rightarrow \sigma^*$ 及 $\sigma \rightarrow \pi^*$ 和 $\pi \rightarrow \sigma^*$ 六种电子跃迁方式，其中 $\sigma \rightarrow \pi^*$ 和 $\pi \rightarrow \sigma^*$ 跃迁能量太小可以忽略，其余四种跃迁后的电子，当其返回基态时辐射出紫外光，其对应的波长范围如图 7-12 所示。在一般紫外分

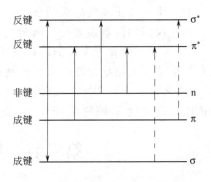

图 7-11　成键、非键、反键分子轨道
能级排布及电子跃迁类型

光光度计中只能提供 190～750nm 范围的单色光，实际只能观测 $n \rightarrow \pi^*$ 跃迁及 $\pi \rightarrow \pi^*$ 和 $n \rightarrow \sigma^*$ 跃迁的一部分，对 $\sigma \rightarrow \sigma^*$ 跃迁，其对应于真空紫外区，至今在观测技术上仍有一定的困难。

在有机化合物分子中产生电子跃迁的类型与分子结构及其所含有的官能团有密切的关系。如饱和烃只有 $\sigma \rightarrow \sigma^*$ 跃迁；烯烃既有 $\sigma \rightarrow \sigma^*$ 跃迁，还有 $\pi \rightarrow \pi^*$ 跃迁；脂肪醚有 $\sigma \rightarrow \sigma^*$ 和 $n \rightarrow \sigma^*$ 跃迁；酮类、醛类除存在 $\sigma \rightarrow \sigma^*$ 和 $n \rightarrow \sigma^*$ 跃迁外，还存在 $\pi \rightarrow \pi^*$ 跃迁和 $n \rightarrow \pi^*$ 跃迁。

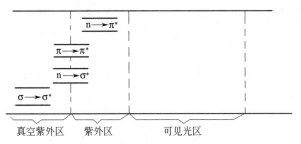

图 7-12　几种电子跃迁对应的光谱区间

表 7-4 列出一些有机化合物的电子结构和跃迁类型。

表 7-4　一些有机化合物的电子结构和跃迁类型

化　合　物	电子结构	跃迁类型	吸收带波长 λ/nm	摩尔吸光系数 $\varepsilon/m^2 \cdot mol^{-1}$	吸收带	溶剂
C_2H_6	σ	$\sigma \rightarrow \sigma^*$	135	1000		
$C_6H_{13}SH$	σ、n	$n \rightarrow \sigma^*$	224	12.6		
C_8H_{16}	σ、π	$\pi \rightarrow \pi^*$	177	1300	E_1	正庚烷
C_8H_{14}	σ、π	$\pi \rightarrow \pi^*$	178	1000	E_1	正庚烷
			196	200	E_1	
			225	16	K	
$CH_3-\overset{\overset{O}{\|}}{C}-CH_3$	σ、π、n	$\pi \rightarrow \pi^*$	166	160		正己烷
		$n \rightarrow \sigma^*$	186	100		
		$n \rightarrow \pi^*$	280	1.6	B	
$CH_3-\overset{\overset{O}{\|}}{C}-H$	σ、π、n	$n \rightarrow \sigma^*$	180			正己烷
			293	1.2		
$CH_3-\overset{\overset{O}{\|}}{C}-OH$	σ、π、n	$n \rightarrow \pi^*$	204	4.1	K	乙醇
		$\pi \rightarrow \pi^*$	178	9.5		正己烷
$CH_3-\overset{\overset{O}{\|}}{C}-NH_2$	σ、π、n	$n \rightarrow \pi^*$	214	6.0	K	水
$CH_3-N=N-CH_3$	σ、π、n	$n \rightarrow \pi^*$	339	0.5		乙醇
CH_3-NO_2	σ、π、n	$\pi \rightarrow \pi^*$	201	500	K	甲醇
			274	1.7	B	甲醇
		$n \rightarrow \pi^*$	280	2.2	R	异辛烷
$CH_2=CH-CH=CH_2$	σ、π	$\pi \rightarrow \pi^*$	217	2100	K	

续表

化 合 物	电子结构	跃迁类型	吸收带波长 λ/nm	摩尔吸光系数 $\varepsilon/m^2 \cdot mol^{-1}$	吸收带	溶剂
$CH_2=CH-\overset{\overset{\textstyle O}{\|\|}}{C}-H$	$\sigma、\pi、n$	$\pi \rightarrow \pi^*$ $n \rightarrow \pi^*$	210 315	1150 1.4	K R	
C_6H_6	$\sigma、\pi$	$\pi \rightarrow \pi^*$	184 204 256	6000 800 20	E_1 $E_2(K)$ B	甲醇、乙醇

注：R，280～320nm；B，250～280nm；K，200～250nm；E_1，170～200nm；E_2，170～210nm；相应 ε 分别为 2、10、$>10^3$、10^3、10^2。

2. 发色基团和助色基团

(1) 发色基团　在有机化合物分子中，凡能导致化合物在紫外及可见光区产生光吸收的基团，无论是否显现颜色，都称为发色基团。如苯环、$\diagdown C=C \diagup$、$-C\equiv C-$、$\diagdown C=O$、$-N=N-$、$\diagdown S=O$ 等不饱和基团皆为发色基团。

(2) 助色基团　是指本身不会使化合物产生颜色或产生紫外或可见光吸收的基团，但这些基团与发色基团连接时，却能使发色基团的吸收波长移向长波并使吸收强度增加。通常助色基团是由含孤对电子的原子（如氧、氮、卤素等）所构成的官能团，如$-NH_2$、$-NR_2$、$-OH$、$-OR$、$-X$ 等（这些基团借助原子外层的 p 电子与分子的 π 轨道发生共轭，从而使电子跃迁能量下降）。各种助色基团助色效应的强弱顺序如下：

$$F^- < CH_3 < Cl^- < Br^- < -OH < -SH < -OCH_3 < -NH_2 < -NHR < -NR_2 < -O^-$$

(3) 红移、蓝移、增色效应和减色效应　当有机化合物分子中引入助色基团或其他发色基团后发生结构变化，或由于溶剂的影响，使其紫外吸收谱带的最大吸收波长向长波方向移动的现象，称为红移。若与此相反，吸收谱带的最大吸收波长向短波方向移动，则称为蓝移。

若与最大吸收谱带产生红移或蓝移的同时，还改变吸收谱带的强度，即摩尔吸光系数增大或减小，这种现象就称作增色效应或减色效应。

二、有机化合物的紫外吸收光谱

各种有机化合物都有吸收紫外光辐射的特性，不同的分子结构，其吸收光谱的特征也不相同。表 7-5 列出简单分子、共轭分子和芳香族化合物的紫外吸收波长及摩尔吸光系数。

三、影响紫外吸收光谱的主要因素

有机化合物紫外吸收光谱的吸收谱带的波长和吸收强度通常受两种因素的影响。

表 7-5　各类有机化合物的紫外吸收光谱

化合物类型	官　能　团	吸收波长 λ/nm	摩尔吸光系数 ε/m^2·mol^{-1}	吸收波长 λ/nm	摩尔吸光系数 ε/m^2·mol^{-1}	吸收波长 λ/nm	摩尔吸光系数 ε/m^2·mol^{-1}
烷烃	$-\overset{\vert}{\underset{\vert}{C}}-$	120～140	1000	180～200	1000		
烯烃	$C{=}C$	160～190	$10^3\sim10^4$				
炔烃	$-C{\equiv}C-$	170～180	$10^3\sim5\times10^3$				
醛	$-\overset{O}{\overset{\parallel}{C}}-H$	210	强	280～300	10～20		
酮	$C{=}O$	195	10^3	270～285	20～30		
羧酸	$-\overset{O}{\overset{\parallel}{C}}-OH$	200～210	50～70				
酯	$-\overset{O}{\overset{\parallel}{C}}-OR$	205	50				
醇	$R-OH$	<200					
醚	$R-O-R$	185	10^3				
胺	$R-NH_2$	195	2800				
腈	$R-C{\equiv}N$	160	—				
肟	$={N}-OH$	190	5000				
偶氮化合物	$-N{=}N-$	285～400	3～25				
亚硝酸酯	$-ONO$	220～230	$10^3\sim2\times10^3$	300～400	10		
硝基化合物	$-NO_2$	210	强	280	—		
亚硝基化合物	$-N{=}O$	302	100				
硝酸酯	$-ONO_2$	270	12				
硫醇	$-SH$	195	1400				
硫醚	$-S-$	194	4600	215	1600		
二硫化物	$-S-S-$	194	5500	255	400		
砜	$-SO_2-$	180	—				
亚砜	$S{\rightarrow}O$	210	1500				
硫酮	$C{=}S$	205	强	230～260	—	300～330	—
氯化物	$-Cl$	<200					
溴化物	$-Br$	208	300				

化合物类型	官能团	吸收波长 λ/nm	摩尔吸光系数 $\varepsilon/m^2 \cdot mol^{-1}$	吸收波长 λ/nm	摩尔吸光系数 $\varepsilon/m^2 \cdot mol^{-1}$	吸收波长 λ/nm	摩尔吸光系数 $\varepsilon/m^2 \cdot mol^{-1}$
碘化物	—I	260	400				
共轭二烯	C=C—C=C	200~250	$10^4 \sim 2\times 10^5$	280~320	$5\times 10^4 \sim 2\times 10^5$		
α,β-不饱和羰基化合物	C=C—C=O (β α)	215~250	$10^4 \sim 2\times 10^4$	310~330	10^2		
苯		184	6000	204	800	256	20
联苯				246	20000		
萘		220	112000	275	5600	312	175
蒽		252	199000	375	7900		
丁省		278	$>2\times 10^5$	473	$>10^4$		
菲		295	$>2\times 10^5$				
芘		334	$>2\times 10^5$				
吡啶		174	80000	195	6000	251	1700
喹啉		227	37000	270	3600	314	2750
异喹啉		218	80000	266	4000	317	3500

1. 分子内部因素

如不饱和化合物分子中双键位置的变化，会导致吸收波长和强度的变化，如 α-和 β-紫罗兰酮，其分子末端环中双键的位置不同：

α-紫罗兰酮（$\lambda=227nm$）　　　　　　β-紫罗兰酮（$\lambda=299nm$）

它们的 $\pi \rightarrow \pi^*$ 跃迁的吸收波长分别为 227nm 和 299nm。

苯环上的氢原子被不同的助色基团取代后，由 $\pi \rightarrow \pi^*$ 跃迁产生的吸收谱带发生红移，如苯、甲苯、氯代苯、苯酚、苯胺、苯乙烯在 E_2 吸收带上的吸收波长分别为 204nm、207nm、210nm、211nm、230nm、244nm。

2. 分子外部因素

溶剂极性的变化会引起有机化合物紫外吸收谱带波长的变化。通常增加溶剂的极性会使 $\pi \rightarrow \pi^*$ 跃迁吸收谱带波长红移，而使 $n \rightarrow \pi^*$ 跃迁吸收谱带波长蓝移。

不同的有机化合物，溶剂极性变化对其影响也不相同。如共轭二烯化合物受溶剂极性变化的影响较小；而 α, β-不饱和羰基化合物受溶剂极性变化的影响就比较大，如异亚丙基丙酮在不同极性溶剂中的紫外吸收波长变化如表 7-6。

表 7-6 异亚丙基丙酮在不同极性溶剂中的紫外吸收波长

溶 剂	己烷	乙腈	氯仿	甲醇	水
$\pi \rightarrow \pi^*$ 跃迁 λ/nm	230	234	238	237	243
$n \rightarrow \pi^*$ 跃迁 λ/nm	320	314	315	309	305

若有机分子在不同 pH 介质中，因分子离解形成阳离子或阴离子，则其吸收带也会发生改变。如苯胺在酸性介质会形成阳离子：

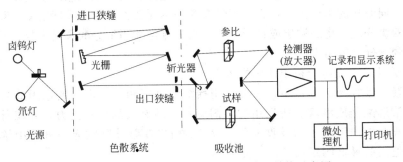

苯胺的 K、B 吸收带会由 230nm 和 280nm 蓝移至 203nm 和 254nm（B 为芳香族化合物的特征吸收带，K 为共轭双键所具有的吸收带）。

四、紫外分光光度计简介

1. 紫外分光光度计的结构

紫外分光光度计由光源、色散系统、吸收池、检测器（放大器）、记录和显示系统所组成。单波长双光束紫外分光光度计的光路系统及结构示意图如图 7-13 所示。

图 7-13 紫外分光光度计的光路系统及结构示意图

由光源发出的连续紫外光，经进口狭缝进入色散系统，经色散元件光栅（或三棱镜）色散成一系列由单色光组成的光谱，并逐个从单色器的出口狭缝射出。射出的单色光被旋转斩光器分成两束，按一定频率交替投射到样品吸收池和参比吸收池上。由于样品吸收池吸收了部分辐射能，因而使透过样品池和参比池的两光束不平衡。光信号经由光电管（或光电倍增管）和电子元件组成的检测器检测，再经放大器放大后的电信号由记录仪（或微处理机）绘出吸光度随吸收波长变化的紫外吸收曲线。

在紫外分光光度计中，配置有可见光源碘钨灯和紫外光源氘灯，可通过光源转换开关分别测量可见光吸收光谱和紫外吸收光谱，因此也称作紫外-可见分光光度计。

色散系统多使用光栅，它在1nm长度上刻有1200条平行条痕，利用衍射作用将复色光分成单色光。有些仪器使用三棱镜作色散元件，在可见光区可用玻璃棱镜，在紫外光区用石英棱镜。色散系统的分辨率不仅取决于光栅和棱镜的色散能力，还与出射狭缝的宽度有关，狭缝愈小其分辨率愈高，但灵敏度下降，使用时应兼顾分辨率和灵敏度两方面的要求。

吸收池用于可见光区可用玻璃制作，用于紫外光区则必须用石英制作。使用的测量池和参比池的透光性能应尽量一致。在定量分析时，对吸收池要作配对试验。

检测器对可见光常用氧化铯光电管（625～1000nm），对紫外光使用锑铯光电管（200～625nm）。也可使用具有放大作用的光电倍增管，以及近年来广泛使用的光电二极管阵列检测器。

现在随着电子计算机技术的快速发展，在光度计内配置了微处理器，它可控制操作参数的设定，实现波长的自动扫描、自动收集以及光谱数据的自动存储，并可控制数据记录、打印或数显输出，为使用者提供了极大的方便。

紫外分光光度计的光学系统结构分为单波长和双波长两大类。

单波长仪器只有一个可调节的光栅（或棱镜），经光栅衍射后射出的一束不同波长的单色光，经旋转斩光器分成两束光，交替通过样品测量吸收池和空白参比吸收池。检测器和记录仪可根据两束光强度的比值，自动绘出样品的紫外吸收曲线。这种单波长双光束的紫外分光光度计已获得广泛的应用。

双波长仪器具有两个可独立调节的光栅。光源发出的光束经两个光栅色散出两束具有不同波长的单色光，可直接测量在两种不同波长下的吸光度之差。双波长仪器用于双组分混合物的测定或在干扰物存在下测定欲测组分的含量十分方便，但此类仪器的造价比较昂贵。

2. 紫外吸收光谱分析中使用的溶剂

在紫外吸收光谱分析中，一般采用稀溶液进行测定，因此要选用适当的溶剂将样品溶解配制成溶液。所选用的溶剂应对样品有大的溶解能力，并在所选择的测定波长范围内无明显的吸收现象。表7-7列出在紫外吸收光谱分析中常用的溶剂及其适用的最低测定波长。

选择溶剂还应考虑样品是否会与溶剂发生相互作用。若使用的极性溶剂与样品发生相互作用，将导致样品吸收波长位置的移动和吸收强度的变化。所以应尽量使用非极性溶剂，以避免与样品发生相互作用。

五、紫外吸收光谱法的应用

1. 有机化合物的定性鉴定

由前述可知，有机化合物的紫外吸收光谱只有少数几个宽的吸收带，缺少精细

表 7-7　紫外吸收光谱分析中常用的溶剂

溶　　剂	适用的波长低限 λ/nm	溶　　剂	适用的波长低限 λ/nm
水	205	对二氧六环	220
甲醇	210	二氯甲烷	240
乙醇	210	三氯甲烷	245
己烷	210	正丁醇	240
环己烷	210	乙酸乙酯	256
异丙醇	210	四氯化碳	265
正庚烷	210	二甲基甲酰胺	270
乙醚	215	苯	280
乙腈	210	甲苯	285
四氢呋喃	220	吡啶	305

结构，它只能反映分子中发色基团和助色基团的结构特性，而不能反映整个分子总体的特征。因此仅依靠紫外吸收光谱来推断未知物的化学结构是困难的。

　　应用紫外吸收光谱来定性鉴定的有机化合物必须是纯净的。当用紫外分光光度计绘制出吸收曲线后，可根据吸收曲线的特征吸收位置，对被鉴定的化合物作出初步的判断。

　　若化合物在 220～400nm 没有吸收带，则可判断它可能是直链烷烃、烯烃、炔烃、脂环烃、醇、醚、羧酸、氟或氯代烃、胺、腈等，而不会含有共轭双键或苯环、醛基、酮基、溴或碘取代基。

　　若化合物在 270～350nm 有弱的吸收带，则它存在含有 n 电子的简单非共轭发色基团，如羰基、硝基。

　　若化合物在 210～250nm 有强吸收带，就可能含有共轭双键。若强吸收带在 260～300nm，则表明含有 3～5 个共轭双键；若吸收带进入可见光区，表明其为稠环芳烃。

　　若化合物在 250～300nm 有中等强度吸收带，表示有苯环。

　　按照上述规律可初步确定未知化合物的归属范围，还应将未知物的吸收光谱与标准化合物的吸收光谱进行对照，并结合化学分析结果才能进一步作出结论。

　　定性鉴定除可对未知物的类型作出判断外，还可用于在已知其归属范围的条件下，对其分子骨架作出推断；进行构型和构象的测定；进行互变异构体的测定；进行氢键强度和摩尔质量的测定。

　　2. 在定量分析中的应用

　　对已知具有紫外吸收的有机化合物，可用紫外分光光度法，依据朗伯-比耳定律测定其含量。在进行定量分析前，应首先绘制紫外吸收光谱图来确定其最大吸收波长 λ_{max}，并测其摩尔吸光系数 ε，然后选择好制备样品时适用的有机溶剂。所选择的溶剂应在测定波长下无明显的吸收，对被测物和显色剂都有较好的溶解度，并不与被测物发生相互作用。

　　当被测物为单一物质时，可用一般分光光度法中采用的工作曲线法；或用与已

知浓度标准溶液进行比较的单点校正法，即

$$c_{样} = \frac{c_{标}A_{样}}{A_{标}} \qquad w_{样} = \frac{c_{标}A_{样}}{A_{标}m_{样}}$$

式中，c 为浓度；A 为吸光度；$m_{样}$ 为样品质量。

当样品中含有两种或两种以上组分时，若其吸收光谱互不重叠，就表示在每个组分的最大吸收波长处各个组分互不干扰，此时可采用单组分测定的方法进行定量分析。

若样品中组分的吸收光谱互相重叠，则可利用下式：

$$A_{总} = A_a + A_b + A_c + \cdots + A_n$$

即任何混合物的吸光度为其各个组分吸光度的加和。若为含 a、b 两组分的样品，可用差减法分别求出 a、b 各自的含量。对含有三个以上组分的样品，可在三个吸收波长下进行吸光度的测量，在获得每种组分在各个吸收波长的摩尔吸光系数之后，用解三元联立方程的方法求出各个组分的含量。此外，还可应用双波长分光光度法或使用化学计量学中的多元统计分析（如多元线性回归、岭回归、主成分回归、偏最小二乘法、因子分析、卡尔曼滤波法、改进矩阵法等）来进行多组分混合物的定量测定。

3. 洗涤剂中表面活性剂的紫外吸收光谱分析

洗涤剂中常含有如十二烷基苯磺酸钠、丁基萘磺酸钠等阴离子表面活性剂，辛基酚聚氧乙烯醚、烷基醇酰胺等非离子表面活性剂以及烷基苄基氯化铵、烷基吡啶氯化铵等阳离子表面活性剂。它们在 $220\sim240$nm 和 $260\sim280$nm 范围有芳烃的 K 吸收带和 B 吸收带，因此可利用这些吸收带对表面活性剂进行定性鉴定和定量分析。

洗涤剂及其制品常由阴离子和非离子表面活性剂及其他成分复配而成，通过测定洗涤剂水溶液的紫外吸收光谱，根据是否出现 261nm 和 277nm 吸收带，就可判断是否存在十二烷基苯磺酸钠和辛基酚聚氧乙烯醚两种表面活性剂（见图 7-14）。尽管这两种表面活性剂的吸收峰互相重叠，但仍可采用最小二乘法求解线性方程组的方法，同时测定水溶液中这两种表面活性剂的各自含量。

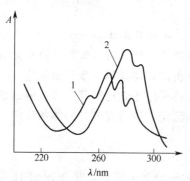

图 7-14　表面活性剂的紫外吸收光谱
1—烷基苯磺酸钠；2—烷基酚聚氧乙烯醚

用紫外吸收光谱法还可分析化妆品中的防晒剂（二苯酮衍生物、肉桂酸酯等）、祛臭剂（苯磺酸锌、六氯苯、卤代水杨酰苯胺等）、食品中的防腐剂（苯甲酸、山梨酸）、抗氧化剂（抗坏血酸、没食子酸丙酯）、多种维生素，香料工业中的各种香料（柠檬油、香茅草油、留兰香油、杏仁油等）。该法已在轻工和化工产品分析中获得广泛的应用。

第三节　红外吸收光谱法

一、基本原理

红外光辐射的能量远小于紫外光辐射的能量，其辐射波长在 $0.75\sim1000\mu m$ 之间，又可分为近红外区（$0.75\sim2.5\mu m$，波数 $13300\sim4000cm^{-1}$）、中红外区（$2.5\sim50\mu m$，$4000\sim200cm^{-1}$）、远红外区（$50\sim1000\mu m$，$200\sim10cm^{-1}$）。当红外光照射到样品时，其辐射能量不能引起分子中电子能级的跃迁，而只能被样品分子吸收，引起分子振动能级和转动能级的跃迁，由分子的振动和转动能级跃迁产生的连续吸收光谱称为红外吸收光谱。若以透光率 T（%）或吸光度 A 为纵坐标，以红外光吸收波长 λ（μm）或波数 $\tilde{\nu}$（cm^{-1}）为纵坐标，就可绘出红外吸收光谱图。通常波长 λ 和波数 $\tilde{\nu}$ 之间存在下述关系：

$$\tilde{\nu}(cm^{-1})=\frac{1}{\lambda(cm)}=\frac{10^4}{\lambda(\mu m)}$$

1. 分子的振动能级和转动能级

分子的能级由分子内的电子能级、构成分子的原子相互间的振动能级和整个分子的转动能级所组成。电子能级跃迁所吸收的辐射能为 $1\sim20eV$，位于电磁波谱的可见光区和紫外光区（$800\sim200nm$），所产生的光谱称为电子光谱。分子内原子间的振动能级跃迁所吸收的辐射能为 $0.05\sim1.0eV$，位于电磁波谱的中红外区（$2.5\sim50\mu m$）；整个分子的转动能级跃迁所吸收的辐射能为 $0.001\sim0.05eV$，位于电磁波谱的远红外区和微波区（$50\sim10000\mu m$）。由于分子的振动和转动所产生的吸收光谱称为分子的振动和转动光谱。

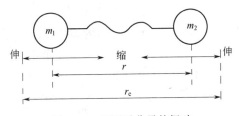

图 7-15　双原子分子的振动

r—平衡状态时原子间距离；r_e—振动过程中某瞬间距离

分子振动时，分子中的原子以平衡点为中心，以非常小的振幅作周期性的振动（简谐振动）。对双原子分子，可把两个原子看成质量分别为 m_1 和 m_2 的两个刚性小球，两球之间的化学键好似一无质量的弹簧，如图 7-15 所示。按此模型则双原子分子的简谐振动应符合经典力学的虎克定律，其振动频率可表示为

$$\nu=\frac{1}{2\pi}\sqrt{\frac{K}{\mu}}\qquad 其中\ \mu=\frac{m_1m_2}{m_1+m_2}$$

振动波数为
$$\tilde{\nu}=\frac{1}{2\pi c}\sqrt{\frac{K}{\mu}}$$

式中，K 为化学键力常数，$N\cdot cm^{-1}$；μ 为折合质量，kg；m_1、m_2 分别为两个原子的原子质量；c 为光速，$3\times10^8 m\cdot s^{-1}$。

分子的振动能级与振动频率成正比，不同分子的振动频率不同，频率与原子间

的化学键力常数的平方根成正比，与折合质量的平方根成反比。在室温时大部分分子都处于最低的振动能级（$\nu=0$），当吸收红外辐射后，振动能级的跃迁主要是从 $\nu=0$ 状态跃迁到 $\nu=1$ 状态，两个振动能级的能量差为

$$\Delta E_{振}=\frac{h}{2\pi}\sqrt{\frac{K}{\mu}}$$

式中，h 为普朗克常数，$h=6.63\times10^{-34}\mathrm{J\cdot s}$。

分子的基本振动形式见表 7-8。

表 7-8　分子的基本振动形式

伸缩振动 （键长发生变化，用 ν 表示）		弯曲（变形）振动（键角发生变化，用 δ 表示）			
		面内弯曲振动 [用 β（或 δ）表示]		面外弯曲振动 （用 γ 表示）	
对称伸缩振动 （用 ν_s 表示）	不对称伸缩振动 （用 ν_{as} 表示）	剪式振动 对称（用 δ_s 表示） 不对称（用 δ_{as} 表示）	面内摇摆振动 （用 ρ 表示）	扭曲变形振动 （用 τ 表示）	面外摇摆振动 （用 ω 表示）

以亚甲基为例，分子振动运动的各种形式如图 7-16 所示。

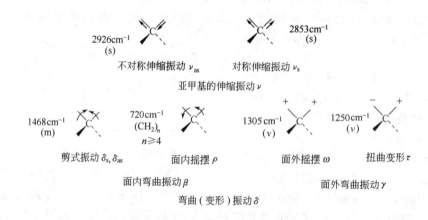

图 7-16　亚甲基的基本振动形式及红外吸收

在气体分子的红外吸收光谱中包含由振动能级改变所决定的吸收带，同时也伴有因转动能级改变而产生的吸收带，所以其红外光谱吸收带是由一组较长的和较短的波长谱线所组成的。

在液态和固态条件下，由于分子间存在相互作用，使分子的转动受到限制，因而只能观察到波长变宽的振动吸收峰。

2. 红外吸收光谱的产生条件

分子吸收红外辐射后，产生红外吸收光谱，必须满足以下两个条件：

① 由于振动能级是量子化的，当分子发生振动能级跃迁时，仅当红外辐射能

量达到能级跃迁的差值时，分子才会吸收红外辐射。

②分子有多种振动形式，但并不是每种振动都会吸收红外辐射而产生红外吸收光谱，只有能引起分子偶极矩瞬间变化的振动（称为红外活性振动）才会产生红外吸收光谱，并且影响红外吸收峰的强度，因红外吸收的强度与分子振动时偶极矩变化的平方成正比，振动时偶极矩变化愈大，其吸收强度也愈强。

根据吸收峰位置和强度的变化，观测到的红外吸收峰形有宽峰、尖峰、肩峰和双峰等类型，如图 7-17 所示。

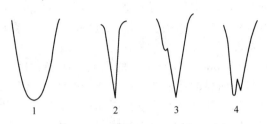

图 7-17　红外吸收光谱吸收峰的形式
1—宽峰；2—尖峰；3—肩峰；4—双峰

3. 红外吸收光谱的术语

（1）基频峰和泛频峰　当分子吸收红外辐射后，振动能级从基态（V_0）跃迁到第一激发态（V_1）时所产生的吸收峰称为基频峰。在红外吸收光谱中绝大部分吸收都属于此类。

振动能级从基态（V_0）跃迁到第二激发态（V_2）、第三激发态（V_3）……所产生的吸收峰称为倍频峰。通常基频峰的强度大于倍频峰，倍频峰的波数不是基频峰波数的倍数，而是稍低一些。

在红外吸收光谱中还可观察到合频吸收带，这是由于多原子分子中各种振动形式的能级之间存在可能的相互作用。此时，若吸收的红外辐射能量为两个相互作用的基频之和，就会产生合频峰。若吸收的红外辐射为两个相互作用的基频之差，则产生差频峰。合频峰和差频峰的强度比倍频峰更弱。

通常将倍频峰、合频峰和差频峰总称为泛频峰。

（2）特征峰和相关峰　红外吸收光谱具有明显的特征性，这是对有机化合物进行结构剖析的重要依据。由含多种不同原子的官能团构成的复杂分子，其各官能团吸收红外辐射被激发后，都会产生特征的振动，分子的振动实质上是化学键的振动，因此，红外吸收光谱的特征性都与化学键的振动特性有关。通过对大量红外吸收光谱的研究、观测后，发现同样官能团的振动频率十分接近，总是在一定的波数范围内出现，如含—NH_2 官能团的化合物，总在 $3500\sim3100cm^{-1}$ 范围内出现吸收峰，因此把凡能用于鉴定官能团存在并具有较高强度的吸收峰称为特征峰，此特征峰的频率就叫做特征频率。一个官能团除了有特征峰外，还有很多其他的振动形式吸收峰，通常把这些相互依存而又可相互佐证的吸收峰称为相关峰。例如甲基—CH_3，它有下列相关峰：$\nu_{C-H(as)}$，$2960cm^{-1}$；$\nu_{C-H(s)}$，$2870cm^{-1}$；$\delta_{C-H(as)}$，

$1470cm^{-1}$；$\delta_{C-H(s)}$，$1380cm^{-1}$；ρ_{C-H}，$720cm^{-1}$。

利用一组相关峰的存在与否来鉴别官能团是红外吸收光谱解析有机化合物分子结构的一个重要依据。

（3）特征区和指纹区　通常把红外吸收峰波数在 $4000\sim1330cm^{-1}$ 的区域叫做特征频率区，或称特征区。在特征区内，吸收峰数目较少，易于区分。各类有机化合物中所共有的官能团的特征频率峰皆位于该区，原则上每个吸收峰都可找到它的归属，此特征区可作为官能团定性分析的主要依据。

决定官能团特征频率的主要因素有四个方面：分子中原子的质量、原子间化学键力常数、分子的对称性、振动的相互作用。这些因素在一系列化合物中保持其稳定性时，才呈现出特征频率。

红外吸收峰的波数在 $1330\sim670cm^{-1}$ 的区域称为指纹区。在此区域内，各官能团吸收峰的波数不具有明显的特征性，由于峰带密集，如人的指纹，故称为指纹区。有机化合物分子结构上的微小变化都会引起指纹区吸收峰的明显改变。指纹区用来与标准红外吸收谱图比较，可得出未知物与已知物是否相同的结论。因此指纹区在分辨有机化合物的结构时，也有很大的使用价值。

特征区和指纹区的功用正好相互补充。

二、有机化合物的红外吸收光谱

有机化合物种类繁多，具有不同特征官能团的直链烷烃、烯烃、炔烃、芳香烃、醇、醛、酮、醚、酸、酯、胺、卤化物、酰卤、酰胺、酸酐等，在 $4000\sim670cm^{-1}$ 波数范围内，皆有特征吸收频率。实际应用时，可分为四个区域：

① X—H 伸缩振动区（X 表示 C、O、N、S 等原子），波数范围为 $4000\sim2500cm^{-1}$。

② 三键和累积双键伸缩振动区，波数范围在 $2500\sim2000cm^{-1}$ 区域。

③ 双键伸缩振动区，波数范围在 $2000\sim1500cm^{-1}$ 区域。

④ 部分 X—Y 单键的伸缩振动和 X—H 面内及面外弯曲（变形）振动区，波数范围在 $1500\sim670cm^{-1}$ 区域。

表 7-9 列出红外光谱中各种官能团的特征吸收谱带的位置。

三、红外分光光度计简介

红外分光光度计由红外辐射光源、样品室、单色器、检测器（和放大器）及绘图记录系统五个部分组成。

1. 红外辐射光源

常用的红外辐射光源为能斯特灯和硅碳棒。能斯特灯由氧化锆、氧化钇和氧化钍烧结制成，为直径 $1\sim3mm$、长 $20\sim50mm$ 的中空棒或实心棒，两端绕有铂丝作为导线。工作之前要由一个辅助加热器进行预热。此光源的优点是发光强度高，使用寿命约一年；缺点是机械强度差，易受压或扭动而损坏。

硅碳棒为两端粗、中间细的实心棒，直径约 $5mm$，长约 $50mm$。它在室温下是导体，具有正的电阻温度系数，工作前不预热。其优点是坚固、寿命长，发光面积大；缺点是工作时电极接触部分需用水冷却。

表 7-9 红外光谱中各种官能团特征吸收谱带的位置

区域	基　团	吸收波数 /cm^{-1}	振动形式	吸收强度	说　明
第一区域	—OH(游离)	3650~3580	伸缩	m,sh	判断有无醇类、酚类和有机酸的重要依据
	—OH(缔合)	3400~3200	伸缩	s,b	判断有无醇类、酚类和有机酸的重要依据
	—NH$_2$,—NH(游离)	3500~3300	伸缩	m	
	—NH$_2$,—NH(缔合)	3400~3100	伸缩	s,b	
	—SH	2600~2500	伸缩		
	C—H 伸缩振动				
	不饱和 C—H	3300 附近	伸缩	s	不饱和 C—H 伸缩振动出现在 3000cm^{-1} 以上
	≡C—H(三键)				
	＝C—H(双键)	3040~3010	伸缩	s	末端＝CH$_2$ 出现在 3085cm^{-1} 附近
	苯环中 C—H	3030 附近	伸缩	s	强度上比饱和 C—H 稍弱,但谱带较尖锐
	饱和 C—H				饱和 C—H 伸缩振动出现在 3000cm^{-1} 以下(3000~2800cm^{-1}),取代基影响小
	—CH$_3$	2960±5	反对称伸缩	s	
	—CH$_3$	2870±10	对称伸缩	s	
	—CH$_2$	2930±5	反对称伸缩	s	三元环中的 $\diagdown$CH$_2$ 出现在 3050cm^{-1}
	—CH$_2$	2850±10	对称伸缩	s	$\vert$ —C—H 出现在 2890cm^{-1},很弱
第二区域	—C≡N	2260~2220	伸缩	s,针状	干扰少
	—N≡N	2310~2135	伸缩	m	
	—C≡C—	2260~2100	伸缩	v	R—C≡C—H,2140~2100cm^{-1}; R′—C≡C—R,2260~2190cm^{-1}; R′＝R,对称分子无红外谱带
	—C＝C＝C—	1950 附近	伸缩	v	
第三区域	C＝C	1680~1620	伸缩	m,w	
	苯环中 C＝C	1600,1580	伸缩	v	苯环的骨架振动
		1500,1450			
	—C＝O	1850~1600	伸缩	s	其他吸收带干扰少,是判断羰基(酮类、酸类、酯类、酸酐等)的特征频率,位置变动大
	—NO$_2$	1600~1500	反对称伸缩	s	
	—NO$_2$	1300~1250	对称伸缩	s	
	S＝O	1220~1040	伸缩	s	

区域	基团	吸收波数/cm^{-1}	振动形式	吸收强度	说明
第四区域	C—O	1300~1000	伸缩	s	C—O键（酯、醚、醇类）的极性很强,强度大,常成为谱图中最强的吸收
	C—O—C	1150~900	伸缩	s	醚类中C—O—C的ν_{as}=(1100±50)cm是最强的吸收。C—O—C对称伸缩在900~1000cm区域,较弱
	—CH$_3$,—CH$_2$	1460±10	CH$_3$反对称弯曲 CH$_2$对称弯曲	m	大部分有机化合物都含—CH$_3$、—CH$_2$,因此此峰经常出现,很少受取代基影响,且干扰少,是—CH$_3$的特征吸收
	—CH$_3$	1380~1370	对称弯曲	s	
	—NH$_2$	1650~1560	弯曲	m~s	
	C—F	1400~1000	伸缩	s	
	C—Cl	800~600	伸缩	s	
	C—Br	600~500	伸缩	s	
	C—I	500~200	伸缩	s	
	=CH$_2$	910~890	面外摇摆	s	
	—(CH$_2$)$_n$—,n>4	720	面内摇摆	v	

注：sh——尖锐吸收峰；b——宽吸收带；v——吸收强度可变；s——强吸收；m——中吸收；w——弱吸收。

2. 样品室

使用长光程气态样品槽,或适用于液样及固样的可拆式样品槽。

3. 单色器

由一个或几个色散元件（衍射光栅或棱镜）、可变的入射和出射狭缝及用于聚焦和反射光束的反射镜组成。在红外仪器中一般不使用透镜,以避免产生色差。常用的红外光学材料及其最佳使用波长和波数见表7-10。

表7-10 几种红外光学材料的最佳使用波长和波数

材料	波长/μm	波数/cm^{-1}	材料	波长/μm	波数/cm^{-1}
石英	0.8~3.0	12500~3300	溴化钾	15.4~25	650~400
氟化锂	2.0~5.3	5000~1885	溴化铯	25~40	400~250
氟化钙	5.3~8.5	1885~1175	KRS-5	20~35	500~285
氯化钠	8.5~15.4	1175~650	(TlBr42%,TlI58%)		

4. 检测器

常用的检测器为真空热电偶检测器,其结构如图7-18所示。

5. 绘图记录系统

目前的红外分光光度计大都配有微处理机和小型计算机。仪器的操作控制、谱图中各种参数的计算以及差谱技术、谱图检索等,均可由计算机完成。

光栅型双光路光学零位平衡红外分光光度计的结构原理如图 7-19 所示。工作原理如下。

光源发出的红外辐射被两个凹面镜反射成两束收敛光，分别形成测试光路和参比光路，两束光首先通过样品室，然后到达斩光器，使测试光路和参比光路的光交替通过入射狭缝成像，并进入单色器，经衍射光栅色散后，按照频率的高低，依次通过出射狭缝，由滤光器滤去非红外波长范围的辐射后，被反射镜聚焦在真空热电偶检测器上。检测器输出的交流信号经放大器放大后，就可驱动记录笔伺服电机，记录样品吸收情况的变化，与此同时光栅也按一定速度运动，使到达检测器上的红外入射光的波数也随之改变，这样由于记录纸与光栅的同步运动，就可绘出光吸收强度随波数变化的红外吸收光谱图。

上述以色散元件（光栅、棱镜）为分光系统的红外光谱仪已不能满足近代科技发展的需要，它的扫描速度慢，不适用于动态研究和痕量分析。随着光学、电子学和计算机技术的发展，20 世纪 70 年代研制出了第三代傅里叶变换红外吸收光谱仪（FTIR），它不使用色散元件，而由光学探测和计算机两部分组成。光学探测部分为迈克尔逊干涉仪，可将光源系统送来的干涉信号变为电信号，以干涉图形式送往计算机，经计算机进行快速傅里叶变换数学处理计算后，可将干涉图转换成红外光谱图。

傅里叶变换红外吸收光谱仪由光源（硅碳棒、高压汞灯）、迈克尔逊干涉仪、

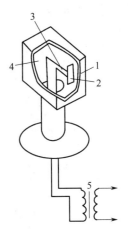

图 7-18 热电偶检测器结构示意

1—盐窗；2—涂黑的金箔；3—两种不同金属；4—真空腔；5—变压器

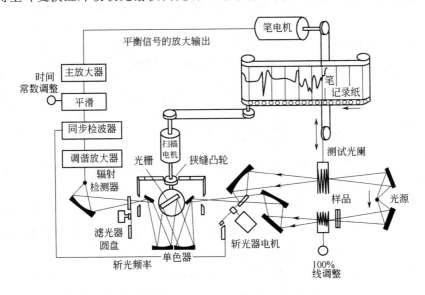

图 7-19 光栅型双光路光学零位平衡红外分光光度计的结构原理图

样品室、检测器（热电量热计、汞镉碲光检测器）、计算机系统和记录显示装置组成。

傅里叶变换红外吸收光谱仪的工作原理如图 7-20 所示。

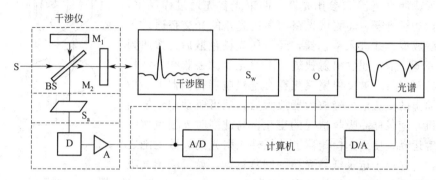

图 7-20 傅里叶变换红外吸收光谱仪的工作原理示意图

S—光源；M₁—定镜；M₂—动镜；BS—光束分离器；D—检测器；Sₐ—样品室；A—放大器；

A/D—模数转换器；D/A—数模转换器；Sw—键盘；O—外部设备

由红外光源 S 发出的红外光经准直为平行光束后进入干涉仪。干涉仪由定镜 M_1、动镜 M_2 及与 M_1 和 M_2 分别成 45°角的光束分离器 BS 组成，定镜 M_1 固定不动，动镜 M_2 可沿入射光方向作平行移动，光束分离器 BS 可让入射的红外光一半透过，另一半被反射。当光源 S 的红外光进入干涉仪后，通过 BS 的光束Ⅰ入射到动镜 M_2 表面，另一半被 BS 反射到定镜 M_1 构成光束Ⅱ；光束Ⅰ、Ⅱ又会被动镜 M_2 和定镜 M_1 反射回到 BS，并通过样品室 S_a，再被反射到检测器 D。当两束光Ⅰ、Ⅱ到达 D 时，其光程差将随动镜 M_2 的往复运动周期性地变化，从而产生干涉现象。

当进入干涉仪的是波长为 λ 的单色光时，开始时因 M_1 和 M_2 与 BS 的距离相等（此时 M_2 可看作在零位），两束光Ⅰ和Ⅱ到达检测器 D 的相位相同，就发生相长干涉，产生的干涉光强度最大；当动镜 M_2 移动到入射光的 $\frac{1}{4}\lambda$ 距离时，则光束Ⅰ的光程变化为 $\frac{1}{2}\lambda$，在检测器 D 上与光束Ⅱ的相位差为 180°角，光束Ⅰ和Ⅱ会产生相消干涉，使干涉光的强度最小。由此可知，当动镜 M_2 移动距离为 $\frac{1}{4}\lambda$ 的偶数倍时，产生相长干涉；当动镜 M_2 移动距离为 $\frac{1}{4}\lambda$ 的奇数倍时，产生相消干涉。因此，当动镜 M_2 匀速移动时，即匀速连续改变光束Ⅰ和Ⅱ的光程差，就得到如图 7-21 所示的单色光的干涉图，呈现余弦形式的谐振曲线。

当进入干涉仪的入射光为连续波长的复色光时，得到的是所有各种单色光干涉图的加和（见图 7-22），表现为中心有极大值并向两边对称衰减的曲线。

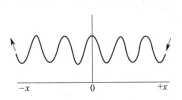

图 7-21　单色光的干涉图

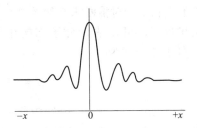

图 7-22　复色光的干涉图

实测时，当复色干涉光通过试样时，由于样品对不同波长光的选择性吸收，使含有光谱信息的干涉信号到达检测器 D 后，将干涉信号转变成电信号，经放大后输入到模/数（A/D）转换器。此时的干涉信号是一个时间函数，由干涉信号可绘出干涉图，其纵坐标为干涉光强度，横坐标是动镜 M_2 的移动时间或移动距离。上述干涉电信号经过模/数（A/D）转换器送到计算机，由计算机进行傅里叶变换的快速计算后，可获得随波数（$\tilde{\nu}$）变化的光谱图。然后再通过数/模（D/A）转换器输入到绘图仪，绘出人们熟悉的透光率（T）随波数（$\tilde{\nu}$）变化的标准红外吸收光谱图。

傅里叶变换红外光谱仪的优点是：①响应速度快，可在 1s 内完成红外光谱范围的扫描；②传输通路多，可对全部频率范围同时进行测量；③能量输出大，干涉光全部进入检测器，检测灵敏度高；④波数测量精确度高，可测准至 $0.01cm^{-1}$；⑤峰形分辨能力高，可达 $0.1cm^{-1}$；⑥光学部件结构简单，测量过程仅有一个动镜移动。

傅里叶变换红外光谱仪可通过一个联接界面（光管或流通式）实现与气相色谱、高效液相色谱、超临界液体色谱的联用（GC-FTIR、HPLC-FTIR、SFC-FT-IR），从而为有机结构分析提供了新的有效手段。

四、红外吸收光谱法在有机分析中的应用

1. 红外吸收光谱的定性分析——在有机官能团的鉴定和结构分析中的应用

利用红外吸收光谱进行有机化合物定性分析可分为两个方面：一方面是官能团定性分析，主要依据红外吸收光谱的特征频率来鉴别含有哪些官能团，以确定未知化合物的类别；另一方面是结构分析，它是用红外吸收光谱提供的信息，结合未知物的各种性质和其他结构分析手段，如紫外吸收光谱、核磁共振波谱、质谱提供的信息来确定未知物的化学结构式或立体结构。

对红外吸收光谱进行定性分析的步骤如下。

① 了解样品的来源，利用适当分离手段获得纯度达 98% 以上的纯品，观察样品的颜色、臭、味、物理状态等外观信息。

② 由于红外吸收光谱不能得到样品的总体信息，如相对分子质量、分子式等，如果不能获得与样品有关的其他方面的信息，仅利用红外吸收光谱进行样品剖析，在多数情况下是困难的。为此应尽可能获得样品的有机元素分析的结果以确定分子式，并收集有关的物理化学常数（如沸点、熔点、折射率、旋光度等）。计算化合

物的不饱和度，对推断未知物的结构十分有用。不饱和度表示有机分子中碳原子的不饱和程度，可以估计分子结构中是否有双键、三键或芳香环。计算不饱和度（U）的经验公式为

$$U = 1 + n_4 + \frac{1}{2}(n_3 - n_1)$$

式中，n_1、n_3 和 n_4 分别为分子式中一价、三价和四价原子的数目。通常规定双键（$C=C$、$C=O$）和饱和环烷烃的不饱和度 $U=1$，三键的不饱和度 $U=2$，苯环的不饱和度 $U=4$（可理解为一个环加三个双键）。因此根据分子式，通过计算不饱和度 U，就可初步判断有机化合物的类型。

③ 由绘制的红外吸收谱图来确定样品含有的官能团，并推测其可能的分子结构。

④ 查阅标准红外吸收谱图（IR 谱图），以确证解析结果的正确性。

现在常用的红外标准谱图集是由美国费城萨特勒（Sadtler）研究实验室用纯度在 98％以上的化合物绘制的，此谱图集从 1947 年开始出版，每年增加谱图 2000 张。它分为标准 IR 谱图、商业 IR 谱图及专用的 IR 谱图三大类。由图上可看到分子式、结构式、相对分子质量、熔点或沸点、样品来源、制样方法和所用仪器。商业谱图收集了大量商品的 IR 谱图，它又分为三十余种（如农业化学品、多元醇、表面活性剂等）。

萨特勒标准谱图集配有分子式索引、官能团字顺索引、波长索引、化学分类索引等，可从索引中查到化合物的谱图号，然后再从谱图集中查出对应的谱图。

现在生产的红外分光光度计都配有计算机系统，它可将标准 IR 谱图存储在软磁盘（或硬盘上），使用时可自动对照检索，并可将未知谱图与标准谱图进行加和、差减，从而可节约解析时间，并可帮助获得准确的解析结果。

以下述三个实例说明 IR 谱图的解析方法。

【例 7-1】某未知物的分子式为 $C_{12}H_{24}$，试从其红外吸收光谱图（见图 7-23）推断它的结构。

解 ① 由分子式计算不饱和度：$U = 1 + 12 + \frac{1}{2}(0 - 24) = 1$。则该化合物具有一个双键或一个环。

② 由 $3075cm^{-1}$ 出现小的肩峰说明存在烯烃 ν_{C-H} 伸缩振动，在 $1640cm^{-1}$ 还

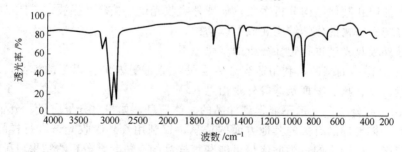

图 7-23 未知物 $C_{12}H_{24}$ 的红外谱图

出现强度较弱的 $\nu_{C=C}$ 伸缩振动。以上两点表明此化合物为一种烯烃。

在 $3000 \sim 2800 \text{cm}^{-1}$ 的吸收峰表明有—CH_3、$\diagdown CH_2$ 存在,在 2960cm^{-1}、2920cm^{-1}、2870cm^{-1}、2850cm^{-1} 的强吸收峰表明存在—CH_3 和 $\diagdown CH_2$ 的 $\nu_{C-H(as)}$、$\nu_{C-H(s)}$,且 $\diagdown CH_2$ 的数目大于—CH_3 的数目,从而推断此化合物为一直链烯烃。在 715cm^{-1} 出现的小峰,显示 $\diagdown CH_2$ 的面内摇摆振动 ρ_{CH_2},也表明长碳链的存在。

在 980cm^{-1}、915cm^{-1} 的稍弱吸收峰表明为次甲基 $\Longrightarrow CH$ 和亚甲基 $\diagdown CH_2$ 产生的面外弯曲振动 γ_{C-H}。

在 1460cm^{-1} 的吸收峰为—CH_3、$\diagdown CH_2$ 的不对称剪式振动 $\delta_{C-H(as)}$;在 1375cm^{-1} 的吸收峰为—CH_3 的对称剪式振动 $\delta_{C-H(s)}$,其强度很弱,表明—CH_3 的数目很少。

由以上解析,可确定此化合物为 1-十二烯,其结构式为 $CH_2=CH-(CH_2)_9-CH_3$。

【例 7-2】某未知物的分子式为 $C_4H_{10}O$,试从其红外吸收光谱图(见图 7-24)推断其结构式。

解 ① 由分子式计算它的不饱和度:$U = 1 + 4 - \dfrac{1}{2}(0 - 10) = 0$,表明该化合物为饱和化合物。

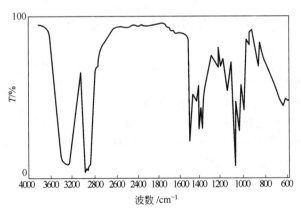

图 7-24 未知物 $C_4H_{10}O$ 的红外谱图

② 由 3350cm^{-1} 的强吸收峰表明存在 ν_{O-H} 伸缩振动,其移向低波数表明存在分子缔合现象。

在 2960cm^{-1}、2920cm^{-1}、2870cm^{-1} 的吸收峰表明存在—CH_3、$\diagdown CH_2$ 的伸缩振动 ν_{C-H}。

由 1460cm^{-1} 的吸收峰,表明存在—CH_3、$\diagdown CH_2$ 的不对称剪式振动 $\delta_{C-H(as)}$。

在 1380cm^{-1}、1370cm^{-1} 的等强度双峰分裂表明存在 C—H 的面内弯曲振动 δ_{C-H},其为异丙基分裂现象。

在 1300～1000cm^{-1} 的一系列吸收峰表明存在 C—O 的伸缩振动 ν_{C-O}，即有一级醇—OH 存在。

由以上解析可确定此化合物为饱和的一级醇，存在异丙基分裂，可确定其为异丁醇，结构式为 $\underset{CH_3}{\overset{CH_3}{\Big\rangle}}CH-CH_2-OH$。

【例 7-3】 某分子式为 C_8H_8O 的未知物，沸点为 220℃，由其红外吸收谱图（见图 7-25）推断其结构。

解 ① 从分子式计算不饱和度：$U = 1 + 8 + \dfrac{1}{2}(0-8) = 5$，估计其含有苯环和双键（或环烷烃）。

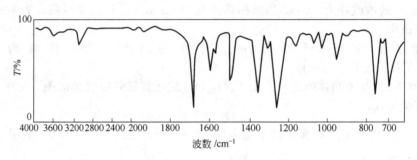

图 7-25　未知物 C_8H_8O 的红外谱图

② 由在 3000cm^{-1} 以上仅有微弱的吸收峰，表明分子中仅含少量的—CH$_3$ 或 $\Big\rangle$CH$_2$。

在 2000～1700cm^{-1} 有微弱的吸收峰，其为 C—H 的面外弯曲振动 γ_{C-H}，是苯衍生物的特征峰。

在 1680cm^{-1} 有强吸收峰，其为羰基的伸缩振动 $\nu_{C=O}$，表明该化合物可能为酰胺或醛、酮，因分子式中无 N，故只可能为醛或酮。

在 1600cm^{-1}、1580cm^{-1}、1500cm^{-1} 处的三个吸收峰是苯环骨架伸缩振动 $\nu_{C=C}$ 的特征，表明分子中有苯环。

在 1380cm^{-1} 的吸收峰，表明有—CH$_3$ 的面内弯曲振动（对称剪式振动）$\delta_{C-H(s)}$。

在 900～650cm^{-1} 的吸收峰，为苯环 C—H 面外弯曲振动 γ_{C-H}；在 750cm^{-1}、690cm^{-1} 的两个强吸收峰，表明为单取代苯。

在 1265cm^{-1} 呈现的强吸收峰为芳香酮特征，其为羰基和芳香环的偶合吸收峰。

由以上解析可知，此化合物为苯乙酮，结构式为 $\underset{}{\overset{O}{\big\|}}$ $\langle\!\!\!\!\bigcirc\!\!\!\!\rangle\!-\!\overset{O}{\overset{\|}{C}}-CH_3$。

2. 红外吸收光谱的定量分析

红外吸收光谱进行定量分析的依据仍为朗伯-比耳定律。在红外吸收光谱中，吸收谱带往往不对称，吸光度测定多采用基线法，如图 7-26 所示。

在吸收峰两侧选 P、Q 两点，两点间的连线称为基线，再通过吸收峰顶点 t 作垂直于横坐标的垂线 rS，则可由 rS 和 tS 的长度求出样品在此波长下的吸光度值。

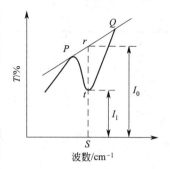

图 7-26 基线法示意

$$A = \lg \frac{I_0}{I} = \lg \frac{rS}{tS}$$

通过配制一系列不同浓度被测组分的纯物质标准溶液，在吸收峰的波长下测定它们的吸光度，并绘制工作曲线。再由工作曲线和被测样品的吸光度可求出样品中待测组分的浓度。

此测定方法适用于单组分的测定，或混合物中各组分的吸收峰不重叠的情况下，分别测各组分的含量。如果混合物中各组分的吸收峰有重叠，则可建立联立方程，再分别求解而求出各个组分的含量。

第四节　原子发射光谱法

一、基本原理

当被测样品置于热源（火花源或电弧源）上，在外界激发能源作用下，样品首先蒸发成气态原子，并使各组分在蒸气中的分布与它们在样品中的分布一致；其次使气态原子的外层价电子受激发跃迁至高能级原子轨道，当其返回基态或低能级轨道时，就辐射出线状光谱，这些谱线的波长 λ 由跃迁轨道的能级差 ΔE 决定：

$$\Delta E = E_2 - E_1 = \frac{hc}{\lambda} \qquad \lambda = \frac{hc}{\Delta E}$$

式中，E_2 为高能级轨道能量；E_1 为低能级轨道能量；h 为普朗克常数；c 为光速；λ 为波长。

原子发射光谱法是通过测量电子进行能级跃迁时辐射的线状光谱的特征波长和谱线的强度，来对元素进行定性分析和定量分析的方法。

1. 原子结构和原子光谱

物质大都是由分子组成的，分子是由原子组成的，原子是由原子核和核外电子组成的，核外电子按能量的高低呈量子化分布，每个电子在核外的运动状态可用量子理论的四个量子数来描述，即主量子数 (n)、副（角）量子数 (l)、磁量子数 (m)、自旋量子数 (m_s)。

原子核外的电子分布见表 7-11。

钠原子的原子序数 Z 为 11，其原子核外有 11 个电子，其电子分布可表示为：$1s^2 2s^2 2p^6 3s^1$。当钠原子最外层 $3s^1$ 或次外层 $2p^6$ 上的电子被外界能量激发跃迁至高能级后，呈激发态，处于激发态的原子很不稳定，一般在 $10^{-8} \sim 10^{-7}s$ 之后就返回到基态或较稳定的低能态，与此同时会辐射出具有一定波长和频率的电磁波，而呈现线状光谱。钠原子最外层和次外层的电子跃迁能级图如图 7-27 所示，伴随跃迁过程辐射的线状光谱的波长见表 7-12。

表 7-11　原子核外的电子分布

主量子数(n)	1	2			3								
主层符号	K	L			M								
副(角)量子数(l)	0	0	1		0	1			2				
亚层符号	1s	2s	2p$_x$　2p$_y$　2p$_z$		3s	3p$_x$　3p$_y$　3p$_z$			3d$_{xy}$　3d$_{yz}$　3d$_{xz}$　3d$_{z^2}$　3d$_{x^2y^2}$				
磁量子数(m)	0	0	+1　0　−1		0	+1　0　−1			+2　+1　0　−1　−2				
亚层中原子轨道数	1	1	3		1	3			5				
自旋量子数(m_s: $+\frac{1}{2}$, $-\frac{1}{2}$)													
亚层原子轨道上的电子数	2	2	6		2	6			10				

表 7-12　钠原子最外层和次外层电子跃迁辐射的光波波长

跃迁类型	辐射波长/nm	跃迁类型	辐射波长/nm	跃迁类型	辐射波长/nm
3s⇌3p	589.59;588.99	3p⇌4s	113.82;114.04	3p⇌3d	818.33;819.48
3s⇌4p	330.23;330.29	3p⇌5s	615.42;616.07	3p⇌4d	568.22;568.27
3s⇌6p	285.28;285.30	3p⇌6s	514.91;515.36	3p⇌5d	497.86;498.29

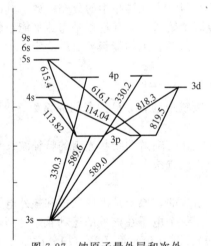

图 7-27　钠原子最外层和次外层的电子跃迁能级图

很显然，原子核外电子能级愈多，其外层电子数愈多，呈现的线状光谱就愈复杂。如元素锂仅有 39 条线，而元素铯就增至 645 条线；典型的过渡元素铬、铁和铈的谱线分别为 2277、4757、5755 条。

2. 元素的灵敏线、共振线和最后线

灵敏线是指各种元素谱线中最容易激发或激发电位较低的谱线。

各元素灵敏线的波长可由《分析化学手册》(第二版)第三分册"光谱分析"(化学工业出版社 1998 年出版)第 68～98 页表 2-5 中查到。

由激发态直接跃迁至基态所辐射的谱线称为共振线。当由低能级的第一激发态直接跃迁至基态时所辐射的谱线称为第一共振线，也就是该元素的最灵敏线。

光谱线的强度不仅与元素的性质、外界激发电位大小有关，也与试样中该成分的含量有关。当试样中元素的含量逐渐减小时，谱线的数目亦相应减少，当元素的含量减小至零时，所观察到的最后消失线，称作最后线。元素的最后线也就是元素的第一共振线，也是理论上的最灵敏线。

3. 原子发射光谱法的特点

该法测量仪器操作简单、分析速度快、消耗试样少，至今在冶金、地质、矿产部门获得广泛应用，约 70 种金属和类金属元素可用该法测定。

该法还具有选择性好、灵敏度高、准确度较高的特点。选择性好系指在一次测定中可同时分析化学性质极其相似的元素，如 Rb 与 Cs、Nb 与 Ta、Zr 与 Hf。灵敏度高指可分析含量在 $10^{-8} \sim 10^{-9}$ g 的痕量元素。准确度较高是指使用该法测定的相对误差，对高含量组分的测定准确度较差，可达 5%～10%；对低含量（0.1%～1%）组分的测定准确度与化学分析法相当；对痕量和微量（0.001%～0.1%）组分的测定准确度优于化学分析法。该法也可用于组分的半定量测定。

至今该法对难于激发的非金属元素还不能测定。当用该法测 S、Se、Te、卤素等元素时，灵敏度低，准确度差。另外，用该法进行定量分析时，需用标准样品进行比较，有时因标准样品不易获得，会给定量分析造成困难。

二、原子发射光谱仪

原子发射光谱仪由光源、摄谱仪、感光板、映谱仪和测微光度计五个部分组成。

1. 光源

光源的作用是提供样品蒸发和激发所需的能量。它先把样品中的组分蒸发、离解成气态原子，然后再使原子的外层电子激发产生光辐射。光源是决定光谱分析灵敏度和准确度的重要因素，它分为电弧光源、火花光源和近年来发展的电感耦合等离子体光源。

（1）电弧光源 电弧是较大电流通过两个电极之间的一种气体放电现象，所产生的弧光具有很大的能量。若把样品引入弧光中，就可使样品蒸发、离解，并进而使原子激发而发射出线状光谱。它可分为直流电弧和交流电弧。

① 直流电弧。直流电弧发生器及直流电弧如图 7-28 所示。电源 E 可用直流发电机或将交流电整流后供电，电压为 220～380V，电流为 5～30A；可变电阻 R 用以调节电流的大小；电感 L 用来减小电流的波动。

带有凹槽的石墨棒阳极，可放置样品粉末，其与带有截面的圆锥形石墨阴极之间的分析间隙为 4～6mm。点燃直流电弧后，两电极间的弧柱温度达 4000～7000K，电极温度达 3000～4000K。在弧焰中样品蒸发、离解成原子、离子、电子，粒子间碰撞使它们激发，从而辐射出光谱线。

直流电弧光源的弧焰温度高，可使 70 种以上的元素激发，适用于难溶、难挥发物质的分析，其测定的灵敏度高、背景小，适用于定性分析和低含量杂质的测定。因其弧焰不稳定、再现性差、阳极温度高，不适用于定量分析及低熔点元素的分析。

② 交流电弧。交流电弧发生器由交流电源供电。常用 110～120V 低压交流电弧，其设备简单、操作安全。用高频引燃装置点火，交流电弧放电具有脉冲性，弧柱温度比直流

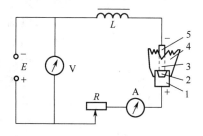

图 7-28 直流电弧发生器
及直流电弧

E—直流电源；V—直流电压表；L—电
感；R—可变电阻；A—直流电流表；
1—阳极；2—样品槽；3—电弧柱；
4—电弧火焰；5—阴极

电弧高，稳定性好，可用于定性分析和定量分析，有利于提高准确度。其不足之处是蒸发能力和检出灵敏度低于直流电弧。

（2）火花光源　高压火花发生器可产生 $10\sim25\text{kV}$ 的高压，然后对电容器充电，当充电电压可以击穿由一对带有试样的碳电极构成的分析间隙时，就产生火花放电。放电以后，又会重新充电、放电，反复进行。

高压火花放电的平均电流比电弧电流小，为十分之几安培，但在起始的放电脉冲期间，瞬时电流可超过 1000A，此电流由一条窄的仅包含极小一部分电极表面积的光柱来输送，此光柱温度可达 $10000\sim40000\text{K}$。虽然火花光源的平均电极温度比电弧光源温度低许多，但在瞬时光柱中的能量却是电弧光源的几倍，因此高压火花光源中的离子光谱线要比电弧光源中明显。此种光源的特点是放电稳定性好，分析结果重现性好，适用于定量分析。缺点是放电间隔时间长，电极温度较低，对试样的蒸发能力差，适用于低熔点、组成均匀的金属或合金样品的分析。由于灵敏度低，背景大，不宜作痕量元素分析。

（3）电感耦合等离子体光源　它由高频发生器、等离子体炬管和雾化器组成，为现代发射光谱仪中广泛使用的新型光源，其结构见图 7-29。

高频发生器通过用水冷却的空心管状铜线圈围绕在石英等离子体炬管的上部，可辐射频率为几十兆的高频交变电磁场。等离子体炬管由三层同心圆的石英玻璃管组成。氩气（载气）携带经适当方法雾化后的样品气溶胶，从等离子体炬管的中心管进入等离子体火焰的中央处。中心管的第一个外层同心管以切线的方向通入冷却用的辅助氩气，它可抬高等离子体火焰、减少炭粒沉积，起到既可稳定等离子焰炬，又能冷却中心进样石英管管壁的两重保护作用。中心管的第二个外层同心管通入能形成等离子体火焰的工作氩气。开始时由于炬管内没有导电粒子，不能产生等离子体焰炬，可用电子枪点火产生电火花，会触发少量工作氩气电离产生导电粒子，其可在高频交变电磁场作用下高速运动，再碰撞其他氩原子，使之迅速大量电离，形成"雪崩"式放电，电离的 Ar^+ 在垂直于磁场方向的截面上形成闭合环形路径的涡流，即在高频感应线圈内形成电感耦合电流。这股高频感应电流产生的高温再次将氩气加热、电离，从而在石英炬管上口形成一个火炬状的稳定等离子体焰炬。此焰炬的最外层电流密度最大，温度最高，试样在此焰炬中蒸发成电子，并进行电离，再激发而呈现辐射光谱。

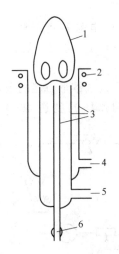

图 7-29　电感耦合
等离子体光源

1—等离子炬；2—高频线圈；3—石英管；4—工作氩气；5—辅助氩气（冷却中心炬管）；6—氩气及样品入口（由雾化室进入）

电感耦合等离子体光源具有以下特性。

① 此光源的工作温度高于其他光源。等离子体焰炬表面层温度可达 10000K 以上，中心管通道的温度也达 $6000\sim8000\text{K}$，在分析区内有大量具有高能量的 Ar^+ 等离子，它们通过碰撞极有利于试样的蒸发、激发、电离，有利于难激发

元素的测定，可测 70 多种元素，具有高灵敏度和低的检测限，适用于微量及痕量元素分析。

② 此光源不使用电极，可避免由电极污染带来的干扰。因使用氩气作为工作气体，产生的光谱背景干扰低、光源稳定性良好，可使分析结果获得高精密度（标准偏差为 1%～2%）和准确度，定量分析的线性范围可达 4～6 个数量级。

由于电感耦合等离子体光源具有良好的分析性能和广泛的应用范围，在近 20 年受到广泛重视，获得迅速发展，但由于它需要大量的氩气，设备较为复杂，且粉末样品雾化进样技术还不够完善等原因，使该光源的应用受到一定限制。

2. 摄谱仪

摄谱仪是一种用来色散光辐射并随后用照相法（或光电记录法）来记录所摄得光谱的仪器。由于使用的色散方式不同，可分为棱镜摄谱仪和光栅摄谱仪两类。

（1）棱镜摄谱仪　按使用的棱镜材料的不同可分为玻璃棱镜、石英棱镜和萤石棱镜摄谱仪，它们可分别摄得可见光区、紫外光区和真空紫外光区的全部或部分光谱线。棱镜摄谱仪的工作原理主要是利用棱镜对不同波长光的折射率不同来进行分光，它的光学系统由照明、准光、色散及投影四部分组成，如图 7-30 所示。

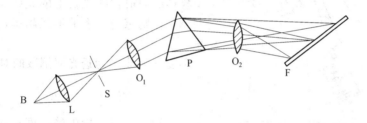

照明系统　　　准光系统　　　　色散系统　　　　投影系统

图 7-30　棱镜摄谱仪的光学系统图

照明系统：B—光源；L—照明透镜；准光系统：S—狭缝；O_1—准光透镜；
色散系统：P—棱镜；投影系统：O_2—暗箱物镜；F—感光板

（2）光栅摄谱仪　应用衍射光栅作为色散元件，利用光的衍射现象进行分光。通常使用平面反射光栅，分光的波长范围宽，可在由几纳米到几百微米的光谱区间，它比棱镜摄谱仪有更高的线色散率和分辨率，且色散率基本上与波长无关，适用于含复杂谱线的元素分析，其光路示意图见图 7-31。

3. 感光板

感光板是由玻璃或软胶片或涂渍 AgBr 及增感剂组成的感光乳剂构成的。

感光板上的感光乳剂经曝光、显影、定影后，显出黑的谱线。谱线变黑的程度称为黑度，用 S 表示。

4. 映谱仪

映谱仪又称光谱投影仪，是一个经放大用来观测光谱谱线的仪器，放大倍数为 20 倍左右，可用于光谱定性分析及半定量分析，其光路图如图 7-32 所示。

5. 测微光度计

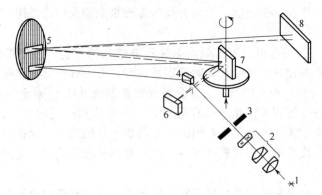

图 7-31 平面反射光栅摄谱仪的光路示意图

1—光源；2—照明系统；3—狭缝；4—反射镜；5—凹面镜；6—二次反射镜；7—光栅；8—感光板

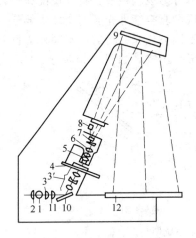

图 7-32 映谱仪光路图

1—光源；2—球面反射镜；3—聚光镜；3′—聚光镜组；4—光谱底板；5—透镜；6—投影物镜组；7—棱镜；8—调节透镜；9—平面反射镜；10—反射镜；11—隔热玻璃；12—投影屏

测微光度计又称黑度计，是用来测量感光板上所记录谱线黑度的仪器，主要用于光谱定量分析。其光路图如图 7-33 所示。

摄谱时照射在感光板上的光线越强、照射时间越长，则感光板上的谱线越黑，常用黑度 S 表示。

黑度 S 可定义为透光率倒数的对数，即

$$S = \lg \frac{1}{T} = \lg \frac{I_0}{I}$$

由上式可知，光谱分析中的黑度实际上相当于分光光度法中的吸光度 A，在光谱定量分析中获得广泛的应用。

6. 光电直读光谱仪

光电直读光谱仪是将被测元素的光谱线，经凹面光栅衍射后，由出射狭缝引出，用光电倍增管接收光信号，再转变成电信号，经放大后可直接显示被测元素的种类及含量；再与电子计算机组合，可自动控制炼钢过程，能在几分钟内测定钢中碳、硅、磷、锰、硫、硼、铬、镍等几十种元素的含量，且准确度高，节约人力和物力。

现在电感耦合等离子体光源已成为光电直读光谱仪的理想光源。采用凹面光栅作为分光系统，再以多通道扫描系统代替照相感光板，构成由计算机操纵的自动控制摄谱操作参数、自动记录光谱谱线、自动进行数据处理的综合分析系统，一次进样可同时快速测定多种元素，已在冶金、地质、矿产分析中发挥了重要作用。

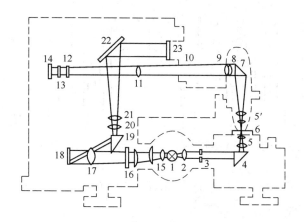

图 7-33　测微光度计光路图

1—光源（12V，50W）；2,15—聚光镜；3—照明狭缝（绿玻璃片）；4,7,19—直角反射
镜；5,5′—显微物镜；6—谱片；8,9—附加透镜（改变放大倍数）；10—测量狭缝；
11,17,20,21—透镜；12—灰色圆楔（减光器）；13—灰色滤光
片；14—光电池；16—读数标尺；18—检流计悬镜；
22—反射镜；23—毛玻璃幕

三、定性分析

由于每种元素的原子结构不同，其受光源激发后，可以辐射多条按一定波长排列的谱线，即特征谱线。通过检查感光底片上有无特征谱线的出现，来确定元素是否存在，称为光谱定性分析。每种元素都有许多条谱线，进行定性分析时，不必把元素的所有谱线都一一找出，只要找出元素的两条以上特征的灵敏线或特征谱线组，就可确定样品中元素是否存在。

灵敏线或称最后线是每种元素最灵敏的特征谱线。由于某种元素的存在也会同时出现一组强度差不多、具有一定特点的特征谱线组，它随元素的存在而同时出现，也随元素的消失而同时消失。每种元素的灵敏线和特征谱线组都可以在"元素标准发射光谱图"或"光谱波长表"中查到。

发射光谱的定性分析通常在映谱仪上以下述两种比较法进行"识谱"。

① 与标准试样光谱图进行比较。

② 与"元素标准发射光谱图"进行比较。

当欲检出分析试样中所有可能存在的元素，即进行全分析时，需采用此法。将试样与标准铁样并列摄谱于同一块感光板上，所得谱片置于映谱仪上放大，使所摄铁光谱与元素标准发射光谱图上的铁光谱中各条谱线位置相重合，再观察试样中未知元素的谱线与元素标准发射光谱图中已标明的某元素灵敏谱线出现的位置相重合，则该元素就可能存在，如图 7-34 所示。

由于铁光谱是作为波长标尺使用的，因此进行光谱定性分析时，分析工作者必须熟悉铁光谱。

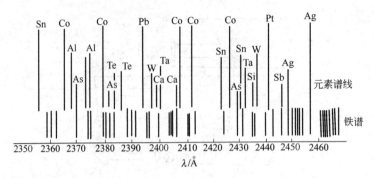

图 7-34　元素标准发射光谱图（1Å＝0.1nm＝10^{-10}m）

四、定量分析

光谱定量分析是准确测定试样中欲测元素的含量。常使用内标法，该法在同一块感光板上，先从待测元素谱线中选一条灵敏线作为分析线（i），再从试样基体元素谱线中选一条与分析线强度对称的谱线作为内标线（s），二者构成一个"分析线对"，其谱线强度（I）之比，称为相对强度（R）。

$$R = \frac{I_i}{I_s}$$

谱线强度 I 与试样中组成浓度 c 之间的定量关系可用罗马金-赛伯经验式表示：

$$I = ac^b$$

式中，a 为常数；b 为谱线自吸系数。则

$$R = \frac{I_i}{I_s} = \frac{a_i c_i^{b_i}}{a_s c_s^{b_s}} = \frac{a_i c_i^{b_i}}{a_T}$$

$$= A c_i^{b_i}$$

其中，$a_s c_s^{b_s} = a_T$（常数），$A = \dfrac{a_i}{a_T}$。将上式等号两边取对数，得

$$\lg R = \lg \frac{I_i}{I_s} = \lg A + b_i \lg c_i$$

此式为用内标法进行定量分析的基本公式。

在光谱分析中，谱线的相对强度不是直接测量的，而是通过测量分析线和内标线的黑度差来间接测定的，它们之间的关系如下：

$$\lg R = \frac{S_i - S_s}{r} = \frac{\Delta S}{r}$$

式中，r 为感光板的反衬度。

$$\Delta S = r \lg R = r \lg A + r b_i \lg c_i$$

由此式可知，分析线对的黑度差（ΔS）与试样中待测元素的浓度 c_i 的对数成正比。

当对分析结果的准确度要求不高，但要求快速分析时，可应用半定量方法简便

地解决问题。常用的半定量分析方法有谱线强度比较法和谱线呈现法。

1. 谱线强度比较法

将被测元素预先配制成含量分别为 1%、0.1%、0.01% 和 0.001% 的四个标准样品，将它们与欲测试样在相同实验条件下同时摄谱，在同一块感光板上从摄得的谱线上找出被测元素的灵敏线，再比较被测元素灵敏线的黑度与标准样品中该谱线的黑度，可用目视比较法确定欲测试样中被测元素的大致含量范围。

2. 谱线呈现法

在感光板上谱线出现的数量随元素含量的降低而减少。当元素含量足够低时，仅出现少数灵敏线；当元素含量逐渐增加时，出现谱线的数量也随之逐渐增多。因而可编制一张元素含量与出现谱线的关系表，在一定的实验条件下进行半定量分析。如铅元素的含量与出现谱线的关系如表 7-13 所示。

表 7-13　铅元素的含量与出现谱线的关系

Pb 含量/%	谱　　　　线/nm
0.001	283.307 清晰可见,261.418 和 280.200 很弱
0.003	283.307 和 261.418 增强,280.200 清晰
0.01	上述谱线增强,另增 266.317 和 287.332,但不太明显
0.1	以上谱线增强,未出现新的谱线
1.0	以上谱线增强,241.095、244.383 和 244.620 出现,241.170 模糊可见
3	上述谱线增强,322.050、233.242 模糊可见
10	上述谱线增强,242.644、239.960 模糊可见
30	上述谱线增强,311.890 和浅灰背景中 269.750 出现

此法的优点是不需制备标准样品，但要保持实验操作条件的一致性。

第五节　原子吸收光谱法

一、基本原理

原子吸收是指呈气态的自由原子对由同类原子辐射出的特征谱线具有吸收的现象。

原子发射和原子吸收都与原子的外层电子在不同能级之间的跃迁有关，当电子从低能级跃迁到高能级时，必须吸收相当于两个能级差的能量；而从高能级跃迁到低能级时，则要释放出相对应的能量。

原子吸收光谱所吸收光辐射的波长为

$$\lambda = \frac{hc}{\Delta E}$$

式中，h 为普朗克常数；c 为光速；ΔE 为两能级间的能量差。

下面分别介绍原子吸收光谱的几个重要概念。

1. 共振吸收线和共振发射线

当电子从基态跃迁到第一激发态时，与所吸收能量对应的光谱线叫做共振吸收线；而由第一激发态跃迁回基态时，与所释放能量对应的光谱线叫做共振发射线。

共振吸收线和共振发射线也称作共振线。

由于各种元素的原子结构和外层电子排布是不相同的，因而电子从基态跃迁至第一激发态所吸收的能量也各不相同，从而使每种元素都具有特定的共振吸收线。通常产生共振吸收线所需的激发能较低，跃迁易于发生，所以对大多数元素来讲，共振吸收线就是最灵敏的谱线，它最易被原子吸收。在原子吸收光谱分析中，就是利用处于基态的待测元素的原子蒸气，对由光源发出的待测元素的共振线的吸收来进行定量分析的，因此元素的共振线又叫做分析线。

2. 基态原子数和火焰温度的关系

原子吸收光谱是以测定基态原子对同种原子特征辐射的吸收为依据的。当进行原子吸收光谱分析时，首先使样品中的待测元素由化合物状态转变成基态原子，此原子化过程通常在燃烧的火焰中加热予以实现。待测元素由化合物离解成原子后，不一定全部以基态原子存在，其中有一部分在原子化过程中会吸收较高的能量被激发而成激发态。在一定温度下，处于不同能态的原子数目的比值遵循玻耳兹曼分布定律：

$$\frac{N_i}{N_0} = \frac{g_i}{g_0} e^{-\frac{E_i - E_0}{kT}}$$

式中，N_i、N_0 分别为分布在激发态和基态能级上的原子数目；g_i、g_0 分别为激发态和基态能级的统计权重；E_i、E_0 分别为激发态和基态具有的能量；k 为玻耳兹曼常数；T 为热力学温度。

由玻耳兹曼分布定律可知，在原子化过程中产生的激发态原子数取决于激发态和基态的能量差（ΔE）和火焰的温度（T）。当 ΔE 一定时，温度 T 越高，激发态原子数会增加；当温度一定时，电子跃迁的能级差 ΔE 越小，共振线的波长越长，激发态的原子数目也会增加。

由表 7-14 可看出，常用的火焰温度多低于 3000K，大多数元素的共振线都小于 600nm，因此对大多数元素来说，在原子化过程中 N_i/N_0 比值都小于 1‰，即火焰中激发态原子数远小于基态原子数，N_i 与 N_0 相比，N_i 可以忽略不计，因此可以用基态原子数 N_0 代表在火焰中可吸收特征辐射的总原子数 N。

表 7-14　几种元素在不同温度时的 N_i/N_0 比值

元素	共振线波长 /nm	g_i/g_0	激发能 /eV	N_i/N_0		
				$T=2000K$	$T=2500K$	$T=3000K$
Cs	852.11	2	1.455	4.31×10^{-4}	2.33×10^{-3}	7.19×10^{-3}
Na	589.00	2	2.104	0.99×10^{-5}	1.14×10^{-4}	5.83×10^{-4}
Ba	553.56	3	2.239	6.83×10^{-6}	3.19×10^{-5}	5.19×10^{-4}
Sr	460.73	3	2.690	4.99×10^{-7}	11.32×10^{-6}	9.07×10^{-5}
Ca	422.67	3	2.932	1.22×10^{-7}	3.67×10^{-6}	3.55×10^{-5}
Mg	285.21	3	4.346	3.35×10^{-11}	5.20×10^{-9}	1.50×10^{-7}
Ag	328.07	2	3.778	6.03×10^{-10}	4.84×10^{-8}	8.99×10^{-7}
Cu	324.75	2	3.817	4.82×10^{-10}	4.04×10^{-8}	6.65×10^{-7}
Pb	283.31	3	4.375	2.83×10^{-11}	4.55×10^{-9}	1.34×10^{-7}
Zn	213.86	3	5.795	7.45×10^{-15}	6.22×10^{-12}	5.50×10^{-10}

3. 原子吸收线的形状及其展宽的原因

在原子吸收光谱分析中，当试样经雾化喷入火焰原子化后，原子呈分散状态，当不同频率的光通过被测元素的原子蒸气时，可观察到在元素的特征频率 ν_0 处光强度的减弱，表明频率为 ν_0 的单色光被基态原子吸收，其透过光的强度与原子蒸气的宽度也遵循朗伯-比耳定律：

$$I_\nu = I_{0\nu} \mathrm{e}^{-K_\nu L}$$

式中，$I_{0\nu}$、I_ν 分别为频率为 ν_0 的入射光和透过光的强度；K_ν 为原子蒸气对频率为 ν_0 的入射光的吸收系数；L 为原子蒸气的宽度。

I_ν 和 K_ν 随辐射频率 ν 变化的曲线如图 7-35 和图 7-36 所示。

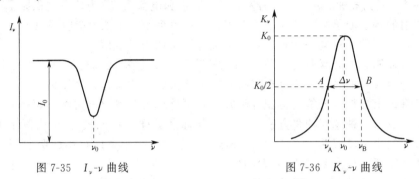

图 7-35 I_ν-ν 曲线　　　　　图 7-36 K_ν-ν 曲线

由 I_ν-ν 图可知，原子蒸气对频率为 ν_0 的光吸收最大，此吸收线并不是一条理想的几何直线，而是具有一定宽度的吸收线。由此可知，原子蒸气由基态跃迁至激发态所吸收的辐射线不是单一频率，而是具有一定频率宽度的辐射线。

另由 K_ν-ν 图可知，在吸收线的中心频率 ν_0 处有最大的吸收系数 K_0，在 K_0 的一半处，可看到 A、B 两点的频率差 $\Delta\nu = \nu_B - \nu_A$，此宽度称为吸收线的半宽度，折合成波长其数量级为 $0.001 \sim 0.01\mathrm{nm}$。同样，发射线也具有一定的宽度，不过其半宽度要窄得多，为 $0.0005 \sim 0.002\mathrm{nm}$。

吸收谱线展宽的原因如下。

（1）自然变宽（$\Delta\nu_N$）　在无外界因素影响下，谱线仍有一定的宽度，它与电子发生能级跃迁时激发态的平均寿命有关，宽度约为 $10^{-5}\mathrm{nm}$，与其他变宽因素相比可忽略不计。

（2）多普勒变宽（$\Delta\nu_D$）　它与原子在空间无规则的热运动有关，又称热变宽。温度愈高，谱线的多普勒变宽愈大，通常宽度为 $1 \times 10^{-3} \sim 5 \times 10^{-3}\mathrm{nm}$，它与自然变宽比较是不能忽略的。

（3）洛伦兹变宽（$\Delta\nu_L$）　它是由吸收辐射的原子与外界其他粒子碰撞产生的变宽，又称压力变宽。当外界压力为 $101.325\mathrm{kPa}$ 时，其宽度为 $10^{-3} \sim 10^{-2}\mathrm{nm}$，它与自然变宽比较更是不能忽略的。

由上述可知，吸收谱线的总展宽 $\Delta\nu_A$ 为

$$\Delta\nu_A = \Delta\nu_N + \Delta\upsilon_D + \Delta\nu_L$$

实验结果表明，试样在原子化过程中，温度在 $1000 \sim 3000$K、外界气体压力为 101.325kPa 时，对火焰原子吸收主要是洛伦兹变宽，对无焰原子吸收主要是多普勒变宽。

4. 积分吸收和峰值吸收

在原子吸收光谱分析中，将原子蒸气所吸收的全部辐射能量称为积分吸收，即图 7-36 中吸收线下面所包括的整个面积。积分吸收的面积 G 与单位体积原子蒸气中吸收辐射的基态原子数有以下关系：

$$G = \int K_\nu \, \mathrm{d}\nu = \frac{\pi e^2}{mc} N_0 f$$

式中，c 为光速；m、e 分别为电子的质量和电荷；N_0 为单位体积原子蒸气中吸收辐射的基态原子数；f 为振子强度，表示每个原子中能够吸收或发射特定频率光的平均电子数，对同一元素，在一定条件下可认为是定值。

上式表明，积分吸收与单位体积原子蒸气中吸收特征辐射的基态原子数成正比，与产生吸收的物理方法（火焰吸收或无焰吸收）和操作条件无关。

从理论上分析，若能测得积分吸收值就可计算出待测原子密度，而使原子吸收光谱分析成为一种绝对测量方法（即无需与标准试样进行比较）。但实际上由于原子吸收线的半宽度仅为 $0.001 \sim 0.01$nm，要测量这种半宽度很小的吸收线的积分吸收值，需要有分辨率高达 50 万的单色器。例如欲测量波长为 500nm、半宽度仅为 0.001nm 的吸收峰的积分吸收值，所用单色器的分辨率应为

$$R = \frac{500}{0.001} = 500000$$

但在目前难以制造出具有上述高分辨率单色器的光谱仪，所以直接测量积分吸收是很困难的。

由于测定积分吸收有一定的实际困难，1955 年，澳大利亚物理学家沃尔士（A. Walsh）提出采用锐线光源来测量峰值吸收，才解决此难题。锐线光源就是能发射出谱线半宽度（$\Delta\nu_E$）很窄的（$0.0005 \sim 0.0002$nm）辐射线的光源。峰值吸收是采用测定吸收线中心的极大吸收系数 K_0 代替积分吸收的方法来测定元素的含量，此时无需使用高分辨率的单色器，就可实现原子吸收测定。

在通常的原子吸收分析条件下，吸收线中心频率的峰值吸收系数 K_0 取决于多普勒变宽：

$$K_0 = \frac{2\sqrt{\pi \ln 2}}{\Delta\nu_D} \times \frac{e^2}{mc} N_0 f$$

当测定温度恒定时，多普勒变宽 $\Delta\nu_D$ 为常数，对一定的待测元素其振子强度 f 也是常数，所以峰值吸收系数 K_0 与单位体积原子蒸气中吸收特征（中心）辐射的基态原子数 N_0 成正比。

为实现峰值吸收，必须使锐线光源发射线的中心频率与吸收线的中心频率（即 ν_0 处）相重合，还要求锐线光源发射线的宽度必须比中心吸收线的宽度还要窄（见图 7-37）。因此在原子吸收光谱分析中，应使用一个与待测元素相同材料制得

的空心阴极灯作为锐线光源灯。

　　5. 定量分析的依据

　　试样经原子化后获得的原子蒸气，可对锐线光源的辐射光进行吸收，其透过光 I 与入射光 I_0 的关系仍遵循朗伯-比耳定律：

$$A = \lg \frac{I_0}{I} = k N_0 L$$

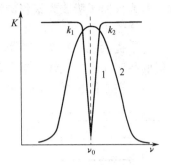

图 7-37　原子的发射线和吸收线
1—锐线光源的原子发射线；
2—基态原子的吸收线

其中 $k = 0.4343 \times \dfrac{2\sqrt{\pi \ln 2}}{\Delta \nu_D} \times \dfrac{e^2}{mc} f$，在一定的实验条件下，$\Delta \nu_D$ 和 f 为定值。该式表明，当使用锐线光源时，一定厚度的被测元素原子蒸气 L 对特征频率光的吸光度 A 与单位体积内被测元素的基态原子数 N_0 成正比。因此在一定的浓度范围内和一定的火焰宽度 L（原子蒸气厚度）的情况下，吸光度与浓度 c 成正比：

$$A = K' c$$

　　式中，K' 为与实验条件有关的常数。此式即为原子吸收光谱进行定量分析的依据。

二、原子吸收光谱仪

　　原子吸收光谱仪由光源、原子化系统、色散系统和检测系统四部分组成。从光路上区分又分为单光束和双光束两种类型。单光束仪器结构简单、灵敏度高，但不能消除由于光源发射光不稳定而引起的基线漂移，且噪声较大。双光束仪器为消除基线漂移，使用旋转折光器（扇形反射镜），将光源的入射光分为参比和测量两束，测量光束通过原子化器的上层火焰，参比光束不经过原子化器，而通过带有可调光阑的空白吸收池，两束光通过半反射镜经同一光路交替通过色散系统单色器投射到检测器，可利用参比光束来补偿光源强度的变化，从而防止基线漂移，并改善信噪

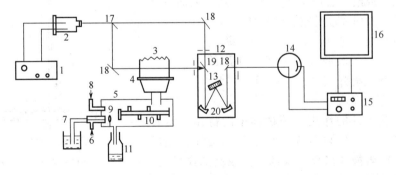

图 7-38　双光束原子吸收光谱仪的结构示意图
1—电源；2—空心阴极灯；3—火焰；4—燃烧器；5—雾化器；6—助燃气（空气）；
7—吸样毛细管；8—燃气（C_2H_2）；9—撞击球；10—扰气叶轮；11—废液缸；
12—色散系统；13—光栅；14—光电倍增管；15—检波放大器；16—读数记录器；
17—斩光器；18—反射镜；19—半反射镜；20—凹面反射镜

比。双光束原子吸收光谱仪的结构示意图如图 7-38 所示。

1. 光源

为了提供锐线光源，通常使用空心阴极灯（又称元素灯）或无极放电灯，要求发射的待测元素的锐线光谱有足够的强度、背景小、稳定性高。

（1）空心阴极灯　是一种特殊的气体放电灯，如图 7-39 所示。它由一个在钨

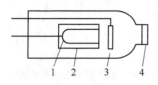

图 7-39　空心阴极灯的构造
1—阴极；2—屏蔽管；
3—阳极；4—窗口

棒上镶以钛丝或钽片的阳极和一个由发射所需特征谱线的金属或合金制成的空心筒状阴极组成，空心阴极外面套有陶瓷的屏蔽管，两电极密封在前面带有石英（350nm 以下）或硬质玻璃（350nm 以上）窗口的玻璃管中，管内充满低压惰性气体（氖或氩）。当两电极施加 300～500V 电压时，开始辉光放电，电子从空心阴极射向阳极，并与周围惰性气体碰撞使之电离，此时带正电荷的惰性气体离子在电场作用下连续碰撞阴极内壁，使阴极表面上的自由原子溅射出来，它再与电子、正离子、气体原子碰撞而被激发，从而辐射出特征频率的锐线光谱。为了保证光源只发射频率范围很窄的锐线，要求阴极材料具有高纯度。通常单元素的空心阴极灯只能用于一种元素的测定，若阴极材料使用多种元素的合金，可制得多元素灯。

空心阴极灯辐射的光谱波形，可以通过仪器上的光谱扫描机构自动扫描，用记录仪记录波形。质量合格的空心阴极灯应呈现谱线半宽度窄的锐线波形，轮廓清楚，背景小，如镍元素空心阴极灯呈现的 232.0nm、231.6nm、231.1nm 的三线扫描波形如图 7-40 所示。

（2）无极放电灯　用石英管制成，在管内放入少量较易蒸发的金属卤化物，抽真空后充入一定量氩气，再密封。将它置于高频 2450MHz 的微波电场中激发、放电，会产生半宽很窄、强度大的特征频率谱线，发射强度比空心阴极灯大 100～1000 倍，适用于对难激发的 As、Se、Sn 等元素的测定。

在无焰原子吸收光谱中还可使用低压汞蒸气放电灯，其发射强度也比空心阴极灯大。

2. 原子化系统

原子化系统的作用是将试样中的待测元素转化成原子蒸气。它可分为火焰原子化法和无焰原子化法，前者操作简单、快速，有较高的灵敏度，后者原子化效率高，试样用量少，适用于作高灵敏度的分析。

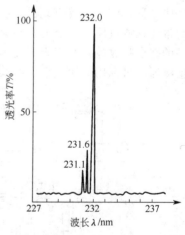

图 7-40　镍空心阴极
灯的光谱扫描波形

（1）火焰原子化器　它由喷雾器、雾化室和燃烧器三部分组成。

① 喷雾器。具有一定压力的压缩空气作助燃气进入喷雾器（见图 7-38），从试样毛细管周围高速喷出，并在前端形成负压，使试液沿毛细管吸入再喷出，试液被

快速通入的助燃气分散成气溶胶体，形成约 $10\mu m$ 的雾滴，喷液速度为 $1\sim12mL$ · min^{-1}，雾化效率达 10%。

② 雾化室。燃气（C_2H_2）在雾化室内与试液的细小雾滴混合，其内部安装的扰气叶轮使之混合均匀，也使大的液滴凝聚并从带有水封的废液排出口排出（水封可防止 C_2H_2、空气逸出）。要求雾化室的记忆效应要小，废液排出快。

③ 燃烧器。它的作用是使样品原子化。被雾化的试液进入燃烧器，在燃烧的火焰中蒸发、干燥形成气固态气溶胶雾粒，再经熔化、受热离解成基态自由原子蒸气，原子化效率约为 10%。

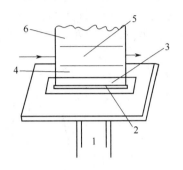

燃烧器应使火焰燃烧稳定，原子化程度高，并能耐高温、耐腐蚀。燃烧器多为单缝结构，对空气-C_2H_2 火焰，其缝长 $10\sim12cm$，缝宽 $0.5\sim0.7mm$；对 N_2O-C_2H_2 火焰，其缝长 $5cm$，缝宽 $0.5mm$。也可使用三缝燃烧器，它可增加火焰的宽度。燃烧器及火焰区域如图 7-41 所示。

④ 火焰性质。原子吸收光谱分析中，一般用乙炔、氢气、丙烷作燃气，以空气、氧化亚氮、氧气作助燃气。火焰的组成决定了火焰的温度及氧化还原特性，直接影响化合物的解离和原子化的效率。表 7-15 列出常用的各种火焰的燃烧速度和温度。

图 7-41　燃烧器及火焰区域示意图
1—预混合区；2—燃烧缝口；
3—预燃区；4—第一反应区；
5—中间薄层区；6—第二反应区

表 7-15　常用的各种火焰的燃烧速度和温度

气体混合物	空气-C_3H_8	空气-H_2	空气-C_2H_2	O_2-H_2	O_2-C_2H_2	N_2O-C_2H_2
燃烧速度/cm · s^{-1}	82	440	160	900	1130	180
温度/℃	1925	2045	2300	2700	3060	2955

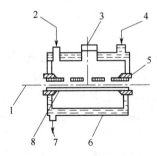

图 7-42　高温石墨炉的结构示意图
1—光路；2—载气（空气）入口；
3—进样口；4—冷却水入口；
5—电加热接头；6—金属外壳；
7—冷却水出口；8—石墨管

在原子吸收光谱分析中常用以下两种火焰。

a. 空气-C_2H_2 火焰：是应用最广泛的一种火焰，最高温度为 $2300℃$，能测定 35 种以上的元素。

b. N_2O-C_2H_2 火焰：最高温度达 $2900℃$ 以上，还原性强，适用于测定高温难熔的元素，测定元素可达 70 多种，如 B、Al、Si、Ti、Zr、Hf、Nb、Ta、V、Mo、W、稀土元素等。

火焰原子化法具有操作简便、重现性好的优点，已成为原子化的主要方法，但它的雾化效率低，到达火焰参与原子化的试液仅占 10%，而大部分试液都由废液管排掉了，对试样量少或贵重试样的分析就受到限制。另外，基态原子在火焰上原子化区停留的时间很短，只有 $10^{-3}s$ 左右，从而限制了灵敏度的提高。

此外，火焰原子化法不能对固体试样直接进行测定。这些不足之处也促使了无火焰原子化法的发展。

（2）无火焰原子化装置　又称电热原子化装置，目前广泛使用的是石墨炉原子化器。它利用低电压（10～25V）、大电流（300A）来加热石墨管，可升温至3000℃，使置于管中的少量液样或固样蒸发和原子化。石墨管长30～60mm，外径6mm、内径4mm，管上有三个小孔，中间小孔用于注入试液。石墨炉要不断通入惰性气体（Ar或N_2）以保护原子化的基态原子不再被氧化，并用以清洗和保护石墨管。为使石墨管在每次分析之间能迅速降至室温，从上面冷却水入口通入20℃的水以冷却石墨炉原子化器。高温石墨炉的结构示意图如图7-42所示。

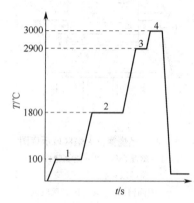

图 7-43　石墨炉程序升温过程示意图
1—干燥；2—灰化；
3—原子化；4—高温净化

管式石墨炉使试样原子化的程序通常包括干燥（100℃，30～50s）、灰化（或分解，100～1800℃，10～30s）、原子化（1800～2900℃，3～5s）和高温净化（除残，3000℃，5s）四个步骤。石墨炉程序升温过程示意图见图7-43。

普通石墨管在2700℃以上易升华而损失，现多采用热解石墨涂层石墨管或金属碳化物涂层石墨管。试样可置于石墨杯、石墨平台或金属钽舟中，再移至石墨管中进行原子化。

石墨炉原子化法的优点是在可调的高温下，原子化效率高，试样利用率达100%，灵敏度高，其绝对检测限可达10^{-6}～10^{-14}g，试样用量少，适用于难熔元素的测定。不足之处是因试样组成的不均匀性影响较大，测定的精密度较低；共存化合物的干扰比火焰原子化法大；背景吸收大时需进行背景校正。

3. 色散系统（单色器）

色散系统由凹面反射镜、狭缝和色散元件组成，对双光束仪器，配有旋转斩光器，以随时检查背景。

单色器的色散元件为棱镜或衍射光栅，其作用是将待测元素的共振线与邻近的谱线分开，转动光栅，各种波长的单色谱线按顺序从出射狭缝射出，而被检测系统接收。

单色器的性能由色散率、分辨率和集光本领决定。色散率是指色散元件将波长相差很小的两条谱线分开所成的角度（角色散率）或两条谱线投射到聚焦面上的距离（线色散率）的大小。分辨率是指将波长相近的两条谱线分开的能力。色散元件的分辨率越高，其色散率越大。集光本领是指单色器传递光的本领，它影响出射光谱线的强度。当光源强度一定时，选择具有适当色散率的衍射光栅与狭缝宽度配合，就可构成适于检测器测定的光谱通带。光谱通带（W）是指单色器出射光谱所包含的波长范围，它由光栅线色散率的倒数（D）和出射狭缝的宽度（S）所决定：

$$W(nm) = D(nm/mm) \times S(mm)$$

由上式可知，当单色器的色散率一定时，其光谱通带取决于出射狭缝的宽度。

4. 检测系统

检测系统由检测器（光电倍增管）、放大器、对数转换器和显示装置（记录器）组成，它可将单色器出射的光信号进行光电转换测量。

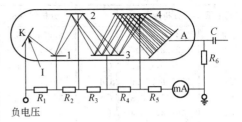

图 7-44　光电倍增管的工作原理图

I—单色器出射光；K—光敏阴极；1～4—打拿极；A—阳极；R_1～R_6—电阻；C—电容；mA—毫安表

（1）检测器　为可接收 190～850nm 波长光的光电倍增管。经单色器分光后的出射光照射在光电倍增管的光敏阴极 K 上，使其释放出光电子，光电子依次碰撞在各个打拿极上而产生倍增电子，电子数可增加 10^6 倍，最后射向阳极 A，形成 10μA 左右的电流，再通过负载电阻 R 转换成电压信号送入放大器。光电倍增管的工作原理如图 7-44 所示。

光电倍增管的光敏阴极和阳极间通常施加 300～650V 直流高压，光敏阴极材料为 Ga-As（190～850nm）、Sb-As（200～500nm）、Na-K-Cs-Sb（150～600nm）。

光电倍增管的一个重要特性是它的暗电流，即无光照在光敏阴极上时产生的电流，它是由光敏阴极的热发射和打拿极间的场致发射产生的。暗电流随温度上升而增大，从而增加噪声。使用时要注意光电倍增管的疲劳现象，要设法遮挡非信号光，避免使用过高增益，以保证光电倍增管的良好工作特性。

（2）放大器　将光电倍增管输出的电压信号放大后进入显示器，常使用同步检波放大器以改善信噪比。

（3）对数转换器　将检测、放大后的透光度 T（％）信号，经运算放大器转换成吸光度 A 信号，二者存在下述关系：

$$T = \frac{I}{I_0} \times 100\%$$

$$A = \lg\frac{I_0}{I} = \lg\frac{1}{T} = -\lg T$$

式中，I 和 I_0 分别为透过光和入射光的强度。

（4）显示装置　可用微安表或检流计直接指示读数，或用液晶数字显示，或用记录仪记录。还可用微处理机绘制校准工作曲线，高速处理大量测定数据。

三、原子吸收光谱的测量技术

在原子吸收光谱分析中影响测量的可变因素较多，各种测量条件不易重复，对测定结果的准确度和灵敏度影响大，因此严格控制测量条件十分重要。

1. 最佳实验操作条件的选择

（1）吸收波长的选择　通常选择每种元素的共振线作为分析线，常用的分析线见表 7-16。

（2）空心阴极灯工作条件的选择　空心阴极灯的预热时间应在 15min 以上，辐射的锐线光才能稳定。灯工作电流应为最大工作电流（5～10mA）的 40％～60％。

表 7-16　原子吸收分光光度法中常用的分析线

元　素	分析线/nm	元　素	分析线/nm	元　素	分析线/nm	元　素	分析线/nm
Ag	328.1,338.3	Eu	459.4,462.7	Na	589.0,330.3	Sm	429.7,520.1
Al	309.3,308.2	Fe	248.3,352.3	Nb	334.4,358.0	Sn	224.6,286.3
As	193.6,197.2	Ga	387.4,294.4	Nd	463.4,471.9	Sr	460.7,407.8
Au	242.8,267.6	Gd	368.4,407.9	Ni	232.0,341.5	Ta	271.5,277.8
B	249.7,249.8	Ge	265.2,275.5	Os	290.9,305.9	Tb	432.7,431.9
Ba	553.8,455.4	Hf	307.3,286.6	Pb	216.7,283.3	Te	214.3,225.9
Be	234.9	Hg	253.7	Pd	247.8,244.8	Th	371.9,380.3
Bi	223.1,222.8	Ho	410.4,405.4	Pr	495.1,513.3	Ti	364.3,337.2
Ca	422.7,239.9	In	303.9,325.6	Pt	266.0,306.5	Tl	276.8,377.6
Cd	228.8,326.1	Ir	209.3,208.9	Rb	780.0,794.8	Tm	409.4
Ce	520.0,369.7	K	766.5,769.9	Re	346.1,346.5	U	251.5,358.5
Co	240.7,242.5	La	550.1,418.7	Rh	343.5,339.7	V	318.4,335.6
Cr	357.9,359.4	Lf	670.8,323.3	Ru	349.9,372.8	W	255.1,294.7
Cs	852.1,455.5	Lu	338.0,328.2	Sb	217.6,206.8	Y	410.2,412.8
Cu	324.8,327.4	Mg	285.2,279.8	Sc	391.2,402.0	Yb	398.8,346.4
Dy	421.2,404.6	Mn	279.5,403.7	Se	196.1,204.0	Zn	213.9,307.6
Er	400.8,415.1	Mo	313.3,317.0	Si	251.6,250.7	Zr	360.1,301.2

（3）火焰原子化操作条件的选择　为保持高的原子化效率，试液喷雾时的提升量为 $4\sim6mL \cdot min^{-1}$，雾化效率达 10%。根据被测元素的性质来选择合适的火焰，例如对易电离、易挥发元素，可使用低温的空气-C_3H_8 火焰，对难挥发元素可使用 N_2O-C_2H_2 火焰。为提高测定灵敏度，可适当调节燃烧器火焰的高度及它与入射光轴的角度。

（4）石墨炉原子化分析条件的选择　惰性气体种类（N_2 或 Ar）和流量要选择适当；应选择最佳灰化温度和最佳原子化温度（见图 7-45 和图 7-46）。

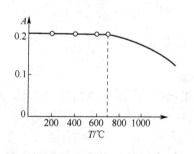

图 7-45　最佳灰化温度

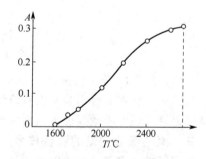

图 7-46　最佳原子化温度

（5）光谱通带（单色器狭缝宽度）的选择　对大多数元素，光谱通带为 $0.1\sim5nm$，见表 7-17。

（6）光电倍增管负高压的选择　工作电压为最大工作电压的 $1/3\sim2/3$，保持有较好的稳定性和较高的信噪比。

2. 影响测定的干扰因素及消除方法

表 7-17　不同元素所常选用的光谱通带

元素	共振线/nm	通带/nm	元素	共振线/nm	通带/nm
Ag	328.1	0.5	Mn	279.5	0.5
Al	309.3	0.2	Mo	313.3	0.5
As	193.7	<0.1	Na	589.0[①]	10
Au	242.8	2	Pb	217.0	0.7
Be	234.9	0.2	Pd	244.8	0.5
Bi	223.1	1	Pt	265.9	0.5
Ca	422.7	3	Rb	780.0	1
Cd	228.8	1	Rh	343.5	1
Co	240.7	0.1	Sb	217.6	0.2
Cr	357.9	0.1	Se	196.0	2
Cu	324.7	1	Si	251.6	0.2
Fe	248.3	0.2	Sn	286.3	1
Hg	253.7	0.2	Sr	460.7	2
In	303.9	1	Te	214.3	0.6
K	766.5	5	Ti	364.3	0.2
Li	670.9	5	Tl	377.6	1
Mg	285.2	2	Zn	213.9	5

① 使用 10nm 通带时，单色器通过的是 589.0nm 和 589.6nm 双线。若用 4nm 通带，测定 589.0nm 线，灵敏度可提高。

（1）化学干扰及其消除　可采用改变原子化火焰温度，加入释放剂、保护剂、结合剂、缓冲剂的方法予以消除。常用的抑制化学干扰的试剂见表 7-18。

表 7-18　用于抑制化学干扰的试剂

试　　剂	类型	干 扰 元 素	测定元素
La	释放剂	$Al, Si, PO_4^{3-}, SO_4^{2-}$	Mg
Sr	释放剂	$Al, Be, Fe, Se, NO_3^-, SO_4^{2-}, PO_4^{3-}$	Mg, Ca, Ba
Mg	释放剂	$Al, Si, PO_4^{3-}, SO_4^{2-}$	Ca
Ba	释放剂	Al, Fe	Mg, K, Na
Ca	释放剂	Al, F	Mg
Sr	释放剂	Al, F	Mg
$Mg + HClO_4$	释放剂	Al, P, Si, SO_4^{2-}	Ca
$Sr + HClO_4$	释放剂	Al, P, B	Ca, Mg, Ba
Nd, Pr	释放剂	Al, P, B	Sr
Nd, Sm, Y	释放剂	Al, P, B	Ca, Sr
Fe	释放剂	Si	Cu, Zn
La	释放剂	Al, P	Cr
Y	释放剂	Al, B	Cr
Ni	释放剂	Al, Si	Mg
甘油高氯酸	保护剂	$Al, Fe, Th, 稀土, Si, B, Cr, Ti, PO_4^{3-}, SO_4^{2-}$	Mg, Ca, Sr, Ba
NH_4Cl	保护剂	Al	Na, Cr
		$Sr, Ca, Ba, PO_4^{3-}, SO_4^{2-}$	Mo
		Fe, Mo, W, Mn	Cr
乙二醇	保护剂	PO_4^{3-}	Ca
甘露醇	保护剂	PO_4^{3-}	Ca

续表

试　　剂	类型	干　扰　元　素	测定元素
葡萄糖	保护剂	PO_4^{3-}	Ca,Sr
水杨酸	保护剂	Al	Ca
乙酰丙酮	保护剂	Al	Ca
蔗糖	保护剂	P,B	Ca,Sr
EDTA	结合剂	Al	Mg,Ca
8-羟基喹啉	结合剂	Al	Mg,Ca
$K_2S_2O_7$	结合剂	Al,Fe,Ti	Cr
Na_2SO_4	结合剂	可抑制 16 种元素的干扰	Cr
$Na_2SO_4+CuSO_4$	—	可抑制镁等十几种元素的干扰	

（2）物理干扰及其消除　物理干扰包括电离干扰、发射光谱干扰、背景干扰等。其中对背景干扰的校正应特别予以重视，可采用双波长法、氘灯、自吸收或塞曼效应来进行背景校正，以获取准确的分析结果。

① 电离干扰。电离干扰是指待测元素在火焰中吸收能量后，除进行原子化外，还使部分原子电离，从而降低了火焰中基态原子的浓度，使待测元素的吸光度降低，造成结果偏低。火焰温度愈高，电离干扰愈显著。

当对电离电位较低的元素（如 Be、Sr、Ba、Al）进行分析时，为抑制电离干扰，除可采用降低火焰温度的方法外，还可向试液中加入消电离剂，如 1% CsCl（或 KCl、RbCl）溶液，因 CsCl 在火焰中极易电离产生高的电子密度，此高电子密度可抑制待测元素的电离而除去干扰。

② 发射光谱的干扰。原子吸收光谱使用的锐线光源应只发射波长范围很窄的特征谱线，但由于以下原因也会发射出少量干扰谱线而影响测定。

a. 当空心阴极灯发射的灵敏线和次灵敏线十分接近且不易分开时，就会降低测定灵敏度。例如，Ni 的灵敏线为 232.0nm，次灵敏线为 231.6nm 和 231.1nm，若使它们彼此分开，应选用窄的光谱通带，否则会降低测定灵敏度。

b. 空心阴极灯内充有 Ar、Ne 等惰性气体，其发射的灵敏线与待测元素的灵敏线相近时，也产生干扰。例如，Ne 发射 359.34nm 谱线，Cr 的灵敏线为359.35nm，为此测铬元素的空心阴极灯应改充 Ar 气而消除 Ne 的干扰。

c. 空心阴极灯阴极含有的杂质元素发射出与待测元素相近的谱线。例如：待测元素 Sb 217.02nm、Sb 231.15nm、Hg 253.65nm、Mn 403.31nm，杂质元素Pb 217.00nm、Ni 231.10nm、Co 253.60nm、Ca 403.29nm，此时应改变锐线的波长，以避免干扰。

③ 背景干扰

a. 背景干扰的产生。背景干扰主要是由分子吸收和光散射而产生的，表现为增加表观吸光度，使测定结果偏高。分子吸收是指在原子化过程中由于燃气、助燃气、生成气体、试液中的盐类与无机酸（主要为 H_2SO_4、H_3PO_4）等分子或游离基对锐线辐射的吸收而产生的干扰。光散射是在原子化过程中夹杂在火焰中的固体颗粒（为难熔氧化物、盐类或炭粒）对锐线光源产生散射，使共振线不能投射在单色器上，从而使被检测的光减弱。通常辐射光波长愈短，光散射干扰愈强，灵敏度下降得愈多。

b. 背景干扰的消除。为校正背景干扰，可采用以下几种方法。

（a）用双波长法扣除背景。先用吸收线测量待测元素吸收和背景吸收的总和，再用另一非吸收线测量背景吸收，从总和中扣除背景吸收，可获得准确的待测元素的吸收值。例如，用 217.0nm 锐线测铅，可用 217.0nm 的测量值减去 220.4nm（非吸收线）的测量值，就得到扣除背景后的结果。

（b）用氘灯校正背景。先用空心阴极灯发出的锐线光通过原子化器，测量待测元素和背景吸收的总和，再用氘灯发出的连续光通过原子化器，测量出背景吸收。此时待测元素的基态原子对氘灯连续光谱的吸收可以忽略，因此当空心阴极灯和氘灯的光束交替通过原子化器时，背景吸收的影响就可被扣除，从而进行了校正。但此法只能在氘灯的辐射波长范围（190~360nm）内使用，且仅能校正比较低的背景。

（c）用自吸收方法校正背景。当空心阴极灯在高电流下工作时，其阴极发射的锐线光会被灯内处于基态的原子吸收，使发射的锐线光谱变宽，吸光度下降，灵敏度也下降。这种自吸收现象是无法避免的。因此可首先在空心阴极灯低电流下工作，使锐线光通过原子化器，测得待测元素和背景吸收的总和，然后使它再在高电流下工作，再通过原子化器，测得相当于背景的吸收。将两次测得的吸光度数值相减，就可扣除背景的影响。此法的优点是使用同一光源在相同波长下进行的校正，校正能力强；不足之处是长期使用此法会使空心阴极灯加速老化，并降低测量的灵敏度。

（d）用塞曼效应校正背景。当使用石墨炉进行原子化时，常利用塞曼效应进行背景校正。塞曼效应是指光经过强磁场时，引起光谱线发生分裂的现象。正常塞曼效应可使共振线分裂成三束。例如 Mg 元素的外层电子在 $^1s_0 \leftrightarrow {}^1p_1$ 跃迁时，可产生 285.2nm 共振线；若在 1T（特斯拉）强磁场作用下，此共振线会分裂成 σ^-、π、σ^+ 三条线，其中 π 线的偏振面与磁场平行，可被基态原子吸收，而 σ^-、σ^+ 的偏振面与磁场垂直，就不被基态原子吸收（见图 7-47）。Be、Ca、Sr、Ba、Zn、Cd、Hg、Pb、Sn、Si 等元素也和 Mg 元素一样，在强磁场中呈现出正常塞曼效应。反常塞曼效应共振线在强磁场中分裂的偏振成分不足三个，而是三组，每组含

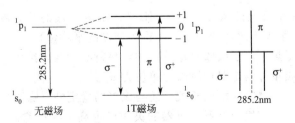

图 7-47　Mg 元素共振线的塞曼效应示意图

数个偏振光，它们的偏振方向与正常塞曼效应情况相同。

正常塞曼效应 π 成分的波长位置和共振线完全一样，而反常塞曼效应 π 成分的波长则围绕共振线波长位置对称分布在其附近两侧，σ^- 和 σ^+ 成分随磁场强度的增大，左右偏离较大。只要存在塞曼效应，其 π 线波长与共振线一致，可被基态原子吸收，σ^-、σ^+ 成分就不被基态原子吸收。

校正时可将电磁场安装在原子化器上，即吸收线调制法，当不通电时无磁场存在，空心阴极灯发射的共振线通过原子化器，测得待测元素和背景吸收的总和。通电后在强磁场存在下，产生塞曼效应，此时只有共振线分裂后产生的 σ^- 和 σ^+ 成分通过原子化器，其不被基态原子吸收，此时仅测得背景吸收。通过测量两次吸光度之差，即对背景进行了校正。也可将电磁场安装在光源上，即光源调制法，但此法应用较少。使用塞曼效应进行背景校正时，由于使用同一光源在同一光路上进行测量，所以能够精确地进行背景校正，因而是最理想的校正方法。

四、原子吸收光谱的分析方法

原子吸收光谱法主要用于元素的定量分析。分析时要首先了解原子吸收光谱仪的性能指标，才能在正确的操作条件下，获取准确的分析结果。

1. 灵敏度和检测限

灵敏度和检测限是衡量原子吸收光谱仪性能的两个重要的指标。

(1) 灵敏度　在火焰原子吸收光谱分析中，把能产生 1% 吸收（或 0.0044 吸光度）时，被测元素在水溶液中的浓度（$\mu g \cdot mL^{-1}$）称为相对灵敏度 S，或称特征浓度，单位为 $\mu g \cdot mL^{-1} \times 10^2$。可按下式计算：

$$S = \frac{c \times 0.0044}{A} \times 10^2$$

式中，c 为被测溶液的浓度，$\mu g \cdot mL^{-1}$；A 为溶液的吸光度。

在无焰（石墨炉）原子吸收光谱分析中，把能产生 1% 吸收（或 0.0044 吸光度）时，被测元素在水溶液中的质量（μg）称为绝对灵敏度，单位为 $\mu g \times 10^2$。

(2) 检测限　是指产生一个能够确证在试样中存在某元素的分析信号所需要该元素的最小量。

在火焰原子吸收光谱分析中，将待测元素能给出两倍于标准偏差的读数时所对应的浓度称为相对检测限（以 DL 表示），单位为 $\mu g \cdot mL^{-1}$，可按下式计算：

$$DL = \frac{c \times 2\sigma}{A}$$

式中，c 为待测元素的浓度，$\mu g \cdot mL^{-1}$；A 为溶液的吸光度；σ 为标准偏差（是用空白溶液经至少十次连续测定，所得吸光度的平均值）。

在无焰（石墨炉）原子吸收光谱分析中，将待测元素能给出两倍于标准偏差的读数时所对应的质量称为绝对检测限，单位为 μg。

检测限不但与仪器的灵敏度有关，还与仪器的稳定性（噪声）有关，它指明了测定的可靠程度。从使用角度看，仪器的灵敏度愈高、噪声愈低，是降低检测限、提高信噪比的有效手段。

2. 定量分析方法

应用原子吸收光谱分析进行定量测定时主要使用工作曲线法、标准加入法和内标法。

（1）工作曲线法　原子吸收光谱分析的工作曲线法和分光光度法相似。

工作曲线法适用于样品组成简单或共存元素无干扰的试样，可用于同类大批量样品的分析。为保证测定的准确度，应尽量使标准溶液的组成与待测试液的基体组成相一致，以减少因基体组成的差异而产生的测定误差。

（2）标准加入法　此法是一种用于消除基体干扰的测定方法，适用于少量样品的分析。

取 4~5 份相同体积的被测元素试液，从第二份起再分别加入同一浓度不同体积的被测元素的标准溶液，用溶剂稀释至相同体积。于相同实验条件下，依次测量各个试液的吸光度，绘制出标准加入法曲线，将此曲线向左外延至与横坐标相交，交点 c_x 即为待测元素的浓度。将试液的标准加入法曲线斜率（曲线 2）和待测元素标准工作曲线斜率（曲线 1）比较，可说明基体效应是否存在，见图 7-48。其中（a）图中，曲线 1 和 2 斜率相同，表示试液不存在基体干扰；（b）图中，曲线 2 斜率小于曲线 1，表明存在基体抑制效应，使灵敏度下降；（c）图中，曲线 2 斜率大于曲线 1，表明存在基体增敏效应，使灵敏度增加。该法的不足之处是不能消除背景干扰，因此只有扣除背景之后，才能得到待测元素的真实含量，否则将使测定结果偏高。

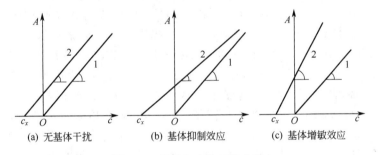

(a) 无基体干扰　　　(b) 基体抑制效应　　　(c) 基体增敏效应

图 7-48　标准加入法工作曲线

（3）内标法（内标工作曲线法）　若试样中待测元素为 m，另选一种试液中不存在的 n 元素作为内标元素。操作时将内标元素 n 的已知确定浓度的相同体积的标准溶液，依次加入到待测元素 m 不同浓度的标准溶液系列和待测试液中。然后在相同条件下，依次测量每种溶液中待测元素 m 和内标元素 n 的吸光度 A_m 和 A_n 以及它们的比值 A_m/A_n，再绘制 A_m/A_n-c_m 内标工作曲线（见图 7-49），由待测试液测出的 $(A_m)_x$ 与 A_n 的比值，可用内插法从内标工作曲线上求出待测试样中 m 元素的含量。

该法选用的内标元素应与待测元素化学性质相近，对锐线的吸收也要相近，且不存在于试样中。该法的

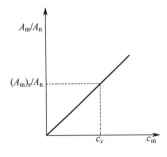

图 7-49　内标工作曲线

优点是不受测定条件变化的影响；不足之处是需使用具有双通道的原子吸收光谱仪。

3. 废水中钴和镍的测定

钴、镍存在于有色冶金、电镀、金属加工、油脂加工等工业废水中。当钴、镍浓度≥$1.0mg \cdot L^{-1}$ 时，可直接用贫燃空气-C_2H_2 火焰原子吸收光谱法进行定量分析。在此种火焰中化学干扰少，若盐浓度高，产生背景吸收时，可用氘灯或塞曼效应进行背景校正。此外，在钴、镍的共振线 240.7nm 和 232.0nm 附近存在非灵敏线，有光谱干扰，所以应选择尽可能小的光谱通带（0.2nm）。当水样中钴、镍浓度<$1.0mg \cdot L^{-1}$ 时，可采用萃取火焰原子吸收光谱法定量，既能消除高浓度盐的干扰，又能大大提高测定的灵敏度。常用的萃取体系为吡咯烷二硫代氨基甲酸铵（APDC）-甲基异丁基酮（MIBK）、二乙基二硫代氨基甲酸钠（NaDDTC）-MIBK 和 APDC-二乙基二硫代氨基甲酸二乙铵（DDDC）-MIBK。在直接火焰法或萃取火焰法中皆用标准工作曲线法进行定量分析。

4. 地表水或废水中铍的测定

铍及其化合物是剧毒物质。一般地表水中含铍约 $0.013\mu g \cdot L^{-1}$，某些冶金及铍化合物生产的工业废水中含有铍。用空气-C_2H_2 火焰，铍难于原子化，即使用 N_2O-C_2H_2 高温火焰，测铍的灵敏度也不高。用石墨炉技术可获高灵敏度，最低检测限可低达 $0.05ng \cdot L^{-1}$（$1ng = 10^{-9}g$），能直接分析含铍的废水。当废水中含大量钾、钠、钙、镁、铁、铬、锰的化合物时存在基体干扰，此时可向含铍废水中加入浓度为 $8mg \cdot L^{-1}$ 的 $Al(NO_3)_3$ 和 2% H_2SO_4 组成的基体改进剂，可使灰化温度提高至 1500℃，有明显的增敏效果，并提高了抗基体干扰能力，此时当 K、Na、Ca、Mg、Fe、Cr、Mn 分别以 $700\mu g \cdot L^{-1}$、$1600\mu g \cdot L^{-1}$、$80\mu g \cdot L^{-1}$、$700\mu g \cdot L^{-1}$、$5\mu g \cdot L^{-1}$、$50\mu g \cdot L^{-1}$、$100\mu g \cdot L^{-1}$ 的浓度存在时，不干扰 $0.5ng \cdot L^{-1}$ Be 的测定。若 Be 含量很低或干扰离子超过允许限量，可在 pH = 9 的缓冲溶液中，以 EDTA 掩蔽干扰离子，用乙酰丙酮-甲苯萃取溶剂，从水相中萃取分离富集铍，此有机相再用 10% HCl 溶液进行反萃取，再用石墨炉进行原子化。测定时使用空心阴极灯发射 234.9nm 共振线，通带宽度为 1.3nm，石墨炉使用热解石墨管（或涂锆石墨管），干燥温度 80～120℃，15～20s；灰化温度 600℃，10s；原子化温度 2600℃，5s；高温除残在 2800℃，3s。用氘灯或塞曼效应进行背景校正，测量峰高处吸光度。可用标准工作曲线法或标准加入法进行定量分析。

思考题和习题

一、可见光吸收光谱法

1. 朗伯-比耳定律的物理意义是什么？

2. 何谓透光度？它与吸光度有何关系？

3. 何谓摩尔吸光系数？它对光度分析有何指导意义？

4. 某有色化合物的水溶液，在 525nm 处的摩尔吸光系数为 3200L·mol^{-1}·cm^{-1}，当浓度为 3.4×10^{-4} mol·L^{-1}，比色皿厚度为 1cm 时，其吸光度和透光度各是多少？

5. 在波长 520nm 处，$KMnO_4$ 溶液的 $\varepsilon = 2235 L \cdot mol^{-1} \cdot cm^{-1}$，在此波长下、2cm 比色皿中，欲使透光度控制在 $20\% \sim 65\%$，问 $KMnO_4$ 溶液的浓度应在何范围？

6. 有一 $KMnO_4$ 溶液，置于 1cm 比色皿中，在绿色滤光片下测得透光度为 60%，若将溶液浓度增大一倍，其他条件不变，吸光度和透光度各是多少？

7. 用双硫腙分光光度法测 Pb^{2+}，Pb^{2+} 的浓度为 $1.6 mg \cdot L^{-1}$，用 2cm 比色皿，于 520nm 波长下测得 $T = 53\%$，求摩尔吸光系数 ε 为多少？

8. 用二苯偕肼光度法测钢样中的 Cr 含量，若用 1cm 比色皿测得 T 为 77.3%，试问 A 为多少？若改用 2cm、3cm 比色皿时，T 和 A 又各为多少？

9. 简述分光光度计的组成及各部分的作用。

10. 简述分光光度法的误差来源和提高分析结果准确度的方法。

11. 简述提高分光光度法灵敏度和选择性的途径。

12. 欲测定 $CaCO_3$ 样品中的铁含量，首先绘制邻二氮菲法测 Fe^{2+} 的标准工作曲线。用硫酸亚铁铵 $[(NH_4)_2SO_4 \cdot FeSO_4 \cdot 12H_2O]$ 配制含 Fe^{2+} 为 $1.00 mg \cdot mL^{-1}$ 的标准储备液，用前将其稀释 100 倍，在 50mL 比色管中显色，用 2cm 比色皿测吸光度 A：

$V_{Fe^{2+}}$/mL	1.00	2.00	3.00	4.00	5.00	6.00
A	0.097	0.202	0.300	0.400	0.500	0.602

另称取 $CaCO_3$ 样品 1.000g，溶解后在 100mL 容量瓶中定容，移取 1mL 试液，按相同步骤显色后测得 $A = 0.450$，从标准曲线中查得 Fe^{2+} 含量，并计算样品中铁的质量分数。

13. 欲测定合金钢中 Cr、Mn 的含量，称样 1.000g 溶解后稀释至 50.00mL，Cr 被氧化成 $Cr_2O_7^{2-}$，Mn 被氧化成 MnO_4^-，分别在波长 440nm、545nm 处，用 1cm 比色皿测吸光度 A，分别为 0.204 和 0.860。若已知 ε_{Mn}^{440} 为 95.0，ε_{Cr}^{440} 为 369.0，ε_{Mn}^{545} 为 2.35×10^3，ε_{Cr}^{545} 为 11.0（单位均为 $L \cdot mol^{-1} \cdot cm^{-1}$），试计算合金钢中 Cr 和 Mn 的质量分数。

二、紫外吸收光谱法

1. 紫外吸收光谱法有何基本特征？为什么是带状光谱？

2. 紫外吸收光谱能提供哪些分子结构信息？

3. 分子中价电子跃迁有几种类型？哪些类型跃迁可以产生紫外吸收光谱？

4. 何谓发色基团？何谓助色基团？它们具有何种结构？

5. 为什么助色基团取代基能使烯双键的 $n \rightarrow \pi^*$ 跃迁波长红移？而使羰基 $n \rightarrow \pi^*$ 跃迁波长蓝移？

6. 为什么共轭双键分子中双键数目愈多，其 $\pi \rightarrow \pi^*$ 跃迁吸收带波长愈长？说明原因。

7. 下列化合物能产生何种电子跃迁？能出现何种吸收带？

(1) $CH_2\!=\!CH\!-\!O\!-\!CH_3$ (2) $CH_2\!=\!CH\!-\!CH_2CH_2\!-\!NH\!-\!CH_3$

(3) ⬡—CH=CHCHO   (4) $Cl\!-\!CH_2\!-\!CH\!=\!CH\!-\!\overset{\displaystyle O}{\overset{\|}{C}}\!-\!C_2H_5$

8. 化合物 A 在紫外区有两个吸收带，用 A 的乙醇溶液测得吸收带波长 $\lambda_1 = 256 nm$、$\lambda_2 = 305 nm$，而用 A 的己烷溶液测得吸收带波长 $\lambda_1 = 248 nm$、$\lambda_2 = 323 nm$，这两个吸收带分别是何种电子跃迁产生的？A 属于哪一类化合物？

9. 为什么苯胺在酸性介质中 K 和 B 吸收会发生蓝移？而苯酚在碱性介质中 K 和 B 吸收会发生红移？

10. 简述紫外分光光度计的组成及各部分的作用。

11. 为什么要对紫外分光光度计的波长、吸光度和吸收池进行校正？

12. 乙酰丙酮 $CH_3\overset{O}{\underset{\parallel}{C}}-CH_2-\overset{O}{\underset{\parallel}{C}}-CH_3$ 在极性溶剂中的吸收带 $\lambda=277nm$，$\varepsilon=1.9\times10^3L\cdot mol^{-1}\cdot cm^{-1}$，而在非极性溶剂中的吸收带 $\lambda=269nm$，$\varepsilon=1.21\times10^4L\cdot mol^{-1}\cdot cm^{-1}$，请解释这两个吸收带的归属及变化的原因。

13. 化合物 A 和 B 在环己烷中各有两个吸收带。A：$\lambda_1=210nm$，$\varepsilon_1=1.6\times10^4L\cdot mol^{-1}\cdot cm^{-1}$；$\lambda_2=330nm$，$\varepsilon_2=37L\cdot mol^{-1}\cdot cm^{-1}$。B：$\lambda_1=190nm$，$\varepsilon_1=1\times10^3L\cdot mol^{-1}\cdot cm^{-1}$；$\lambda_2=280nm$，$\varepsilon_2=25L\cdot mol^{-1}\cdot cm^{-1}$。判断化合物 A、B 各具有何种结构？它们的吸收带是由何种跃迁产生的？

14. 化合物 $\overset{CH_3}{\underset{CH_3}{\overset{|}{\underset{|}{C}}}}$—OH 经 H_2SO_4 脱水反应后的产物，测其紫外吸收光谱，在 $\lambda=242nm$ 处出现一强吸收带，请确定其脱水反应后产物的结构式。

15. 已知浓度为 $0.010g\cdot L^{-1}$ 的咖啡碱（摩尔质量为 $212g\cdot mol^{-1}$），在 $\lambda=272nm$ 处测得吸光度 $A=0.510$。为测定咖啡中咖啡碱的含量，称取 $0.1250g$ 咖啡，于 $500mL$ 容量瓶中配成酸性溶液，测得该溶液的吸光度 $A=0.415$，求咖啡碱的摩尔吸光系数和咖啡中咖啡碱的含量。

16. 浓度为 $5.67\times10^{-5}mol\cdot L^{-1}$ 的苯乙酮乙醇溶液，在 $\lambda=240nm$ 处测得透光度 $T=0.143$，若透光度的测量误差为 $\pm0.5\%$，则溶液浓度测定的相对误差是多少？

17. 已知水杨醛 $\lambda=257nm$ 吸收带的 $\varepsilon=1.56\times10^4L\cdot mol^{-1}\cdot cm^{-1}$，为使水杨醛溶液的吸光度处于最适宜的范围（即 A 为 $0.2\sim0.7$），水杨醛的浓度应控制在何范围？若要配制 $100mL$ 水杨醛溶液，并使吸光度测量引起的浓度相对误差最小，需多少克水杨醛？

18. 用紫外分光光度法测定含乙酰水杨酸和咖啡因两组分的止痛片，称取 $0.2396g$ 止痛片溶于乙醇中，准确稀释至浓度为 $19.16mg\cdot L^{-1}$，分别测量在 $\lambda_1=225nm$ 和 $\lambda_2=270nm$ 处的吸光度，获得 $A_1=0.766$，$A_2=0.155$，计算止痛片中乙酰水杨酸和咖啡因的含量（已知乙酰水杨酸 $\varepsilon_{225}=8210L\cdot mol^{-1}\cdot cm^{-1}$、$\varepsilon_{270}=1090L\cdot mol^{-1}\cdot cm^{-1}$，咖啡因 $\varepsilon_{225}=5510L\cdot mol^{-1}\cdot cm^{-1}$、$\varepsilon_{270}=8790L\cdot mol^{-1}\cdot cm^{-1}$；乙酰水杨酸和咖啡因的摩尔质量分别为 $180g\cdot mol^{-1}$ 和 $194g\cdot mol^{-1}$）。

三、红外吸收光谱法

1. 分子的基本振动形式有多少种？其振动频率如何计算（以双原子分子为例）？

2. 产生红外吸收的条件是什么？

3. 何谓基频峰和泛频峰？

4. 何谓特征峰和相关峰？

5. 红外吸收光谱的特征区和指纹区各有什么特点和用途？

6. 根据下述化学键力常数 K 的数据，计算各化学键的振动波数：

(1) 乙烷的 C—H 键，$K=5.1N\cdot cm^{-1}$

(2) 乙炔的 C—H 键，$K=5.9N\cdot cm^{-1}$

(3) 苯的 C—C 键，$K=7.6N\cdot cm^{-1}$

(4) 乙腈的 C≡N 键，$K=17.5N\cdot cm^{-1}$

7. 下列五组数据中，哪组数据涉及的红外光谱区能包括 —CH_3、$\rangle CH_2$、—CH_2—$\overset{O}{\underset{\parallel}{C}}$—H 的吸收带？

(1) $3000 \sim 2700 \mathrm{cm}^{-1}$、$1675 \sim 1500 \mathrm{cm}^{-1}$、$1475 \sim 1300 \mathrm{cm}^{-1}$

(2) $3000 \sim 2700 \mathrm{cm}^{-1}$、$2400 \sim 2100 \mathrm{cm}^{-1}$、$1000 \sim 650 \mathrm{cm}^{-1}$

(3) $3300 \sim 3100 \mathrm{cm}^{-1}$、$1675 \sim 1500 \mathrm{cm}^{-1}$、$1475 \sim 1300 \mathrm{cm}^{-1}$

(4) $3300 \sim 3100 \mathrm{cm}^{-1}$、$1900 \sim 1650 \mathrm{cm}^{-1}$、$1475 \sim 1300 \mathrm{cm}^{-1}$

(5) $3000 \sim 2700 \mathrm{cm}^{-1}$、$1900 \sim 1650 \mathrm{cm}^{-1}$、$1475 \sim 1300 \mathrm{cm}^{-1}$

8. 试用红外光谱区别下列异构体：

(1)

(2)

(3)

(4)

9. 丁内酯与丁内酰胺的 C＝O 键的吸收波数如下。试说明氧原子和氮原子对 C＝O 键的不同影响。

10. 某化合物经取代反应后，生成物可能为下列两种物质之一：

(1) $N \equiv C - NH_2^+ - CH - CH_2OH$

(2) $HN = CH - NH - \overset{\displaystyle O}{\overset{\displaystyle \|}{C}} - CH_2 -$

取代产物在 $2300 \mathrm{cm}^{-1}$ 和 $3600 \mathrm{cm}^{-1}$ 有两个尖锐的吸收峰，但在 $3330 \mathrm{cm}^{-1}$ 和 $1600 \mathrm{cm}^{-1}$ 无吸收峰，确定其产物为何物？

11. 某未知物为无色液体，相对分子质量为 89.0，沸点为 131℃，含 C、H、N 元素，红外吸收光谱的特征吸收峰为 $2950 \mathrm{cm}^{-1}$（中）、$1550 \mathrm{cm}^{-1}$（强）、$1460 \mathrm{cm}^{-1}$（中）、$1438 \mathrm{cm}^{-1}$（中）、$1380 \mathrm{cm}^{-1}$（强）、$1230 \mathrm{cm}^{-1}$（中）、$1130 \mathrm{cm}^{-1}$（弱）、$896 \mathrm{cm}^{-1}$（弱）、$872 \mathrm{cm}^{-1}$（强）。试推断其为何物？

12. 图 7-50 分别是结构为Ⅰ、Ⅱ、Ⅲ、Ⅳ的四种化合物的红外吸收光谱。试找出各自相应的化合物。

（Ⅰ）　　　（Ⅱ）　　　（Ⅲ）　　　　　　（Ⅳ）

13. 某液膜的红外吸收光谱见图 7-51，已知其相对分子质量为 118，试写出其结构式。

14. 图 7-52 为邻、间、对二甲苯的红外吸收光谱图。请说明各个图分别属于何种异构体，并标明图中主要吸收峰的振动形式。

四、原子发射光谱法

1. 何谓元素的灵敏线、共振线、最后线？它们之间有何联系？

2. 原子发射光谱仪由哪几部分组成？各部分的主要作用是什么？

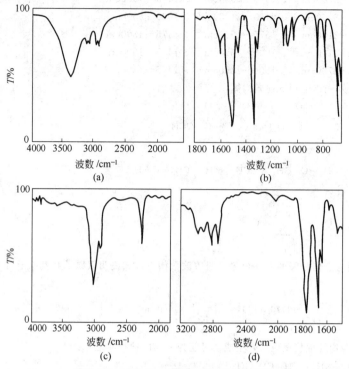

图 7-50　四种化合物的红外吸收光谱图

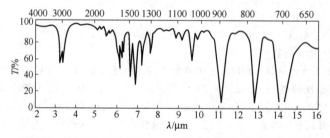

图 7-51　相对分子质量为 118 的化合物的红外吸收光谱图

3. 简述电感耦合等离子体光源的工作原理及其特点。

4. 如何进行原子发射光谱定性分析？简述铁光谱图在定性分析中的作用。

5. 原子发射光谱定量分析的依据是什么？

6. 简述内标法的工作原理，选用的分析线对应具备什么条件？

7. 对某合金中 Pb 的光谱定量测定，以 Mg 作为内标，实验测得数据为：

溶液	1	2	3	4	5	A	B	C
Mg	7.3	8.7	7.3	10.3	11.6	8.8	9.2	10.7
Pb	17.5	18.5	11.0	12.0	10.4	15.5	12.5	12.2
Pb 的浓度/ mg·mL^{-1}	0.151	0.201	0.301	0.402	0.502			

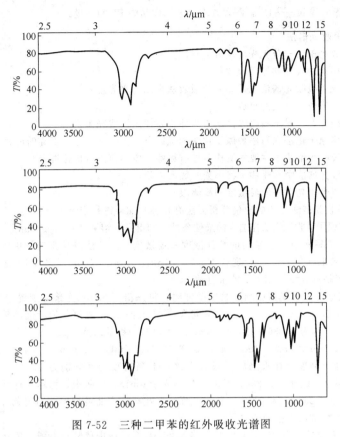

图 7-52　三种二甲苯的红外吸收光谱图

根据上述数据，（1）绘制工作曲线；（2）求未知溶液 A、B、C 中 Pb 的浓度。

8. 用内标法测定样品溶液中 Mg 的含量，以钼作为内标物。将 $MgCl_2$ 用水溶解配制标准溶液，在每一标准溶液和样品溶液中均含有 $25.0ng \cdot mL^{-1}$ 的钼 ［由溶解 $(NH_4)_2MoO_4$ 获得］。测定时吸取 $50\mu L$ 溶液于铜电极上，将溶液蒸发至干后摄谱，测量 279.8nm 镁谱线和 281.6nm 钼谱线的强度，获下列数据。计算样品溶液中镁的浓度。

序号	1	2	3	4	5	样品溶液
镁 的 浓 度/ng $\cdot mL^{-1}$	1.05	10.5	100.5	1050	10500	?
相对强度：279.8nm	0.67	3.4	18	115	739	2.5
281.6nm	1.8	1.6	1.5	1.7	1.9	1.8

9. 现用旋转扇形板作乳剂特性曲线，扇形板各阶切口宽度为 1：2：4：8：16：32，用锡合金样品曝光时，测得 Sn 276.1nm 谱线在扇形板相应各阶的黑度分别为 1.05、1.66、4.68、13.18、37.15、52.50，根据上述数据绘制光谱感光板的乳剂特性曲线。同时以 Sn 276.1nm 谱线为内标线，Pb 283.3nm 为分析线来测定锡合金中 Pb 的含量，测得以下数据：

样品号	1	2	3	4	5	未知
铅含量 $c_{Pb}/\%$	0.126	0.316	0.708	1.334	2.512	?
黑度值 Sn 276.1nm	1.567	1.571	1.443	0.825	0.447	0.920
Pb 283.3nm	0.259	1.013	1.546	1.427	1.580	0.669

请画出铅的校正曲线 $\lg \dfrac{I_{Pb}}{I_{Sn}}$-$\lg c_{Pb}$ 图，并求出未知样品中 Pb 的含量。

五、原子吸收光谱法

1. 原子吸收光谱法与分光光度法有何异同点？

2. 何谓共振发射线和共振吸收线？

3. 为何在原子吸收光谱法中采用峰值吸收法来测量吸光度？

4. 简述原子吸收光谱仪的组成。

5. 何谓锐线光源？原子吸收光谱法中为什么要使用锐线光源？

6. 比较火焰原子化法和石墨炉原子化法的优缺点。为什么后者有更高的灵敏度？

7. 在原子吸收光谱法中主要的操作条件有哪些？应如何进行优化选择？

8. 原子吸收光谱法中有哪些干扰因素？如何消除？

9. 何谓原子吸收光谱法的灵敏度和检测限？

10. 原子吸收光谱法常用的定量分析方法有几种？如何进行定量分析？

11. 用火焰原子吸收光谱法在选定的最佳条件下测得空白溶液和 $0.50\mu g \cdot mL^{-1}$ 镁标准溶液的透光度分别为 100% 和 40%。求镁的特征浓度和灵敏度。用此法测球墨铸铁中镁含量（约含镁 0.005%）时，若取样量为 $0.5g$，现有 $10mL$、$25mL$、$50mL$、$100mL$、$250mL$ 五种规格的容量瓶，应选哪种规格的容量瓶制备试液最合适？

12. 用火焰原子吸收光谱法测血浆中的锂时，将三份 $0.50mL$ 血浆分别置于三个 $5mL$ 容量瓶中，分别加入 0.0、$10.0\mu L$、$20.0\mu L$ 浓度为 $0.05mol \cdot L^{-1}$ 的氯化锂标准溶液，都稀释至刻度后测得吸光度分别为 0.230、0.453、0.676。求血浆中锂的浓度（$\mu g \cdot mL^{-1}$）？

13. 吸取 0、$1mL$、$2mL$、$3mL$、$4mL$ 浓度为 $10\mu g \cdot mL^{-1}$ 的镍标准溶液，分别置于 $25mL$ 容量瓶中，稀释至刻度，在火焰原子吸收光谱仪上测得吸光度分别为 0、0.06、0.12、0.18、0.23。另称取镍合金试样 $0.3125g$，经溶解后移入 $100mL$ 容量瓶中，稀释至标线。准确吸取此溶液 $2mL$ 放入另一 $25mL$ 容量瓶中，稀释至标线，在与标准曲线相同的测定条件下，测得溶液的吸光度为 0.15。求试样中镍的含量。

14. 称取含镉试样 $2.5115g$，经溶解后移入 $25mL$ 容量瓶中稀释至标线。依次分别移取此样品溶液 $5mL$，置于四个 $25mL$ 容量瓶中，再向此四个容量瓶中依次加入浓度为 $0.5\mu g \cdot mL^{-1}$ 的镉标准溶液 0、$5mL$、$10mL$、$15mL$，并稀释至刻度，在火焰原子吸收光谱仪上测得吸光度分别为 0.06、0.18、0.30、0.41，求样品中镉的含量。

第八章 电化学分析法

电化学分析法是建立在物质的电化学性质基础上的一类分析方法。它通常使被测物质溶液构成一个化学电池（原电池或电解池），然后通过测量化学电池的电动势、通过的电流、电量等物理量的变化来确定被测物质的组成和含量。常用的有电位分析法、库仑分析法和溶出伏安法。

电化学分析法已成为仪器分析法的一个重要分支，它具有灵敏度高、准确度高、测量范围宽、所用仪器设备简单、易于实现自动化和连续在线分析的优点，现已在化学工业、石油化工、冶金、矿物、环境监测等领域获得广泛应用。

第一节 各种测量用电极

电位分析法是依据测量工作电池两个电极间的电位差及其变化来分析被测物质含量的方法，在测量电位差时需要使用参比电极、指示电极或离子选择性电极。参比电极具有恒定的电位数值，不受待测离子浓度变化的影响。指示电极的电位随待测离子浓度的变化而改变，它能指示待测离子的活度。离子选择性电极是一种以电位法测量溶液中某些特定离子活度的指示电极，具有高度的专属性。

一、参比电极

标准氢电极是最精确的参比电极，它是参比电极的一级标准，但因其装配复杂、使用不便，只作为校核各种参比电极的标准。通常使用的参比电极为氯化银-银电极和氯化亚汞-汞电极（又称甘汞电极）。

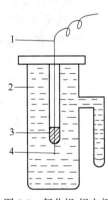

图 8-1 氯化银-银电极
1—导线；2—KCl 溶液；
3—氯化银；4—银丝

1. 氯化银-银电极

在银丝上镀上一层氯化银，浸在一定浓度的氯化钾溶液中构成氯化银-银电极，如图 8-1 所示。

半电池组成：Ag，AgCl(固) | KCl

电极反应：$AgCl + e \rightleftharpoons Ag + Cl^-$

电极电位：$\varphi_{AgCl/Ag} = \varphi_{AgCl/Ag}^{\ominus} - 0.059 \lg a_{Cl^-}$

25℃时，对不同浓度的 KCl 溶液，其电极电位 $\varphi_{AgCl/Ag}$ 的数值如下。

KCl 溶液浓度：	$0.1 mol \cdot L^{-1}$	$1.0 mol \cdot L^{-1}$	饱和溶液
$\varphi_{AgCl/Ag}$/V：	$+0.2880$	$+0.2223$	$+0.2000$

2. 氯化亚汞-汞电极（甘汞电极）

由汞、甘汞（Hg_2Cl_2）和氯化钾溶液组成，构造如图 8-2 所示。电极用两个玻璃

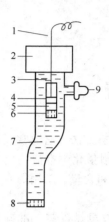

图 8-2 甘汞电极
1—导线；2—绝缘体；
3—铂丝；4—汞；5—
氯化亚汞；6,8—多
孔砂芯；7—KCl溶
液；9—橡皮塞

套管，内套管封接一根铂丝，它插入厚度为 $0.5 \sim 1.0 cm$ 的汞层中，汞下装有由汞、甘汞和少许 KCl 溶液研磨而成的糊状物；外套管内装入 KCl 溶液。电极下端与待测溶液接触处熔接有玻璃砂芯或陶瓷砂芯等多孔物质，其孔度可控制 KCl 溶液的渗透速度。

半电池组成：$Hg，Hg_2Cl_2（固）|KCl$

电极反应：$Hg_2Cl_2 + 2e \rightleftharpoons 2Hg + 2Cl^-$

电极电位：$\varphi_{Hg_2Cl_2/2Hg} = \varphi^{\ominus}_{Hg_2Cl_2/2Hg} - 0.059 \lg a_{Cl^-}$

25℃时，对不同浓度的 KCl 溶液，其电极电位 $\varphi_{Hg_2Cl_2/2Hg}$ 的数值如下。

KCl 溶液浓度：	$0.1 mol \cdot L^{-1}$	$1.0 mol \cdot L^{-1}$	饱和溶液
$\varphi_{Hg_2Cl_2/2Hg}/V$	$+0.3365$	$+0.2828$	$+0.2438$

上述参比电极是测量工作电池（原电池）电动势、计算电极电位的基准，要求它的电位已知且能保持恒定，在测量过程中即使有微小电流（约 $10^{-8} A$）通过，仍能保持电位不变；它与不同的测试溶液间的液体接界电位数值很小（$1 \sim 2 mV$），可以忽略不计。

二、指示电极

指示电极在电位分析法中，能指示被测离子的活度。指示电极应符合以下要求：

① 电极电位与离子活度之间应符合能斯特方程式，或电极电位与被测溶液离子活度的对数值应成直线关系；

② 对离子活度的变化响应快，重现性好；

③ 结构简单、使用方便。

常用的指示电极有以下几种。

1. 金属离子-金属电极

如金属银浸在 $AgNO_3$ 溶液中，组成如下半电池。

半电池组成：$Ag | Ag^+$

电极反应：$Ag^+ + e \rightleftharpoons Ag$

电极电位：$\varphi_{Ag^+/Ag} = \varphi^{\ominus}_{Ag^+/Ag} + 0.059 \lg a_{Ag^+}$

其他金属如 Zn、Hg、Cu、Cd、Pb 等，都可构成此类电极。

2. 金属难溶盐-金属电极

如 AgCl-Ag 电极，它既是参比电极也是指示电极。

3. 惰性金属或石墨碳电极

惰性金属铂或金，或石墨碳可作为导体来协助电子的转移，而自身不参与电化学反应。当将其浸入同一种元素但具有两种不同价态的离子溶液（如 Fe^{3+} 和 Fe^{2+} 溶液）中时，其电极电位和两种不同价态离子的活度比率有关。

如电极反应为 $Fe^{3+} + e \rightleftharpoons Fe^{2+}$，电极电位为

$$\varphi_{Fe^{3+}/Fe^{2+}} = \varphi_{Fe^{3+}/Fe^{2+}}^{\ominus} + 0.059 \lg \frac{a_{Fe^{3+}}}{a_{Fe^{2+}}}$$

通常可使用铂电极，但当含强还原剂如 Cr^{3+}、Ti^{3+}、V^{3+} 时就不能使用铂电极。因铂表面会催化上述还原剂对 H^+ 的还原作用，而使铂电极的电极电位不能反映溶液中待测离子活度比值的变化。为获得准确结果，可用金电极或石墨碳电极来替代铂电极。

4. 玻璃电极

玻璃电极是测定 pH 普遍使用的一种指示电极，其构造如图 8-3 所示。

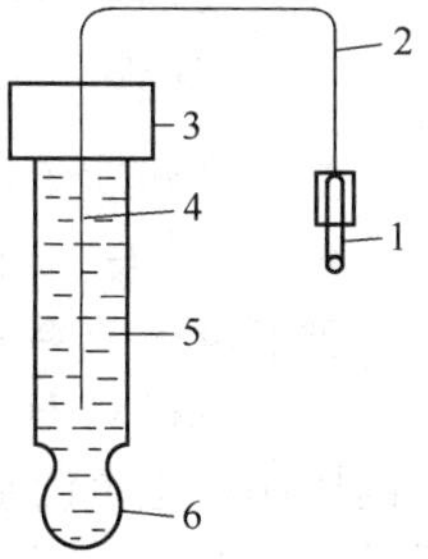

玻璃电极的主要部分是它的下部由特制软玻璃吹制的、厚度为 $30\sim100\mu m$ 的球形玻璃薄膜，电阻为 $50\sim500M\Omega$。在膜内装有由 $0.1mol \cdot L^{-1}HCl$ 和 KCl 组成的 pH 一定的缓冲溶液作为内参比溶液，溶液中浸入一根 AgCl-Ag 电极作为内参比电极。由于玻璃电极的内阻很高，因此电极引出线和连接导线要求高度绝缘，并采用金属屏蔽线，以防漏电并防止周围交变电场及静电感应的影响。

玻璃电极中的内参比电极的电位恒定，与待测溶液的 pH 无关。玻璃电极之所以能测定溶液的 pH，是因为玻璃膜产生的膜电位与待测溶液的 pH 有关。

玻璃电极在使用前应在纯水中浸泡 24h 以上，使在玻璃膜表面形成水化硅胶层，如图 8-4 所示。在水化层内发生离子交换反应：

$$H^+ + Na^+ G^- \rightleftharpoons Na^+ + H^+ G^-$$

式中，$Na^+ G^-$ 代表玻璃表面层；$H^+ G^-$ 代表水化硅胶层。

（1）膜电位 由于玻璃膜与外部被测试液和内部参比溶液接触，存在两个液体接界电位（$\varphi_{L,外}$ 和 $\varphi_{L,内}$），从而使玻璃膜内、外侧之间产生膜电位（φ_M）：

$$\varphi_{L,外} = k_外 + 0.059 \lg \frac{a_{H^+,外}}{a'_{H^+,外}}$$

图 8-3 玻璃电极

1—电极接头；2—导线；3—电极帽；4—内参比电极（AgCl-Ag）；5—内参比溶液（$0.1mol \cdot L^{-1}HCl$）；6—玻璃膜

$$\varphi_{L,内} = k_内 + 0.059 \lg \frac{a_{H^+,内}}{a'_{H^+,内}}$$

因为玻璃膜内、外表面的性质相同，使 $k_外 = k_内$，且在水化硅胶层中，玻璃表面的 Na^+ 被溶液中的 H^+ 所交换，而使 $a'_{H^+,外} = a'_{H^+,内}$，所以膜电位可表示为

$$\varphi_M = \varphi_{L,外} - \varphi_{L,内} = 0.059 \lg \frac{a_{H^+,外}}{a_{H^+,内}}$$

由于内参比溶液中 $a_{H^+,内} = 0.1mol \cdot L^{-1}$，为一常数，因此

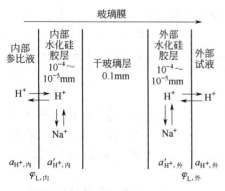

图 8-4 玻璃电极的玻璃膜表面放大示意

$$\varphi_M = k' + 0.059 \lg a_{H^+,外} = k' - 0.059 pH_外$$

（2）**不对称电位** 由前式可看出，若玻璃膜内、外的 a_{H^+} 完全相同，会使 $\varphi_M = 0$，但实际上并不等于零，而是为 $10 \sim 30 mV$。这是由于玻璃膜内、外结构和表面张力性质的微小差异而产生的电位差，称为玻璃电极的不对称电位（$\varphi_不$）。当玻璃电极在水溶液中长时间浸泡后，可使 $\varphi_不$ 达到恒定值，合并于上式的常数 k' 之中。

（3）**玻璃电极电极电位的计算** 玻璃电极具有内参比电极，因此它的电极电位应是内参比电极（AgCl-Ag）电位和膜电位之和：

$$\varphi_玻 = \varphi_{内参} + \varphi_M = \varphi_{AgCl/Ag} + k' - 0.059 pH_外 = K_玻 - 0.059 pH_外$$

式中，$K_玻 = \varphi_{AgCl/Ag} + k'$。

玻璃电极的半电池组成为：$Ag, AgCl | 0.1 mol \cdot L^{-1} HCl | 玻璃膜 | 试液$。

玻璃电极对 H^+ 有强选择性，测定 pH 时不受被测溶液中存在的氧化剂或还原剂的影响，也可测定有色、浑浊或胶状溶液的 pH。它在 $pH = 1 \sim 9$ 范围内使用效果最好。若配合精密酸度计，测定误差为 $\pm 0.01 pH$ 单位。

当用玻璃电极测定强碱（$pH > 9$）或强酸（$pH < 1$）溶液时，由于存在碱差（钠差）或酸差，会使测定值偏低或偏高，引起测定误差。另外，由于玻璃电极自身具有很高的电阻，因此必须配有电子放大电路才能进行准确测量。

5. 汞-EDTA 电极

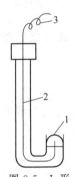

图 8-5 L形悬汞电极
1—汞珠；
2—铂丝；
3—导线

将镀汞的银电极浸入待测金属离子溶液中，再加入一定量 Hg^{2+} 和 EDTA 生成的螯合物 HgY^{2-}，就构成汞-EDTA 电极。也可用如图 8-5 所示的 L 形悬汞电极代替镀汞的银电极。

半电池组成：$Hg | HgY^{2-}, MY^{n-4}, M^{n+}$

电极反应：$Hg^{2+} + 2e \Longrightarrow Hg$

电极电位：$\varphi_{Hg^{2+}/Hg} = \varphi_{Hg^{2+}/Hg}^{\ominus} + \dfrac{0.059}{2} \lg a_{M^{n+}}$

$$= \varphi_{Hg^{2+}/Hg}^{\ominus} + \dfrac{0.059}{2} \lg \dfrac{a_{HgY^{2-}} K_{MY^{n-4}}}{a_{MY^{n-4}} K_{HgY^{2-}}}$$

此时汞电极的电极电位仅与被测金属离子的活度 $a_{M^{n+}}$ 有关，因而可用作 EDTA 滴定金属离子 M^{n+} 的指示电极。此电极已用于 30 余种金属离子的测定。应注意汞电极适用的溶液 pH 范围为 $2 \sim 11$，$pH > 11$ 会产生 HgO 沉淀，干扰电极反应，$pH < 2$ 会使 HgY^{2-} 螯合离子解离，而影响测定的准确度。

三、离子选择性电极

离子选择性电极又称膜电极，此类电极都具有一种特殊的薄膜，它能选择性地反映溶液中某种离子的活度。前述玻璃电极就是一种膜电极，也就是氢离子的选择性电极。其他各种离子选择性电极的构造都与玻璃电极相似，都是由内参比电极、内参比溶液和离子敏感膜组成的。

各种离子选择性电极的膜电位（电极电位），在一定条件下都遵循能斯特方程式。

对阳离子，其膜电位为

$$\varphi_{MC}=K+\frac{0.059}{n}\lg a_C$$

对阴离子，其膜电位为

$$\varphi_{MA}=K-\frac{0.059}{n}\lg a_A$$

离子选择性电极可分为固体膜电极、液体膜电极和敏化电极。

1. 固体膜电极

由金属难溶盐制成固体膜。根据物理性质和成膜方法的不同可分如下几种。

(1) 单晶膜电极　如氟离子选择性电极（见图8-6），其内参比电极为 AgCl-Ag，内参比溶液为 $0.1mol \cdot L^{-1}NaF$ 和 $0.1mol \cdot L^{-1}KCl$，离子敏感膜为 $1.5 \sim 2.0mm$ LaF_3 单晶膜片。

半电池组成为 Ag，AgCl｜F^- $(0.1mol \cdot L^{-1})$，Cl^- $(0.1mol \cdot L^{-1})$｜LaF_3｜被测试液。

电极反应为

$$LaF_3 \Longleftarrow La^{3+}+3F^-$$

氟离子选择性电极的膜电位为

$$\varphi_{M_{F^-}}=K-0.059\lg a_{F^-}=K+0.059pF$$

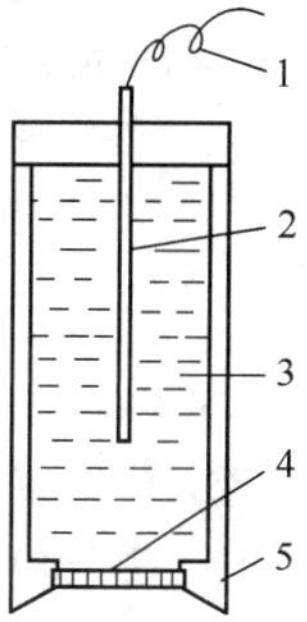

(2) 多晶膜电极　多晶金属难溶盐可在高温下烧结成片，或在高压（如 980MPa）下压制成薄片，作为敏感膜。如 Ag_2S 膜电极可作为 Ag^+ 或 S^{2-} 的选择性电极，其半电池组成为以银丝作为内参比电极，以 $0.001 \sim 0.1mol \cdot L^{-1}AgNO_3$ 溶液（或 $0.1mol \cdot L^{-1}Na_2S$ 溶液）为内参比溶液，可检测 $1 \sim 10^{-7}mol \cdot L^{-1}$ 的银离子或硫离子。

图 8-6　氟离子选择性电极
1—导线；2—内参比电极；3—内参比溶液；4—LaF_3 单晶膜片；5—电极外管

半电池组成：Ag｜Ag^+ $(0.1mol \cdot L^{-1})$｜Ag_2S｜被测试液（Ag^+）

Ag｜S^{2-} $(0.1mol \cdot L^{-1})$｜Ag_2S｜被测试液（S^{2-}）

电极反应：
$$Ag_2S \Longleftarrow 2Ag^++S^{2-}$$

膜电位：
$$\varphi_{M_{Ag^+}}=K_1+0.059\lg a_{Ag^+}$$

$$\varphi_{M_{S^{2-}}}=K_2-\frac{0.059}{2}\lg a_{S^{2-}}$$

如欲测定 Cl^-（Br^-、I^-）、Cu^{2+}（Pb^{2+}、Cd^{2+}），可用 AgCl（AgBr、AgI）、$CuS-Ag_2S$（$PbS-Ag_2S$、$CdS-Ag_2S$）多晶难溶盐制成的敏感膜，再构成专用的离子选择性电极。

2. 液体膜电极

液体膜电极又称离子交换膜电极。如钙离子选择性电极（见图8-7），它的内参比电极为 AgCl-Ag 电极，内参比溶液为 $0.1mol \cdot L^{-1}CaCl_2$ 溶液，电极内两旁侧管装有液体离子交换剂，为 $0.1mol \cdot L^{-1}$ 的二癸基磷酸钙（BDCP）溶于苯基磷酸二辛酯的溶液，底部为疏水性的多孔纤维素渗析膜，将电极内的离子交换剂与待测液分开。由于液体离子交换剂含有疏水基团，使交换剂不与待测液相混，它又含

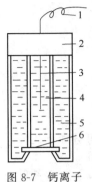

图 8-7 钙离子
选择性电极

1—导线；2—电极管；
3—内参比电极；4—
内参比溶液；5—离
子交换剂；6—疏水
性纤维素多孔薄膜

有亲水基团，可使交换剂与待测液中的钙离子进行交换。当电极内的液体离子交换剂渗入纤维素渗析膜中时，形成液体膜，被测钙离子与液体膜接触后，部分钙离子在液体膜中进行离子交换，从而产生膜电位。

半电池组成：Ag，AgCl｜Ca^{2+}（0.1mol·L^{-1}）｜BDCP（0.1 mol·L^{-1}）｜纤维素膜｜被测试液。

电极反应：$[(RO)_2PO_2]_2^- Ca^{2+} \rightleftharpoons 2(RO)_2PO_2^- + Ca^{2+}$
（BDCP）有机相　　　有机相　　水相

反应式中 R 为—$C_{10}H_{23}$。

膜电位：$\varphi_{M_{Ca^{2+}}} = K + \dfrac{0.059}{2}\lg a_{Ca^{2+}} = K - \dfrac{0.059}{2}pCa$

在液体膜电极中使用的液体离子交换剂通常由原子半径一定的阳离子（或阴离子）与相对分子质量较大、带有中心空腔、作为载体的有机阴离子（或阳离子）缔合而成，通过选择适当的载体部分，可使此类电极具有较高的选择性。

3. 敏化电极

敏化电极可分为气敏电极和酶电极。

（1）气敏电极　可用来测定溶液中能转换成气态的离子。如应用较广的氨电极，其构造如图 8-8 所示，自身已组成一个原电池。它的指示电极为玻璃电极，参比电极为 AgCl-Ag 电极，浸入 0.1mol·L^{-1} NH_4Cl 内电解质溶液中，电极下端装有由聚四氟乙烯或聚偏氯乙烯制成的透气膜，透气膜和玻璃电极间充有极薄的 0.1mol·L^{-1} NH_4Cl 溶液。

测定试液中的氨时，不需另加参比电极，可向试液中加入强碱 NaOH，反应为

$$NH_4^+ + OH^- \rightleftharpoons NH_3 + H_2O$$

使铵盐转化成溶解态氨，由于扩散作用通过透气膜进入内电解质 NH_4Cl 溶液中，使电极内部溶液的 pH 发生变化，玻璃电极可指示这种变化，通过测量氨电极的电动势变化，就可求出氨的含量。在透气膜两边产生的膜电位为

$$\varphi_{M_{NH_3}} = K + 0.0591\lg a_{H^+}$$

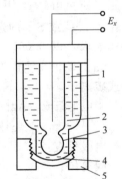

图 8-8　氨电极

1—参比电极（AgCl-Ag）；
2—0.1mol·L^{-1} NH_4Cl；
3—指示电极（玻璃电极）；
4—透气膜；5—可卸电极头

因为　　　$$a_{H^+} = K_{NH_4^+} \dfrac{a_{NH_4^+}}{a_{NH_3}}$$

式中，$K_{NH_4^+}$ 为常数；电极中含大量内电解质 NH_4Cl，故 $a_{NH_4^+}$ 也可看作常数。则

$$\varphi_{M_{NH_3}} = K + 0.0591\lg\left(K_{NH_4^+} \dfrac{a_{NH_4^+}}{a_{NH_3}}\right) = K' - 0.0591\lg a_{NH_3}$$

式中，$K' = K + 0.059\lg(K_{NH_4^+} a_{NH_4^+})$。

氨电极可检测试液中 $10^{-6} \sim 1.0 mol \cdot L^{-1}$ 的 NH_4^+。和上述测定原理相似，还可构成 CO_2、SO_2、NO_2、H_2S、HCN 和 HF 的气敏电极。

（2）酶电极　将不同的生物酶用化学键合方法固定在氨电极的透气膜上，在酶的作用下，使待测物质产生能被氨电极检测的离子（或化合物），间接测定该物质。

如将脲酶固定在氨电极上，它可使尿素分解生成 NH_3：

$$CO(NH_2)_2 + H_2O \xrightarrow{\text{脲酶}} 2NH_3 + CO_2$$

通过用氨气敏电极检测生成的 NH_3，可间接测定尿素的浓度。

同样，用氨基酸氧化酶可使氨基酸分解，产生 NH_4^+ 和 CO_2：

$$RCHNH_2COOH + O_2 + H_2O \xrightarrow{\text{氨基酸氧化酶}} RCOCOO^- + NH_4^+ + H_2O_2$$
$$RCOCOO^- + H_2O_2 \longrightarrow RCOO^- + CO_2 + H_2O$$

从而可利用 NH_3 或 CO_2 气敏电极，间接测量氨基酸的浓度。

上述各种类型离子选择性电极的电极电位应是其内参比电极的电极电位与膜电位（φ_M）的加和：

$$\varphi = \varphi_{AgCl/Ag}（\text{或} \varphi_{Ag_2S/Ag}）+ \varphi_M$$

4. 离子选择性电极的响应特性

理想的离子选择性电极应具有高灵敏度、宽的响应线性范围，并具有高选择性，可用下述参数表明其响应特性。

（1）检测限和线性范围　若以离子选择性电极的电极电位 φ 作纵坐标，以被测离子 M 活度的负对数 $-\lg a_M$ 为横坐标，可绘出离子选择性电极的校准曲线，如图 8-9 所示。当被测离子活度减少到一定程度时，电极电位趋于一恒定值（φ_A），此校准曲线直线部分（CD 段）称为离子选择性电极响应的线性范围。CD 直线的延长部分与 φ_A 水平线的交点 A 所对应的活度数值 a_A 即为离子选择性电极的检测限，也就是它的灵敏度。

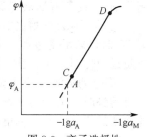

图 8-9　离子选择性
电极的校准曲线

（2）选择性系数　理想的离子选择性电极只对一种特定的离子产生电位响应，但事实上电极不完全只对一种离子有响应，还不同程度地受到干扰离子的影响，因此离子选择性电极并没有绝对的专一性，而只有相对的选择性。

若被测离子用 i 表示，干扰离子用 j 表示，其具有的电荷分别为 n_i、n_j，在干扰离子存在下，表达膜电位的通式为

$$\varphi_M = K \pm \frac{0.059}{n_i}\lg[a_i + (a_j)^{n_i/n_j} K_{i,j}]$$

式中，a_i、a_j 分别为被测离子和干扰离子的活度；$K_{i,j}$ 为干扰离子 j 对被测离子 i 的选择性系数。$K_{i,j}$ 可理解为当其他条件相同时，提供相同膜电位的被测离子活度 a_i 和干扰离子活度 a_j 的比值。

$$K_{i,j} = \frac{a_i}{(a_j)^{n_i/n_j}}$$

$K_{i,j}$ 值愈小，表明干扰离子 j 对被测离子 i 的干扰愈小，表明此离子选择性电极的选择性愈好。由 $K_{i,j}$ 可以计算干扰离子引起的测定误差（%）：

$$E = \frac{(a_j)^{n_i/n_j} K_{i,j}}{a_i} \times 100\%$$

例如对 NO_3^- 选择性电极，其 $K_{NO_3^-,SO_4^{2-}} = 4.1 \times 10^{-5}$，若在 $1.0\,mol \cdot L^{-1}\,H_2SO_4$ 溶液中测 NO_3^- 的含量，实测 $a_{NO_3^-} = 8.2 \times 10^{-4}\,mol \cdot L^{-1}$，则在 SO_4^{2-} 干扰离子存在下引起的测量相对误差为

$$E = \frac{(a_{SO_4^{2-}})^{1/2} K_{NO_3^-,SO_4^{2-}}}{a_{NO_3^-}} \times 100\%$$

$$= \frac{(1.0)^{1/2} \times 4.1 \times 10^{-5}}{8.2 \times 10^{-4}} \times 100\% = 5.0\%$$

有时也用选择比来表示离子选择性电极的选择性，它与选择性系数互为倒数。

（3）影响选择性的因素

① 测定温度。由能斯特方程式可知，电极电位的测量与测定温度有关，因此为提高测定的准确度，在全部测定过程中应保持温度恒定。

② 离子强度。离子选择性电极测定的是离子活度而不是浓度。在稀溶液中进行测量比较准确，若测定在浓溶液中进行并存在干扰离子，就要考虑测定介质中总离子强度的影响。为此可向被测试液和用于校正的标准溶液中加入一种"离子强度调节剂"，使所有溶液都具有相同的离子强度，以提高测定的准确度。

③ 介质 pH。测定中应保持介质的 pH 恒定，否则会影响电极电位的测量。如测 F^- 时，若酸度过高，会使 $H^+ + F^- \rightleftharpoons HF$ 平衡右移，使测定结果偏低，仅当介质近中性时，才会获得准确结果。

④ 电动势测量的准确度。当测量用离子选择性电极和参比电极组成的原电池的电动势时，由于离子选择性电极的内阻较高，要求测量仪器有较高的输入阻抗，并使通过原电池回路的电流尽量小，才能获得准确结果。

第二节　电位分析法及其应用

一、电位分析法测定溶液的 pH

测定溶液的 pH 时，以玻璃电极为指示电极、饱和甘汞电极为参比电极，构成如下原电池：

（－）Ag，AgCl｜0.1mol · L^{-1}HCl｜玻璃膜｜试液 ‖ 饱和 KCl｜Hg$_2$Cl$_2$，Hg（＋）

$$
\begin{array}{ccc}
 & \varphi_M & \varphi_L \\
\xleftarrow{\hspace{1.5cm}} 玻璃电极 \xrightarrow{\hspace{1.5cm}} & & \xleftarrow{} 饱和甘汞电极 \xrightarrow{} \\
 & \varphi_{不} & (SCE)
\end{array}
$$

此原电池的电动势为

$$\varphi = \varphi^{\ominus}_{Hg_2Cl_2/2Hg} - \varphi_{玻} + \varphi_L + \varphi_{不}$$

$$= \varphi^{\ominus}_{Hg_2Cl_2/2Hg} - (\varphi_{AgCl/Ag} + \varphi_M) + \varphi_L + \varphi_{不}$$

$$= \varphi^{\ominus}_{Hg_2Cl_2/2Hg} - (\varphi_{AgCl/Ag} + k' - 0.059pH) + \varphi_L + \varphi_{不}$$

$$= \varphi^{\ominus}_{Hg_2Cl_2/2Hg} - \varphi_{AgCl/Ag} - k' + \varphi_L + \varphi_{不} + 0.059pH$$

$$= K' + 0.059pH$$

式中，$K' = \varphi^{\ominus}_{Hg_2Cl_2/2Hg} - \varphi_{AgCl/Ag} - k' + \varphi_L + \varphi_{不}$；$\varphi_L$ 为液体接界电位；$\varphi_{不}$ 为不对称电位；φ_M 为膜电位。

测定中为使 K' 保持为常数，应使用同一台 pH 计（酸度计）、同一组玻璃电极和饱和甘汞电极，保持恒温，并使 pH 标准溶液和待测试液中的 H^+ 活度相接近。

测定时常采用比较法，即先测定已知 pH 标准溶液的电动势 φ_s，对 pH 计进行校正；然后再测未知 pH 的待测试液的电动势 φ_x，通过计算可求出待测试液的 H^+ 活度。

$$\varphi_s = K' + 0.059pH_s$$

$$\varphi_x = K' + 0.059pH_x$$

两式相减得

$$pH_x = \frac{\varphi_x - \varphi_s}{0.059} + pH_s$$

实际工作中应配制一系列具有不同 pH 的标准缓冲溶液，常用的标准缓冲溶液如表 8-1 所示。

表 8-1　具有不同 **pH** 的标准缓冲溶液（25℃）

组成	$0.05mol \cdot L^{-1}$ 四草酸氢钾	饱和酒石酸氢钾	$0.05mol \cdot L^{-1}$ 邻苯二甲酸氢钾	各为 0.025 $mol \cdot L^{-1}$ 的 KH_2PO_4 和 Na_2HPO_4	$0.01mol \cdot L^{-1}$ $Na_2B_4O_7 \cdot 10H_2O$	$Ca(OH)_2$ 饱和溶液
pH	1.680	3.559	4.003	6.864	9.182	12.460

二、电位分析法测定离子活度

以用氟离子选择性电极测定 F^- 活度为例。以氟离子选择性电极作为指示电极，饱和甘汞电极作为参比电极，组成如下原电池：

(一)$Hg, Hg_2Cl_2 |$饱和 $KCl |$ 试液 $| LaF_3 | 0.1mol \cdot L^{-1}F^-, 0.1mol \cdot L^{-1}Cl^- | AgCl, Ag(+)$

此原电池的电动势为

$$\varphi = \varphi_F - \varphi_{Hg_2Cl_2/2Hg} + \varphi_L + \varphi_{不}$$

$$= (\varphi_{AgCl/Ag} + \varphi_{M_{F^-}}) - \varphi_{Hg_2Cl_2/2Hg} + \varphi_L + \varphi_{不}$$

$$= (\varphi_{AgCl/Ag} + K + 0.059pF) - \varphi_{Hg_2Cl_2/2Hg} + \varphi_L + \varphi_{不}$$

$$= K' + 0.059pF$$

式中，$K' = \varphi_{AgCl/Ag} + K - \varphi_{Hg_2Cl_2/2Hg} + \varphi_L + \varphi_{不}$。

当使用其他离子选择性电极时，测定工作电池电动势的通式为

$$\varphi = K' \pm \frac{0.059}{n} \lg a_i \quad （阳离子为＋；阴离子为－）$$

$$= K' \mp \frac{0.059}{n} pM$$

测定离子活度时，可用以下两种方法。

1. **标准工作曲线法**

离子选择性电极测量的是离子的活度，而实际工作中却很少通过计算活度系数再求被测离子的浓度。为此，可通过调节标准溶液与被测试液的离子强度，使其在离子强度相似的条件下，用浓度代替活度，通过绘制原电池电动势 φ 与被测离子浓度的工作曲线，来测定被测离子的浓度。

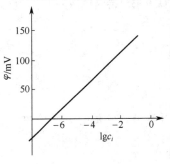

为使标准溶液和被测试液的离子强度相一致，可向两种溶液中同时加入"总离子强度调节缓冲液"（total ionic strength adjustment buffer，TISAB），其组成为：$0.1 mol \cdot L^{-1} NaCl$、$0.25 mol \cdot L^{-1} HAc$、$0.75 mol \cdot L^{-1} NaAc$、$0.001 mol \cdot L^{-1}$ 柠檬酸钠，$pH = 5.0$，总离子强度 $I_{总} = 1.75$。

测定时在选定离子选择性电极和参比电极之后，可配制不同浓度的被测离子的标准溶液，向其中加入总离子强度调节缓冲液后，测量工作电池的电动势，绘制 φ-$\lg c_i$ 标准工作曲线（见图 8-10）。再在相同实验条件下，向被测试液中加入总离子强度调节

图 8-10 标准工作曲线

缓冲液，测工作电池的电动势。由标准工作曲线求出被测离子的浓度。

此法使用的标准工作曲线变动性大，这是由于测定易受温度、搅拌速度、液体接界电位（盐桥）的影响，因此应定期进行校正。

2. **标准加入法**

当被测溶液基体比较复杂，存在配合剂，或离子强度变化大时，可采用该法测定试液中的总离子浓度（包括游离、配合型体的总和）。

设某一待测未知离子浓度溶液的总浓度为 c_x，体积为 V_0，测得工作电池的电动势为 φ_1，再向上述被测试液中加入已知浓度为 c_s 的被测离子的标准溶液，体积为 V_s，要求 $V_s \ll V_0$，且 $c_s \gg c_x$，再测其电动势为 φ_2，此时试液中被测离子浓度的增量 c_Δ 为

$$c_\Delta = \frac{c_s V_s}{V_0 + V_s} \approx c_s \frac{V_s}{V_0} \quad （因 V_s \ll V_0）$$

两次测得工作电池的电动势差值 $\Delta\varphi$ 为

$$\Delta\varphi = \varphi_2 - \varphi_1 = \frac{0.059}{n} \lg \frac{c_x + c_\Delta}{c_x} = S \lg \left(1 + \frac{c_\Delta}{c_x}\right) \quad \left(令 S = \frac{0.059}{n}\right)$$

则

$$\frac{\Delta\varphi}{S} = \lg \left(1 + \frac{c_\Delta}{c_x}\right)$$

$$10^{\frac{\Delta\varphi}{S}} = 1 + \frac{c_\Delta}{c_x}$$

$$c_x = \frac{c_\Delta}{10^{\frac{\Delta\varphi}{S}} - 1}$$

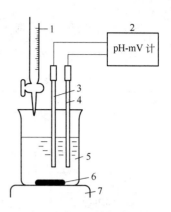

图 8-11　电位滴定的仪器装置
1—滴定管；2—pH 计；3—指示
电极；4—参比电极；5—试液；
6—搅拌子；7—电磁搅拌器

在恒温分析时 S 为常数，只要 V_0、V_s、c_s 为定值，则 c_Δ 值也固定，从而 c_x 仅与 $\Delta\varphi$ 有关。

该法的优点是仅需一种标准溶液，操作简单快速，在有过量配合剂存在时，是测定被测离子总浓度的有效方法，可获得较高的准确度。

三、电位滴定法

电位滴定法是通过电位的变化来确定滴定终点的方法。该法特别适用于化学反应的平衡常数较小、滴定突跃不明显或试液有色、呈现浑浊的情况。

电位滴定的仪器装置如图 8-11 所示。试液中插入指示电极和参比电极构成工作电池，滴定过程中不断测量工作电池电动势的变化，达化学计量点时，由于浓度的突变，引起指示电极电位突变，而使工作电池电动势发生突变，从而指示滴定终点的到达。该法可用于酸碱滴定、氧化还原滴定、沉淀滴定和配位滴定。根据待测离子性质的不同，选用的指示电极和参比电极如表 8-2 所示。

表 8-2　电位滴定常用的电极

滴定类型	酸碱滴定	氧化还原滴定	沉淀滴定	配位滴定（EDTA）
指示电极	玻璃电极	铂电极	银电极，铂电极，离子选择性电极	铂电极，汞电极，离子选择性电极
参比电极	饱和甘汞电极	饱和甘汞电极	饱和甘汞电极，氯化银-银电极	饱和甘汞电极

电位滴定法中，确定滴定终点的方法有以下几种。现以用 $0.1 \mathrm{mol} \cdot \mathrm{L}^{-1} \mathrm{AgNO_3}$ 标准溶液滴定氯离子的数据为例，予以说明。

1. 绘制 φ-V 曲线法

以加入滴定剂的体积（V）作横坐标，以测得工作电池的电动势（φ）作纵坐标，绘制 φ-V 滴定曲线，曲线上的转折点即为滴定终点，如图 8-12(a) 所示。

2. 绘制 $\dfrac{\Delta\varphi}{\Delta V}$-$V$ 曲线法

又称一级微商法，$\dfrac{\Delta\varphi}{\Delta V}$ 为 φ 的变化值与相对应加入滴定体积 V 的增量之比。如加入滴定剂为 $24.10 \mathrm{mL}$ 和 $24.20 \mathrm{mL}$ 时电动势 φ 分别为 $0.183\mathrm{V}$ 和 $0.194\mathrm{V}$，则

$$\frac{\Delta\varphi}{\Delta V} = \frac{0.194 - 0.183}{24.20 - 24.10} = 0.11$$

用表 8-3 中的 $\dfrac{\Delta\varphi}{\Delta V}$ 值对 V 作图，获一呈现尖峰状极大值的曲线，如图 8-12(b)

所示，尖峰极大值所对应的 V 值，即为滴定终点，在 24.30～24.40mL 之间。

表 8-3 以 0.1mol·L^{-1}AgNO$_3$ 溶液滴定 NaCl 溶液

加入 AgNO$_3$ 的体积 V/mL	工作电池电动势 φ/V	$\Delta\varphi/\Delta V$	$\Delta^2\varphi/\Delta V^2$
5.00	0.062	0.002	
15.00	0.085	0.004	
20.00	0.107	0.008	
22.00	0.123	0.015	
23.00	0.138	0.016	
23.50	0.146	0.050	
23.80	0.161	0.065	
24.00	0.174	0.09	
24.10	0.183	0.11	
24.20	0.194	0.39	2.8
24.30	0.233	0.83	4.4
24.40	0.316	0.24	-5.9
24.50	0.340	0.11	-1.3
24.60	0.351	0.07	-0.4
24.70	0.358	0.050	
25.00	0.373	0.024	
25.50	0.385	0.022	
26.00	0.396	0.015	

3. 绘制 $\dfrac{\Delta^2\varphi}{\Delta V^2}$-$V$ 曲线法

通常一级微商曲线的极大值为终点，则其二级微商必定等于零，即 $\dfrac{\Delta^2\varphi}{\Delta V^2}=0$ 的

点也为终点，见图 8-12(c)。计算如下：

在 24.30mL 处

$$\frac{\Delta^2\varphi}{\Delta V^2}=\frac{\left(\dfrac{\Delta\varphi}{\Delta V}\right)_{24.35\text{mL}}-\left(\dfrac{\Delta\varphi}{\Delta V}\right)_{24.25\text{mL}}}{V_{24.35\text{mL}}-V_{24.25\text{mL}}}$$

$$=\frac{0.83-0.39}{24.35-24.25}=+4.4$$

在 24.40mL 处

$$\frac{\Delta^2\varphi}{\Delta V^2}=\frac{0.24-0.83}{24.45-24.35}=-5.9$$

用内插法可计算出化学计量点的体积 (V_e) 和电动势 (φ_e)：

$$V_e = 24.30 + 0.1 \times \frac{4.4}{4.4 + 5.9} = 24.34 \text{(mL)}$$

$$V_e = 24.40 - 0.1 \times \frac{5.9}{4.4 + 5.9} = 24.34 \text{(mL)}$$

$$\varphi_e = 0.233 + (0.316 - 0.233) \times \frac{4.4}{4.4 + 5.9}$$

$$= 0.268 \text{(V)}$$

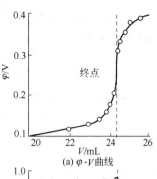

4. 电位滴定法测定水泥生料中的钙含量

本测定中使用钙离子选择性电极作为指示电极，饱和甘汞电极作为参比电极构成工作电池。当 Ca^{2+} 含量在 $10^{-1} \sim 10^{-5} \text{mol} \cdot L^{-1}$ 范围内时，钙离子选择性电极响应呈线性。测定适用的 pH 范围为 $5 \sim 10$，可采用 NH_4OH-NH_4Cl 或硼砂-NaOH 缓冲液来调节试液的 pH。测定时 Fe^{3+}、Al^{3+}、Zn^{2+}、Pb^{2+} 会干扰 Ca^{2+} 的测定，可加入少量三乙醇胺来掩蔽干扰离子。

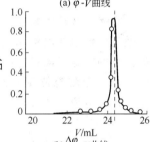

将水泥生料试样先用少量水润湿，再用 $3 \text{mol} \cdot L^{-1}$ 盐酸溶液溶解，煮沸、过滤并稀释至一定体积。取一定量试液加入少量三乙醇胺和硼砂缓冲溶液，用标准 EDTA 溶液滴定，使用 ZD-2 型自动电位滴定仪，记录滴定过程中工作电池电动势的变化，绘制 $\frac{\Delta\varphi}{\Delta V}$-$V$ 曲线可确定滴定终点。重复测定五次，取所用滴定剂体积的平均值计算水泥生料中的钙含量。

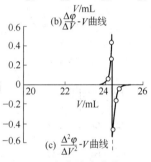

图 8-12 电位滴定曲线

现在瑞士万通（Metrohm）公司生产的 862 多位自动滴定仪和 904/905 爱·智能系列全自动电位滴定仪，配置可监控滴定剂的智能加液单元、自动进样器、智能化电极、蠕动泵或隔膜泵，可自动清洗滴定池，可连续分析十个以上的样品，是现代化分析实验室可以配置的小型、自动化的进行容量分析的仪器。

第三节 库仑分析法

在电解过程中，能在电极上发生反应的物质的量与通过电解池的电量成正比。在一定条件下，测量通过电解池的电量［单位为库仑（C）］，就可求出在电极上发生反应的物质的含量，这就是库仑分析法。

法拉第电解定律是研究电解过程的理论基础，其内容包括以下两个方面。

① 电流通过电解质溶液时，发生电极反应的物质的量与通过的电量成正比：

$$m \propto Q \qquad (Q = It = \int_0^\infty I \, dt)$$

式中，m 为在电极上发生反应的物质的量，g；Q 为电量，C；I 为电流强度，A；t 为时间，s。

② 当相同的电量通过电极时，不同物质在电极上析出的量与它们的电化摩尔质量（M/n，其中，M 为原子或分子的摩尔质量，n 为转移电子数）成正比；或者表达为电极上析出每一个电化摩尔质量的任何物质，都消耗 96487C 的电量，此电量称为法拉第常数（F）。

$$m = \frac{M}{n} \times \frac{Q}{F} = \frac{M}{n} \times \frac{It}{96487}$$

在库仑分析中要获得准确的分析结果，应保证电极反应的电流效率为 100%，即通过电解池的电量应全部用于析出待测物质，而无其他副反应发生，此时才能依据消耗的电量来确定待测物质的含量。

一、控制电位库仑分析

控制电位库仑分析的仪器装置如图 8-13 所示，它由电解池、控制阴极电位的电位计和库仑计三部分组成。前两部分装置和控制阴极电位电解装置相似，可以 100% 电流效率进行电解；阴极和库仑计串联，由库仑计可精确读取电量值。

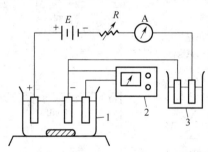

图 8-13　控制电位库仑分析装置图
1—电解池；2—电位计；3—库仑计

控制电位库仑分析法具有控制阴极电位电解法的全部优点，也不受必须电解得到可以称量的产物的限制，对电解后产生物理性质很差的沉积物或并不形成固体产物的电极反应，都可用该法测定。如砷可通过在铂阳极上将 H_3AsO_3 氧化成 H_3AsO_4，来测定铁可用将 Fe^{2+} 氧化成 Fe^{3+} 的方法来进行测定。

通过控制汞阴极电位的方法可在同一试液中进行五次电解，分别测量 Ag、Tl、Cd、Ni、Zn 等多种金属的含量。

该法也提供了测定有机化合物的可能性，如在控制电位的汞阴极上，可分别定量还原三氯乙酸和苦味酸，从而测出各自的含量。

二、恒电流库仑滴定（库仑滴定）

该法和容量分析的原理相似，不同之处是滴定剂不是由滴定管加入的，而是由一个恒定的电流源通过工作电极电解产生的，因此生成的滴定剂与进行电解时所消耗的电量成正比。由于电解过程电流恒定，因此可由电解过程所需的时间来计算生成的滴定剂的数量。

库仑滴定和一般滴定一样，需用某种方法来检测化学计量点。常用双铂电极电位法指示滴定终点的到达，此时可在双铂指示电极上施加 $2\mu A$ 的小电流，由电位突变来确定终点。也可使用双铂电极电流法指示滴定终点的到达，此时可在双铂指示电极上施加 $10\sim100\mathrm{mV}$ 的低电压，使电极极化，达终点时，电流产生突变使指针偏向一侧（即完全导通或完全断路）而不再变化，此法又称永停终点法。

　　与经典的容量分析方法比较，库仑滴定法的主要优点是省掉了标准溶液的制备、标定和贮存等步骤。此优点对 Cl_2、Br_2、Ti^{3+} 等不稳定的试剂特别重要，它们被电解后立即与被测物反应而不会损失。

　　恒电流库仑滴定装置如图 8-14 所示，它由两部分构成，即电解控制系统和终点指示系统。电解控制系统由库仑滴定池、恒流电源和计时器组成；终点指示系统由双铂指示电极和控制器组成。库仑滴定池的阳极为工作电极，它可以是 Pt、Au、Ag、Pb、W 或石墨碳（可为片状或网状），在此电极上可产生滴定试剂。库仑滴定池的阴极为铂片或悬汞电极，它为辅助电极，安装在底部带有多孔陶瓷（或微孔玻璃砂芯）的玻璃套管内，与工作电极分开，以避免阴极电解时产生气体（H_2）而干扰测定。恒流电源可在 $1\sim30mA$ 范围内调节电解电流，具体电流值根据被测物的含量而定。计时器多为电子计时器，可准确计量电解时间。指示电极可采用双铂丝或双铂片电极，用电位法或永停终点法指示终点的到达。

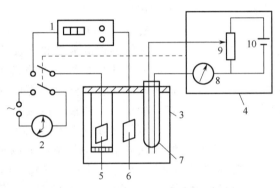

图 8-14　恒电流库仑滴定装置

1—恒流电源；2—计时器；3—库仑滴定池；4—死停终点法控制器；5—辅助电极；
6—工作电极；7—双铂指示电极；8—电流表；9—可变电阻；10—电池

　　库仑滴定法由于能准确地测量电解电流和电解时间，测定结果的精密度和准确度都很高，可达 0.2%，因而是准确测量物质含量的基准方法。

　　现在瑞士万通（Metrohm）公司生产的 906/907 爱·智能系列全自动电位滴定仪和 758、795、787KFD 容量法水分测定仪，使用默克（Merck）公司生产的无甲醇的 Apura 卡尔·费休试剂，可用恒电流库仑滴定，准确测定各种样品中微量水的含量。

三、微库仑分析法（动态库仑分析）简介

　　微库仑分析法是近年来广泛使用的一种库仑滴定技术，它既不同于传统的控制电位库仑分析，也不同于恒电流库仑滴定，它的电位和电流都不是恒定的。它与恒电流库仑滴定有相似之处，都是利用电解生成滴定剂来滴定被测物质，但微库仑分析法是利用指示电极感知被滴定离子浓度大小的变化，再经电子控制系统，将电流（或电压）信号放大后，去控制工作电极的电解电流，从而控制滴定剂的生成量。

与经典方法比较，微库仑分析法的测定准确度、灵敏度和自动化程度都更高，适用于当今石油化工分析中对有机溶剂、聚合级烯烃中微量水的分析，有机化合物中微量硫、氯、氮等元素分析的要求，微库仑分析法也因此而得名。

石油化工科学研究院和山东淄博分析仪器厂生产的 RZC-1 型微库仑元素分析仪，已在石油化工生产分析中得到应用。

第四节　溶出伏安法

溶出伏安法是将恒电位电解富集与伏安法相结合的一种电化学分析方法，它可一次连续测定多种离子，测定灵敏度可达 $10^{-7} \sim 10^{-9}\,\text{mol} \cdot \text{L}^{-1}$，在适宜条件下可达 $10^{-11} \sim 10^{-12}\,\text{mol} \cdot \text{L}^{-1}$。此法所用仪器简单，操作方便，是一种很好的痕量分析方法，在实际工作中获得广泛应用。

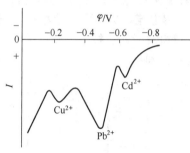

图 8-15　Cu^{2+}、Pb^{2+}、Cd^{2+} 的溶出伏安曲线

1. 测定原理

将被测定的痕量物质在适当条件下电解一定时间，使痕量被测物质富集沉积在悬汞（或静汞）电极上，然后在短时间内作反向电位扫描，使沉积在电极上的痕量物质重新溶出成离子，测量溶出过程中电流随电压变化的曲线，称为溶出极谱图或溶出伏安曲线。溶出伏安曲线中各个峰值电位是定性分析的依据；各个峰值电流（波高）是定量分析的依据（见图 8-15）。当分析阳离子时，使用的是阳极溶出伏安法，可测 30 余种金属元素，其灵敏度可与无焰原子吸收法相媲美。分析阴离子时，使用的是阴极溶出伏安法，可测定能与金属离子生成难溶化合物的阴离子、有机阴离子和具有特殊官能团的化合物。

2. 实验装置

溶出伏安法实验装置如图 8-16 所示。以阳极溶出伏安法为例，将含金属离子的试样加入电解池后，可先通入 N_2 气以除去溶解 O_2 对测定的干扰。电解富集时，开启搅拌器，此时双向开关的电源正极连接饱和甘汞电极（阳极），负极连接悬汞电极（阴极）。电解完成后，停止搅拌并静置 30s，快速转换双向开关，使电源正极连接悬汞电极（阳极），负极连接饱和甘汞电极（阴极），使富集在悬汞电极上的金属进行阳极溶出，观察 I、V 变化，直至溶出电流减至最小，即完成测定。

3. 溶出伏安曲线

例如在 $1.5\,\text{mol} \cdot \text{L}^{-1}$ HCl 底液中，Cu^{2+} 为 $5 \times 10^{-7}\,\text{mol} \cdot \text{L}^{-1}$、$Pb^{2+}$ 为 $1 \times 10^{-6}\,\text{mol} \cdot \text{L}^{-1}$、$Cd^{2+}$ 为 $5 \times 10^{-7}\,\text{mol} \cdot \text{L}^{-1}$，悬汞电极在 $-0.8V$ 电解 3min 后，由阳极氧化电流获得的阳极溶出伏安曲线如图 8-15 所示。

4. 工作电极

溶出伏安法使用的工作电极主要为悬汞电极、银基汞膜电极和玻璃碳电极。

悬汞电极是将一根半径为 0.2mm 的铂丝封装在玻璃电极内，下端抛光镀汞，使用时蘸取 8～10mg 的汞，即形成悬挂的汞滴。每次溶出伏安分析后，应更换新的汞滴再进行下次分析。

银基汞膜电极是将银丝封装在玻璃电极的顶端，将银丝用 1:1 HNO_3 清洗后，插入汞中搅动，就会在银丝表面形成牢固的汞膜（银汞齐）。此电极的灵敏度比悬汞电极高 3 个数量级，测定浓度范围达 10^{-6}～10^{-10} mol·L^{-1}。

玻璃碳电极是将玻璃态石墨封装在玻璃电极的顶端，并用环氧树脂固定，其表面积大，可在表面形成极薄的仅为 0.001～0.01μm 厚的汞膜［可向试液中预先加入 $Hg(NO_3)_2$，使汞和痕量金属同时沉积成膜］，其表面沉积的金属离子浓度高，当改变电极电位时，痕量金属快速溶出，可获得具有最高分辨率的阳极溶出伏安图，其灵敏度高于银基汞膜电极，在痕量分析中获得广泛的应用。

为了适应溶出伏安法测定的需要，国内已生产了如 AD-1、AD-2、MP-Ⅱ、75-4 等多种型号的快速多功能极谱仪。

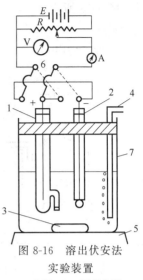

图 8-16 溶出伏安法
实验装置

E—电源；R—可变电阻；
V—电压表；A—电流表；
1—饱和甘汞电极；2—悬汞电极；3—搅拌磁子；4—除 O_2 时通 N_2 的入口管；5—电磁搅拌器；6—双向转换开关；7—电解池

第五节 双指示电极安培滴定（永停终点法）

本法的滴定装置见图 8-17。在试液中浸入两个相同的铂丝指示电极，两电极间施加一个恒定的低电压（10～100mV），在滴定过程中，观察电流表上电流的变化，由零突然指向最大值，或从最大值突然指向零，表示终点的到达。

例如，用卡尔·费休试剂滴定有机溶剂中的微量水时，滴定过程中电流变化情况如下。

主反应： $\qquad I_2 + SO_2 + 2H_2O \longrightarrow 2HI + H_2SO_4$

化学计量点前：

阳极 $\qquad\qquad SO_2 + 2H_2O - 2e \longrightarrow H_2SO_4 + 2H^+$

阴极 $\qquad\qquad H_2SO_4 + 2H^+ + 2e \longrightarrow$ 不能进行

SO_4^{2-}/SO_2 电对为不可逆电对，因此在化学计量点前双铂电极之间无电流通过。

化学计量点后：

阳极 $\qquad\qquad 2I^- - 2e \longrightarrow I_2$

阴极 $\qquad\qquad I_2 + 2e \longrightarrow 2I^-$

由于有过量 I_2 的加入，形成 $I_2/2I^-$ 可逆电对，从而突然呈现电流增大，其滴定曲线如图 8-18 所示。

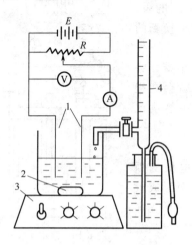 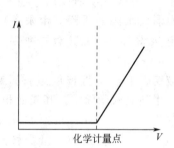

图 8-17　永停终点法滴定装置

E—电源；R—可变电阻；V—电压

表；A—电流表；1—双铂指示电极；

2—搅拌磁子；3—电磁搅拌器；

4—自动滴定管

图 8-18　卡尔·费休试剂滴定

微量水的永停法滴定曲线

永停终点法实验装置简单，滴定终点可根据电流表显示的电流突变来确定，操作方法快速准确，已在碘量法中获得广泛的应用。

思考题和习题

1. 何谓参比电极？常用的参比电极有哪几种？

2. 何谓指示电极？常用的指示电极有哪几种？

3. 简述玻璃电极的构成和产生膜电位的机理。

4. 离子选择性电极有几种类型？其电极电位如何计算？

5. 离子选择性电极的选择性系数的含义是什么？影响选择性的因素有哪些？

6. 当下述电池左侧的溶液为 pH＝4.00 的缓冲溶液时，25℃用毫伏计测得此电池的电动势为 0.209V。

玻璃电极｜H$^+$($a＝x$)‖饱和甘汞电极

当缓冲溶液由三种未知溶液代替时，测得电位值为 (1) 0.312V、(2) 0.088V、(3) －0.017V，试计算每种未知液的 pH。

7. 将氯离子选择性电极及饱和甘汞电极插入 10^{-4} mol·L^{-1} 的 Cl$^-$ 溶液中，测得电动势为 0.130V，再测未知 Cl$^-$ 溶液，测得电动势为 0.238V，求试液中的 Cl$^-$ 浓度？

8. 若溶液中 pBr＝3、pCl＝1，如用溴离子选择性电极测定 Br$^-$ 活度，将产生多大误差？已知电极的选择性系数 $K_{Br^-,Cl^-}＝6×10^{-3}$。

9. 已知钠离子选择性电极的选择性系数 $K_{Na^+,H^+}＝30$，用此电极测得钠离子溶液的 pNa＝3，若要求测定误差小于 3%，溶液的 pH 必须大于多少？

10. 用铜离子选择性电极在 25℃ 测得 100mL 铜未知液的电动势为 0.155V，加入 1mL

0.1000mol・L^{-1}Cu(NO$_3$)$_2$ 标准溶液后，测得电动势为 0.159V，求未知试液中铜的浓度（mol・L^{-1}）。

11. 用 0.1000mol・L^{-1}NaOH 标准溶液电位滴定 50.00mL 乙酸溶液，获得以下数据：

体积/mL	pH	体积/mL	pH	体积/mL	pH
0.00	2.00	12.00	6.11	15.80	10.03
1.00	4.00	14.00	6.60	16.00	10.61
2.00	4.50	15.00	7.04	17.00	11.30
4.00	5.05	15.50	7.70	18.00	11.60
7.00	5.47	15.60	8.24	20.00	11.96
10.00	5.85	15.70	9.43	24.00	12.39

（1）绘制滴定曲线；

（2）绘制 $\dfrac{\Delta pH}{\Delta V}$-$V$ 曲线；

（3）绘制 $\dfrac{\Delta^2 pH}{\Delta V^2}$-$V$ 曲线，确定滴定终点；

（4）计算试样中乙酸的浓度；

（5）计算化学计量点的 pH。

12. 简述法拉第电解定律的含义及其定量表达式。

13. 在一硫酸铜溶液中，浸入两个铂片电极，接通电源进行电解，此时在两个铂片电极上各发生什么反应？写出反应式。若通过电解池的电流为 24.75mA，电解时间为 284.9s，计算在阴极上应析出多少毫克铜。

14. 电解分析与库仑分析在原理和装置上有何异同之处？

15. 在控制电位库仑分析法和恒电流库仑滴定中，是如何测得电量的？

16. 用库仑滴定法测水样中的 H$_2$S 含量，将 3.00g KI 加入到 50.00mL 水样中，滴定所需的碘以 0.0731A 恒电流电解 9.2min 产生，反应为 H$_2$S+I$_2$ ══ S↓+2H$^+$+2I$^-$，试计算水样中 H$_2$S 的浓度（mg・L^{-1}）。

17. 用库仑滴定法测维生素 C 药片中抗坏血酸的含量。可利用 Br$_2$ 将抗坏血酸氧化成脱氢抗坏血酸：C$_6$O$_6$H$_8$ + Br$_2$ ⟶ C$_6$O$_6$H$_6$ + 2Br$^-$ + 2H$^+$。将一片 100mg 维生素 C 药片溶解在 250mL 水中，取其中 50mL 溶液与等体积的 0.100mol・L^{-1}KBr 混合，滴定所需的溴以 0.050A 恒电流电解 7.53min 产生。试计算药片中抗坏血酸的含量。

18. 用微库仑分析法测定 1.00mL 密度为 0.85g・mL^{-1} 的溶剂汽油中微量水的含量，电解池中含卡尔・费休试剂，分析时以 0.050A 恒电流电解 3.6min。试计算溶剂汽油中水的含量。

第九章　色谱分析法

色谱分析法是 1906 年由俄国植物学家茨维特（M. S. Tswett）首先提出的。它是利用物质的物理及物理化学性质的差异，将多组分混合物进行分离和测定的方法。随着科技的发展，色谱分析法已从早期的柱色谱、纸色谱、薄层色谱发展到现在获得广泛应用的气相色谱、高效液相色谱、超临界流体色谱，以及近年来迅速发展的毛细管电泳和场流分析技术。色谱分析法是现代仪器分析法的一个重要组成部分，它不仅作为分析工具能高效、快速、灵敏、准确地测定物质的含量，还可作为分离工具进行物质的纯化制备，至今已在石油炼制、石油化工、化学工业、制药工业、生物化工、环境监测等领域获得广泛的应用。

第一节　色谱分析法的原理及分类

一、茨维特的经典实验

茨维特的经典实验（见图 9-1）是使用一根填充 $CaCO_3$ 的玻璃柱管来分离植物叶的石油醚提取液，实现了不同色素的分离。操作时将植物叶的石油醚提取液倒入 $CaCO_3$ 柱中，提取液中的色素被吸附在柱的顶端，然后用纯净的石油醚不断冲洗，与此同时可观察到柱管从上到下形成绿、黄、黄三个色带，再继续用石油醚冲洗，就可分别收集各个色带的洗脱液，经鉴定后分别为叶绿素、叶黄素和胡萝卜素。茨维特在他的原始论文中，把上述分离方法叫做色谱法，把填充 $CaCO_3$ 的玻璃柱管叫色谱柱，把柱中出现的有颜色的色带叫色谱图。现在的色谱分析已经失去颜色的含意，只是沿用"色谱"这个名词。

由茨维特经典实验可以看到，色谱分析法是一种物理的分离方法，其分离原理是将被分离的组分在两相间进行分布，其中一相是具有大表面积的固定相（$CaCO_3$），另一相是推动被分离的组分（色素）流过固定相的惰性流体（石油醚），叫流动相。当流动相载带被分离的组分经过固定相时，利用固定相与被分离的各组分产生的吸附（或分配）作用的差异，使被分离的各组分在固定相中的滞留时间不同，从而使不同的组分按一定的先后顺序从固定相中被流动相洗脱出来，实现不同组分的分离。

二、色谱分析法的分离原理及特点

实现色谱分离的先决条件是必须具备固定相和流动相。固定相可以是一种固体吸附剂或为涂渍于惰性载体表面上的液态薄膜，此液膜可称作固定液。流动相可以是具有惰性的气体、液体或超临界流体，其中，惰性气体应与固定相和被分离的组分无特殊的相互作用，液体或超临界流体可与被分离的组分相互作用。

　　色谱分离能够实现的内因是由于固定相与被分离的各组分发生的吸附（或分配）作用的差别，宏观表现为吸附（或分配）系数的差别，微观解释就是分子间相互作用力（取向力、诱导力、色散力、氢键、配合作用）的差别。

　　实现色谱分离的外因是由于流动相的不间断的流动，使被分离的组分与固定相发生反复多次（几百、几千次）的吸附（或溶解）、解吸（或挥发）过程，这样就使那些在同一固定相上吸附（或分配）系数只有微小差别的不同组分，在固定相上的移动速度产生了很大的差别，从而达到了不同组分的完全分离。

　　此外，色谱分析法具有物理分离方法的一般优点，即进行操作时并不损失混合物中的各个组分，也不会因化学作用生成新物质，因此若用色谱法分离出某一物质，则此物质必存在于原始样品之中。

　　色谱分离过程的平衡常数可定量表述如下。

　　（1）吸附系数 K_A

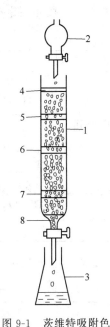

图 9-1　茨维特吸附色谱分离实验示意图

1—装有 $CaCO_3$ 的色谱柱；2—装有石油醚的分液漏斗；3—接收洗脱液的锥形瓶；4—色谱柱顶端石油醚层；5—绿色叶绿素；6—黄色叶黄素；7—黄色胡萝卜素；8—色谱柱出口填充的棉花

$$K_A = \frac{m}{V_m}$$

　　在一定柱温和色谱柱的平均压力下，m 表示 $1cm^2$ 吸附剂吸附组分的量，$g \cdot cm^{-2}$；V_m 表示 $1mL$ 流动相中所含组分的量，$g \cdot mL^{-1}$。

　　（2）分配系数 K_P

$$K_P = \frac{c_s}{c_m}$$

　　在一定柱温和色谱柱的平均压力下，c_s 和 c_m 分别为样品组分在固定液和流动相中的浓度，$mol \cdot L^{-1}$。

　　（3）分配比（或称容量因子）k

$$k = \frac{c_s V_s}{c_m V_m} = \frac{K_P}{\beta}$$

　　式中，V_s 和 V_m 分别为在柱温和柱平均压力下，色谱柱中固定相和流动相所占有的体积；色谱柱内流动相与固定相的体积比叫相比，用 β 表示，即 $\beta = V_m / V_s$。

三、色谱分析法的分类

　　（1）按照固定相和流动相的状态分类　见表 9-1。

表 9-1　按两相状态对色谱法分类

流动相	液　　体		气　　体	
固定相	固体	液体	固体	液体
名称	液固色谱	液液色谱	气固色谱	气液色谱
总称	液相色谱		气相色谱	

（2）按照固定相性质和操作方式分类　见表9-2。

表 9-2　按固定相性质和操作方式对色谱法分类

固定相形式	柱		纸	薄层板
	填充柱	开口管柱		
固定相性质	在玻璃或不锈钢柱管内填充固体吸附剂或涂渍在惰性载体上的固定液	在玻璃、石英或不锈钢毛细管内壁附有吸附剂薄层或涂渍固定液薄膜	具有多孔和强渗透能力的滤纸或纤维素薄膜	在玻璃板上涂有硅胶 G 薄层或用多孔烧结玻璃板
操作方式	液体或气体流动相从柱头向柱尾连续不断地冲洗		液体流动相从圆形滤纸中央向四周扩散	液体流动相从薄层板一端向另一端扩散
名称	柱色谱		纸色谱	薄层色谱

（3）按色谱分离过程的物理化学原理分类　见表9-3。

表 9-3　按色谱分离过程的物理化学原理对色谱法分类

名　称	吸附色谱	分配色谱	离子交换色谱	凝胶色谱
原理	利用吸附剂对不同组分吸附性能的差别	利用固定液对不同组分分配性能的差别	利用离子交换剂对不同离子亲和能力的差别	利用凝胶对不同大小组分分子的阻滞作用的差别
平衡常数	吸附系数 K_A	分配系数 K_P	选择性系数 K_S	渗透系数 K_{PF}
流动相为液体	液固吸附色谱	液液分配色谱	液相离子交换色谱	液相凝胶色谱
流动相为气体	气固吸附色谱	气液分配色谱		

第二节　气相色谱分析法

气相色谱法（GC）是近 60 多年以来迅速发展起来的新型分离、分析技术，主要用于低相对分子质量、易挥发有机化合物（占有机物的 15％～20％）的分析。自 20 世纪 50 年代以来，气相色谱法从基础理论、实验方法到仪器研制已发展成为一门趋于完善的分析技术，在我国石油化工发展过程中发挥了重要作用。

一、方法简介

（一）方法特点及应用范围

气相色谱法的主要特点是选择性高、分离效率高、灵敏度高、分析速度快。

选择性高是指对性质极为相似的烃类异构体、同位素、旋光异构体具有很强的分离能力。

分离效率高是指一根 2m 长的填充柱可具有 2000 左右理论塔板数，一根 25m 长的毛细管柱可具有 10^4～10^6 理论塔板数，可分离沸点十分接近和组成复杂的混合物。例如一根 25m 长的毛细管柱可对汽油中 50~100 个组分进行分离。

灵敏度高是指使用高灵敏度的检测器可检测出 10^{-11}~10^{-13}g 的痕量物质。

分析速度快是相对化学分析法而言的，通常完成一次分析，仅需几分钟或几十分钟，且样品用量少，气样仅需 1mL，液样仅需 $1\mu L$。

气相色谱法的上述特点，扩展了它在各种工业中的应用，使之不仅可以分析气体，还可分析液体、固体及包含在固体中的气体。只要样品在 -196~450℃温度范围内，可以提供 0.2~10mmHg 蒸气压（合 26.66~1333.22Pa），都可用气相色谱法进行分析。气相色谱法已在石油炼制、石油化工、有机化工、高分子化工、医药工业、环境监测等领域获得广泛的应用。

气相色谱法的不足之处，首先是色谱峰不能直接给出定性的结果，必须用已知纯物质的色谱图与它对照；其次，分析无机物和高沸点有机物比较困难，需采用其他色谱分析方法来完成。

（二）气相色谱流出曲线的特征

样品经气相色谱分离、检测后，由记录仪绘出样品中各个组分的流出曲线，即色谱图。它以组分的流出时间 (t) 为横坐标，以检测器对各组分的电信号响应值（mV）为纵坐标。在色谱图上得到一组色谱峰，每个峰代表样品中的一个组分。由每个色谱峰的峰位、峰高和峰面积、峰的宽窄及相邻峰间的距离都可获得色谱分析的重要信息。

1. 色谱峰的位置

从进样开始至每个组分流出曲线达极大值（峰顶）所需的时间，可作为色谱峰位置的标志，此时间称为保留时间，用 t_R 表示。

图 9-2 为气相色谱流出曲线图，图中与横坐标保持平行的直线，叫做基线，它表示在实验条件下，纯载气流经检测器时（无组分流出时）的流出曲线。基线反映了检测器的电噪声随时间的变化。

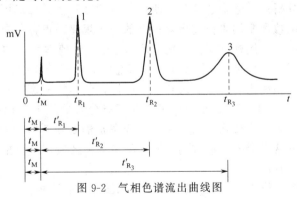

图 9-2　气相色谱流出曲线图

从进样开始到惰性组分（指不被固定相吸附或溶解的空气或甲烷）从柱中流出呈现浓度极大值的时间，称为死时间，用 t_M 表示。它表示惰性组分在色谱柱中滞留时间最短，反映了色谱柱中未被固定相填充的柱内死体积和检测器死体积的大小。

从保留时间中扣除死时间后的剩余时间，称为调整保留时间，用 t'_R 表示。

$$t'_R = t_R - t_M$$

它反映了被分析的组分与色谱柱中的固定相发生相互作用，在色谱柱中的滞留时间。因此调整保留时间从本质上更准确地表达了被分析组分的保留特性，它作为气相色谱定性分析的基本参数，比保留时间更为重要。

由调整保留时间 t'_R 和死时间 t_M 可以计算出气相色谱分析中的重要分配平衡常数——分配比（容量因子）k：

$$k = \frac{t'_R}{t_M}$$

由上述可知，色谱峰的峰位与气相色谱分离过程的热力学性质密切相关，它是气相色谱进行定性分析的主要依据。

2. 色谱峰的峰高或峰面积

色谱峰的峰高是指由基线至峰顶间的距离，用 h 表示，如图 9-3 所示。色谱峰的峰面积 A 是指每个组分的流出曲线和基线间所包含的面积。对于峰形对称的色谱峰，可近似看成是一个等腰三角形，其面积可由峰高 h 乘以半峰宽 $2\Delta t_{1/2}$（即峰高一半处的峰宽）来计算：

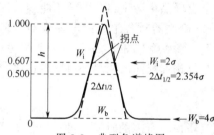

图 9-3 典型色谱峰图

$$A = h \times 2\Delta t_{1/2}$$

峰高或峰面积的大小和每个组分在样品中的含量高低相关。因此色谱峰的峰高或峰面积是气相色谱进行定量分析的重要依据。

3. 色谱峰的宽窄

在气相色谱分析中，通常进样量很小，获得的对称色谱峰形可用正态分布函数表示。正态分布函数通常用来描述偶然误差的分布规律。正态分布曲线的宽窄表明了多次测量的精密度，用标准偏差 σ 的大小来表示。σ 值愈大，曲线愈胖，测量值分散，测量精密度低；反之，σ 值愈小，曲线愈瘦，测量值集中，测量精密度高。

对称的色谱峰形和正态分布曲线相似，同样，色谱峰的宽窄也可用标准偏差 σ 的大小来衡量，σ 大峰形宽，σ 小峰形窄。在正态分布曲线上，标准偏差 σ 为曲线两拐点间距离的一半，曲线拐点高度相当于峰高 h 的 0.607 倍，即 $0.607h$。

在色谱图中色谱峰形的宽窄常用区域宽度表示，区域宽度是指色谱峰三个特征高度的峰宽，如下所述。

（1）拐点宽度　位于 $0.607h$ 处的峰宽，为图 9-3 中的 W_i，$W_i = 2\sigma$。

（2）半峰宽度　峰高一半处即 $0.5h$ 处的峰宽，为图 9-3 中的 $2\Delta t_{1/2}$，$2\Delta t_{1/2} = 2.354\sigma$。

（3）基线宽度　从色谱峰曲线的左、右两拐点作切线，在基线上的截距为基线宽度（此处峰高为零），为图 9-3 中 W_b，$W_b = 4\sigma$。

上述 W_i、$2\Delta t_{1/2}$ 和 W_b 都表示了色谱峰的宽窄，其中最常用的是易于测量的 $2\Delta t_{1/2}$ 或 W_b。$2\Delta t_{1/2}$ 符号表示用时间表达的半峰宽；若用流经色谱柱的载气体积或记录纸的距离表示，则半峰宽为 $2\Delta V_{1/2}$ 或 $2\Delta x_{1/2}$。

色谱峰的宽窄不仅可用区域宽度表示，它还可用来说明色谱分离过程的动力学性质——色谱柱柱效的高低，色谱峰形愈窄说明柱效愈高，峰形愈宽说明柱效愈低。区域宽度的大小只能定性地表达柱效，定量表达柱效常用理论塔板数 n 或理论塔板高度 H 表示：

$$n = 16\left(\frac{t_R}{W_b}\right)^2 = 5.54\left(\frac{t_R}{2\Delta t_{1/2}}\right)^2 = \left(\frac{t_R}{\sigma}\right)^2$$

$$H = \frac{L}{n}$$

式中，L 为柱长。

4. 色谱峰间的距离

在色谱图上，若两个色谱峰之间的距离大，表明色谱柱对此两组分的选择性好；若两个色谱峰之间的距离小，则表明色谱柱对此两组分的选择性差。色谱柱的选择性表明它对不同组分的分离能力，可定量地用分离度（分辨率）R 表示：

$$R = \frac{2(t_{R_2} - t_{R_1})}{W_{b_1} + W_{b_2}}$$

分离度综合考虑了保留时间和基线宽度两方面的因素。通常，认为 $R = 1.5$，两个相邻峰完全分离；$R = 1.0$，两个相邻峰恰好分离；$R < 1.0$，两个相邻峰不能分离开。

上述气相色谱流出曲线的几个特征具有通用性，适用于各种色谱分离方法，如高效液相色谱法、超临界流体色谱法等。

二、气相色谱仪

气相色谱法是一种分离分析方法。操作时使用气相色谱仪，被分析样品（气体或液体汽化后的蒸气）在流速保持一定的惰性气体（称为载气或流动相）的带动下进入填充有固定相的色谱柱，在色谱柱中样品被分离成一个个的单一组分，并以一定的先后次序从色谱柱内流出，进入检测器，转变成电信号，再经放大后由记录仪记录下来，在记录纸上得到一组曲线图，根据色谱峰的峰高或峰面积就可定量测定样品中各个组分的含量。这就是气相色谱法的简单测定过程。

典型双柱气相色谱仪的流路控制示意图见图 9-4。

根据上述流程，可以看出用气相色谱法进行分析时，需下述设备：载气流速控制及测量装置、进样器和汽化室、色谱柱及柱温控制装置、检测器及恒温箱、记录仪或色谱数据工作站。

以下分别介绍各部分设备的构造、性能及使用方法。

（一）载气流速控制及测量装置

1. 载气及其净化

载气是气相色谱的流动相，其作用是把样品输送到色谱柱和检测器。常用的载气有 H_2、N_2、Ar、He、CO_2 和空气等，这些气体一般都由高压气瓶供给，初始压

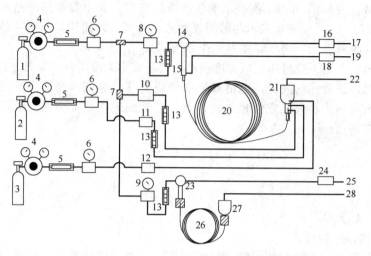

图 9-4 典型双柱气相色谱仪的流路控制示意图

1—载气（氮气或氢气）；2—氢气；3—压缩空气；4—减压阀（若采用气体发生器就可
不用减压阀）；5—气体净化器；6—稳压阀及压力表；7—三通连接头；8—分流/不分
流进样口柱前压调节阀及压力表；9—填充柱进样口柱前压调节阀及压力表；10—尾吹
气调节阀；11—氢气调节阀；12—空气调节阀；13—流量计（有些仪器不安装流量计）；
14—分流/不分流进样口；15—分流器；16,24—隔垫吹扫气调节阀；17,25—隔垫吹扫放
空口；18—分流流量控制阀；19—分流气放空口；20—毛细管柱；
21—FID 检测器；22—FID 放空口；23—填充柱进样口；
26—填充柱；27—TCD 检测器；28—TCD 放空口

力为 10～15MPa。通常规定上述气体高压气瓶的颜色见表 9-4。

表 9-4 高压气瓶的颜色

气　体	H_2	N_2	Ar	He	CO_2	空气	O_2
外壳的颜色	暗绿	黑	黑	棕	黑	黑	浅蓝
标字的颜色	红	黄	蓝	白	黄	白	黑
条纹的颜色	—	棕	白	—	—	—	—

其中 H_2 也可以由电解水的氢气发生器供给，空气可以由压缩空气泵供给。但不论是载气还是检测器需要的燃气（H_2）或助燃气（空气），在使用前都必须经过适当的净化，并且要稳定地控制它们的压力和流量，这些都是气相色谱仪正常工作所必需的先决条件。

在气相色谱中所用载气的纯度主要取决于色谱柱、检测器和分析的要求。

净化载气时常使用干燥剂硅胶、分子筛以及活性炭，它们在使用一定时间后，净化

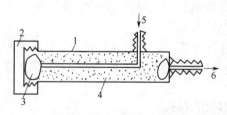

图 9-5 净化干燥管的结构

1—干燥管；2—螺帽；3—玻璃毛；4—干燥剂；
5—载气入口；6—载气出口

效果降低，需要及时更换或烘干、再生后重新使用。净化干燥管的结构见图 9-5。

现在许多气相色谱仪已采用全自动空气发生器、氢气发生器和氮气发生器来供应助燃气、燃气和载气，使用时十分方便，且免除更换钢瓶的不便，但需一次性投入较高的资金。

2. 载气流速的控制

为了保持气相色谱分析的准确度，载气的流速要求恒定，其变化小于 1%。通常使用减压阀、稳压阀、针形阀等来控制气流的稳定性。

（1）减压阀　俗称氧气表，装在高压气瓶的出口，用来将高压气体调节到较小的工作压力，通常将 10～15MPa 压力减小到 0.1～0.5MPa。高压气瓶阀和减压阀如图 9-6 所示。

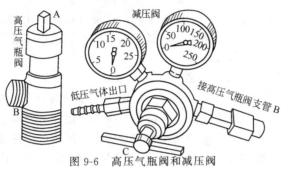

图 9-6　高压气瓶阀和减压阀

由于气相色谱中所用载气流量较小，一般在 $100\text{mL} \cdot \text{min}^{-1}$ 以下，所以单靠减压阀来控制流速是比较困难的，通常在减压阀输出气体的管线中还要串联稳压阀或针形阀，以精确地控制气体的流速。

（2）稳压阀　用以稳定载气（或燃气）的压力，常用的是波纹管双腔式稳压阀，其结构如图 9-7 所示。

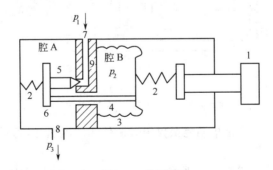

图 9-7　稳压阀

1—调节手柄；2—压簧；3—波纹管；4—连动杆；5—针形阀；

6—阀针座；7—进气口；8—出气口；9—阀座

（3）针形阀　用来调节载气流量，也有些仪器用它来控制燃气和空气的流量。其结构如图 9-8 所示。

（4）稳流阀　当用程序升温进行色谱分析时，由于色谱柱温不断升高引起色谱

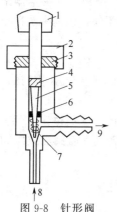

图 9-8　针形阀

1—调节手柄；2—螺帽；3—密封垫圈；4—密封环；5—阀针；6—阀针密封圈；7—压簧；8—进气口；9—出气口

柱阻力不断增加，也会使载气流速发生变化。为了在气体阻力发生变化时，也能维持载气流速的稳定，需要使用稳流阀来自动控制载气的稳定流速。稳流阀的结构如图 9-9 所示，可看作是由流量控制器和针形阀两个部分组合而成。

稳流阀的输入压力为 $0.03 \sim 0.3MPa$，输出压力为 $0.01 \sim 0.25MPa$，输出流量为 $5 \sim 400mL \cdot min^{-1}$。当柱温从 50℃升至 300℃时，若流量为 $40mL \cdot min^{-1}$，此时的流量变化可小于 $\pm 1\%$。

使用稳流阀时，应使针形阀处于"开"的状态，从大流量调至小流量。气体的进、出口不要反接，以免损坏流量控制器。

3. 载气流速的测量

载气流速是气相色谱分析的一个重要操作条件，正确地选择载气流速，可提高色谱柱的分离效能，缩短分析时间。由于气相色谱分析中，所用气体流速较小，一般不超过 $100mL \cdot min^{-1}$，作为氢火焰离子化检测器助燃气的空气，其流速也不过几百 $mL \cdot min^{-1}$，所以常用下述两种方法测量流速。

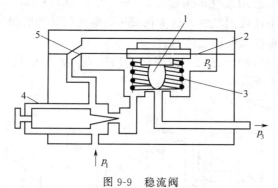

图 9-9　稳流阀

1—阀芯；2—橡皮隔膜；3—压簧；4—针形阀；5—上游反馈管线

（1）转子流量计　这是早期色谱仪中普遍使用的流速计，其结构简单，操作方便，使用时安全、可靠。

转子流量计的结构如图 9-10 所示，它是由一个内径上口大下口小的锥形管和一个能在管内自由旋转的转子组成的。

当气体自下端进入转子流量计又从上端流出时，转子随气体流动方向而上升，由于管稍呈锥形，转子上升后，转子与管内壁间的环形孔隙就增大，转子一直上升到环形孔隙所造成的转子顶部和底部的压力差恰能与转子的重量相平衡为止，根据转子的位置就可确定气体流速的大小。对于一定的气体，气体的流速和转子的高度并不成直线关系，转子流量计上只标出管子的均匀刻度，可采用校正曲线的方法

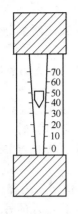

图 9-10　转子流量计

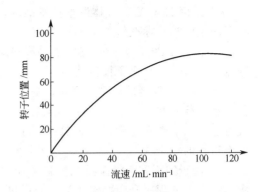

图 9-11　校正曲线

（通常以皂膜流量计为标准）标出转子位置和流速之间的关系，如图 9-11 所示。对不同的气体（H_2、N_2、空气）应使用与其对应的转子流量计。当用测量 H_2 的转子流量计来测量 N_2 时，就要重新制作转子位置和流速的校正曲线。在色谱仪中，当更换色谱柱时，由于不同的色谱柱阻力差别大，对校正曲线也有影响，必要时需重新进行校正。

　　（2）皂膜流量计　采用皂膜流量计测量流速是目前测量气体流速的基准方法。皂膜流量计结构简单，如图 9-12 所示，它是由一根带有气体进口的量气管和一个橡皮滴头组成的。使用时先向橡皮滴头中注入肥皂水，挤动橡皮滴头就有皂膜进入量气管。当气体自流量计底部进入时，就顶着皂膜沿管壁自下而上移动，用秒表测定皂膜移动一定体积时所需的时间，就可计算出气体的流速（$mL \cdot min^{-1}$），测量精度可达 1%。

气体入口

含肥皂水的橡皮滴头

图 9-12　皂膜流量计

　　在许多色谱仪中还使用弹簧式压力表来指示载气进入色谱柱前的压力，即柱前压。

　　现在新型气相色谱仪已采用电子压力控制（EPC）系统，由数字显示载气的柱前压和载气、燃气与助燃气的流量。

　　用于载气控制的电子压力传感器和电子流量传感器的技术指标见表 9-5。

表 9-5　电子压力传感器和电子流量传感器的技术指标

传感器	电子压力传感器	电子流量传感器
准确度	±2%（全量程范围）	<±5%（不同气体有所不同）
重现性	±0.05%psi[①]	设定值的±0.35%
温度系数	±0.01psi·$℃^{-1}$	对于 N_2 或 Ar/CH_4：±0.50mL·min^{-1}·$℃^{-1}$
		对于 H_2 或 He：±0.20mL·min^{-1}·$℃^{-1}$
偏移	±0.1psi/6 个月	

　　① psi 为 lbf·in^{-2}（磅力/平方英寸）的符号，1psi＝6894.76Pa。

使用 EPC 技术的主要优点是：

① 采用 EPC 后，气体流量控制准确，重现性好，因载气流量变化引起的保留时间测量的相对标准偏差小于 0.02%。

② 采用 EPC 后，由仪器的液晶屏显示气体的压力和流量，可省略压力表和部分流量调节阀，简化了仪器结构。

③ 提高了仪器的自动化程度。它可按操作人员预先设定的压力、流量参数进行自动运行，并自动记录运行过程的压力、流量变化；当不进样时，可自动降低载气流速，以节省贵重载气（如 He）；可自动检查气相色谱系统是否漏气，从而保证操作过程的安全。

④ 便于实现载气的多模式操作，如恒定流速操作、恒定压力操作和程序升压操作。尤其是程序升压操作，为仪器提供了除程序升温操作以外的另一种优化分离条件的方法。

EPC 技术应用的局限性在于成本较高，并需定期进行压力、流量示值的校正。此技术多用于通过计算机控制操作参数的高档气相色谱仪，中、低档气相色谱仪一般不配备此流量控制系统。

（二）进样器和汽化室

1. 进样器

用气相色谱法分析气体、可挥发的液体和固体时，进入分析系统的样品用量的多少、进样时间的长短、进样量的准确度和重复性等都对气相色谱的定性、定量工作有很大影响。进样量过大、进样时间过长，都会使色谱峰变宽甚至变形。通常要求进样量要适当，进样速度要快，进样方式要简便、易行。

（1）气体样品进样

① 注射器进样：对气体样品常使用医用注射器（一般用 0.25mL、1mL、2mL、5mL 等规格）进样。此法的优点是使用灵活方便，缺点是进样量的重复性差（一般相对误差为 2%～5%）。

② 气体定量管进样：用六通阀连接定量管进样。常用的六通阀有以下两种。

一种是平面六通阀，如图 9-13 所示。它是目前气体定量阀中比较理想的阀件，使用温度较高、寿命长、耐腐蚀、死体积小、气密性好，可在低压下使用；缺点是阀面加工精度高，转动时驱动力较大。

平面六通阀由阀座和阀盖（阀瓣）两部分组成。

定量管可根据需要选用 0.5mL、1mL、3mL、5mL 数种。SP-2308 型气相色谱仪就使用这种平面六通阀。

另一种是拉杆六通阀，如图 9-14 所示。

拉杆六通阀由阀体和阀杆两部分组成。阀体为一圆柱筒体，上有 6 个孔。阀杆是一根金属棒，上有四道间隔不同的半圆槽并有相应的耐油橡胶密封圈与阀体密封。阀杆有两个动作，推进时可完成取样操作；拉出（6mm）时完成进样操作。

这种六通阀和用相同原理加工成的八通、十通、十二通阀一样，常用在工业色谱仪上以完成多流路、多柱、反吹等流程操作。

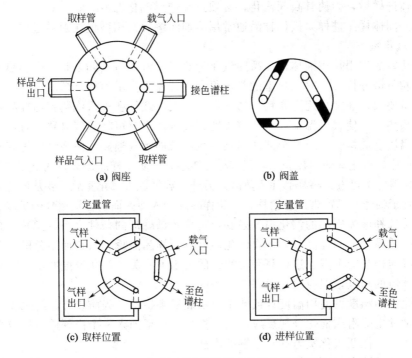

图 9-13 平面六通阀的结构、取样和进样位置

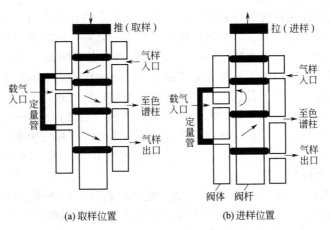

图 9-14 拉杆六通阀取样、进样位置

（2）**液体样品进样** 液体样品多采用微量注射器进样，常用的微量注射器有 $1\mu L$、$10\mu L$、$50\mu L$、$100\mu L$ 等规格。微量注射器如图 9-15 所示。

图 9-15 微量注射器

液体进样后，为使其瞬间汽化，必须正确选择汽化温度。

（3）固体样品进样　固体样品通常用溶剂溶解后，用微量注射器进样。

2. 汽化室

汽化室的作用是将液体样品瞬间汽化为蒸气。汽化室实际上是一个加热器。

气相色谱分析时，对汽化室的要求很高。首先，为了使样品瞬间汽化，汽化室的热容量要大，通常采用金属块作加热体。其次，载气在进入汽化室与样品接触之前应当预热，以使载气温度和汽化室温度相接近，为此可将载气管路沿着加热的汽化器金属块绕成螺管，或在金属块内钻有足够长的载气通路，使载气能得到充分的预热。最后，汽化室的内径和总体积应尽可能小，以防止样品扩散并减小死体积，此时用注射器针头可直接将样品注入热区。另外，载气进入汽化室后，要从汽化室的前部将汽化了的样品迅速带入色谱柱，避免样品反转入冷区而引起色谱峰的扩展。

正确选择液体样品的汽化温度是获得对称色谱峰形的条件之一，尤其对高沸点样品和受热易分解的样品，要求在汽化温度下，样品能瞬间汽化而不分解。汽化温度的选择与样品的沸点、进样量和检测器的灵敏度有关。汽化温度并不一定要高于被分离物质的沸点，但应比柱温高 $50 \sim 100 \, ℃$。

汽化室的温度可使用温度计或数字显示装置来指示。为防止样品与汽化室金属内壁接触发生吸附或催化分解反应，应在汽化室内部插入一个由硬质玻璃或石英制作的衬管，以保证汽化室内壁有足够的惰性。

一般仪器的汽化室加热温度可从室温升至 $350 \sim 400 \, ℃$，高档仪器的汽化室还具有程序升温功能。

此外，由于使用硅橡胶材料制作的进样隔垫，在汽化室高温作用下，会使其含有的残留溶剂或低聚物挥发，或使硅橡胶发生部分降解，因此它们被载气带入色谱柱就会出现来历不明的"鬼峰"（非样品峰）而影响分析结果。现在生产的气相色谱仪都配备了隔垫吹扫装置，即在进样隔垫和玻璃内衬管之间增加了一个有一定阻力的放空毛细管，当载气进入汽化室后，先经过加热块预热，然后大部分载气进入内衬管将汽化样品带入色谱柱，同时也有部分载气（约 $2 \, mL \cdot min^{-1}$）向上流动，并从隔垫下方吹扫过去，而从放空毛细管将隔垫排出的可挥发物吹扫出汽化室，此时样品是在玻璃衬管内汽化，而不会随隔垫吹扫气流失。图 9-16 显示的是填充柱汽化室的结构和隔垫吹扫过程。

当使用开管柱（俗称毛细管柱）时，由于柱内壁涂渍或键合的固定相的量很少，柱容量低，为防止对样品超载，必须使用专门制作的分流进样器，其结构如图 9-17 所示。

当样品注入分流进样器以后，仅有极少部分的（微量）样品（占进样量的 $1\% \sim 10\%$）进入毛细管柱，其余绝大部分样品随载气由分流气体出口逸出放空。在分流进样时，进入毛细管柱内的载气流量与放空的载气流量之比称为分流比。分析时使用的分流比范围为（1：10）～（1：100）。这样可避免毛细管柱的超载，以保持高柱效。现在随着毛细管气相色谱技术的迅速发展，除使用分流进样外，还使用不分流进样、冷柱头进样、冷柱头程序升温汽化进样等技术。但这些方法必须配备专用的汽化室，欲了解详情可参阅相关专著。

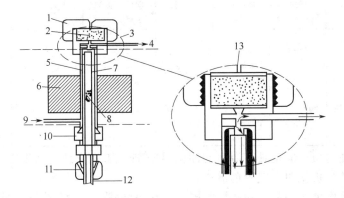

图 9-16　填充柱汽化室的结构和隔垫吹扫过程示意图
1—固定隔垫的螺母；2—隔垫；3—隔垫吹扫装置；4—隔垫吹扫气出口；5—汽化室；
6—加热块；7—玻璃衬管；8—石英玻璃毛；9—载气入口；10—柱连接件固定螺母；
11—色谱柱固定螺母；12—色谱柱；13—3 的放大图

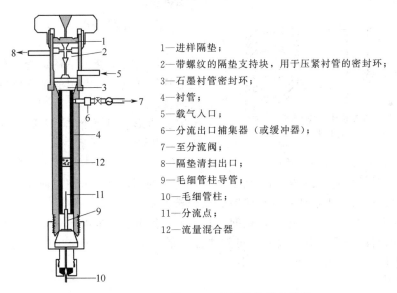

1—进样隔垫；

2—带螺纹的隔垫支持块，用于压紧衬管的密封环；

3—石墨衬管密封环；

4—衬管；

5—载气入口；

6—分流出口捕集器（或缓冲器）；

7—至分流阀；

8—隔垫清扫出口；

9—毛细管柱导管；

10—毛细管柱；

11—分流点；

12—流量混合器

图 9-17　分流进样器示意图

（三）色谱柱及柱温控制装置

色谱柱是气相色谱仪的核心部分，许多组成复杂的样品，其分离过程都是在色谱柱内进行的。色谱柱分为两类，即填充柱和开管柱（又称毛细管柱），后者又分为载体涂渍、壁涂渍和多孔层三种。目前在工业分析中应用最广的还是填充柱；在石油化工和高分子工业中，开管柱也获得广泛应用。各种色谱柱的分类见表 9-6。

表 9-6　色谱柱的分类及特征

分　类	比渗透率 /$10^{-7}cm^2$	柱内径 /mm	柱　长 /m	理论塔板数 /板·m^{-1}	平均线速 /cm·min^{-1}	进样量 /mg
填充柱						
常规填充柱	1～3	2～6	2～10	1000	5～20	0.1～10
微填充柱	<1	0.5～1	<5	3000～5000	5～20	0.05～1
填充毛细管柱	6～11	0.3～0.5	10～15	2000	10～40	0.05～1
开管柱						
载体涂渍开管柱	200～700	0.2～0.5	20～100	2500 左右	10～40	1/100
壁涂渍开管柱	>200	0.2～0.5	20～100	3000～4500	10～30	<1/100
多孔层开管柱	>200	0.3～0.5	5～15	2000	150	0.01～0.2

　　若色谱柱内填充的是具有活性的固体吸附剂,如分子筛、氧化铝、活性炭等,则此时进行的分析就叫做气固色谱法。

　　若色谱柱内填充的是一种惰性固体〔通常叫做载体,无吸附性、催化性,但有较大的比表面($1m^2·g^{-1}$)和一定的机械强度,如红色的 6201 载体等〕,其表面涂上一层高沸点有机化合物的液膜(通常叫固定液,如邻苯二甲酸二壬酯、β,β'-氧二丙腈、聚乙二醇-400 等),则此时进行的分析叫做气液色谱法。

　　色谱柱的分离效能主要是由柱中填充的固定相所决定的。但柱温也是影响分离效果的因素之一。

1. 色谱柱的材料、形状及连接方式

　　色谱柱可用玻璃管、不锈钢管、聚四氟乙烯管等制成。最常用的是不锈钢管、玻璃管。

　　色谱柱的形状常用的是 U 形和螺旋形两种,如图 9-18 所示。

(a) 螺旋形色谱柱　　(b) U 形色谱柱　　(c) 毛细管色谱柱

图 9-18　色谱柱的形状

　　柱的内径一般为 2～6mm,常用的是 4mm。柱长一般为 0.5～10m。可装颗粒度为 40～60 目(对长柱管)或 60～80 目(对短柱管)的固定相。分离组成复杂的样品,常需使用长柱管,当然使用短柱管时,其分析速度比较快。

　　毛细管柱内径只有 0.2～0.5mm,长度达几十米,甚至达百米以上(多用玻璃或石英制造),因而能获得高分离效率,可解决复杂的、填充柱难于解决的分析问题。色谱柱的连接方式见图 9-19。

2. 柱温控制

　　为了适应在不同温度下使用色谱柱的要求,通常把色谱柱放在一个恒温箱中(也叫柱炉或色谱炉),以提供可以改变的、均匀的恒定温度。恒温箱使用温度为 0～300℃或 0～500℃,要求箱内上下温度差在 3℃以内,控制点的控温精度在 ±(0.1～0.5)℃。恒温箱的构造见图 9-20。

　　当分析沸点范围很宽的混合物时,用等温分析的方法难以完成分离的任务,此时就要采用程序升温的方法来完成。所谓程序升温是指在一个分析周期里,色谱柱的温度随分析时间的增加连续从低温升到高温,升温速度可为 2℃·min^{-1}、

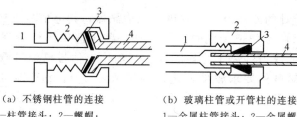

（a）不锈钢柱管的连接　　　　（b）玻璃柱管或开管柱的连接

1—柱管接头；2—螺帽；　　　　1—金属柱管接头；2—金属螺帽；

3—紫铜垫片；4—喇叭形柱管　　3—聚四氟乙烯垫片；4—玻璃柱管

图 9-19　色谱柱的两种连接方式

$4℃ \cdot min^{-1}$、$8℃ \cdot min^{-1}$、$16℃ \cdot min^{-1}$、$32℃ \cdot min^{-1}$。这样可改善宽沸程样品的分离度并缩短分析时间。

（四）检测器

检测器是构成气相色谱仪的关键部件，其作用是把被色谱柱分离的样品组分根据其物理或化学的特性，转变成电信号（电压或电流），经放大后，由记录仪记录成色谱图。检测器能灵敏、快速、准确、连续地反映样品组分的变化，从而达到定性和定量分析的目的。

气相色谱仪所用检测器的种类很多，应用最广的是热导池检测器（TCD）和氢火焰离子化检测器（FID），此外还有电子捕获检测器（ECD）、火焰光度检测器（FPD）等。

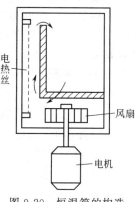

图 9-20　恒温箱的构造

检测器可分为两类。一类是浓度型检测器，即被测组分和载气相混合，检测器的灵敏度和被测组分的浓度成正比，如热导池检测器就属此类。另一类是质量型检测器，当被测组分被载气带入检测器时，检测器的灵敏度和单位时间进入检测器中组分的质量成正比，如氢火焰离子化检测器就属此类。

进行气相色谱分析时，希望所用检测器灵敏度高、响应时间快、操作稳定、重复性好。

在气相色谱仪中，检测器应有独立的恒温箱，其温度控制及测量方法和色谱柱恒温箱相似。

（五）记录仪或色谱数据工作站

气相色谱仪中最常用的记录仪是电子电位差计，它是直接测量并记录直流电动势的二次仪表。常用的型号是采用晶体管电路的 XWC-100A 型和 XWT-204 型（双笔）。

由于记录的是检测器输出的信号，因此对记录仪的要求主要从检测器的特点出发。

1. 满标量程

即电子电位差计的测量范围。对热导池检测器，其电信号直接从测量桥路输出，未经放大，因此希望记录仪的灵敏度高一些，选用满标量程 $0\sim5mV$ 比较合适。对氢火焰或放射性离子化检测器，其输出电信号已经过微电流放大器放大，对记录仪灵敏度的要求较低，选用满标量程 $0\sim10mV$ 即可。以前国产商品色谱仪多配备 XWC-100A 型、满标量程为 $0\sim10mV$ 的电子电位差计，现已较少使用。

记录仪的灵敏度 u_2 可根据满标量程及对应的记录纸的宽度进行计算。若满标量程为 $0\sim10mV$，对应记录纸的宽度为 25cm，则 u_2 为

$$u_2 = \frac{10}{25} = 0.4(mV \cdot cm^{-1})$$

2. 满标时间

也称全行程时间或扫描时间。电子电位差计的满标时间有三种：1s、2.5s、8s。在色谱分析中多选用扫描时间为 1s 的电子电位差计，可以满足检测器响应时间的要求。

3. 阻抗匹配

对 EWC-01 型电子电位差计，要求检测器输出阻抗小于 100Ω（不得大于 300Ω），否则影响测量精度和灵敏度。对 XWC-100A 型电子电位差计，要求检测器输出阻抗小于 $1k\Omega$。

4. 记录纸速度

记录仪中记录纸的移动速度可通过变速齿轮调节。通常有 4 种速度，即 $30mm \cdot h^{-1}$、$120mm \cdot h^{-1}$、$300mm \cdot h^{-1}$、$1200mm \cdot h^{-1}$。当计算检测器灵敏度时，其纸速 u_1 用 $cm \cdot min^{-1}$ 表示。两个单位之间可进行换算，如使用记录仪纸速为 $300mm \cdot h^{-1}$，换算成 u_1 为

$$u_1 = \frac{30cm}{60min} = 0.5cm \cdot min^{-1}$$

测量时，纸速使用要适当。纸速太慢，增加测量峰面积的误差；太快，易造成纸张浪费。

气相色谱仪的记录装置除使用电子电位差计外，还可配备色谱数据工作站，由计算机控制数据采集、打印色谱图，自动记录峰数、保留时间和峰面积，并自动计算出分析结果，使用十分方便。目前市场上的气相色谱仪多配备色谱数据工作站。

三、气相色谱固定相

在气相色谱分析中，填充柱装填的固定相或毛细管柱内壁涂渍的固定相可以分为两大类，即气固色谱固定相和气液色谱固定相。下面分别予以介绍。

（一）气固色谱的固定相

在气固色谱中，色谱柱中填充的固定相是表面有一定活性的固体吸附剂。当样品随载气不断通过色谱柱时，由于固体吸附剂表面对样品中各组分的吸附能力不

表 9-7 气固色谱用吸附剂

吸附剂	主要化学成分	结晶形式	比表面/m²·g⁻¹	极性	最高使用温度/℃	活化方法	分离特征	备注
碳素吸附剂 — 活性炭(炭黑)	C	无定形碳(微晶炭)	300~500	无	<300	先用苯(或甲苯、二甲苯)浸泡,在350℃用水蒸气洗至无浑浊,最后在180℃烘干备用	分离永久性气体及低沸点烃类,不适于分离极性化合物	加入少量减尾剂或极性固定液(<2%),可提高柱效,减少拖尾,获得较对称的峰形
碳素吸附剂 — 石墨化炭黑	C	石墨状细晶	≤100	无	>500	先用苯(或甲苯、二甲苯)浸泡,在350℃用水蒸气洗至无浑浊,最后在180℃烘干备用	分离气体及烃类,对高沸点有机化合物也能获得较对称的峰形	
氧化铝	Al_2O_3	主要为 α- 及 γ-Al_2O_3	100~300	中等	随活化温度而定,可>500	在200~1000℃下烘烤活化,冷却至室温备用	主要用于分离烃类及有机异构物,在低温下可分离氢氮的同位素	随活化温度不同,含水量也不同,从而影响保留值和柱效率
硅胶	$SiO_2·nH_2O$	凝胶	500~700	弱	随活化温度而定,可>500	用1:1盐酸浸泡2h,再用水洗至无Cl⁻,180℃烘干备用,也可在200~900℃下烘烤活化,冷却至室温备用	分离永久性气体及低级烃	随活化温度不同,其极性差异大,色谱行为也不同,在200~300℃活化,可脱去水95%以上
分子筛	$x(MO)·y(Al_2O_3)·z(SiO_2)·nH_2O$	均匀的多孔结晶	500~1000	最强	400	在350~550℃下烘烤活化3~4h(注意:超过600℃会破坏分子筛结构而失效)	特别适用于分离永久性气体和惰性气体的分离	化学组成:M代表一种金属元素,随晶型不同而分为 A、X、Y、B、L、F 等几种型号,天然沸石也属此类

表9-8 国内生产的聚合物固定相

名称	化学组成	颜色	视密度 /g·mL⁻¹	比表面 /m²·g⁻¹	极性	最高使用温度/℃	分离特征	生产单位
GDX-101	二乙烯基苯、苯乙烯等共聚	白	0.28	330	很弱	270	适用于分析烷烃、芳烃、醇、酮、醛、醚、酯、酸、卤代烷、胺、腈等沸点和低沸点化合物,特别是轻气体和低沸点化合物	天津化学试剂二厂
GDX-102	二乙烯基苯、苯乙烯等共聚	白	0.20	680	很弱	270	通用型,适用于分析沸点较高的化合物	天津化学试剂二厂
GDX-103	二乙烯基苯、苯乙烯等共聚	白	0.18	670	很弱	270	通用型,适用于分析沸点较高的化合物,还可分离正丙醇-叔丁醇	天津化学试剂二厂
GDX-104	二乙烯基苯、苯乙烯等共聚	半透明	0.22	590	很弱	270	通用型,较适用于气体分析,如半水煤气	天津化学试剂二厂
GDX-105	二乙烯基苯、苯乙烯等共聚	透明	0.44	610	很弱	270	适用于气体中微量水及永久性气体等的分析	天津化学试剂二厂
GDX-201	二乙烯基苯、苯乙烯等共聚	白	0.21	510	很弱	270	通用型,较适用于较高沸点化合物的分析,水峰稍有拖尾	天津化学试剂二厂
GDX-202	二乙烯基苯、苯乙烯等共聚	白	0.18	480	很弱	270	通用型,较适用于较高沸点化合物的分析,水峰稍有拖尾,还可分离正丙醇-叔丁醇,保留时间较短	天津化学试剂二厂
GDX-203	二乙烯基苯、苯乙烯等共聚	白	0.09	800	很弱	270	通用型,较适用于较高沸点化合物的分析,水峰稍有拖尾,还可分离乙酸-苯-乙酐,保留时间最短	天津化学试剂二厂
GDX-301	二乙烯基苯、三氯乙烯共聚	白	0.24	460	弱	250	适用于分析乙炔-氯化氢	天津化学试剂二厂

续表

名称	化学组成	颜色	视密度 /g·mL⁻¹	比表面 /m²·g⁻¹	极性	最高使用温度/℃	分离特征	生产单位
GDX-401	二乙烯基苯、含氮杂环单体共聚	乳白	0.21	370	中等	250	适用于氯化氢中微量水、甲醛水溶液及氨水等的分析	天津化学试剂二厂
GDX-403	二乙烯基苯、含氮杂环单体共聚	乳白	0.17	280	中等	250	适用于分析水溶液中的氨和甲醛及低级胺中的水等	天津化学试剂二厂
GDX-501	二乙烯基苯、含氮极性单体共聚	浅黄	0.33	80	较强	270	适用于 C_4 烃异构物的分离	天津化学试剂二厂
GDX-502	二乙烯基苯、含氮极性单体共聚	白	—	—	较强	250	适用于 $C_1 \sim C_2$ 烃和 CO,CO_2 的分析,能完全分离乙烷、乙烯和乙炔	
GDX-601	含强极性基团的聚二乙烯基苯	黄	0.3	90	强	200	能分离环己烷-苯	中国科学院化学研究所（实验阶段）
401 有机载体	二乙烯基苯、乙烯等共聚	白	—	—	很弱	270	相当于 GDX-101	上海试剂一厂
402 有机载体	二乙烯基苯、乙烯等共聚	白	—	—	很弱	270	相当于 GDX-102	上海试剂一厂
403 有机载体	二乙烯基苯、乙烯等共聚	白	—	—	很弱	270	相当于 GDX-103	上海试剂一厂
404 有机载体	二乙烯基苯、含氮极性单体共聚		—	—	较强	270	相当于 GDX-501	上海试剂一厂
TDX-01	炭化聚偏氯乙烯	黑	0.60~0.65	800	无	>500	适用于稀有气体、永久性气体及 $C_1 \sim C_4$ 烃的分离	
TDX-02	炭化聚偏氯乙烯	黑	—	—	无	>500	适用于有气体、永久性气体及 $C_1 \sim C_4$ 烃的分离	天津化学试剂二厂

同，于是就产生反复多次的吸附和解吸过程（吸附和解吸是可逆的）。根据各组分被吸附剂吸附的难易程度，表现为易被吸附的组分后从色谱柱流出，不易被吸附的组分先从色谱柱流出，从而达到分离的目的。

气固色谱常用的固定相即固体吸附剂为活性炭、氧化铝、硅胶、分子筛及高分子聚合物，见表 9-7 和表 9-8。

除表 9-7 列出的不同型号的 GDX 高分子多孔小球以外，近年来生产的由苯乙烯和二乙烯基苯构成的大孔（$30\sim50\mu m$）吸附树脂 XAD-1、XAD-2 和 XAD-4，已广泛用于气体或液体样品中痕量有机物质的富集，也可作为气固色谱固定相使用。另外，由 2,6-二苯基苯酚作单体生成的高分子聚合物聚苯醚，其商品牌号为 Tenax-GC，耐高温（450℃）并具有抗氧化的性能，可作为耐高温的气固色谱固定相，用于分析高沸点的有机化合物，也可用作吸附剂，捕集有机化合物。

气固色谱法主要用于分离分析永久性气体和低沸点的 $C_1\sim C_4$ 烃类，近年来由于 GDX、TDX 的广泛使用，气固色谱法的应用范围已大大扩展。

（二）气液色谱的固定相

气液色谱的固定相分为载体和固定液两部分，下面分别予以介绍。

1. 常用载体的性质及处理方法

在气液色谱中，固定液必须涂渍在载体上才能发挥它分离混合物的作用，虽然固定液是分离的决定性因素，但是载体也不是无关紧要的。由于载体结构和表面性质可以直接影响分离效果，一般对载体有以下要求：

① 表面应该是化学惰性的，即没有吸附和催化性能；

② 表面积应较大（比表面应大于 $1m^2\cdot g^{-1}$），孔径分布均匀；

③ 热稳定性好，有一定的机械强度。

气液色谱的载体种类很多，总的来说可分为硅藻土型与非硅藻土型两类。目前应用比较普遍的是硅藻土型，见表 9-9。

表 9-9 两种硅藻土载体的比较

硅藻土载体	制造特点	表面酸度	孔径	分离特征	备 注
红色载体	由天然硅藻土与适当胶黏剂烧制而成	略呈酸性，pH<7	较小	为通用载体，柱效较高，液相负荷量大，但在分离极性化合物时往往有拖尾现象	浅红色、粉红色载体均属此类
白色载体	由天然硅藻土与助熔剂（如 Na_2CO_3 等）烧制而成	略呈碱性，pH>7	较小	为通用载体，柱效及液相负荷量均为红色载体的一半稍强，但在分离极性化合物时拖尾效应较小	灰色载体也属于此类，仅所用助熔剂的酸碱性不同

由于硅藻土载体的表面不是一个光滑的球面，而是凹凸不平分布着许多孔穴，因而它有较大的比表面积，这就保证了固定液可在载体表面形成一层面积相当大的液膜。如果载体表面没有吸附活性中心，这一层液膜可以涂得均匀。但实际上由于

载体表面具有硅醇（Si—OH）和硅醚（Si—O—Si）结构，并有少量金属氧化物（如氧化铁），因此表面存在着氢键和酸碱活性作用点，这就会引起载体吸附，发生化学反应或催化反应。因而在分析样品时，会产生色谱峰拖尾现象，并使保留值发生变化。

为了消除上述现象，往往在分析极性、氢键型或酸碱性样品时，需对载体进行预处理改性，以获得对称的色谱峰和较好的分离结果。一般载体改性前后的性能比较见表 9-10。

表 9-10　硅藻土载体改性前后的性能比较

处理方法	表面化学结构	比表面	孔径	催化、吸附性能	最高使用温度/℃	固定液涂渍难易	备注
未处理	表面有 —Si—OH 基及无机杂质	—	—	有	＞500	易	
酸碱洗	可除去表面的无机杂质，降低表面的催化性能	无改变	无改变	稍有减弱	＞500	易	
硅烷化	使表面的 —Si—OH 基变为硅醚基	略有减小	略有减小	大大减弱	＜350	对亲水性固定液难涂匀	涂渍量较硅烷化前减小
釉化	载体内细孔被硼砂所填充	减小	细孔大大减少	明显减弱	200	易	涂渍量较釉化前减小

常用的国产载体见表 9-11。

非硅藻土型载体种类很多，性质也各异。常用的有氟载体、高分子多孔小球、玻璃球、洗涤剂（烷基苯磺酸酯）、素瓷、海砂等。

非硅藻土型载体中以氟载体最重要，常用的为聚四氟乙烯，它不溶于一般的溶剂，最高使用温度为275℃，在225℃下长时间使用会发生颗粒熔结现象，在290℃以上开始分解并放出有毒的烟。聚四氟乙烯载体的润湿性差，所以选择固定液有一定的限制。另外，聚四氟乙烯载体机械强度差，配制填料和装柱都比较麻烦，要在 19℃以下进行操作，一般是把冷却到 0℃的氟载体装入柱内，这样就不会有载体的凝集现象。

氟载体的特点是它有惰性，适于分析强极性样品（如水、酸、腈类物质）和强腐蚀性物质（如 HF、Cl_2 等气体）。

通常根据样品的性质来选择载体，可参见表 9-12。

2. 常用固定液的分类及选择固定液的原则

（1）对固定液的要求　在气液色谱中，为实现样品中各组分的分离，所用固定液应满足以下要求。

① 固定液应是一种高沸点的有机化合物，其蒸气压低，热稳定性好，在色谱分析操作温度下呈液体状态。固定液的沸点应比操作温度高 100℃左右，否则固定液

表 9-11　常用的国产载体

载 体 名 称	组成及处理	颜色	催化、吸附性能	厂 家	备 注
上试 101 白色载体	硅藻土载体	白	有		以 Na$_2$CO$_3$ 为助剂,微碱性,与国外产品 Celite545 相近
上试 101 硅烷化白色载体	用 HMDS 处理过的 101 白色载体	白	小		HMDS 为六甲基二硅胺烷 (hexamethyldisilazane) 的缩写,其分子式为(CH$_3$)$_3$SiNHSi(CH$_3$)$_3$
上试 102 白色载体	硅藻土载体	白	有		以 NaCl 为助熔剂,中性,与国外产品 Chroinosorb W 及 Gas Chrom P 相近
上试 102 硅烷化白色载体	用 HMDS 处理过的 102 白色载体	白	小		
上试 201 红色载体	加胶黏剂烧结的硅藻土载体	红	有	上海试剂总厂	
上试 201 硅烷化红色载体	经 HMDS 处理的 201 红色载体	红	小		
上试 301 釉化红色载体	经 B$_2$O$_3$ 处理过的 201 红色载体	红	小		
上试 202 载体	硅藻土保温砖载体	浅红	有		
玻璃微球载体	高硅特种玻璃制成的微球载体	无色	小		
聚四氟乙烯载体	聚四氟乙烯烧结塑料	白	小		
6201 色谱载体	硅藻土载体	红	有		
6201 硅烷化处理的 6201 载体	经硅烷化处理的 6201 载体	红	小	大连红光化工厂	
6201 釉化色谱载体	经硼砂作釉化处理的 6201 载体	红	小		

表 9-12 载体选择参考

固 定 液	样品的性质	选用硅藻土载体	备 注
非极性	非极性	未经处理过的载体	
非极性	极性	经酸碱洗或硅烷化处理的载体	当样品为酸性时,最好选用酸洗载体;样品为碱性时用碱洗载体
极性或非极性[固定液含量<5%(质量分数)时]	极性及非极性	硅烷化载体	
弱极性	极性及非极性	酰洗载体	
弱极性[固定液含量<5%(质量分数)时]	极性及非极性	硅烷化载体	
极性	极性及非极性	酰洗载体	
极性	化学稳定性低	硅烷化载体	对化学活性和极性特强的样品,可选用聚四氟乙烯等特殊载体

流失,会缩短色谱柱的使用寿命,还会引起保留值的变化,影响定性检测或引起检测器的本底电流增大。

②在色谱柱的操作温度下,固定液的黏度要低,以保证固定液能均匀地分布在载体的表面上。一般降低柱温会增加固定液的黏度,降低色谱柱的分离效率。对某些固定液,使用温度不能低于其使用的低限温度。如阿匹松 L 的低限温度为 75℃,甲基硅橡胶的低限温度为 100～125℃。

③在色谱柱的操作温度下,固定液要有足够的化学稳定性,这对高温(200℃以上)色谱柱尤为重要。有些固定液在高温下会变质,并有结构上的变化。

④对欲分离的组分要有高选择性,即对两个沸点相同(或相近)的组分(如正、异异构体,顺、反异构体)有尽可能高的分离能力。

(2)选择固定液的原则 在选择固定液时,应根据不同的分析对象和分析要求进行考虑。

①根据"相似相溶原则",若被分离的组分为非极性物质,应选用非极性固定液,组分流出色谱柱的先后次序一般符合沸点规律,即低沸点的先流出,高沸点的后流出(色散力起作用)。

若被分离的组分为极性物质,应选用极性固定液,被分离组分流出色谱柱的先后次序一般符合极性规律,即极性弱的先流出,极性强的后流出(取向力起作用)。

若被分离的物质含有极性和非极性的组分,在使用非极性固定液时,极性组分比非极性组分先流出;若使用极性固定液,非极性组分比极性组分先流出。

当用异三十烷、阿匹松、十四烷、甲基苯基硅油、己二腈、β,β'-氧二丙腈等固定液来分离 C_1～C_4 烃类时,皆符合上述规律。

② 对能形成氢键的物质，如醇、酸、醚、醛、酮、酯、酚、胺、腈和水的分离，一般选择极性或氢键型固定液，流出顺序取决于组分与固定液分子间形成氢键能力的大小，不易形成氢键的先流出，易形成氢键的后流出。

各种官能团形成氢键能力的强弱如表 9-13 所示。最易形成氢键的列为第 1 组，没有能力形成氢键的列入第 5 组，第 2～4 组形成氢键的能力依次下降。

表 9-13　形成氢键的官能团分组

分组号	官　能　团
1	水、二元醇、甘油、羟胺、含氧酸、酰胺、多元醇、多元酚、二元羧酸和三元羧酸
2	醇、脂肪酸、酚、伯胺和仲胺、肟、有 α-氢原子的硝基化合物、有 α-氢原子的腈、氨、肼、氟化氢、氰化氢
3	醚、酮、醛、酯、叔胺（吡啶）、无 α-氢原子的硝基化合物、无 α-氢原子的腈
4	氯仿、二氯甲烷、二氯乙烷、1,2-二氯乙烷、1,1,2-三氯乙烷、芳香烃和烯烃
5	饱和碳氢化合物、二硫化碳、硫醇、硫化物、不包括在第 4 组的卤化碳和四氯化碳

如用聚乙二醇-400 分离水-乙腈混合物时，乙腈先流出，水后流出。

③ 被分析的物质与固定液发生某种特殊作用时，会被选择性地分离出。

1970 年 W. O. 麦克雷诺兹（McReynold）为评价固定液的极性，选用 10 种标准试验溶质——苯、1-丁醇、2-戊酮、1-硝基丙烷、吡啶、2-甲基-2-戊醇、1-碘丁烷、2-辛炔、1,4-二噁烷、顺六氢化茚满，测量它们在欲测固定液极性的柱上和在角鲨烷柱上的保留指数（保留指数的定义见本章定性部分），然后对每种溶质求出它们的保留指数增量：

$$\Delta I_i = I_{P\text{-}i} - I_{sq\text{-}i}$$

式中，$I_{P\text{-}i}$ 为第 i 种标准溶质在欲测极性色谱柱上的保留指数；$I_{sq\text{-}i}$ 为第 i 种标准溶质在角鲨烷色谱柱上的保留指数；ΔI_i 为第 i 种标准溶质的保留指数增量。

W. O. 麦克雷诺兹在 226 种固定液上，测量了 10 种标准试验溶质的 ΔI_i 值，并把这些 ΔI_i 值叫做麦克雷诺兹常数，其表示了每种固定液的极性特征，反映了每种固定液与不同性质溶质间的分子间作用力的差异。通常用麦克雷诺兹常数中前五项 ΔI_i（X'、Y'、Z'、U'、S'）的总和 $\sum\limits_{i=1}^{5} \Delta I_i$ 来表示每种固定液的平均极性。近年来通过对大量实验数据的总结和近代数学方法的研究，已发现许多结构相似或结构不同的固定液都具有相同的色谱分离特性。通过电子计算机，利用 Fortran 程序，引进"最相邻技术"说明了 226 种固定液的麦克雷诺兹常数表的相互关系，从而提出了 12 种最佳固定液（见表 9-14）。这 12 种固定液的特点是在较宽的温度范围内稳定，并占据了固定液的全部极性范围。此工作说明，每个实验室只要储备少量标准固定液，就可满足绝大部分分析任务的需要。

常用的 12 种最佳固定液见表 9-14。

表 9-14 常用的 12 种最佳固定液

固 定 液	D 值[①]	苯	1-丁醇	2-戊酮	1-硝基丙烷	吡啶	$\sum\limits_{i=1}^{5} \Delta I_i$
角鲨烷	0	0	0	0	0	0	0
甲基聚硅氧烷 SE-30	100	15	53	44	64	41	217
甲基苯基(10%)聚硅氧烷 OV-3	194	44	86	81	124	88	423
甲基苯基(20%)聚硅氧烷 OV-7	271	69	113	111	171	128	592
甲基苯基(50%)聚硅氧烷 DC-710	377	107	149	153	228	190	827
甲基苯基(65%)聚硅氧烷 OV-22	488	160	188	191	283	253	1075
甲基三氟丙基(50%)聚硅氧烷 QF-1(或 OV-210)	709	144	233	355	463	305	1500
甲基氰乙基(25%)聚硅氧烷 XE-60(或 OV-225)	821	204	381	340	493	367	1785
聚乙二醇 PEG-20M	1052	322	536	368	572	510	2308
己二酸二乙二醇酯(DEGA)	1259	378	603	460	665	658	2764
丁二酸二乙二醇酯(DEGS)	1612	499	751	593	840	860	3543
1,2,3-三(2-氰乙氧基)丙烷(TCEP)	1885	594	857	759	1031	917	4158

① D 值愈大可理解为固定液的极性愈强，两种固定液的 D 值相同表明其性质相近。

注：参阅文献 "J J Leary. *J Chromatog*, 1973, 11 (4)：201"。

通常制备填充柱要经过对吸附剂或载体的预处理、固定液的涂渍、色谱柱的装填、色谱柱的老化等步骤。制备开管柱时，先对柱管进行脱活、惰化处理，然后用静态法或动态法进行固定液的涂渍，或用化学键合法涂渍固定液。

（三）常用石英毛细管柱简介

毛细管柱早期用不锈钢、软玻璃或硬玻璃制作，现在多使用熔融石英（或称石英玻璃）制作。

熔融石英由多个硅四面体交联组成，具有密织的交联结构，其熔点高达 2000℃左右，此种材料加工困难，但有很强的拉伸力。以天然石英为原材料，真空中在火焰和电热高温条件下熔化而制成的开管柱（毛细管柱），其内径为 0.25～0.32mm。

毛细管柱可分为以下四种（见图 9-21）。

1. 壁涂渍开管柱（well-coated open tubular column，WCOT）

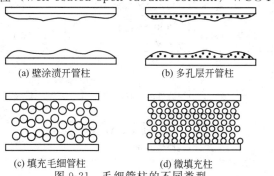

(a) 壁涂渍开管柱 　　　 (b) 多孔层开管柱

(c) 填充毛细管柱 　　　 (d) 微填充柱

图 9-21　毛细管柱的不同类型

其内壁可涂渍或化学键合多种气液色谱固定液，涂渍液膜或键合层厚度为 $0.1\sim1.5\mu m$。

2. 多孔层开管柱（porous layer open tubular column，PLOT）

将 $5\sim50\mu m$ 的石墨化炭黑、碳分子筛、GDX、多孔硅胶与 5% 聚甲基丙烯酸二乙氨基乙酯水溶液（黏合剂）混合，再使混合物溶液通过开管柱，就可将固相载体黏附在开管柱内壁，构成多孔层柱，可用于进行气固色谱分析。若再涂渍固定液，就构成载体涂渍开管柱（support-coated open tubular column，SCOT）。

3. 填充毛细管柱（packed capillary column）

向内径为 $0.2\sim0.5mm$ 的大口径毛细管填充 $100\sim120$ 目的载体（或吸附剂），再涂渍固定液。填充毛细管柱为一种不规则、低密度填充柱，柱效介于填充柱和毛细管柱之间。

4. 微填充柱（micro-packed column）

用内径为 $0.5\sim1.0mm$ 的大口径毛细管填充 $5\sim40\mu m$ 的载体，柱长为 $30\sim50cm$，可涂渍低含量固定液，用于高效气相色谱分析。

最常用的键合石英毛细管商品柱见表 9-15。色谱柱内径对柱性能的影响见表 9-16。

表 9-15 最常用的键合石英毛细管商品柱的型号及性能

柱 型 号			固 定 相	T_{max}[②]/℃	T_{min}[②]/℃
SGE[①]	Supelco[①]	Chrompack[①]			
BP1	SPB-1	CP-Sil5CB	二甲基聚硅氧烷	320	−60
BPX5			5%苯基 95%甲基 硅氧烷	360	−80
BP5	SPB-5	CP-Sil8CB	5%苯基 95%二甲基 硅氧烷	320	−60
BP10	SPB-1701	CP-Sil19CB	14%氰丙基苯基 86%二甲基 硅氧烷	270	−20
BP225		CP-Sil43CB	50%氰丙基苯基 50%二甲基 硅氧烷	240	40
BP20	Supelco-Wax10	CP-Wax52CB	聚乙二醇 20M	240	20(50)
BP21		CP-Wax58CB	用 FFAP 改性的聚乙二醇 20M	220	20
BPX70			70%氰丙基硅氧烷	260	25
HT5			与 5%苯基相当、用碳硼烷改性的硅氧烷	460(镀铝) 360 (聚酰亚胺)	10
HT8			与 8%苯基相当、用碳硼烷改性的硅氧烷	360	−20
Cydex-B			β-环糊精（β-CD）	230	30

续表

柱　型　号			固　定　相	$T_{max}^{②}$/℃	$T_{min}^{②}$/℃
SGE[①]	Supelco[①]	Chrompack[①]			
PONA		CP-SilPONACB	相当于100%二甲基硅氧烷	300	-60
	SPB-20		20%二苯基 80%二甲基 硅氧烷	300	-25
	SPB-35		35%二苯基 65%二甲基 硅氧烷	300	0
	SPB-50		50%二苯基 50%二甲基 硅氧烷	310	30
	PAG		甲基取代聚乙二醇	220	30
	Nukol		用间硝基苯甲酸改性的聚乙二醇	200	60
	SP-2330[③]		20%苯基 80%氰丙基 硅氧烷	250	20
	SP-2340[③]	CP-Sil88	100%氰丙基硅氧烷	250	20
	TCEP[③]		1,2,3-三-2-氰乙氧基丙烷	145	20

① SGE——澳大利亚的公司；Supelco——美国的公司；Chrompack——荷兰的公司。

② T_{max} 为最高操作温度，T_{min} 为最低操作温度。

③ 非键合的涂布柱。

表 9-16　色谱柱内径对柱性能的影响

柱　性　能[②]	毛细管柱[①]内径					填充柱[①]内径	
	0.20mm	0.25mm	0.32mm	0.53mm	0.75mm	2mm	4mm
样品容量/ng	5～30	100～150	100～200	1000～2000	10000～15000	20000	50000
柱效/TP·m^{-1}	5000	4170	3300	1670	1170	2000	1000～1500
最佳流速/mL·min^{-1}	0.4	0.7	1.4	2.5	5.0	20.0	30.0

① 毛细管柱柱长 60m，填充柱柱长 2.0m。毛细管柱柱内径为 0.20mm、0.25mm、0.32mm 时，其固定液液膜厚度为 0.25μm；柱内径为 0.53mm、0.75mm 时液膜厚度为 1.0μm。

② 样品容量系对每个组分的容量；柱效系指每米柱长对应的理论塔板数（TP）；最佳流速系指以 He 作载气，柱温为 145～165℃，线速度为 20cm·s^{-1} 时测定的流速，样品为正壬烷。

不同柱长毛细管柱的性能和操作参数见表 9-17；毛细管色谱柱的分析应用见表 9-18。

表 9-17　不同柱长毛细管柱（内径为 0.25mm）的性能和操作参数

柱长/m	理论塔板数	$C_{13}H_{26}$ 的保留时间/min	优化的载气(He)线速度/cm·s^{-1}	柱入口压力/kPa
30	155000	15.2	23	124.1
60	304000	36.8	19	193.0
120	550000	82.4	17	365.4
150	719000	125.0	14	393.0

表 9-18　毛细管色谱柱的分析应用

分析样品	推荐的毛细管色谱柱[①]	分析样品	推荐的毛细管色谱柱[①]
醇	BPX5,BP10,BP20	甘油一、二、三酸酯	BPX5,HT5
乙酸酯	BP10	烃类	BP1,HT5
生物碱	BPX5,BP1	游离有机酸	BP21
胺	BP1,BPX5	石油产品	BP1,BPX5,PONA,HT5
芳烃	BPX5,HT5	多氯联苯	HT8,BPX5,HT5
糖	BP225,BPX70,HT5	有机氯农药	HT5
氯代有机物	BPX5,BP10	有机磷农药	BPX5
药物	BPX5,BP1	酚	BP1,BPX5
脂肪酸甲酯	BPX70,BP1,HT8	邻苯二甲酸酯	BPX5
香料	BPX5,BP1,BP21	有机溶剂	BP1,BP10,BPX5
芳香气味	BP10,BP20	石蜡	HT5,BPX5
除草剂	BPX5	手性或位置异构体	Cydex-B
卤代化合物	BPX5		

① 以 SGE（澳大利亚的公司）产品为例。

四、气相色谱检测器

（一）检测器的性能指标

气相色谱仪中检测器性能的好坏，主要依据记录仪或色谱数据工作站连续记录检测器电信号的变化，即通过色谱图来衡量。

通常把纯载气进入检测器时，色谱图上记录的图线叫做"基线"（或叫底线）。基线走得平直说明仪器工作稳定。

由于载气流量的波动、恒温箱温度的波动、载气和固定相中杂质的影响、电路测量系统的稳定性等因素，往往造成色谱图中的基线在高灵敏度时很难走成一条直线。色谱分析中把基线在短时间内的波动叫"噪声"；把基线在一段较长时间（一般以 30min 计）内的变化叫"漂移"。色谱仪的稳定性主要指噪声和基线漂移，在基线漂移延缓的情况下主要指噪声，若噪声大、基线漂移严重，就无法进行色谱分析了。

检测器的性能指标是在色谱仪工作稳定的前提下进行讨论的，主要指灵敏度、最小检出量、响应时间、线性范围等。

1. 灵敏度（绝对响应值）

检测器的灵敏度是指一定量的组分通过检测器时所产生电信号（电压、电流）的大小。通常把这种电信号称为响应值（或应答值），可由色谱图的峰高或峰面积来计算。

灵敏度表示了响应值和组分含量之间的关系，通常用 S 表示，其数学表达式为

$$S = \frac{\Delta R}{\Delta Q}$$

式中，R 为响应值；Q 为被测物质的含量；S 为灵敏度。

灵敏度的计算方法分述如下。

（1）浓度型检测器的灵敏度 以热导池检测器为例。

液体样品：常采用单位体积（mL）载气中含有单位质量（mg）的样品所产生的电信号（mV）来表示，单位是 mV·mL·mg^{-1}，计算方法为

$$S_g = \frac{A_i F_c u_2}{m_i u_1}$$

式中，S_g 为对液体样品的灵敏度；A_i 为色谱峰的面积，cm^2；F_c 为载气流速，mL·min^{-1}；u_2 为记录仪的灵敏度［即记录仪指针每移动 1cm 时所代表的电压（mV）］，mV·cm^{-1}；u_1 为记录纸的移动速度，cm·min^{-1}；m_i 为液样用量，mg。

气体样品：采用单位体积（mL）载气中含有单位体积（mL）样品所产生的电信号（mV）来表示，单位是 mV·mL·mL^{-1}，计算方法为

$$S_v = \frac{A_i F_c u_2}{V u_1}$$

式中，S_v 为对气体样品的灵敏度；V 为气样用量，mL；其他符号意义同前。

S_g 和 S_v 二者之间的换算关系如下：

$$S_g = S_v \times \frac{22.4}{M} \quad 或 \quad S_v = S_g \times \frac{M}{22.4}$$

式中，M 为样品的摩尔质量。

（2）质量型检测器的灵敏度 如氢火焰离子化检测器，其响应值与单位时间内进入检测器的物质质量成正比。其灵敏度采用每秒有 1g 物质通过检测器时所产生的电信号（mV）来表示，单位为 mV·s·g^{-1}，计算方法如下：

$$S_t = \frac{A_i u_2 \times 60}{m_i u_1}$$

式中，S_t 为样品的灵敏度；m_i 为进样量，g；其他符号意义同前。

2. 敏感度（或检测限）

检测器的敏感度是指检测器恰好产生能够检测的电信号时，在单位体积或单位时间内引入检测器的组分的数量。

由于记录仪基线存在噪声，当给出的电信号小于噪声的两倍时，不能确切辨别是噪声还是信号，只有当电信号大于噪声的两倍时，才能确认是色谱峰的信号。因此敏感度规定为当检测器产生的电信号是噪声的两倍时，单位时间（或单位体积）内进入检测器的组分的数量，用 M 表示。

$$D = \frac{2I_N}{S}$$

式中，D 为敏感度；I_N 为噪声，mV；S 为检测器的灵敏度。

由于 S 值有三种表示法，因此 D 也对应有三种计算方法：

$$D_g = \frac{2I_N}{S_g} = \frac{2I_N m_i u_1}{A_i F_c u_2} \quad (mg \cdot mL^{-1})$$

$$D_{v} = \frac{2I_{N}}{S_{v}} = \frac{2I_{N}Vu_{1}}{A_{i}F_{c}u_{2}} \quad (mL \cdot mL^{-1})$$

$$D_{t} = \frac{2I_{N}}{S_{t}} = \frac{2I_{N}m_{i}u_{1}}{A_{i}u_{2} \times 60} \quad (g \cdot s^{-1})$$

式中，D_{g}、D_{v} 表示物质的浓度，是指样品进入检测器时在载气中的浓度，不是进样时的样品浓度。

检测器的灵敏度（S）虽然已可表示检测器性能的好坏，但它不全面，因灵敏度愈高，仪器本身基线的噪声也愈大，对微量组分就无法检测出来，所以用敏感度（D）来评价检测器的敏感程度比较合适。D 值愈小，则检测器愈敏感，也就愈有利于满足分析微量组分的要求。

3. 响应时间（或应答时间）

检测器应能迅速地和真实地反映通过它的物质浓度（或量）的变化，即要求响应时间要短。

响应时间是指从进样开始，至到达记录仪最终指示的 90% 处所需的时间。响应时间的长短和检测器的体积有关。检测器的体积愈小，特别是死体积愈小，其响应时间愈短。响应时间也和电子系统的滞后现象、记录仪机械装置满量程的扫描时间有关，但这两个因素所需的时间通常都小于或等于 1s，可满足色谱操作的要求。

4. 线性范围

线性范围指响应值（即检测器产生的电信号）随组分浓度变化的曲线上直线部分所对应的组分浓度变化范围。

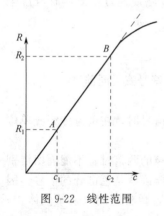

图 9-22 表示响应值 R 与组分浓度 c 关系的曲线，其线性范围指 A、B 两点间所对应组分浓度 $c_{1} \sim c_{2}$ 间的范围。

通常希望在一个很宽的浓度范围内，响应值与组分的浓度（或量）成正比。这样操作时重现性好，可获得准确的定量分析结果。

（二）热导池检测器（TCD）

热导池检测器由于其结构简单、灵敏度适中、稳定性较好、线性范围宽，而且适用于检测无机气体和有机物，因而是目前应用最广泛的一种检测器。它比较适合于常量分析或分析含有十万分之几以上的组分含量。

图 9-22　线性范围

1. 检测原理

热导池之所以能够作为检测器，是依据不同的物质具有不同的热导率。当被测组分与载气混合后，混合物的热导率与纯载气的热导率大不相同。当选用热导率较大的气体（如 H_{2}、He）时，这种差异特别明显。当通过热导池池体的气体组成及浓度发生变化时，就会引起池体上安装的热敏元件的温度变化，由此产生热敏元件阻值的变化，通过惠斯顿电桥进行测量，就可由所得信号的大小求出该组分的含量。表 9-19 列出一些气体和蒸气的热导率。

表 9-19　一些气体和蒸气的热导率

化合物	热导率 λ[①]		化合物	热导率 λ[①]	
	0℃	100℃		0℃	100℃
空气	5.8	7.5	正丁烷	3.2	5.6
氢	41.6	53.4	异丁烷	3.3	5.8
氦	34.8	41.6	正己烷	3.0	5.0
氧	5.9	7.6	环己烷	—	4.3
氮	5.8	7.5	乙烯	4.2	7.4
氩	4.0	5.2	乙炔	4.5	6.8
一氧化碳	5.6	7.2	苯	2.2	4.4
二氧化碳	3.5	5.3	甲醇	3.4	5.5
氧化氮	5.7	—	乙醇	—	5.3
二氧化硫	2.0	—	丙酮	2.4	4.2
硫化氢	3.1	—	乙醚	3.10	—
二硫化碳	3.7	—	乙酸乙酯	1.61	4.1
氨	5.2	7.8	四氯化碳	—	2.2
甲烷	7.2	10.9	氯仿	1.6	2.5
乙烷	4.3	7.3	二氯甲烷	1.6	2.7
丙烷	3.6	6.3	甲胺	3.8	—

① λ 的单位是 $4.1868 \times 10^{-5} W \cdot cm^{-1} \cdot K^{-1}$。

2. 热导池的结构

热导池是由池体、池槽（气路通道）、热丝三部分组成的。

热导池的池体多用不锈钢块制成，可为立方形、长方形、圆柱形。热导池的池体稍大一些较好，这样热容量大、稳定性好。

热导池的池槽多用直通式，灵敏度高，响应时间快（小于 1s），但受载气流速波动的影响。扩散式对气流波动不敏感，但响应时间慢（大于 10s），较多用于制备色谱仪。半扩散式性能介于两者之间，也经常使用。如图 9-23(a) 为直通式，(b) 为扩散式，(c) 为半扩散式，池体积相应地由 $100\mu L$ 缩小到几十微升（μL）。

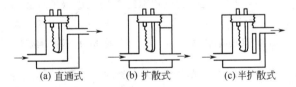

(a) 直通式　　(b) 扩散式　　(c) 半扩散式

图 9-23　热导池的结构

热导池的热丝是热敏元件，常选用阻值高（30～100Ω）、电阻温度系数大的金属丝，如铂、钨、镍丝，以使用镀金钨丝或铼钨丝（Re-W）最好。也可采用热敏电阻（20～50kΩ）或半导体三极管作为热敏元件，它们的灵敏度高，但不够稳定，使用较少。

双臂直通式金属热导池的结构如图 9-24 所示。

由图 9-24 看到，金属热导池是在金属块上钻两个平行的孔（即直通式池槽），

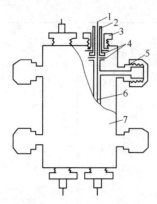

图 9-24 双臂直通式金属
热导池的结构

1—钨丝引线；2—引线头；

3—压帽；4—聚四氟乙烯垫片；

5—接头；6—热丝；7—热导池体

两个孔内各吊上一根钨丝，两根钨丝的电阻值要相等，一个孔内的钨丝仅有载气通过，叫做"参考臂"，另一个孔内的钨丝通过由色谱柱流出的样品和载气，叫做"测量臂"。由热导池的参考臂和测量臂、池外的两个电阻、电源和其他附件，就构成惠斯顿电桥的线路，也就是热导池的测量电路。

美国安捷伦公司 HP5890 型气相色谱仪热导池检测器采用单丝热敏元件，并配以射流技术将分析气流与参考气流快速切换。其结构和工作原理见图 9-25。热导池有分析气流和参考气流两个入口，有一个放空口，在两股气流入口之间为池的主室，其间悬挂着约 10Ω 电阻的铼钨丝，主室体积很小，约 $5\mu L$。副室两侧还有两个辅助气入口，由调制阀控制辅助气，使它成为交替地由左右两个辅助气入口进入的调制气流。在调制气流的作用下，分析气流与参考气流交替地通过主室，一秒钟更换 10 次。因而，分析气流的背景信号被参考气流扣除。

与四臂钨丝热导池相比，单臂钨丝热导池的灵敏度提高了 3 个数量级，线性范围扩大了 2 个数量级，克服了因热丝阻值匹配不当产生的基线漂移和噪声，热导池体积小，响应快，可与毛细管柱配合使用。

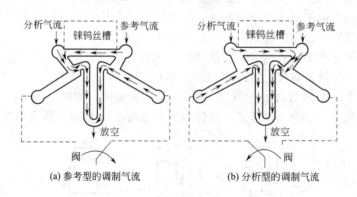

图 9-25　单臂钨丝热导池的工作原理

3. 影响热导池灵敏度的因素

（1）热丝阻值　热丝阻值愈大，其灵敏度愈高。为提高灵敏度，有些色谱仪中常用四臂钨丝热导池。

（2）桥流　热导池的灵敏度也与电桥通过的电流（即桥流）有关，桥流愈大，灵敏度愈高。当使用热导率大的 H_2、He 作载气时，桥流可使用 $180\sim200mA$；当使用热导率小的 N_2、Ar、空气作载气时，桥流可使用 $80\sim120mA$。当使用热敏电阻时，其最佳桥流为 $10\sim20mA$。

4. 使用注意事项

（1）温度 使用时热导池要置于恒温箱中，其温度应高于柱温或和柱温相近，以防止样品在热导池内冷凝，污染热导池，造成记录仪基线不稳定。热导池的气路接头及引出线应用银焊接，热导池使用温度可高于150℃。

（2）热丝 为了避免热丝烧断或氧化，在热丝接通电源之前要先通入载气，工作完毕要先停电源，再关载气。

（三）氢火焰离子化检测器（FID）

氢火焰离子化检测器是一种高灵敏度的检测器，适用于有机物的微量分析，其特点除灵敏度高（可检出 $0.001\mu g \cdot g^{-1}$ 的微量组分）外，还有响应快、定量线性范围宽、结构简单、操作稳定等优点，所以自1958年创制以来，现已得到广泛的应用。

1. 检测原理

在外加 $50\sim300V$ 电场的作用下，氢气在空气（供 O_2）中燃烧，形成微弱的离子流（仅有 $10^{-12}\sim10^{-11}A$）。

当载气（N_2）带着有机物样品进入燃烧着的氢火焰中时，有机物与 O_2 进行化学电离反应。以苯为例，其反应如下式：

$$C_6H_6 \xrightarrow{\text{裂解}} 6 \cdot CH$$

$$6 \cdot CH + 3O_2 \longrightarrow 6CHO^+ + 6e$$

$$6CHO^+ + 6H_2O \longrightarrow 6CO + 6H_3O^+$$

反应表明，苯分子首先在火焰中裂解生成 $\cdot CH$ 基团，然后与 O_2 进行化学反应，生成 CHO^+ 和电子，并吸收热量。CHO^+ 再与火焰中的大量水蒸气碰撞生成 H_3O^+，此时化学电离产生的正离子（CHO^+ 和 H_3O^+）被外加电场的负极（收集极）吸收，电子被正极（极化极）捕获，形成 $10^{-9}\sim10^{-14}A$ 的微电流信号，再通过高电阻（$10^7\sim10^{10}\Omega$）取得电压信号，经微电流放大器放大，由记录仪画出色谱峰。

有机物在氢火焰中的离子化效率很低，大约五十万个碳原子中有一个被离子化，其产生的正离子数目与单位时间进入氢火焰的碳原子的量有关，即含碳原子多的分子比含碳原子少的分子给出的微电流信号大，因此氢火焰离子化检测器是质量型检测器。它不适于分析稀有气体、O_2、N_2、N_2O、H_2S、SO_2、CO、CO_2、COS、H_2O、NH_3、$SiCl_4$、$SiHCl_3$、SiF_4、HCN 等。

2. 检测器的结构

氢火焰离子化检测器的主要部件是离子化室（又叫离子头），内有由正极（极化极）和负极（收集极）构成的电场、由氢气在空气中燃烧构成的能源以及样品被载气（N_2）带入氢火焰中燃烧的喷嘴（由不锈钢或石英制成）。

用不锈钢制成的离子化室的结构（如图9-26所示）是高压电场的正极用铂丝作成圆环（也叫极化电压环）安装在喷嘴之上，负极作成圆筒状收集电极，为了点燃氢气可采用高压点火或热丝点火。

氢火焰离子化检测器仅产生微弱的电流（$10^{-9} \sim 10^{-14}$ A），需经微电流放大器放大后，才适于记录仪记录。

3. 影响灵敏度的因素

（1）喷嘴的内径　喷嘴的内径愈细，其灵敏度愈高，但内径过细灰烬会堵塞喷嘴。一般使用的内径为 0.2～0.6mm。

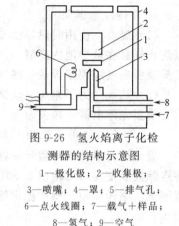

图 9-26　氢火焰离子化检测器的结构示意图
1—极化极；2—收集极；
3—喷嘴；4—罩；5—排气孔；
6—点火线圈；7—载气＋样品；
8—氢气；9—空气

（2）电极形状和距离　由于有机物在氢火焰中的离子化效率很低，为了收集微弱的离子流，收集极可作成网状、片状、圆筒状，其中以圆筒状为最好。收集极与极化极间的距离一般为 2～10mm。

（3）极化电压　低电压时，离子流随所采用极化电压的增加而迅速增加，当电压超过一定值（如 50V）时，再增加电压对离子流就没有大的影响了。正常操作时所用的极化电压为 100～300V。

（4）气体纯度和流速　氢火焰离子化检测器中所用的载气（N_2、Ar、H_2）、氢气、空气不应含有有机杂质，否则会使噪声变大，最小检出量变大。操作中气体流速比例为 N_2：H_2：空气＝1：1：10（或为 2：1：15）。

4. 使用注意事项

① 离子头绝缘要好，金属离子头外壳要接地。用 500MΩ 表测量收集极（极化极）对金属壳体的绝缘，要求阻值在 $10^{11} \sim 10^{15}$ Ω 以上。

② 氢火焰离子化检测器的使用温度应高于 100℃（常用 150℃），此时氢气在空气中燃烧生成的水以水蒸气逸出检测器。若温度低，水冷凝在离子化室，会造成漏电并使记录仪基线不稳。

③ 离子头内的喷嘴和收集极在使用一定时间后应进行清洗，否则燃烧后的灰烬会沾污喷嘴和收集极，从而降低灵敏度。

（四）电子捕获检测器（ECD）

电子捕获检测器是一种选择性检测器，它仅对具有电负性（指化合物分子或原子因对电子有强的亲和力而产生负离子的性质）的物质有响应信号。物质的电负性愈强，检测器的灵敏度愈高。ECD 特别适用于分析多卤化物、多硫化物、多环芳烃、金属离子的有机螯合物，在农药、大气及水质检测中得到广泛的应用。

1. 检测原理

电子捕获检测器由一辐射低能量 β 射线的放射性同位素［氚（^{3}H）-钛（Ti）源、氚（^{3}H）-钪（Sc）源、镍（^{63}Ni）源、金（Au）-钷（^{147}Pm）源］作为负极，另有一不锈钢正极，在正、负极上施加直流电压或脉冲直流电压，当载气（氮气）通过检测器时，在放射源的 β 射线作用下会电离生成正离子（为分子离子）和低能量电子。

$$N_2 \xrightarrow{\beta \text{射线}} N_2^+ + e$$

由于正离子 N_2^+ 向负极移动的速度比电子向正极移动的速度慢，因此正离子和电子之间的复合概率较小。在一定电压下，载气正离子全部被收集，就构成饱和离子流（约 10^{-8}A），即为检测器的基流，见图 9-27。

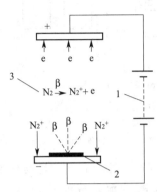

图 9-27 电子捕获机理

1—电源；2—β射线放射源；3—载气

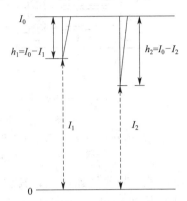

图 9-28 电子捕获的基流（I_0）、

电负性样品的检测电流（$I_0 - I$）、

正离子 N_2^+ 和负离子 AB^- 或 B^- 复合后的

剩余电流（I）

当电负性的被测样品（以 AB 表示）进入检测器后，可捕获低能量电子而形成负离子。

$$AB + e \longrightarrow AB^- + E$$

$$AB + e \longrightarrow A \cdot + B^- + E$$

式中，$A \cdot$ 为自由基；E 为释放的能量。生成的负离子 AB^- 或 B^- 极易与载气的正离子 N_2^+ 复合（比电子与正离子 N_2^+ 的复合概率大 $10^5 \sim 10^8$ 倍），结果就降低了检测器原有的基流，产生了样品的检测信号。由于被测样品捕获电子后降低了基流，所以产生的电信号是负峰，负峰的大小与样品的浓度成正比，见图9-28。

2. 检测器的结构

电子捕获检测器的结构应满足气密性好（防止 β 射线逸出）、绝缘性高（正、负电极间绝缘电阻要高）、死体积小（响应时间快）、便于拆卸（利于清洗放射源）的要求。常用的电极结构为平行板式（施加恒定直流电压）或圆筒状同轴电极式（施加脉冲直流电压）。两电极间用聚四氟乙烯绝缘。放射源安装在负极，正、负极间的距离要适当。其结构见图 9-29。连接正、负电极的微电流放大器与氢火焰离子化检测器使用的相同。

3. 操作条件

电子捕获检测器是具有高灵敏度的选择性检测器，对操作条件的要求较苛刻。

（1）载气纯度及流速 电子捕获检测器常用超纯氮气或氩气（含 5%～10%甲

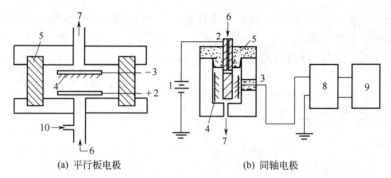

(a) 平行板电极   (b) 同轴电极

图 9-29   电子捕获检测器结构示意图

1—脉冲电源；2—正极；3—负极；4—放射源；5—聚四氟乙烯；6—载气入口；
7—载气出口；8—微电流放大器；9—记录仪；10—补加气入口

烷）作载气，若载气纯度低，其含有的电负性物质（氧、水等）就会使基流大大降低，从而降低了测定的灵敏度。为保证高的基流，载气流速宜为 $50\sim100\text{mL}\cdot\text{min}^{-1}$。而在气相色谱分析时，为保证高柱效，常在低流速（$30\sim60\text{mL}\cdot\text{min}^{-1}$）下进行样品分析，因此，为保证高的基流，常需在色谱柱后通入"补加气"。

（2）进样量　电子捕获检测器是依据基流减小而获得检测信号，为获得高分离度，进样量必须选择适当。通常希望产生的峰高不超过基流的 30%，当样品浓度大时，应适当稀释后再进样。

（3）检测器的烘烤时间　基流是影响电子捕获检测器灵敏度的重要因素，当色谱柱未老化好而有低沸物流出或有固定液流出时，都会使检测器沾污而降低基流。为确保基流不变，在使用之前，应在一定柱温和检测器温度下，长时间（$24\sim120\text{h}$）通入高纯氮气烘烤检测器，烘烤温度应比使用的柱温高 $30\sim50℃$。此外，为了防止检测器被流失的固定液污染，应当使用耐高温固定液。

（4）检测器的使用温度　由所用放射源的最高使用温度所限制，对氚-钛源应低于 $150℃$，对氚-钪源应低于 $325℃$，对镍源应低于 $400℃$。

（5）极化电压及电极间距离　电子捕获检测器中正、负电极间的距离以 $4\sim10\text{mm}$ 为宜。对于直流供电和脉冲直流供电，其极化电压为 $5\sim60\text{V}$。当脉冲直流供电时，脉冲周期对基流大小和峰高响应的影响很大。当脉冲周期增大时，基流减小，峰高响应增大；当脉冲周期减小时，基流增大，峰高响应减小，此时会扩大测量的线性范围。因此在测定中应仔细选择脉冲周期。

（五）火焰光度检测器（FPD）

火焰光度检测器是一种高灵敏度，仅对含硫、磷的有机物产生检测信号的高选择性检测器，适用于分析含硫、磷的农药及在环境监测中分析微量含硫、磷的有机污染物。

1. 检测原理

在富氢火焰中，含硫、磷有机物燃烧后分别发出特征的蓝紫色光（波长为350～430nm，最大强度波长为394nm）和绿色光（波长为480～560nm，最大强度波长为526nm），经滤光片（对硫为394nm，对磷为526nm）滤光，再由光电倍增管测量特征光的强度变化，转变成电信号，就可检测硫或磷的含量。

由于含硫、磷有机物在富氢火焰上发光机理的差别，测硫时在低温火焰上响应信号大，测磷时则在高温火焰上响应信号大。

当被测样品中同时含有硫和磷时，就会产生相互干扰。通常磷的响应对硫的响应干扰不大，而硫的响应对磷的响应产生较大干扰，因此使用火焰光度检测器测硫和磷时，应选用不同的滤光片和不同的火焰温度。

此外，有机烃类在富氢火焰上燃烧也产生不同波长的光（390～515nm），其对磷的干扰不大，而对硫有干扰。因此，测硫时可采用360nm滤光片，以减少烃类干扰。

2. 检测器的结构

火焰光度检测器由两部分组成，见图9-30。

（1）火焰燃烧喷嘴　和氢火焰离子化检测器的喷嘴相似，但在喷嘴上部加一遮光罩，以减少烃类燃烧发出的干扰光波的影响。另外，为了保证燃烧时为富氢火焰，首先使含有样品的载气预先和空气（或纯氧）混合燃烧，使有机物热分解、氧化，再从火焰外层通入氢气，以进行还原，使硫、磷有机物产生特征的发射光谱。

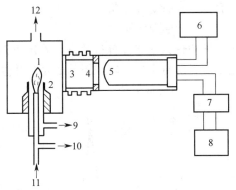

图 9-30　火焰光度检测器的结构示意图
1—富氢火焰喷嘴；2—遮光罩；3—石英片；
4—滤光片；5—光电倍增管；6—高压电源；
7—微电流放大器；8—记录仪；9—氢气入口；
10—空气（或氧气）入口；11—载气和
样品入口；12—载气出口

（2）硫或磷特征发射光谱的检测系统　硫或磷在富氢火焰上的特征发射光谱经石英片、滤光片后，被光电倍增管接收，转变成电信号，再经微电流放大器放大后送至记录仪。

3. 操作条件

① 各种气体流速对响应信号的影响：火焰光度检测器使用的是富氢火焰，因此当载气（N_2）使用最佳流速时，氢气的流量要比较大。当氢气流量大时，富氢火焰的温度高，反之则温度低。测定中空气（或氧气）流量的变化对信号响应的影响很大，常有一最佳流量。

② 检测器的使用温度应大于100℃，以防止检测器积水，增大噪声。

③ 检测器使用的光电倍增管对检测器灵敏度影响很大，要求所用光电倍增管的暗电流小（未点火无发射时应小于10^{-9}A）、基流小（点火无样品进入时小于

10^{-8}A)、噪声小（应小于 10^{-10}A）。光电倍增管使用的直流高压电源通常为750V，可由晶体管直流高压电源供电。

以上介绍了在气相色谱分析中最常使用的 4 种检测器——热导池检测器、氢火焰离子化检测器、电子捕获检测器和火焰光度检测器。除此之外，尚有碱焰离子化检测器、氦（氩）离子化检测器、光离子化检测器、气体密度天平等。

五、气相色谱的定性及定量方法

在气相色谱分析中，当操作条件确定后，将一定量样品注入色谱柱，经过一定时间，样品中各组分在柱中被分离，经检测器检测后，就在记录仪上得到一张确定的色谱图。由色谱图中每个组分峰的位置可进行定性分析，由每个色谱峰的峰高或峰面积可进行定量分析。

（一）定性分析

气相色谱的定性分析就是要确定色谱图中的每个色谱峰究竟代表什么组分。因此必须了解每个色谱峰位置的表示方法及定性分析的方法。

1. 常用的保留值

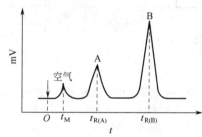

图 9-31　不同组分的保留时间

在气相色谱分析中，常用的保留值为保留时间、调整保留时间、相对保留值、比保留体积和保留指数。

保留时间是指从进样开始到色谱图上出现某组分浓度极大值时所需要的时间，用 t_R 表示。

图 9-31 中，t_M 为空气（或甲烷）的保留时间，$t_{R(A)}$ 和 $t_{R(B)}$ 分别为组分 A、B 的保留时间。

保留时间是由两种时间构成的。一种时间是被测组分通过固定相所占据的柱空间体积、进样系统与检测器死体积所消耗的时间（由每种色谱仪的结构决定），通常叫死时间。死时间可由不与固定相发生作用的惰性组分（如空气、甲烷）在色谱图上出现峰最高点所需的时间 t_M 来表示。另一种时间是由于被测组分与固定相发生吸附或分配过程，从而造成被测组分在色谱柱中滞留所需的时间，这个时间仅由被测组分和固定相的热力学性质所决定。因此在气相色谱分析的操作条件下，即当色谱柱长度、内径、固定相用量、柱温、载气流量、汽化温度一定时，对每种被测组分，都有确定的保留时间 t_R 数值。

由上述分析可知，死时间 t_M 与被测组分的性质无关。因此以保留时间与死时间的差值即调整保留时间 t'_R 作为被测组分的定性指标，具有更本质的含义。

$$t'_R = t_R - t_M$$

t'_R 反映了被测组分和固定相的热力学性质，所以用调整保留时间 t'_R 比用保留时间 t_R 作为定性指标要更好些。

为了抵消色谱操作条件的变化对保留值的影响，可将某一物质的调整保留时间 $t'_{R(i)}$ 与一种标准物（如正壬烷）的调整保留时间 $t'_{R(s)}$ 相比，即为相对保留值（如相对壬烷值）：

$$r_{is} = \frac{t'_{R(i)}}{t'_{R(s)}}$$

相对保留值 r_{is} 仅与固定相的性质和柱温有关，与色谱分析的其他操作因素无关，因此具有通用性。

比保留体积 V_g 是气相色谱分析中的另一个重要保留值，可按下式计算：

$$V_g = \frac{t'_{R(i)}}{m} \times \frac{273}{T_0} \times F_0 \times \frac{p_0 - p_w}{p_0} j$$

式中，$t'_{R(i)}$ 为 i 组分的调整保留时间，min；m 为固定液的质量，g；F_0 为室温下由皂膜流量计测得的载气流速，mL·min^{-1}；T_0 为室温，用热力学温度表示；p_0 为室温下的大气压力，Pa；p_w 为室温下的饱和水蒸气压，Pa；j 为压力校正因子。j 可按下式计算：

$$j = \frac{3}{2} \times \frac{(p_i/p_0)^2 - 1}{(p_i/p_0)^3 - 1}$$

式中，p_i 为色谱柱入口压力，即柱前压。计算 j 时，p_i 和 p_0 应换算成相同的压力单位。

比保留体积由于考虑了对色谱操作条件的一系列校正，其数值仅与固定相的性质和柱温有关，具有通用性。

科瓦茨（Kováts）保留指数 I 是气相色谱领域现已被广泛采用的定性指标，其规定为：在任一色谱分析操作条件下，对碳数为 n 的任何正构烷烃，其保留指数为 $100n$，如对正丁烷、正己烷、正庚烷，其保留指数分别为 400、600、700。在同样色谱分析条件下，任一被测组分的保留指数 I_x 可按下式计算：

$$I_x = 100\left[n + z \times \frac{\lg t'_{R(x)} - \lg t'_{R(n)}}{\lg t'_{R(n+z)} - \lg t'_{R(n)}}\right]$$

式中，$t'_{R(x)}$、$t'_{R(n)}$、$t'_{R(z+n)}$ 分别代表待测物质 x 和具有 n 个及 $n+z$ 个碳原子数的正构烷烃的调整保留时间［也可以用调整保留体积、比保留体积或距离（mm）］。z 可以等于 1、2、3、…，但数值不宜过大。

由上式可以看出，要测定被测组分的保留指数，必须同时选择两个相邻的正构烷烃，使这两个正构烷烃的调整保留时间一个在被测组分的调整保留时间之前，另一个在其后。这样用两个相邻的正构烷烃作基准，就可求出被测组分的保留指数。保留指数右上角的符号表示固定液的类型，右下角用数字表示柱温，如 I^{sq}_{120} 表示某物质在角鲨烷柱上 120℃时的保留指数。因正构烷烃的保留指数与固定液和柱温无关，而对其他物质，保留指数就与固定液和柱温有关，所以用上述方法表示。

如要测某一物质的保留指数，只要与相邻两正构烷烃混合在一起（或分别进行），在相同色谱条件下进行分析，测出保留值，按上式进行保留指数 I 的计算，将 I 与文献值对照定性。I 值只与固定相及柱温有关。例如 60℃角鲨烷柱上苯保留指数的计算，如图 9-32 所示数据，苯在正己烷和正庚烷之间流出，$n=6$，$z=1$。

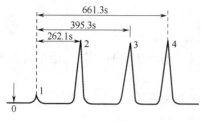

图 9-32 保留指数计算示意图

1—空气；2—正己烷；3—苯；4—正庚烷

所以

$$I_苯 = 100 \times \left[6 + 1 \times \frac{\lg 395.3 - \lg 262.1}{\lg 661.3 - \lg 262.1} \right]$$

$$= 600 + 100 \times \frac{2.5969 - 2.4185}{2.8204 - 2.4185}$$

$$= 644.4 \approx 644$$

从文献中查得 60℃ 角鲨烷柱上 I 值等于 644 时为苯，再用纯苯对照实验确证是苯。

2. 常用的定性方法

（1）纯物质对照法 对组成不太复杂的样品，若欲确定色谱图中某一未知色谱峰所代表的组分，可选择一系列与未知组分相接近的标准纯物质依次进样，当某一纯物质的保留值（可为 t_R、r_{is}、V_g、I）与未知色谱峰的保留值相同时，即可初步确定此未知色谱峰所代表的组分。

严格地讲，仅在一根色谱柱上利用纯物质和未知组分的保留值相同，作为定性的依据是不完善的，因为在一根色谱柱上，可能有几种物质具有相同的保留值。如果可能，应在两根极性不同的色谱柱上进行验证，如在两根极性不同的柱上纯物质和未知组分的保留值皆相同，就可确证未知物与纯物质相同。

（2）利用保留值的经验规律定性 大量实验结果已证明，在一定柱温下，同系物的保留值对数与分子中的碳数成线性关系，此即为碳数规律，可表示为

$$\lg t'_R = an + b$$

式中，n 为碳数；a 为直线斜率；b 为直线在 $\lg t'_R$ 轴上的截距。

另外，同一族的具有相同碳数的异构体的保留值对数与其沸点成线性关系，此即为沸点规律，可表示为

$$\lg V_g = a_1 T_b + b_1$$

式中，T_b 为沸点；a_1 为直线斜率；b_1 为直线在 $\lg V_g$ 轴上的截距。

当已知样品为某一同系列，但没有纯样品对照时，可利用上述两个经验规律定性。

（3）利用其他方法定性

① 利用化学方法配合进行未知组分定性：有些带官能团的化合物能与一些试剂起化学反应而从样品中除去，比较处理前后两个样品的色谱图，就可以认出哪些组分属于某族化合物。

还可在柱后把流出物通入有选择性的化学试剂中，利用显色、沉淀等现象对未知物进行定性。只要在柱后更换装有不同试剂的试管，就有可能对混合样中的各组分进行鉴定。

② 结合仪器进行定性：气相色谱是比较高效的分离分析工具，但对复杂的混合物，单靠色谱定性鉴定存在很大的困难；而红外光谱、质谱、核磁共振等仪器分析方法对纯化合物的定性鉴定是很有特征的，但对复杂混合物的分析有困难。因此，如果用气相色谱法将复杂混合物分成单个或简单的组成，然后用质谱、光谱鉴定，则有助于解决许多问题。早期用质谱、光谱定性都是把色谱分离后的有关流分分别收集，再

用质谱仪或光谱仪逐个鉴定。近年来发展了气相色谱与质谱或红外光谱在系统上直接联用的气相色谱-质谱仪和气相色谱-红外光谱仪,分离和定性同时进行,当色谱分析完毕时,质谱或红外光谱的谱图也就全部得到了。

现在使用四极矩或离子阱质谱计作为气相色谱仪的检测装置已成为新型气相色谱仪的标准匹配方式,从而较完善地解决了定性鉴定的难题。

(二)定量分析

在气相色谱分析中的定量分析就是要根据色谱峰的峰高或峰面积来计算样品中各组分的含量。无论采用峰高还是峰面积进行定量,其物质浓度(或百分含量)x_i 和相应峰高 h_i 或峰面积 A_i 之间必须呈直线函数关系,即符合数学式 A_i(或 h_i)$=f_i x_i$,这是色谱定量分析的重要根据。定量方法很多,但各种定量方法的使用范围和准确程度是有条件的,一定要掌握各种方法的特点,灵活运用。

1. 峰高(峰面积)定量法——检量线法(工作曲线法)

用峰高定量法计算,事先需要用不同的标准物质配成不同浓度进样,这样就会流出各不相同的色谱峰。由于浓度不同,同组分的峰高亦不同,根据相应数值就可绘出不同组分的标准工作曲线,如图 9-33 所示。然后在同样条件下进行未知样操作,由未知组分的峰高经过查阅标准工作曲线,即可得知该组分的浓度(或百分含量)。

该法较为简便,分析结果的准确度主要决定于进样量的重复性和操作条件的稳定程度,如果仪器和操作条件不稳定,对结果影响很大,所以需定期校正标准工作曲线。对于低沸点的组分、出峰早的组分,往往峰形较高且狭窄,如用峰面积定量则存在一定困难,在这种情况下采用峰高定量法较好。

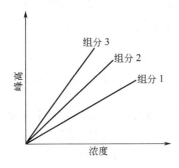

图 9-33 标准工作曲线

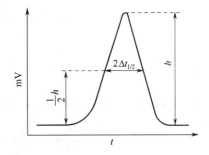

图 9-34 峰面积计算方法

若用峰面积对浓度作图,峰面积可按下述方法计算。

如图 9-34 所示,由于色谱峰外形接近于等腰三角形,所以根据计算等腰三角形面积的计算方法,近似地认为峰面积 A 等于峰高 h 乘以半峰宽 $2\Delta t_{1/2}$。

$$A = h \cdot 2\Delta t_{1/2}$$

式中,A 为峰面积;h 为峰高;$2\Delta t_{1/2}$ 为峰高一半处的峰宽。

2. 定量校正因子

在气相色谱分析中,进行定量计算的依据是每个组分的含量(质量或物质的量)与其峰面积(或峰高)成正比,即

$$x_i = f_i A_i$$

式中，x_i 为组分的含量；A_i 为组分的峰面积；f_i 为比例系数。

当用气相色谱法分析混合物中不同组分的含量时，由于不同组分在同一检测器上产生的响应值不同，所以不同组分的峰面积不能直接进行比较（即相同含量的不同组分，其对应的峰面积并不相等）。为了进行定量计算，就需引入定量校正因子，以某组分的峰面积作标准，把其他组分的峰面积按此标准校正，经校正后，就可对不同组分的峰面积进行比较，因而可计算出各组分的百分含量。

定量校正因子可分为绝对校正因子与相对校正因子。

（1）绝对校正因子　上式中的比例系数 f_i 就叫做绝对校正因子。

$$f_i = \frac{x_i}{A_i}$$

由于每一组分的含量和峰面积都有上述关系，所以对不同的组分，其 f_i 值各不相同。

由于组分的含量可用质量 m_i 或物质的量（mol）n_i 表示，所以绝对校正因子又可分为绝对质量校正因子和绝对摩尔校正因子。

绝对质量校正因子：
$$f_{m_i} = \frac{m_i}{A_i}$$

绝对摩尔校正因子：
$$f_{n_i} = \frac{n_i}{A_i}$$

（2）相对校正因子　将某一化合物的绝对校正因子 f_i 与一种标准物的绝对校正因子 f_s 相比，其比值就叫做该化合物的相对校正因子（f_i'）。

$$f_i' = \frac{f_i}{f_s} = \frac{\dfrac{x_i}{A_i}}{\dfrac{x_s}{A_s}} = \frac{x_i}{x_s} \times \frac{A_s}{A_i} = \frac{\dfrac{x_i}{x_s}}{\dfrac{A_i}{A_s}}$$

由上式可看出相对校正因子 f_i' 的含义为：当 $A_i = A_s$ 时，f_i' 表示待测物与标准物的含量之比。

相对校正因子 f_i' 与检测器的性能、待测组分的性质、标准物的性质、载气的性质有关，而与操作条件无关。因此可认为 f_i' 基本上是一个通用常数。

相对校正因子也分为两类，即相对质量校正因子与相对摩尔校正因子。

相对质量校正因子：

$$f_{m_i}' = \frac{f_{m_i}}{f_{m_s}} = \frac{A_s}{A_i} \times \frac{m_i}{m_s} = \frac{\dfrac{m_i}{m_s}}{\dfrac{A_i}{A_s}}$$

相对摩尔校正因子：

$$f_{n_i}' = \frac{f_{n_i}}{f_{n_s}} = \frac{A_s}{A_i} \times \frac{n_i}{n_s} = \frac{\dfrac{n_i}{n_s}}{\dfrac{A_i}{A_s}}$$

f'_{m_i} 和 f'_{n_i} 之间可相互换算，其关系如下：

$$f'_{n_i} = \frac{A_s}{A_i} \times \frac{n_i}{n_s} = \frac{A_s}{A_i} \times \frac{\dfrac{m_i}{M_i}}{\dfrac{m_s}{M_s}}$$

$$= \frac{A_s}{A_i} \times \frac{m_i}{m_s} \times \frac{M_s}{M_i} = f'_{m_i} \times \frac{M_s}{M_i}$$

式中，M_i 和 M_s 分别为待测物和标准物的摩尔质量。

例如欲测定苯、甲苯、乙苯、苯乙烯的相对质量校正因子 f'_{m_i}（见图 9-35），取一定质量色谱纯的苯、甲苯、乙苯、苯乙烯配成一混合样品。每次进样时各组分的量是已知的，峰面积可以测量，在测定中以苯作为标准物，就可

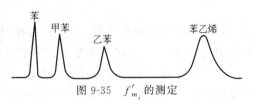

图 9-35　f'_{m_i} 的测定

计算出各组分的绝对质量校正因子 f_{m_i} 和相对质量校正因子 f'_{m_i}，测定数据如表 9-20 所示。

表 9-20　计算 f'_{m_i} 的数据和结果

组　分	每次进样质量 m/mg	峰面积 A/cm^2	绝对质量校正因子 $f_{m_i} = \dfrac{m_i}{A_i}$	相对质量校正因子 $f'_{m_i} = \dfrac{f_{m_i}}{f_{m_s}}$
苯	0.435	4.0	0.1088	1.000
甲苯	0.653	6.5	0.1005	0.924
乙苯	0.864	7.6	0.1137	1.045
苯乙烯	1.760	15.0	0.1173	1.079

在一般文献中测定相对校正因子多用苯作为标准物。若在测定时不能用苯作标准物，而采用第二标准物（s）时，则应将对苯（ϕ）的相对校正因子换算成对第二标准物（s）的相对校正因子。它们之间的关系如下：

$$f'_{m_{i/s}} = \frac{f_{m_i}}{f_{m_s}} = \frac{f_{m_i}}{f_\phi} \times \frac{f_\phi}{f_{m_s}}$$

$$= \frac{\dfrac{f_{m_i}}{f_\phi}}{\dfrac{f_{m_s}}{f_\phi}} = \frac{f'_{m_{i/\phi}}}{f'_{m_{s/\phi}}}$$

式中，$f'_{m_{i/s}}$ 为待测物（i）对第二标准物（s）的相对质量校正因子；$f'_{m_{i/\phi}}$、$f'_{m_{s/\phi}}$ 分别为待测物（i）和第二标准物（s）对苯的相对质量校正因子。

文献中虽列出许多化合物的相对校正因子，但由于其测定条件和实际进行色谱分析的条件不完全相同，所以从分析结果的可靠性考虑不应直接引用文献中的数

据，只能参考。尤其当不同文献中的数值彼此相差大并相互矛盾时，就不能使用。所以相对校正因子最好是自己测定的。

3. 定量校正因子与检测器相对响应值的关系

在气相色谱检测器的论述中已提出，为了衡量所用检测器的灵敏程度，可用灵敏度或绝对响应值来表示。

如将检测器对某组分 i 测得的绝对响应值（S_i）与对标准物（s）测得的绝对响应值（S_s）相比，就引入了相对响应值（S_i'）的概念。由计算可知检测器的相对响应值 S_i' 与定量计算使用的相对校正因子 f_i' 互为倒数关系：

$$S_i' = \frac{1}{f_i'}$$

因此，相对质量响应值（S_{m_i}'）与相对质量校正因子（f_{m_i}'）互为倒数，相对摩尔响应值（S_{n_i}'）与相对摩尔校正因子（f_{n_i}'）互为倒数。

各种化合物在不同检测器上的相对响应值和相对校正因子的数值可在《气相色谱实用手册》（吉林化学工业公司研究院编）一书中查到。

4. 内标法

把一定量的纯物质作为内标物，加入到已知质量的样品中，然后进行色谱分析，测定内标物和样品中几个组分的峰面积。引入相对质量校正因子，就可计算样品中待测组分的含量，其计算式如下：

$$w_i = \frac{m_i}{m} \times 100\% = \frac{m_i}{m_s} \times \frac{m_s}{m} \times 100\%$$

$$= \frac{A_i f_{m_i}}{A_s f_{m_s}} \times \frac{m_s}{m} \times 100\% = \frac{A_i}{A_s} \times f_{m_{i/s}}' \times \frac{m_s}{m} \times 100\%$$

式中，A_i、A_s 分别为待测组分和内标物的峰面积；m_s、m 分别为内标物和样品的质量；$f_{m_{i/s}}'$ 为待测组分对于内标物的相对质量校正因子（可自行测定，或由文献中 i 组分和内标物 s 对苯的相对质量校正因子换算求出）。

5. 外标法

选择样品中的一个组分作为外标物，用外标物配成浓度与样品相当的外标混合物，进行色谱分析，求出与单位峰面积（或峰高）对应的外标物的含量[质量（或体积）]，常称为 K 值。然后在相同条件下对样品进行色谱分析，由样品中待测物的峰面积和待测组分对外标物的相对质量（摩尔）校正因子，就可求出待测组分的含量。其计算式如下：

$$w_i = m_i \times \frac{w_s}{m_s} \times 100\%$$

$$= A_i f_{m_i} \times \frac{w_s}{A_s f_{m_s}} \times 100\% = A_i \times \frac{f_{m_i}}{f_{m_s}} \times \frac{w_s}{A_s} \times 100\%$$

$$= A_i f_{m_{i/s}}' K \times 100\%$$

式中，w_s 为外标物的含量；A_i 为待测组分的峰面积；$f_{m_{i/s}}'$ 为待测组分对外标物的相对质量校正因子；K 为与外标物单位峰面积对应的外标物的含量，$K = w_s/A_s$。

6. 归一化法

当样品中各组分均能被色谱柱分离并被检测器检出而显示各自的色谱峰，且已知各待测组分的相对校正因子（f'_{w_i} 或 f'_{n_i}）时，就可求出各组分的质量分数（或体积含量）。计算方法如下：

$$w_i = \frac{m_i}{m} \times 100\% = \frac{m_i}{m_1 + m_2 + \cdots + m_i + \cdots + m_n} \times 100\%$$

$$= \frac{A_i f_i}{A_1 f_1 + A_2 f_2 + \cdots + A_i f_i + \cdots + A_n f_n} \times 100\%$$

$$= \frac{A_i \dfrac{f_i}{f_s}}{A_1 \dfrac{f_1}{f_s} + A_2 \dfrac{f_2}{f_s} + \cdots + A_i \dfrac{f_i}{f_s} + \cdots + A_n \dfrac{f_n}{f_s}} \times 100\%$$

$$= \frac{A_i f'_i}{A_1 f'_1 + A_2 f'_2 + \cdots + A_i f'_i + \cdots + A_n f'_n} \times 100\%$$

式中，A_1、A_2、$\cdots$、A_i、$\cdots$、A_n 分别为样品中各个待测组分的峰面积；f'_1、f'_2、$\cdots$、f'_i、$\cdots$、f'_n 分别为样品中各个待测组分对标准物（苯）的相对（质量或摩尔）校正因子。

六、气相色谱法基本原理

在气液色谱分析中，样品中的不同组分在固定相上的分离是依据其在固定液上分配系数 K_P 的差别。

在气固色谱中，样品中的不同组分在固定相上的分离是依据其在固体吸附剂上吸附系数 K_A 的差别。

K_P 和 K_A 表达了被分离组分在达到分配平衡或吸附平衡时，其在固定相和流动相上的分布情况。样品组分在色谱柱中进行分离后，由记录仪记录每个色谱峰的流出时间和形状以及相邻峰间的距离。这些参数反映了组分在色谱柱中进行的热力学平衡过程和各种动力学因素的综合影响。

为了阐述色谱峰形的变化及影响色谱峰形扩展的各种因素，下面简单介绍气液色谱中的塔板理论和速率理论，以及选择气相色谱操作条件的依据。

（一）塔板理论

塔板理论是由热力学的气、液相平衡来研究色谱峰形的变化，由样品组分在气、液两相分配系数的差别，解释不同组分在色谱柱中获得分离的原因。为了阐述样品在色谱柱中分离效率的高低，塔极理论沿用了在化学工程中描述精馏塔分离效率的塔板概念，提出了用高斯分布曲线方程式来描述色谱峰的峰形，并提出了计算理论塔板数和理论塔板高度的方法。

在塔板理论中，色谱峰的流出曲线方程式可表示为

$$c = \frac{\sqrt{n}\,W}{\sqrt{2\pi}\,V_R} e^{-\frac{n}{2}\left(1 - \frac{V}{V_R}\right)^2}$$

式中，n 为色谱柱的理论塔板数；W 为进样总量；V_R 为样品的保留体积（$V_R = t_R F_0$，其中 t_R 为保留时间，F_0 为载气流速）；c 为样品在柱中流出的载气体积为 V 时的浓度。

当 $V = V_R$ 时，可导出色谱峰流出浓度的极大值：

$$c_{max} = \frac{\sqrt{n}\,W}{\sqrt{2\pi}\,V_R}$$

由此式可看出，当进样量 W 和色谱柱的理论塔板数 n 一定时，保留体积 V_R 值小的组分（即先从柱中流出的分配系数小的组分）其色谱峰形高而窄，V_R 大的组分（即后从柱中流出的分配系数大的组分）其色谱峰形矮而宽。

由塔板理论可导出理论塔板数 n 的计算式：

$$n = 5.54 \left(\frac{t_R}{2\Delta t_{1/2}} \right)^2 = 16 \left(\frac{t_R}{W_b} \right)^2$$

式中，t_R 为组分的保留时间；$2\Delta t_{1/2}$ 为半峰高处的峰宽；W_b 为基线宽度。

当已知色谱柱长 L 时，可计算每块理论塔板的高度 H：

$$H = \frac{L}{n}$$

当以调整保留时间 t'_R 代替 t_R 时，用上述计算式可计算出有效理论塔板数 n_{eff} 和有效理论塔板高度 H_{eff}：

$$n_{eff} = 5.54 \left(\frac{t'_R}{2\Delta t_{1/2}} \right)^2 = 16 \left(\frac{t'_R}{W_b} \right)^2$$

$$H_{eff} = \frac{L}{n_{eff}}$$

（二）速率理论

速率理论是从动力学观点出发，根据基本的实验事实研究各种操作条件（载气的性质及流速、固定液的液膜厚度、载体颗粒的直径、色谱柱填充的均匀程度等）对理论塔板高度的影响，从而解释在色谱柱中色谱峰形扩展的原因。速率理论可用范第姆特（Van Deemter）方程式表示：

$$H = A + \frac{B}{u} + Cu$$

式中，A 为涡流扩散项；B/u 为分子扩散项；Cu 为传质阻力项；u 为载气流速。当将 H 对 u 作图（见图 9-36）时，可给出一条曲线。曲线有一最低点，此点对应

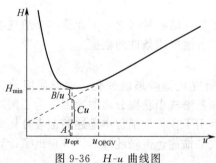

图 9-36 H-u 曲线图

载气的最佳线速 u_{opt}，在最佳线速下对应色谱柱的最低理论塔板高度 H_{min}，即在此最佳线速下操作可获得最高柱效。

依据范第姆特方程式可计算 u_{opt} 和 H_{min}：

$$u_{opt} = \sqrt{\frac{B}{C}}$$

$$H_{min} \doteq A + 2\sqrt{BC}$$

由图 9-36 可看出：

当 $u < u_{opt}$ 时，分子扩散项 B/u 对板高 H 起主要作用，即载气线速愈小，板高 H 增加愈快，柱效愈低。

当 $u > u_{opt}$ 时，传质阻力项 Cu 对板高 H 起主要作用，即载气线速增大，板高 H 也增大，柱效降低，但其变化较缓慢。

当 $u = u_{opt}$ 时，分子扩散项和传质阻力项对板高 H 的影响最低，此时柱效最高。但此时的分析速度较慢。在实际分析时，可在最佳实用线速 u_{OPGV} 下操作，此时板高 H 约比 H_{min} 增大 10%，虽然损失了柱效，但加快了分析速度。

显然在上述三种情况下，涡流扩散项 A 总是对板高 H 起作用。

（三）色谱操作条件的选择

在气相色谱分析中，人们总希望在较短的时间内、用较短的柱子达到满意的分析结果，为此，在进行色谱分析时，需要选择适当的操作条件。此时应考虑如下两个问题。

（1）柱子对各组分的选择性要好　即能将复杂样品中的各组分分离开。从色谱图上看，各组分色谱峰之间的距离要大，而选择性的好坏与固定相的性质、柱温等因素有关。

色谱柱的选择性可用"分离度"来表示。它综合考虑了两个相邻组分保留值的

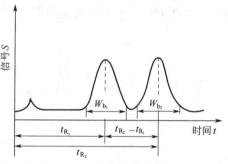

图 9-37　相邻色谱峰的分离度

差值和每个色谱峰的宽窄这两方面的因素。分离度（见图 9-37）定义为相邻两色谱峰保留时间的差值与两色谱峰基线宽度之和一半的比值，可用下述数学式表示。

$$R = \frac{2(t_{R_2} - t_{R_1})}{W_{b_1} + W_{b_2}}$$

式中，$t_{R_2} - t_{R_1}$ 为组分 2 与组分 1 的保留时间之差；$W_{b_1} + W_{b_2}$ 为两个组分的基线宽度之和。

同一色谱柱在相同条件下，对不同的物质有不同的 R 值。一般认为 $R \geqslant 1.5$ 时，两个组分可完全分离。

分离度 R 还可表示为

$$R = \frac{\sqrt{n}}{4} \times \frac{r_{2/1} - 1}{r_{2/1}} \times \frac{k}{1+k}$$

式中，n 为理论塔板数；$r_{2/1}$ 为两相邻组分的相对保留值；k 为容量因子。

（2）柱子的效率要高　即每个组分的色谱峰要窄。柱效率的高低与载气流量、载体性能、进样量等因素有关。

色谱柱的柱效率可用理论塔板高度、有效理论塔板高度和理论塔板数、有效理论塔板数来表示。

应注意：同一色谱柱对不同物质的柱效率并不相同，因而当测定柱效率时，应注明所用实验物质。显然对一根色谱柱，其有效理论塔板数 n_{eff} 愈大或有效理论塔板高度 H_{eff} 愈小，则色谱柱的柱效率愈高。

前面在气固、气液色谱的原理中，有关吸附剂、载体、固定液的性质及其对选择性、柱效率的影响均已涉及，下面主要讨论如何选择柱温、载气流量、进样量等色谱操作条件。

1. 柱温的选择

当固定相选定后，并不等于选择能力就确定了。柱温对选择性也有影响，通常降低柱温能提高选择性，但会增加保留时间，从而延长了分析时间，往往降低了柱效率。因此，选择柱温时要兼顾选择性和柱效率。经验表明，柱温应为样品的平均沸点或高于平均沸点 10℃ 时最为适宜。显然柱温高会加快分析速度，但降低了选择性。柱温对选择性和柱效率的影响见图 9-38。

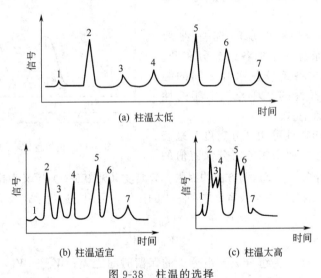

图 9-38　柱温的选择

当被分析组分的沸点范围很宽时，用恒定柱温往往造成低沸点组分分离不好，而高沸点组分峰形扁平；若采用程序升温的办法，就能使高沸点组分及低沸点组分都获得满意结果。

2. 载气流量的选择

载气流量过低或过高都会降低柱效率，只有选择最佳流量才可提高柱效率。对一般色谱柱，载气流量为 $20\sim100 mL \cdot min^{-1}$。有时为了缩短分析时间，可加大流量，但此时分离效果较差，色谱峰会有拖尾或重叠现象。

3. 进样量和进样速度的选择

样品最好以气态瞬间注入。如果是液样，则汽化室温度必须在各组分的最高沸点以上，以保证全部组分瞬间汽化，否则高沸点组分逐步汽化，会使色谱峰变宽，降低柱效率。

另外，进样量不要过大，应在色谱柱的负荷限度内。对一般内径 0.4～0.6cm、长 2m 的色谱柱，其固定液含量在 15％～30％时，允许的进样量大致为液样 10μL、气样 10mL。若进样超过负荷，柱效率会降低，色谱峰形会变宽。当进行痕量杂质分析时，由于进样量增大，此时可增加色谱柱的内径或提高固定液的含量，以增加色谱柱的负荷限度，但固定液含量增加也会降低柱效率。降低柱温也可提高柱的负荷能力，但应以不引起其他副作用为限度。

4. 色谱柱形及柱长的选择

色谱柱形以 U 形为好，因载气流动会受柱弯曲的影响而产生紊乱、不规则的流动，降低柱效率，因此要求柱弯曲的地方其曲率半径应尽量大一些。使用螺旋形柱时，柱本身的直径要尽可能均匀。

柱直径增大虽可增大样品用量，但会使柱效率下降。

当柱长度增加时，分析时间会延长，并要增大载气的柱前压力，应在保证选择性和柱效率的前提下，使柱长减至最短。

从以上所述可看出，各种操作条件往往同时影响色谱柱的选择性和柱效率，它们之间是密切联系而又相互矛盾的。因此选择操作条件时，既要保证良好的选择性，又要兼顾柱效率，而柱效率高又会相应提高选择性。例如，两个组分在色谱图上只能分离一半，如图 9-39 所示。若提高选择性，就可以把两个组分完全分开。另外，若提高柱效率，使每个峰变窄，两个组分也能得到完全分离。

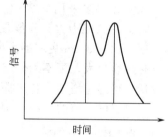

图 9-39　两组分分离一半

所以，操作条件的选择要综合考虑，绝不能顾此失彼，片面强调某个因素。例如，柱温的选择，一般是柱温越低，选择性越好，但柱温低，柱效率会降低，从而分析速度变慢，因此必须在有良好的选择性的前提下尽量提高柱温，在有较高柱效率的前提下尽量降低柱温。如果二者不能兼顾，还可以通过适当选择其他操作条件来解决。在有一定的选择性时，若柱效率很低，如果不能用提高柱温的办法提高柱效率，可用降低固定液含量来提高柱效率。另外，提高载体涂渍的效率，使固定液均匀涂在载体表面，以及保证载体颗粒的均匀性和改变载气流量都可以提高柱效率。当然，在改变这些条件时，也必须注意到由此产生的不良影响。

在影响选择性和柱效率的各种因素中，关键还是合理地选择一种固定液，这是解决分离问题的主要矛盾。

应当特别注意的是，上面叙述的只是一般规律，在实际应用时，必须根据不同的仪器、分析对象、分析要求，通过实践选择合适的操作条件。

（四）毛细管柱的速率理论及色谱操作条件的选择

1957 年，M. J. E. Golay 依据 Van Deemter 提出的速率理论，考虑到如能减少涡流扩散就可大大提高色谱柱的柱效，从而提出用内壁涂渍固定液的长毛细管柱来取代填充柱，由于空心毛细管柱不存在涡流扩散，因而大大提高了色谱柱的柱效。20 世纪 70 年代首先是玻璃毛细管柱在石油化工、环境监测领域获得应用，80 年代迅速推广了熔融硅（石英）毛细管柱在色谱分析中的应用，解决了向毛细管柱注入微量样品的进样技术和检测技术。此时适逢微型计算机的快速发展，从而使毛细管柱气相色谱法获得迅速推广，并已逐渐取代填充柱，成为气相色谱法的主流技术。

1. 毛细管柱的速率方程式

Golay 提出的毛细管色谱柱的速率方程式可简化成

$$H = \frac{B}{u} + Cu$$

由上式可看到，对毛细管柱，其 $A = 0$，即无涡流扩散项。

2. 毛细管柱的操作条件

（1）柱效评价及柱内径的选择　当毛细管柱在最佳载气流速下操作，对应于最高柱效时的最低理论塔板高度为

$$H_{\min} = 2\sqrt{BC}$$

在实际中多采用 0.2～0.3mm 内径的毛细管柱。比 0.2mm 更细的柱管（如 0.1mm）因其阻力大，只能使用短柱管，且因固定液液膜很薄，样品容量小，操作不便。比 0.3mm 更粗的大内径（0.5mm）毛细管柱，现在应用得也比较多，其优点是柱容量大，可不用分流进样，采用直接进样即可进行痕量分析。由于粗柱管柱效低，可通过增加柱长来提高柱效。

（2）载气线速的选择　对毛细管柱，与最低板高 $H_{\min}$ 对应的最佳线速 u_{opt} 为 6～12cm·s^{-1}。

当载气确定后，由于毛细管柱较长，分析时间会延长。为提高分析速度，多采用最佳实用线速 u_{OPGV} 进行分析，此时虽柱效稍降低，但可缩短分析时间。

（3）固定液液膜厚度的选择　对毛细管柱气液色谱，固定液液膜厚度 d_f 是一个重要的参数，通常对一般毛细管柱 d_f 为 0.1～1.5μm。d_f 大于 2.5μm 时，液膜不稳定，会形成液滴而降低柱效。

（4）进样量的选择　毛细管柱的样品容量取决于涂渍的固定液液膜厚度，通常只允许相当于填充柱进样量的 1/10～1/100 进入毛细管柱，当进样量超载时，会使柱效下降，引起色谱峰形扩展。

若发现色谱峰的峰高与进样量不成线性关系，即表示柱已处于超负荷状态。

（5）柱温的选择　由于毛细管柱具有高柱效，因此分离组成复杂的混合物，应尽可能在低柱温下进行，以获得高分离度；但柱温也不宜太低，否则分析时间过

长，柱效下降。因此柱温选择应兼顾分离度和分析时间两个方面的需要。

对沸点范围宽、组成复杂的混合物，应利用色谱柱的程序升温技术，以获得最高分离度、最短分析时间的最佳分析结果。

3. 毛细管柱与填充柱的比较

（1）毛细管柱比填充柱的柱效高　毛细管柱的理论塔板数比填充柱高 $10\sim100$ 倍，其主要原因在于相比 β 差别大，填充柱的 β 仅为 $5\sim35$，而毛细管柱的 β 却达 $50\sim1500$。毛细管柱单位柱长中 V_M 大，V_S 小，对具有一定 K_P 值的溶质，色谱柱的 β 增大，k 值减小，会使理论塔板数增加。

（2）毛细管柱比填充柱的柱容量小　毛细管柱涂渍的固定液用量比填充柱固定相涂渍的固定液用量少几十倍至几百倍，因此仅能将微量样品引入毛细管柱，必须使用专门的分流装置才能注入具有重复性的样品量。通常用毛细管柱进行定量分析的重复性要比填充柱差。对常规、组成不复杂的样品，用填充柱分析比用毛细管柱分析的重现性、稳定性要好；但对组成复杂的混合物样品或需分析微量组分时，使用毛细管柱的分析结果会更好些。

（3）毛细管柱比填充柱的渗透率高　毛细管柱为一空心柱，它对载气的阻力比填充柱要小。当柱长 L、载气线速 u 保持一致时，填充柱的入口压力要比毛细管柱大 $100\sim400$ 倍，因此使用填充柱时，柱不宜太长，通常为 $1\sim2m$。而毛细管柱由于渗透率大，在与填充柱具有相同压力降时，柱长为填充柱长的 $10\sim50$ 倍，通常为 $20\sim100m$。由于毛细管柱的渗透率很大，使用的载气流速较小，仅为 $0.5\sim2.0mL\cdot min^{-1}$，因此分析时间比填充柱长。

七、程序升温操作技术

对于沸点分布范围宽的多组分混合物，使用恒柱温气相色谱法（ITGC）分析，其低沸点组分会很快流出，峰形窄且易重叠，而高沸点组分则流出很慢，峰形扁平且拖尾，因此分析结果既不利于定量测定，又拖延了分析时间。若使用程序升温气相色谱法（PTGC），使色谱柱温度从低温（如 $50℃$）开始，按一定升温速率（如 $5\sim10℃\cdot min^{-1}$）升温，柱温呈线性增加，直至终止温度（如 $200℃$），就会使混合物中的每个组分都在最佳柱温（保留温度）下流出。此时低沸物和高沸物都可在较佳分离度下流出，它们的峰形宽窄相近（即有相接近的柱效），并缩短了总分析时间。

图 9-40 为正构烷烃混合物样品在涂渍 3％阿匹松 L/Var Aport（100/120 目）的色谱柱（柱长 50.8cm，内径 1.58mm）上以 He 作载气（流速 10mL·min^{-1}），进行恒温（100℃）和线性程序升温（从 50℃升温到 250℃，升温速率为 8℃·min^{-1}）得到的气相色谱分析结果。

程序升温操作采用低的初始温度，使低沸点组分峰的分离度提高，随柱温的升高，高沸点组分能较快流出，且峰形对称。其完成全部分析的时间比恒温分析的时间短，获得峰形的对称性好。

程序升温过程会自动获得分离每个组分的最佳柱温，在达到此最佳柱温以前，每个组分都冷凝在被加温的色谱柱中，直至到达最佳柱温，再快速从色谱柱中逸

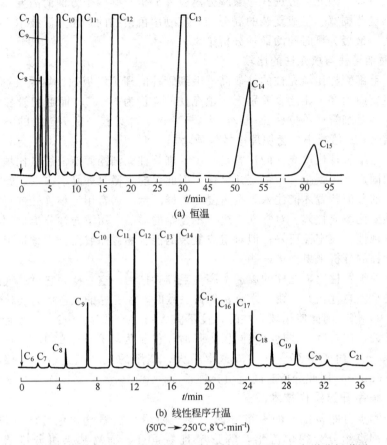

图 9-40　正构烷烃混合物的恒温和线性程序升温的气相色谱分析谱图

出，实现和其他组分的分离。

　　程序升温气相色谱特别适用于气固色谱、痕量组分分析和制备色谱。

　　图 9-41 表示程序升温常用的两种方式，即单阶或多阶线性程序升温操作。表 9-21 为恒温和程序升温气相色谱分析方法的比较。

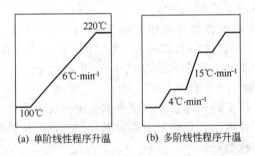

图 9-41　程序升温的方式

表 9-21　恒温和程序升温气相色谱分析方法的比较

操　作　条　件	恒温气相色谱(ITGC)	程序升温气相色谱(PTGC)
样品沸点范围	限定在 100℃	80～400℃
峰测量的精密度	随峰形改变	稍有变化
检测限度	随峰形改变	稍有变化
注入样品	必须快速	不需要快速
固定相	选择范围广泛	要严格选择耐高温的固定相
载气纯度	不苛刻	高纯度
柱箱和检测室温度控制	可单独控温或一起控温	必须各自单独控温
载气流路控制	恒压即可	必须恒流控制

程序升温必须控制的操作条件为起始温度、终止温度、升温速率和载气流速，后两者是影响色谱分离的主要因素。

（1）初始温度　通常以样品中最易挥发组分的沸点附近来确定初始温度（T_0）。若选得太低会延长分析时间，太高则会降低低沸点组分的分离度。一般通用仪器最低的 T_0 就是室温，也可通入液氮降至更低温度的 T_0。此外，还应根据样品中低沸点组分的含量来决定初始温度保持时间的长短，以保证它们的完全分离。

（2）终止温度　它是由样品中高沸点组分的保留温度和固定液的最高使用温度决定的。如果固定液的最高使用温度大于样品中组分的最高沸点，可选稍高于组分的最高沸点的温度作为终止温度，此时终止温度仅保持较短时间就可结束分析。若相反，就选用稍低于固定液的最高使用温度作为终止温度，并维持较长时间，以使高沸点组分在此恒温条件下完全洗脱出来。

（3）升温速率　在程序升温气相色谱（PTGC）中升温速率（r）起到和恒温气相色谱（ITGC）中柱温（T_c）同样的作用，选择时要兼顾分离度和分析时间两个方面。当 r 值较低时，会增大分离度，但会使高沸物的分析时间延长、峰形加宽、柱效降低；当 r 值较高时，会缩短分析时间，但又会使分离度下降。对内径 3～5mm、长 2～3m 的填充柱，r 以 3～10℃·min^{-1} 为宜；对内径 0.25mm、长 25～50m 的毛细管柱，r 以 0.5～5℃·min^{-1} 为宜。

（4）载气流速　使用填充柱时，载气流速应使其对应的线速等于或大于范第姆特曲线中的最佳线速，并使载气流速 F 的变化与升温速率 r 的变化相适应，使在程序升温过程中保持 r/F 的比值不变。当使用毛细管柱时，所用载气线速应大于范第姆特曲线中的最佳实用线速，这样可忽略随程序升温引起载气线速下降而产生的不利影响。

使用程序升温技术确有许多优点，但对难分离的组分，使用程序升温技术并不是最有效的手段，此时仍应从固定液的选择和优化操作条件上来解决分离问题。

最后要指出，程序升温气相色谱分析的重现性必须很好，否则就难于进行定量分析了。

八、气相色谱分析法测定实例（阅读材料）

（一）永久性气体的分析

1. 方法原理

以 13X 或 5A 分子筛为固定相，用气固色谱法分析混合气中的氧、氮、甲烷、一氧化碳，用纯物质对照进行定性，再用峰面积归一化法计算各个组分的含量。

2. 仪器和试剂

（1）仪器　气相色谱仪，配有热导池检测器；皂膜流量计；秒表。

（2）试剂　13X 或 5A 分子筛（60～80 目），使用前预先在高温炉内于 350℃ 活化 4h 后备用；纯氧气、氮气、甲烷、一氧化碳，装入球胆或聚乙烯取样袋中；氢气，装在高压钢瓶内。

3. 色谱分析条件

（1）色谱柱　不锈钢填充柱管，$\phi 4mm \times 2m$，固定相为 13X 或 5A 分子筛（60～80 目）；柱温为室温。

（2）载气　氢气，流量 $30mL \cdot min^{-1}$。

（3）检测器　热导池（TCD）检测器，桥流 200mA，衰减 1/2～1/8，检测室温度为室温。

（4）汽化室　室温。

（5）进样量　用六通阀进样，定量管 0.5mL。

4. 定性分析

记录各个组分从色谱柱流出的保留时间（t_R），用纯物质进行对照，所获色谱图如图 9-42 所示。

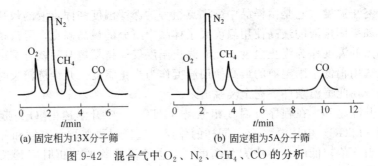

(a) 固定相为13X分子筛　　　　(b) 固定相为5A分子筛

图 9-42　混合气中 O_2、N_2、CH_4、CO 的分析

5. 定量分析

由谱图中测得各个组分的峰高和半峰宽，计算各组分的峰面积。已知 O_2、N_2、CH_4 和 CO 的相对摩尔校正因子分别为 2.50、2.38、2.80 和 2.38。再用峰面积归一化法就可计算出各个组分的含量。

（二）低级烃类的全分析

1. 方法原理

在硅藻土载体上涂渍非极性固定液角鲨烷，以分离 $C_1 \sim C_4$ 烃类。对不同碳数的烃，按 $C_1 \rightarrow C_4$ 的顺序依次流出；对相同碳数的烃，按炔烃、烯烃、烷烃的顺序依次流出。用纯物质对照和相对保留值定性，用峰面积归一化法进行定量计算。

2. 仪器和试剂

（1）仪器　气相色谱仪，配有氢火焰离子化检测器；皂膜流量计；秒表。

（2）试剂　角鲨烷（气相色谱固定液）；6201 红色载体（60～80 目）；氮气、氢气和压缩空气；甲烷、乙烷、丙烷和丁烷纯气体。

3. 色谱分析条件

(1) 色谱柱 不锈钢柱管，$\phi 4mm \times 7m$，固定相为25％角鲨烷＋6201红色载体（60～80目）；柱温为室温。

(2) 供气系统 载气为氮气，流量$40mL \cdot min^{-1}$；燃气为氢气，流量$40mL \cdot min^{-1}$；助燃气为压缩空气，流量$400mL \cdot min^{-1}$。

(3) 检测器 氢火焰离子化检测器（FID），高阻$10^{10}\Omega$，衰减1/2～1/8，检测室温度120℃。

(4) 汽化室 50℃。

(5) 进样量 六通阀进样，定量管0.2mL。

4. 定性分析

记录各个组分出峰的保留时间（t_R），并用纯烷烃气体对照和相对保留值定性。图9-43为$C_1 \sim C_4$烃类在角鲨烷固定液上分离的色谱图。

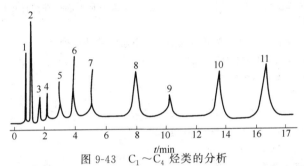

图9-43 $C_1 \sim C_4$烃类的分析

1—空气；2—甲烷；3—CO_2；4—乙炔；5—乙烯；6—乙烷；7—丙烯；

8—丙烷；9—丙二烯；10—异丁烷；11—正/异丁烯＋1,3-丁二烯

5. 定量分析

由色谱图中各组分的峰面积及从手册上查到的各个组分的相对质量校正因子，就可用归一化法计算出各个组分的含量。

（三）有机溶剂中微量水的分析

1. 方法原理

以GDX103为固定相，利用高分子多孔小球的弱极性、强憎水性可分析有机溶剂甲醇中的微量水。用纯水对照定性，用外标法测水的含量。

2. 仪器和试剂

(1) 仪器 气相色谱仪，配有热导池检测器；皂膜流量计；秒表。

(2) 试剂 氢气；苯-水饱和溶液；GDX103（40～60目）。

3. 色谱分析条件

(1) 色谱柱 不锈钢柱管，$\phi 4mm \times 2m$，固定相为GDX103（40～60目）；柱温100℃。

(2) 载气 氢气，流量$40mL \cdot min^{-1}$。

(3) 检测器 热导池检测器，检测室温度150℃，桥流200mA，衰减1/2～1/8。

(4) 汽化室 150℃。

(5) 进样量 $20\mu L$。

4. 定性分析

甲醇中微量水测定的色谱图见图9-44。

5. 定量分析

采用外标法，以 25℃苯-水饱和溶液为标准水样，所得检量线为一条通过原点的直线。使用过程可用单点法进行校准。

25℃，苯-水饱和溶液中的含水量如下。

| 进样量/μL: | 20.0 | 15.0 | 10.0 | 5.0 |
| 含水量/mg: | 0.0104 | 0.0078 | 0.0052 | 0.0026 |

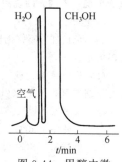

图 9-44　甲醇中微量水的分析

（四）碳六至碳八芳烃的分析

1. 方法原理

用有机皂土 34（二甲基双十八烷基铵皂土）与邻苯二甲酸二壬酯组成的混合固定液来分析苯、甲苯、乙苯、邻二甲苯、间二甲苯、对二甲苯、苯乙烯的混合物。由于有机皂土 34 是一种液晶固定液，它随温度的升高从固态变成碟状结构，再过渡到向列状态，温度再高成为正常的液态，因此使用时温度应在 90℃ 以下，利用其呈向列状态时可选择性地保留同分异构体的特性。

2. 仪器和试剂

（1）仪器　气相色谱仪，配有热导池检测器；皂膜流量计；秒表。

（2）试剂　有机皂土 34；邻苯二甲酸二壬酯（气相色谱固定液）；上试 101 白色载体（60～80 目）；氢气；碳六至碳八芳烃的纯样。

3. 色谱分析条件

（1）色谱柱　不锈钢柱管，ϕ4mm×2m，固定相为 2.5％有机皂土 34＋2.5％邻苯二甲酸二壬酯＋上试 101 白色载体（60～80 目）；柱温 85℃。

（2）载气　氢气，流量 40mL·min^{-1}。

（3）检测器　热导池检测器，桥流 200mA，衰减 1/2～1/8，检测室温度 120℃。

（4）汽化室　150℃。

（5）进样量　5μL。

4. 定性分析

记录各组分的保留时间（t_R），用碳六至碳八芳烃的纯样对照，色谱图见图 9-45。

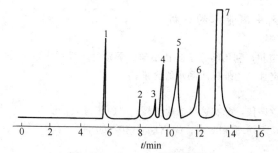

图 9-45　C_6～C_8 芳烃的分析

1—苯；2—甲苯；3—乙苯；4—对二甲苯；5—间二甲苯；6—邻二甲苯；7—苯乙烯

碳六至碳八芳烃的性质如下表所示：

项　　目	苯	甲苯	乙苯	邻二甲苯	间二甲苯	对二甲苯	苯乙烯
相对分子质量	78.11	92.13	106.13	106.16	106.16	106.16	104.14
沸点/℃	80.1	110.6	136.2	144.4	139.1	138.4	146.0

5. 定量分析

由色谱图中各组分的峰面积和从手册上查到的各个组分的相对质量校正因子，就可用归一化法计算各个组分的含量。

（五）酚类化合物的毛细管柱色谱分析

1. 方法原理

用涂渍 SE-54 的高效石英弹性毛细管柱，可直接分析废水中在酸性条件下用石油醚萃取的酚类化合物。

2. 仪器和试剂

（1）仪器　气相色谱仪，配有氢火焰离子化检测器、分流进样器；皂膜流量计；秒表。

（2）试剂　氮气、氢气、压缩空气；酚类化合物的纯样。

3. 色谱分析条件

（1）色谱柱　SE-54 交联石英弹性柱，$\phi 0.25\text{mm} \times 15\text{m}$，固定液液膜厚度 $2.5\mu\text{m}$；程序升温，由 $50℃$ 升温至 $220℃$，升温速率 $8℃ \cdot \text{min}^{-1}$。

（2）供气系统　载气为氮气，流量 $1 \sim 2\text{mL} \cdot \text{min}^{-1}$；燃气为氢气，流量 $40\text{mL} \cdot \text{min}^{-1}$；助燃气为压缩空气，流量 $400\text{mL} \cdot \text{min}^{-1}$。

（3）检测器　氢火焰离子化检测器，高阻 $10^{12}\Omega$，衰减 $1/4 \sim 1/16$，检测室温度 $200℃$。

（4）汽化室　$250℃$。

（5）进样　分流进样，分流比 $100：1$；进样量 $1\mu\text{L}$（石油醚萃取液）。

4. 定性分析

记录各组分的保留时间（t_R），用酚类化合物纯样对照，色谱图见图 9-46。

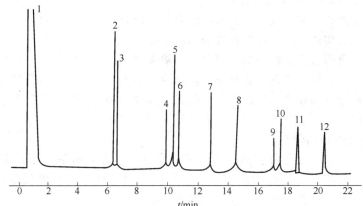

图 9-46　酚类化合物的毛细管柱色谱分析

1—石油醚；2—苯酚；3—2-氯苯酚；4—2-硝基苯酚；5—2,4-二甲基苯酚；
6—2,4-二氯苯酚；7—对氯间甲苯酚；8—2,4,6-三氯苯酚；9—2,4-二硝基苯酚；
10—4-硝基苯酚；11—4,6-二硝基邻甲苯酚；12—五氯苯酚

5. 定量分析

由色谱图中各组分的峰面积和从手册上查到的相对质量校正因子，可用归一化法计算各个组分的含量。

第三节　高效液相色谱分析法

高效液相色谱（HPLC）是在 20 世纪 60 年代末期，在气相色谱和经典液相

色谱的基础上发展起来的新型分离、分析技术。从分析原理上讲，它和经典的液相色谱没有本质的差别，但是由于它采用了新型高压输液泵、高灵敏度检测器及高效微粒固定相，而使经典的液相色谱获得彻底的更新，重新焕发出新的活力。现在高效液相色谱在分离速度、分离效能以及检测灵敏度和自动化方面都达到了可以和气相色谱相媲美的程度，并且还保持了液相色谱对样品适用范围广、流动相可选择的种类多及便于用作制备色谱等独特优点。至今它已在化工生产、制药工业、食品工业、生物化工、医学临床检验和环境监测等领域获得广泛的应用。

一、方法简介

1. 方法特点

高效液相色谱法不受样品挥发性的限制，它可完成气相色谱法不易完成的分析任务，在使用中具有以下特点。

（1）分离效能高　由于新型高效微粒固定相填料的使用，它的柱效可达每米30000块理论塔板数，远远大于气相色谱填充柱每米2000块理论塔板数的柱效。

（2）检测灵敏度高　如在高效液相色谱中广泛使用的紫外吸收检测器，其最小检测量可达 10^{-9} g，荧光检测器的灵敏度可达 10^{-11} g。

（3）分析速度快　相对于经典液相色谱，其分析时间大大缩短，由于使用了高压输液泵，输液压力可达 40MPa，使流动相流速大大加快，可达 $1\sim10$ mL·min^{-1}，完成一个样品分析仅需几分钟至几十分钟。

（4）选择性高　它不仅可分析有机化合物的同分异构体，还可分析在性质上极为相似的旋光异构体，现已在高疗效的药物生产中发挥了重要的作用。

高效液相色谱法发展的初期，由于高压输液泵的使用，加快了分析速度，曾将其称为高压液相色谱或高速液相色谱，但这两个名称不能表达它具有的高柱效、高灵敏度、高选择性的特点，因此现在广泛采用高效液相色谱的名称。为了突出它和经典液相色谱的区别，有的文献上也将它称为现代液相色谱法。

2. 应用范围和局限性

高效液相色谱法适于分析高沸点、高分子量、受热易分解的不稳定有机化合物、生物活性物质以及多种天然产物，这些化合物约占全部有机化合物的 80%。它的应用范围和气相色谱法比较如图 9-47 所示。

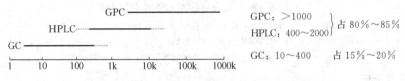

图 9-47　不同色谱法的适用相对分子质量范围

GC—气相色谱法；HPLC—高效液相色谱法；GPC—凝胶渗透色谱法

高效液相色谱法虽具有适用范围广的优点，但也有一些局限性。

① 高效液相色谱法中缺少像气相色谱法中使用的通用型检测器，如热导池检测器、氢火焰离子化检测器。

② 高效液相色谱法中需使用多种溶剂，其成本比气相色谱法高，且易引起环

境污染。当进行梯度淋洗时，操作比气相色谱法的程序升温操作复杂。

③ 高效液相色谱法不能替代气相色谱法去完成要求柱效达 10 万块理论塔板数以上的、组成复杂的石油样品分析。它也不能替代中、常压柱色谱法去分析受压易分解、变性的生物活性样品。

二、高效液相色谱仪

高效液相色谱仪自 1967 年问世以来，由于吸取了气相色谱仪研制的经验，获得快速发展，提供的商品仪有两种组合方式。一种为完全紧凑的整体系统，其死体积小、灵敏度高，体现高效液相色谱仪总体实用的特点；另一种为独立部件的组合系统，其灵活性高，可根据不同目的，组装成不同的连接方式。

现在用微处理机控制的高效液相色谱仪，其自动化程度很高，既能控制仪器的操作参数（如溶剂梯度洗脱、流动相流量、柱温、自动进样、洗脱液收集、检测器功能等），又能对获得的色谱图进行收缩、放大、叠加以及对保留数据和峰高、峰面积进行处理等，它为色谱分析工作者提供了高效率、功能齐全的分析工具。

图 9-48 为高效液相色谱仪（使用微处理机控制）的组成示意图。

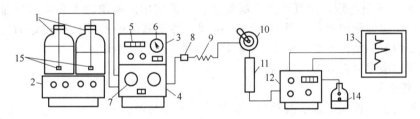

图 9-48　高效液相色谱仪的组成

1—储液罐；2—搅拌、超声脱气器；3—梯度淋洗装置；4—高压输液泵；
5—载液流量显示；6—柱前压力表；7—输液泵泵头；8—过滤器；9—阻尼器；
10—六通进样阀；11—色谱柱；12—紫外吸收（或示差折光）检测器；
13—记录仪（或数据处理装置）；14—回收废液罐；15—溶剂过滤器

以下分别介绍构成高效液相色谱仪的主要部件：储液罐、高压输液泵、进样装置、色谱柱、检测器、记录仪和数据处理装置。

（一）流动相（载液）的储液罐

储液罐的材料应耐腐蚀，可为玻璃、不锈钢或特种塑料聚醚醚酮（PEEK）。储液罐的容积为 0.5～2.0L。分析中使用的流动相为有机溶剂、缓冲溶液、水及其混合物。使用前必须进行脱气处理，以除去其中溶解的气体（如 O_2），防止洗脱时当流动相由色谱柱流至检测器时，因压力降低而产生气泡，若低死体积检测池中存在气泡会增加基线噪声，严重时会造成分析灵敏度下降而无法进行分析。流动相脱气常使用抽真空或超声振荡方法，脱气后应密封保存，以防止外部气体的重新溶入。

（二）高压输液泵

在高效液相色谱分析中，色谱柱装填 5～10μm 的固定相，对载液有较高的阻力。通常色谱柱的压力降 Δp 可按达西（Darcy）方程计算：

$$\Delta p = \frac{\eta L u}{k_0 d_{\text{p}}^2}$$

式中，η 为流动相的黏度；L 为柱长；u 为流动相的线速，可由 $u = L/t_{\text{M}}$ 求出；k_0 为比渗透系数；d_{p} 为固定相颗粒的直径。

对高压输液泵提出以下要求。

① 泵体材料能耐化学腐蚀，通常使用普通耐酸不锈钢（1Cr18Ni9Ti）或优质耐酸不锈钢（Cr18Ni12Mo）。为防止酸、碱缓冲溶液的腐蚀，在离子色谱或亲和色谱分析中现已使用由聚醚醚酮（PEEK）材料制成的高压输液泵。

② 能在高压下连续工作，通常要求耐压 $40 \sim 50\text{MPa}$，能在 $8 \sim 24\text{h}$ 内连续工作。

③ 输出流量范围宽。对填充柱，$0.1 \sim 10\text{mL} \cdot \text{min}^{-1}$（分析型），$1 \sim 100\text{mL} \cdot \text{min}^{-1}$（制备型）；对微孔柱，$10 \sim 1000\mu\text{L} \cdot \text{min}^{-1}$（分析型），$1 \sim 9900\mu\text{L} \cdot \text{min}^{-1}$（制备型）。

④ 输出流量稳定，重复性高。高效液相色谱使用的检测器大多数对流量变化敏感，高压输液泵应提供无脉冲流量，这样可降低基线噪声并获得较好的检测下限。流量控制的精密度应小于 1%，最好为 0.5%，重复性最好为 0.5%。

高压输液泵可以分为以下两类。

1. 恒流泵

可输出恒定体积流量的流动相。恒流泵又分为两种。

（1）注射型泵　又称注射式螺杆泵，其工作原理如图 9-49 所示。它利用步进电机经齿轮、螺杆传动，带动活塞以缓慢恒定的速度移动，使载液在高压下以恒定流量输出。当活塞达到每个输出冲程末端时，暂时停止输出载液，然后以极快速度进入吸入冲程，再次将载液由单向阀封闭的载液入口吸入泵中，重新进入输出冲程的运行。如此往复交替进行。

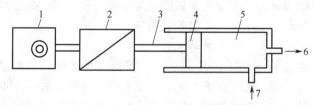

图 9-49　注射型泵的工作原理图

1—步进电机；2—变速齿轮箱；3—螺杆；4—活塞；5—载液；

6—至色谱柱；7—由单向阀封闭的载液入口

注射型泵的优点如下：

① 可在高输液压力下给出精确的（0.1%）无脉动、可重现的流量。可通过改变电机的电压、控制电机的转速，来改变活塞的移动速度，从而可用来调节载液流量。其输出流量与系统阻力无关。

② 因其流量稳定，操作方便，可与多种高灵敏度检测器连接使用。

注射型泵的缺点如下：

① 由于泵液缸容积（100～150mL）有限，每次载液输完后，需重新吸入载液，故当载液流量大时，载液中断频繁，不利于连续工作。显然当使用两台泵交替工作时，可克服此不足之处。

② 此泵在高压下工作，对活塞和液缸间的密封要求高，更换溶剂不方便，且价格昂贵。

由于上述不足之处，现在注射式螺杆泵在高效液相色谱仪中使用较少，而广泛用于超临界流体色谱仪中。

（2）往复型泵 双柱塞往复式并联泵（见图9-50），通常由电机带动凸轮（或偏心轮）转动，再用凸轮驱动两活塞杆作往复运动，通过单向阀的开启和关闭，从而定期将储存在液缸（0.1～0.5mL）里的液体以高压连续输出。

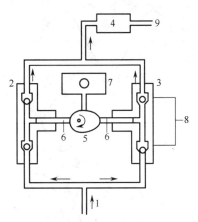

图 9-50 双柱塞往复式并联泵
1—载液入口；2,3—带有单向阀的泵头；4—脉冲缓冲器；5—偏心轮；6—活塞杆；7—电机；8—单向阀；9—进样口

当改变电机转速时，通过调节活塞冲程的频率（30～100 次/min），就可调节输出液体的流量。隔膜式往复泵的工作原理与柱塞式往复泵相似，只是载液接触的不是活塞，而是具有弹性的不锈钢或聚四氟乙烯隔膜，此隔膜经液压驱动脉冲式地排出载液或吸入载液。隔膜式往复泵的优点是可避免载液被污染。

往复型泵的优点如下：

① 可在高压下连续大量输液，每个泵头在活塞的输出冲程中推动少量载液进入色谱柱，在吸液冲程中利用单向阀从储液罐吸入载液，此过程可反复、连续进行。

② 此泵的液缸容积很小，只有几十至几百微升，其柱塞尺寸小、易于密封。柱塞、单向阀的阀球和阀座使用人造红宝石材料，造价低廉。此泵操作方便。

往复型泵的缺点如下。

① 此泵输出载液虽然连续、恒流量，但存在脉动，若与对流量敏感的示差折光检测器连接，就会产生基线波动，难以进行准确的定量分析。为克服脉动的影响可采取以下措施：

一是使用具有两个泵头的往复型泵，电机带动一个偏心轮，在相位相差 180°的相反方向同时驱动两个柱塞，使一个泵头输液，另一个泵头充液，从而可大大减少载液输出时的脉动现象（见图9-51）。现在有的仪器已配备具有三个泵头的往复泵，一个偏心轮在三个方向（相差 120°）同时驱动三个柱塞（或三个机械阀），使输液和充液的脉动进一步减小，而输出载液流量稳定，见图9-51。

二是为克服脉动现象，可在往复泵和进样器之间安装脉冲缓冲器或阻尼限制器。

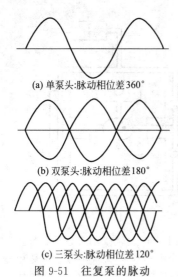

(a) 单泵头:脉动相位差360°

(b) 双泵头:脉动相位差180°

(c) 三泵头:脉动相位差120°

图 9-51　往复泵的脉动

三是可用电子器件调节活塞冲程频率，以补偿输液的脉动。

② 使用柱塞式往复泵，柱塞直接与载液接触造成载液污染。使用隔膜式往复泵可克服此缺点。

③ 长期运转后，因载液含有的机械杂质会造成单向阀的阻塞，或因单向阀的阀球磨损不能关闭单向阀，这些都会造成往复泵不能正常工作。

到目前为止，柱塞式往复泵在高效液相色谱仪中获得最广泛的应用，也是最重要的高压输液泵。

除上述介绍的双柱塞往复式并联泵外，现在还生产了双柱塞往复式串联泵，后者减少了一组单向阀，不仅使机械故障减少，还可使输液的脉动现象进一步减少，保证了输液的稳定性。

2. 恒压泵

又称气动放大泵，是输出恒定压力的泵。当系统阻力不变时，可保持恒定流量；当系统阻力发生变化时，就不能保持恒定流量。

恒压泵是利用气体的压力去驱动和调节载液的压力。通常采用压缩空气作为动力去驱动气缸中横截面积大的活塞 A_2，再经过一个连杆去驱动液缸中横截面积小的活塞 A_1，由于两个活塞面积有一定的比例（约 $50:1$），则气缸压力 p_2 传至液缸压力 p_1 时，其压力会增加相应的倍数，而获得输液的高压 p_1。可用下式表示：

$$p_1 A_1 = p_2 A_2 \qquad p_1 = p_2 \frac{A_2}{A_1}$$

当 $A_2/A_1 = 50$ 时，则 $p_1 = 50 p_2$。此高压可将液缸中的液体排出。图 9-52 为气动放大泵示意图。

单液缸气动放大泵在每个输液冲程结束，气缸和液缸活塞即快速反向运行而重新吸液，结果几乎不中断载液输出，但基线会有暂时（约 1s）的波动。若有双液缸，则可通过两个电磁阀定时切换气体压力，实现在一个液缸输液的同时，另一个液缸正在吸液，从而实现载液的连续输出而不会引起基线的波动。

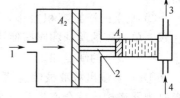

图 9-52　气动放大泵
1—进气；2—连杆；
3—输液；4—吸液

使用气动放大泵时，其输出载液的流量不仅由泵的输出压力决定，还取决于流动相的黏度及色谱柱的压力降（与柱长、固定相粒度和填充情况有关），因此在分析时不能获得稳定的流量。

气动放大泵的优点是：能以比较简单的方式建立高压并输出无脉动的恒压载液流；可与示差折光检测器配合使用；可利用改变气源压力的方法来调节载液流速。

气动放大泵的缺点是：不能输出恒定流量的载液，不易测出重复的保留时间，不能获得可靠的定性结果。此外，由于泵的液缸体积大（约 70mL），更换载液时操作不方便。

在高效液相色谱仪发展初期，恒压泵使用较多；但随着往复式恒流泵的广泛使用，恒压泵现已不再使用。但在制备高效液相色谱柱时，使用的匀浆装柱机中都配备气动放大泵，以快速建立所需的高压输出。

（三）梯度洗脱装置（阅读材料）

梯度洗脱是使流动相中含有两种或两种以上不同极性的溶剂，在洗脱过程中可连续或间断地改变流动相的组成以调节它的极性，使每个流出的组分都有合适的分配比（k），从而实现样品中各个组分的完全分离。梯度洗脱技术可提高柱效、缩短分析时间，并可改善检测器灵敏度。此技术类似于气相色谱中的程序升温技术，已在高效液相色谱法中获得广泛应用。

梯度洗脱有如下两种方式。

1. 低压梯度（外梯度）

在常压下将两种溶剂在混合器中混合，然后用高压输液泵将流动相输入到色谱柱中，其装置如图 9-53(a) 所示。此法的主要优点是仅需一个高压输液泵。

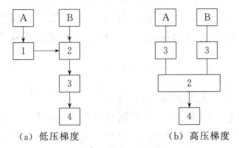

（a）低压梯度　　　　（b）高压梯度

图 9-53　梯度洗脱装置

1—计量泵；2—混合器；3—高压输液泵；4—色谱柱

操作时先将低极性溶剂 B 直接流入混合器，另一高极性溶剂 A 经低压计量泵入混合器，经充分混合后再用高压输液泵输至色谱柱。通过改变泵入混合器中的 A 溶剂的体积，可连续输出不同极性的载液，其极性可呈"指数形式"输出，也可以"线性梯度"或"阶梯式梯度"输出。

2. 高压梯度（内梯度）

它是在两种溶剂 A、B 进入色谱柱前，先用两台高压输液泵将强度不同的两种溶剂打入混合器进行混合后再进入色谱柱［见图 9-53(b)］。两种溶剂进入混合器的比例可由溶剂程序控制器或计算机来调节。此装置的优点是两台高压输液泵的流量皆可独立控制，从而获得任何形式的梯度程序，且易于实现自动化。

在进行梯度洗脱时应注意，溶剂的密度和黏度会影响混合后流动相的组成。此外，应配合使用对流动相组成变化不敏感的紫外吸收检测器，而不能使用对流动相组成变化敏感的示差折光检测器。

通常在高压输液泵（或梯度洗脱装置）和进样器之间的连接管线上，安装有不锈钢过滤器，内装有孔径为 $1\sim2\mu m$ 的烧结合金片，以滤去流动相中的机械杂质，保护色谱柱。

（四）进样装置

在高效液相色谱分析中由于使用了高效微粒固定相及高压流动相，样品以柱塞式注入色谱柱后，因柱的阻力大，样品分子在柱中的分子扩散很小，直至它从色谱柱流出后，也未与色谱柱内壁接触，从而引起的色谱峰形扩展很小，故能保持高柱效，此现象常称作高效液相色谱分析中的"无限直径效应"。

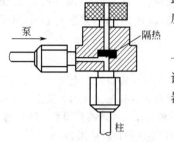

图 9-54　注射器进样装置

在高效液相色谱分析中如何保持柱塞式进样就是一个关键的操作，进样时应将样品定量地瞬间注入色谱柱的上端填料中心，形成集中的一点。常见的进样器有以下两种。

1. 注射器进样装置

此装置的示意图见图 9-54。用高效液相色谱专用注射器抽取一定量的样品，经橡胶进样隔垫注入到色谱柱头。对使用水-醇体系作流动相的反相色谱，可使用硅橡胶隔垫；对使用多种有机溶剂的正相色谱，应使用亚硝基氟橡胶隔垫。当色谱柱操作压力超过 15MPa 时，带压操作会引起载液泄漏，为此，可采用停流进样技术。进样前，先打开流动相泄流阀，使柱前压降至常压，再用注射器进样，然后关闭泄流阀，就完成一次进样。这种停流进样技术可取得与带压进样时同样的效果。现在这种进样方式已较少使用。

2. 六通阀进样装置

使用耐高压、低死体积的六通阀（见图 9-55）进样，其原理与气相色谱中气体样品的六通阀进样完全相似。此阀的阀体为不锈钢材料，旋转密封部分由坚硬的合金陶瓷材料制成，耐磨，密封性能好。当进样阀手柄置"取样"位置时，用特制的平头注射器吸取比定量管体积（$5\mu L$ 或 $10\mu L$）稍多的样品从 6 处注入定量管，多余的样品由 5 排出。再将进样阀手柄置"进样"位置，流动相将样品携带进入色谱柱。这种进样重现性好，能耐 20MPa 高压。

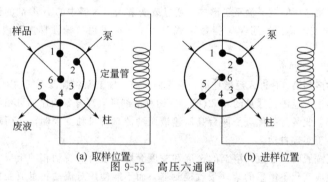

(a) 取样位置　　　　　　　　　　　　(b) 进样位置

图 9-55　高压六通阀

此外，还可使用自动进样装置，它由计算机自动控制定量注射器工作。取样、进样、复位、样品管路清洗和样品盘的转动全部按预定程序自动进行，一次可进行几十个或上百个样品的自动分析。使用这种进样装置，样品量可连续调节，进样重复性高，适合作大量样品分析。

（五）色谱柱

色谱柱是高效液相色谱仪中最重要的部件。

1. 柱材料

色谱柱常用内壁抛光的不锈钢管，以获得高柱效。使用前，柱管先用氯仿、甲醇、水依次清洗，再用 50% 的 HNO_3 对柱内壁作钝化处理，使 HNO_3 至少在柱管内滞留 10min，以便在内壁形成钝化的氧化物涂层。

2. 柱规格

一般采用直形柱管，标准填充柱柱管内径为 4.6mm 或 3.9mm，长 10~25cm，填料粒度为 5~10μm 时，柱效达每米 7000~10000 理论塔板数。若填料粒度为 3~5μm，柱长可减至 5~10cm。当使用内径为 0.5~1.0mm 的微孔填充柱，或内径为 30~50μm 的毛细管柱时，柱长为 15~50cm。

当使用粗内径短柱或细内径长柱时，应注意由于柱内体积减小，因柱外效应引起的峰形扩展不能忽视。此时应对进样器、检测器和连接接头作特殊设计，以减小柱外死体积。这对仪器和实验技术提出了更高的要求，但这样操作会降低流动相的消耗量并提高检测灵敏度。

3. 柱接头和连接管

在色谱柱的上下两端要安装过滤片，过滤片一般用多孔不锈钢烧结材料制成。此烧结片上的孔径小于填料颗粒直径，可让流动相顺利通过，却能阻挡流动相中极小的机械杂质，以保护色谱柱。

柱出、入口的连接管的死体积亦应愈小愈好，一般常用窄孔（内径 0.13mm）的厚壁（1.5~2.0mm）不锈钢管，以减小柱外死体积。柱管两端色谱柱接头的连接方式如图 9-56 所示。所用柱接头、连接螺帽、密封圈皆为不锈钢材料。

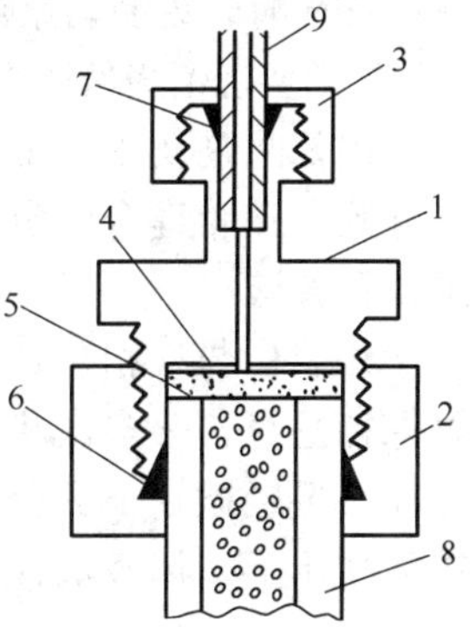

图 9-56　色谱柱接头

1—柱接头；2—连接柱的螺帽；3—连接管的螺帽；4—孔径 0.45μm 的纤维素滤膜；5—多孔不锈钢烧结片；6—柱密封圈（卡套）；7—连接管密封圈（卡套）；8—色谱柱管；9—连接管

4. 色谱柱的装填

色谱柱填充的方法根据固定相微粒的大小可用干法和湿法两种。微粒大于 20μm 的可用干法填充，要边填充边敲打和振动，使填得均匀扎实。直径 10μm 以下的微粒必须采用湿法装柱，其示意图见图 9-57。

湿法装柱又称等密度匀浆装填法。此法常用对二氧六环和四氯化碳，或四氯乙烯和四溴乙烷等溶剂，按待用固定相的密度不同，采用不同的溶剂比例，配成密度与固定相相似的混合液为匀浆剂。如对硅胶固定相，可使用由四溴乙烷（20 份）、对二氧六环（15 份）和四氯化碳（15 份）组成的匀浆剂，或由四溴甲烷（60.6%）与四氯乙烯（39.4%）组成的匀浆剂。对氧化铝固定相，可使用由四溴乙烷（9 份）和对二氧六环（1 份）组成的匀浆剂。操作时，用匀浆剂把固定相调成均匀的、无明显结块的半透明匀浆，脱气后装入匀浆罐中。开动高压泵，打开放空阀，待顶替液从放空阀出口流出时，即关闭阀门。调节高压

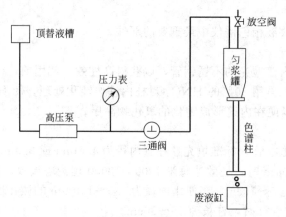

图 9-57　湿法匀浆装柱示意图

泵，使压力达到 30～50MPa。打开三通阀，顶替液便迅速将匀浆顶入色谱柱中，匀浆剂、顶替液通过柱下端的筛板，流入废液缸，如图 9-57 所示。当压力下降到 10～20MPa 时，说明匀浆液已被顶替液置换，柱子已装填完毕，但此时不能马上关掉高压泵，需要逐渐降低压力，匀速降至常压后停泵，卸下柱子，装在进样器上即可。

　　所用匀浆剂及顶替液应根据固定相的性质选定，并进行脱水处理。一般情况下，硅胶、正相键合固定相用己烷作顶替液，反相键合相、离子交换树脂用甲醇、丙酮作顶替液。

　　干法装柱与气相色谱法相似。在柱子的一端接上一个小漏斗，另一端装上筛板，保持垂直，分多次将固定相倒入漏斗装入柱中，并轻敲管柱直至填满为止。除去漏斗，再轻撒柱子数分钟，至确认已装满，然后装好筛板，接上高压泵，在高于使用的柱压下，用载液冲洗 30min，以逐去空气。

　　(六) 检测器

　　检测器是高效液相色谱仪的三大关键部件（高压输液泵、色谱柱、检测器）之一。常用的检测器为紫外吸收检测器（UVD）、示差折光检测器（RID）、电导检测器（ECD）和荧光检测器（FD），它们的详细介绍见本章有关内容。

　　(七) 微处理机和色谱数据工作站

　　高效液相色谱的分析结果除可用记录仪绘制色谱图外，现已广泛使用微处理机和色谱数据工作站来记录和处理色谱分析的数据。

　　微处理机是用于色谱分析数据处理的专用微型计算机，它可与气相色谱仪或高效液相色谱仪直接连接，构成一个比较完整的色谱分析系统。

　　一般微处理机包括一定容量的程序存储器、分析方法存储器、数据存储器和谱图记录或显示器。通过对色谱参数的逐个提问，来输入指令定时控制，如自动进样、流量变化、梯度洗脱（或程序升温）、流分收集、谱图存储等，可指导操作者利用键盘给出指令和数据。通常利用功能键给出操作参数指令，利用数字键输入相关的数据。每次色谱分析结束，打印绘图机可当场绘出色谱图，同时标出每个色谱峰的名称、保留时间、峰高或峰面积。在计算峰面积时，可自动修正和优化色谱分析数据，如对基线进行校正、搭界色谱峰的分解等，并可利用已存储的分析方法计算程序，按操作者的要求（如内标法、外标法、归一化法等）自动打印出分析结果。微处理机可与光盘驱动器或软盘驱动器连接，以存储色谱分析优化方法的计算程序（使用 C 语言）。微处理机的广泛使用大大提高了分析速度，也改善了分析结果的准确度和精密度。

20 世纪 80 年代末期至现在，由于个人用微型计算机的普遍推广及其价格的不断降低，作为微处理机换代产品的色谱数据工作站已有多种牌号的产品在国内市场出现。

色谱数据工作站多采用 64 位的高档微型计算机，内存大于 256M 字节，CPU 为"奔腾 4"以上，并配有大于 40G 的硬盘和打印机。它除具有一般微处理机的全部功能外，还提高了数据处理的精度和可靠性，并提供了强大的软件系统，如中文 Windows 操作平台、丰富的谱图处理功能（谱图的放大、缩小，峰的合并、删除，多重绘图功能等）、多种色谱参数的应用软件（如绘制标准工作曲线，计算柱效、分离度、拖尾因子，进行仿真模拟）、多种色谱过程优化软件（如单纯形优化、窗图优化、溶剂选择三角形优化、重叠分离图优化等多种方法）、保留指数定性软件、多维色谱系统控制软件、色谱模拟蒸馏软件等。

例如，中国科学院大连化学物理研究所色谱室、国家色谱研究中心研制的"智能色谱工作站"，其中包括由他们提供的"高效液相法及其专家系统"的软件包。此软件包由液相色谱最佳柱系统推荐软件、高效液相色谱智能优化软件、反相液相色谱定性软件、谱图库建立、谱图检索及显示软件等组成，它们都可在色谱数据工作站上运行。

色谱数据工作站的出现，不仅大大提高了色谱分析工作的速度，也为色谱分析工作者进行理论研究、开拓新型分析方法创造了有利的条件。可以预料，随着电子计算机技术的迅速发展，色谱数据工作站的功能也会日益完善。

三、高效液相色谱检测器

高效液相色谱仪中的检测器主要用于检测经色谱柱分离后的组分浓度的变化，并由记录仪绘出色谱图来进行定性、定量分析。

一个理想的液相色谱检测器应具备以下特征：灵敏度高；对所有的溶质都有快速响应；响应对载液流量和温度变化都不敏感；不引起柱外谱带扩展；线性范围宽；适用的范围广。

可惜至今还没有一种检测器能完全具备这些特征。在高效液相色谱技术发展中，检测器至今是一个薄弱环节，它没有相当于气相色谱中使用的热导池检测器和氢火焰离子化检测器那样既通用又灵敏的检测器。但近几年广泛使用的蒸发光散射检测器（ELSD）有望成为高效液相色谱仪的全新、通用、灵敏的质量检测器。

（一）检测器的分类和响应特性

1. 按检测的对象分类

（1）整体性质检测器　检测从色谱柱中流出的流动相总体物理性质的变化情况，如示差折光检测器和电导检测器，它们分别测定柱后流出液总体的折射率和电导率。此类检测器测定灵敏度低，必须用双流路进行补偿测量，易受温度和流量波动的影响，造成较大的漂移和噪声，不适合于痕量分析和梯度洗脱。

（2）溶质性质检测器　只检测柱后流出液中溶质的某一物理或化学性质的变化，如紫外光度检测器和荧光检测器，它们分别测量溶质对紫外光的吸收和溶质在紫外光照射下发射的荧光强度。此类检测器灵敏度高，可单流路或双流路补偿测量，对载液流量和温度变化不敏感，但不能使用对紫外线有吸收的载液。它们可用于痕量分析和梯度洗脱。

2. 按适用性分类

（1）选择性检测器　它对不同组成的物质响应差别极大，因此只能选择性地检测某些物质。如紫外光度检测器、荧光检测器和电导检测器。

（2）通用型检测器　它对大多数物质的响应相差不大，几乎适用于所有物质。示差折光检测器属于通用型检测器，但它的灵敏度低，受温度影响波动大，使用时有一定局限性。

上面提到的四种检测器皆属于非破坏性检测器，样品流出检测器后可进行流分收集，并可与其他检测器串联使用。荧光检测器因测定中加入荧光试剂，对样品会产生污染，当串联使用时应将它放在最后检测。

3. 检测器的性能指标

表 9-22 列出了各类检测器的性能指标。

表 9-22　检测器的性能指标

性　能	可变波长紫外吸收检测器（UVD）	折光指数检测器（RID）	荧光检测器（FD）	电导检测器（ECD）
测量参数	吸光度（A）	折射率	荧光强度	电导率
池体积/μL	$1\sim10$	$3\sim10$	$3\sim20$	1
类型	选择性	通用型	选择性	选择性
线性范围	10^5	10^4	10^3	10^4
最小检出浓度/g·mL^{-1}	10^{-10}	10^{-7}	10^{-11}	10^{-3}
最小检出量	约 1ng	约 1μg	约 1pg	约 1mg
噪声（测量参数）	10^{-4}	10^{-7}	10^{-3}	10^{-3}
用于梯度洗脱	可以	不可以	可以	不可以
对流量的敏感性	不敏感	敏感	不敏感	敏感
对温度的敏感性	低	10^{-4}/℃	低	2%/℃

在评价检测器时，要强调以下几点。

（1）噪声　通常认为是由仪器的电器元件、温度波动、电压的线性脉冲以及其他非溶质作用产生的高频噪声和基线的无规则波动。高频噪声似"绒毛"，使基线变宽，短周期噪声使记录仪的基线变化呈无规则的峰或谷。噪声的存在会降低检测灵敏度，严重时无法工作。

（2）漂移　是基线的一种向上或向下的缓慢移动，在较长时间（0.5～1.0h）可观察到，它可掩蔽噪声和小峰。漂移与整个液相色谱系统有关，而不仅是由检测器引起的。

（3）灵敏度（最小检出浓度或最小检出量）　在一个特定分析工作中，检测器是否有足够的灵敏度是十分重要的。当比较检测器时，常使用敏感度，即指信号与噪声的比值（信噪比）等于 2 时，在单位时间内进入检测器的溶质的浓度或质量。

（4）线性范围　在进行定量分析时，要求检测器有宽的线性范围，在一次分析中可同时对主要组分和痕量组分进行检测。

（5）检测器的池体积　它应小于最早流出的用于测量死时间的色谱峰洗脱体积的 1/10，否则会产生严重的柱外谱带扩展。

（二）紫外光度检测器（UVD）

紫外光度检测器是高效液相色谱中使用最广泛的一种检测器，它分为固定波长、可变波长和二极管阵列检测三种类型。

1. 固定波长紫外光度检测器

固定波长紫外光度检测器由低压汞灯提供固定波长 $\lambda = 254nm$（或 $\lambda = 280nm$）的紫外光，其结构如图 9-58 所示。由低压汞灯发出的紫外光经入射石英棱镜准直，

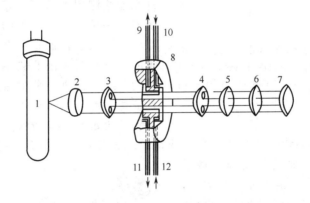

图 9-58　固定波长紫外光度检测器

1—低压汞灯；2—入射石英棱镜；3,4—遮光板；5—出射石英棱镜；6—滤光片；
7—双光电池；8—流通池；9,10—测量臂的入口和出口；11,12—参比臂的入口和出口

再经遮光板分为一对平行光束分别进入流通池的测量臂和参比臂，经流通池吸收后的出射光，经过遮光板、出射石英棱镜及紫外滤光片，只让 254nm 的紫外光被双光电池接收，双光电池检测的光强度经对数放大器转化成吸光度后，向记录仪输出。

为减小死体积，流通池的体积很小，仅为 5～10μL，光路为 5～10mm，结构常采用 H 形，见图 9-59。此检测器结构紧凑，造价低，操作维修方便，灵敏度高，适于梯度洗脱。

2. 可变波长紫外光度检测器

可变波长紫外光度检测器的结构示意图见图 9-60。

由光源（氘灯：紫外光；钨灯：可见光）发出的光经凹面镜、入口狭缝进入单色器，从出口狭缝射出，经滤光片由调制器将光线分别交替射入测量池和参比池光

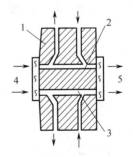

图 9-59　紫外检测器流通池

1—流通池；2—测量臂；
3—参比臂；4—入射光；
5—出射光

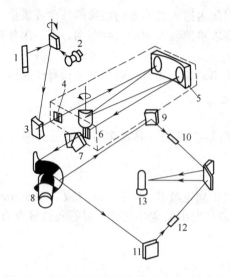

图 9-60 双光束可变波长紫外可见光度检测器
1—氘灯；2—钨灯；3,9,11—凹面镜；4—入口
狭缝；5—单色器；6—出口狭缝；7—滤光片；
8—调制器；10—测量池；12—参比池；
13—光电倍增管

由氘灯发出的紫外光经消除色差透镜系统聚焦后，照射到流通池（4.5μL），透过光经全息凹面衍射光栅色散后，由一个二极管阵列检测元件接收。此光路系统中光闸是唯一的运动部件，它有三个动作位置。

① 光闸将入射光束全部遮挡，以进行暗电流补偿。

② 将氧化钬滤光片插入光路，对衍射后的波长进行精确校正。

③ 打开光闸使入射光通过流通池照在光栅上。

此光学系统称为"反置光学系统"，不同于一般紫外光度检测器的光路。二极管阵列检测元件可由 1024、512 或 211 个光电二极管组成，可同时检测 180~800nm 的全部紫外光和可见光波长范围内的信号。对由 211 个光电二极管构成的阵列元件，可在 10ms 内完成一次检测，因此在一秒（1000ms）内可进行快速扫描以采集 20000 个检测数据。它可提供绘制随时间（t）的变化进入检测器的液流的光谱吸收曲线，即吸光度（A）随波长（λ）变化的曲线，因而可由获得的 A、λ、t 信息绘制出具有三维空间的立体色谱图（见图 9-62），并可用于被测组分的定性分析及纯度测定。全部检测过程由计算机控制完成。

路，再经凹面反光镜，将光聚集在光电倍增管上进行检测。

可变波长紫外光度检测器由于可选择的波长范围很大，既提高了检测器的选择性，又可选用组分的最灵敏吸收波长进行测定，从而提高了检测的灵敏度。它还有停流扫描功能，可绘出组分的光吸收谱图，以进行吸收波长的选择。

3. 光二极管阵列检测器（PDAD）

PDAD 是 20 世纪 80 年代发展起来的一种新型紫外光度检测器，它与普通紫外光度检测器的区别在于，进入流通池的不再是单色光，获得的检测信号不是在单一波长上，而是在全部紫外光波长上的色谱信号，因此它不仅可进行定量检测，还可提供组分的紫外吸收光谱定性信息。单光路二极管阵列检测器的光路示意图如图 9-61 所示。

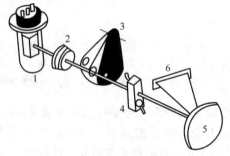

图 9-61 二极管阵列检测器的光路示意图
1—氘灯；2—消除色差透镜系统；3—光闸；4—流通池；
5—全息凹面衍射光栅；6—二极管阵列检测元件

（三）折光指数检测器（RID）

折光指数检测器又称示差折光检测器，是用连续检测参比池和测量池中溶液的折射率之差的方法来测定试样浓度的检测器。由于每种物质都具有各不相同的折射率，因此它是一种通用型检测器。

溶液的折射率等于溶液及其中所含各组分溶质的折射率与其各自的摩尔分数的乘积之和。当样品浓度低时，样品在流动相中流经测量池时的折射率与纯流动相流经参比池时的折射率之差，就表示了样品在流动相中的浓度。

此类检测器一般不能用于梯度洗脱，因为流动相组成的任何变化都有明显的响应，从而干扰被测样品的检测。

折光指数检测器按工作原理可分

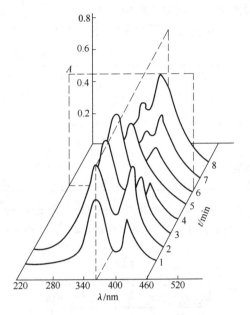

图 9-62 A-λ-t 三维图

为反射式、偏转式和干涉式三种。其中干涉式造价昂贵，使用较少；偏转式池体积大（约 $10\mu L$），适用于各种溶剂折射率的测定；反射式池体积小（约 $3\mu L$），当测定不同的折射率范围时（通常折射率分别为 $1.31\sim1.44$ 和 $1.40\sim1.60$ 两个区间），需要更换固定在三棱镜上的流通池，但其在高效液相色谱中应用较多。

反射式折光指数检测器依据菲涅尔反射原理，光路系统见图 9-63。钨丝光源发出的光经遮光板 M_1、红外滤光片 F、遮光板 M_2 后，形成两束能量相同的平行光，再经透镜 L_1 分别聚焦至测量池和参比池上，透过空气-三棱镜界面、三棱镜-液体界面的平行光，由池底镜面折射后再反射出来，再经透镜 L_2 聚焦在双光电管 D 上，信号经放大后，送入记录仪或微处理机绘出色谱图。此检测器就是通过测定经流动相折射后，反射光的强度变化来检测样品中组分浓度的。

折光指数检测器的普及程度仅次于紫外光度检测器，它对温度变化敏感，使用时温度变化要保持在 $\pm0.001℃$ 范围内。此检测器对流动相的流量变化也敏感，灵

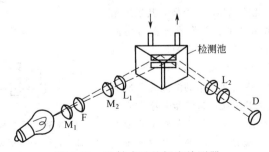

图 9-63 反射式示差折光检测器

敏度低，不宜用于痕量分析。

常用溶剂的折射率如表 9-23 所示。

表 9-23　一些溶剂在 20℃ 时的折射率（n）

溶　　剂	n	溶　　剂	n	溶　　剂	n	溶　　剂	n
甲醇	1.3288	丙酮	1.3588	正庚烷	1.3876	环己烷	1.4266
水	1.3330	乙醇	1.3611	1-氯丙烷	1.3886		(19.5℃)
二氯甲烷	1.3348	乙酸甲酯	1.3617	四氢呋喃	1.4076	氯仿	1.4433
	(15℃)	异丙醚	1.3679		(21℃)		(25℃)
乙腈	1.3441	乙酸乙酯	1.3701	二氧六环	1.4224	四氯化碳	1.4664
乙醚	1.3526		(25℃)			甲苯	1.4961
正戊烷	1.3579	正己烷	1.3749	溴乙烷	1.4239	苯	1.5011

（四）电导检测器（ECD）（阅读材料）

电导检测器是一种选择性检测器，用于检测阳离子或阴离子，在离子色谱中获得广泛应用。

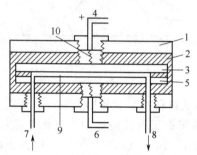

图 9-64　电导检测器的结构示意图

1—不锈钢压板；2—聚四氟乙烯绝缘层；3—玻璃碳正极；
4—正极导线接头；5—玻璃碳负极；6—负极导线接头；
7—流动相入口；8—流动相出口；9—0.05mm 厚聚四氟
乙烯薄膜（中间有条形孔槽，可通过流动相）；10—弹簧

由于电导率随温度变化，因此测量时要保持恒温。电导检测器不适宜用于梯度洗脱。

电导检测器的结构如图 9-64 所示。其主体为由玻璃碳（或铂片）构成的导电正极和负极，两电极间用 0.05mm 厚的聚四氟乙烯薄膜分隔开，此薄膜中间开一长条形孔道作为流通池，仅有 $1\sim3\mu L$ 的体积。正、负电极间仅相距 0.05mm，当流动相中含有的离子通过流通池时，会引起电导率的改变。这两个电极构成交流电桥的两臂，从电桥产生的不平衡信号经放大后输入记录仪。此检测器具有较高灵敏度，能检测电导率的差值为 $5\times10^{-4}\,S\cdot m^{-2}$。当使用缓冲溶液作流动相时，其检测灵敏度会下降。

（五）荧光检测器（FD）（阅读材料）

荧光检测器是利用某些溶质在受紫外光激发后，而发射可见光（荧光）的性质进行检测的，它是一种具有高灵敏度和高选择性的检测器。对不产生荧光的物质，可使其与荧光试剂反应，形成可产生荧光的衍生物后再进行测定。

图 9-65 是直角型荧光检测器的光路图，其激发光光路和荧光发射光路相互垂直。激发光光源常用氙灯，可发射 250～600nm 连续波长的强激发光，经透镜、滤光片（或单色器）后，分离出具有确定波长的激发光聚焦在流通池上，在流通池中的溶质受激发后产生荧光。为避免激发光的干扰，只测量与激发光成 90°方向的荧光，此荧光强度与产生荧光物质的浓度成正比。此荧光通过透镜聚光，再经滤光片（或单色器）选择出所需检测的波长，聚焦在光电倍增管上，

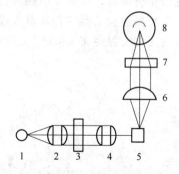

图 9-65　荧光检测器的光路图

1—氙灯；2,4,6—聚光透镜；3,7—滤光片；
5—流通池；8—光电倍增管

将光能转变成电信号，再经放大，送入微处理机。

荧光检测器的灵敏度比紫外光度检测器高 100 倍，但它的线性范围较窄，不能作为一般的检测器来使用。对痕量组分进行选择性检测时，它是一种有力的检测工具。荧光检测器可用于梯度洗脱，测定中不能使用可熄灭、抑制或吸收荧光的溶剂作流动相；对不能直接产生荧光的物质，要使用色谱柱后衍生技术，操作比较复杂。此检测器现已在生物化工、临床医学检验、食品检验、环境监测中获得广泛的应用。

（六）蒸发光散射检测器（ELSD）（阅读材料）

在高效液相色谱分析中，人们一直希望能有一台像 FID 那样的通用型质量检测器，对各种物质均有响应，且响应因子基本一致，它的检测不依赖于样品分子中的官能团，且可用于梯度洗脱。最能接近满足这些要求的就是蒸发光散射检测器。

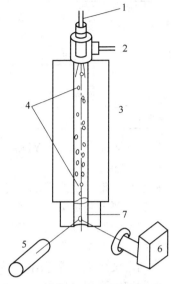

图 9-66 蒸发光散射检测器的工作原理示意图

1—HPLC 柱；2—喷雾气体（N_2）；
3—蒸发漂移管；4—样品液滴；
5—激光光源；6—光二极管检
测器；7—散射室

图 9-66 为蒸发光散射检测器的工作原理示意图。色谱柱后流出物在通向检测器方向，被高速载气（N_2）喷成雾状液滴，它在受温度控制的蒸发漂移管中，流动相不断蒸发，溶质形成不挥发的微小颗粒，被载气载带通过检测系统。检测系统由一个激光光源和一个光二极管检测器构成。在散射室中，光被散射的程度取决于散射室中溶质颗粒的大小和数量，粒子的数量取决于流动相的性质及喷雾气体和流动相的流速。当流动相和喷雾气体的流速恒定时，散射光的强度仅取决于溶质的浓度。此检测器可用于梯度洗脱，且响应值仅与光束中溶质颗粒的大小和数量有关，而与溶质的化学组成无关。

与 RID 及 UVD 比较，此检测器消除了溶剂的干扰和因温度变化引起的基线漂移，即使用梯度洗脱也不会产生基线漂移。它还具有喷雾器和漂移管易于清洗、死体积小、灵敏度高、喷雾气体消耗少的优点。可以预料，此检测器今后会获得广泛应用。

（七）高效液相色谱检测器的联用

在高效液相色谱分析中为实现一次进样获取多重信息，可在色谱柱后利用等比例分流器（三通）与两个检测器（UVD 和 RID）并联，或在色谱柱后串联一个 UVD 和一个 RID，从而实现非破坏性检测器的联用。

四、高效液相色谱的固定相和流动相

高效液相色谱依据分离原理的不同，可分为液固吸附色谱、液液分配色谱（键合相色谱）、离子交换色谱和凝胶色谱四种类型，它们使用的固定相和流动相也不相同。

（一）液固吸附色谱

1. 固定相

常用的液固吸附色谱固定相见表 9-24。

表 9-24　常用的液固吸附色谱固定相

| 性能 ＼ 固定相 | 全多孔硅胶 | | 全多孔堆积硅球（YDG） | 薄壳硅球（YBK）（薄壳厚 1μm） | 全多孔球形氧化铝 | 苯乙烯-二乙烯基苯高交联度（＞40％）共聚微球（YSG） | |
	无定形（YWG）	球形（YQG）				全多孔	非多孔
粒度/μm	5～10	5～10	5～10	25～50	10～30	5～10	2～5
孔径/nm	10～30	10～50	10	5～50	10～30	10～100	—
比表面积/m²·g⁻¹	300	300	300	5～15	100～200	250～500	5～20

表中 YWG、YQG、YDG、YBK、YSG 皆为我国生产的此类产品的商品牌号。

2. 流动相

在液相色谱分析中除了固定相对样品的分离起主要作用外，流动相对改善分离效果也有重要的辅助效应，因此必须了解表征溶剂特性的重要参数，如溶剂的极性、溶剂的洗脱强度、溶剂的黏度（η）、相对分子质量、密度、沸点等物理常数，以及与所使用的检测器相关的折射率、紫外吸收截止波长等。

溶剂的洗脱强度常用溶剂强度参数 $\varepsilon^{\ominus}$ 表示，它定义为单位吸附剂面积（A）上，溶剂和吸附剂之间的吸附能（$E^{\ominus}$）。

对 Al_2O_3 吸附剂：
$$\varepsilon^{\ominus}_{Al_2O_3} = \frac{E^{\ominus}}{A}$$

对 SiO_2 吸附剂：
$$\varepsilon^{\ominus}_{SiO_2} = 0.77 \times \varepsilon^{\ominus}_{Al_2O_3}$$

$\varepsilon^{\ominus}$ 数值愈大，表明此溶剂对吸附在固定相上的溶质的洗脱能力愈强（也即溶质在固定相上的容量因子 k 愈小）。

溶剂的极性常用溶解度参数 δ 表示，它定义为溶剂分子的凝聚能 E 与其摩尔体积 V 比值的平方根：

$$\delta = \sqrt{\frac{E}{V}}$$

δ 数值愈大，则溶剂的极性愈强，溶剂的洗脱强度也愈大，因此它也可作为衡量溶剂强度的指标。

在高效液相色谱分析中，溶剂的黏度（是指动力黏度）是影响色谱分离的重要参数，当溶剂的黏度大时，会降低溶质在流动相中的扩散系数及在两相间的传质速度，并降低柱子的渗透性，导致柱效的下降和分析时间的延长。

通常溶剂的黏度应保持在 0.4mPa·s 以下。对黏度为 0.2～0.3mPa·s 的溶剂，可与黏度大的溶剂混合，组成溶剂强度范围宽、黏度适用的混合溶剂，以供选择使用。对黏度小于 0.2mPa·s 的溶剂，由于沸点太低，在高压泵输液过程中会在检测器中形成气泡而不宜单独使用。

当两种黏度不同的溶剂混合时，其黏度变化不呈现线性。例如，在反相液液色谱中，水与乙腈、甲醇、四氢呋喃、乙醇、正丙醇混合，在 20℃时，其黏度变化如图 9-67 所示。由图中可看到，当水中含 40％（体积分数）甲醇时，其黏度最大，达 1.84mPa·s；当水中含 62％（体积分数）正丙醇时，其黏度高达 3.2mPa·s；显然这两种高黏度二元溶剂混合溶液不适于作液相色谱的流动相。

常用有机溶剂的特性参数见表 9-25。

在液固色谱分析中使用硅胶、氧化铝作极性固定相时，流动相以弱极性的戊烷、己烷、庚烷作主体，适当加入氯仿、二氯甲烷、乙醚等中等极性溶剂或乙腈、异丙醇、甲醇等强极性溶剂作改性剂，以调节样品中不同组分的分离情况。当使用苯乙烯-二乙烯基苯高交联共聚微球作非极性固定相时，应以水或甲醇作为流动相的主体，加入乙腈、四氢呋喃来调节溶剂的强度。

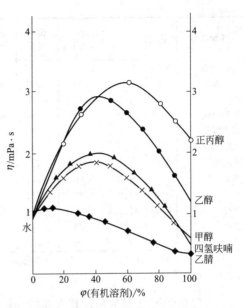

图 9-67　几种含水溶剂流动相的黏度变化（20℃）

（二）液液分配色谱

1. 固定相

液液分配色谱的固定相多采用化学键合固定相，以全多孔球形硅胶 YQG（或全多孔无定形硅胶 YWG）作载体，与端基含有十八烷基（—$C_{18}H_{37}$）、醚基（—ROR'）、苯基（—C_6H_5）、氨基（—NH_2）、氰基（—CN）的硅烷偶联剂进行化学键合，制成非极性的十八烷基键合固定相（ODS），弱极性的醚基、苯基键合固定相和极性的氨基、氰基键合固定相。

表 9-25　常用有机溶剂的特性参数

溶剂名称	$\epsilon^{\ominus}_{Al_2O_3}$	δ	η /mPa·s	相对密度	相对分子质量	沸点 /℃	折射率	UV 截止波长 /nm	备 注[①]
正戊烷	0.00	7.1	0.23	0.629	72.1	36.2	1.358	210	LSC、UVD
正己烷	0.01	7.3	0.33	0.659	86.2	68.2	1.375	200	LSC、UVD
环己烷	0.04	8.2	1.00	0.779	84.2	81.4	1.427	210	LSC、UVD
四氯化碳	0.18	8.6	0.97	1.590	153.8	76.8	1.466	265	
间二甲苯	0.26	8.8	0.62	0.864	106.2	139.1	约1.500	290	
甲苯	0.29	8.9	0.59	0.866	92.1	110.6	1.496	285	
苯	0.32	9.2	0.65	0.879	78.1	80.1	1.501	280	
乙醚	0.38	7.4	0.23	0.713	74.1	34.6	1.353	220	
氯仿	0.40	9.1	0.57	1.500	119.4	61.2	1.443	245	LSC
二氯甲烷	0.42	9.6	0.44	1.336	84.9	40.1	1.424	235	LSC
四氢呋喃	0.45	9.1	0.55	0.880	72.1	66.0	1.408	215	LLC(反)、UVD
1,2-二氯乙烷	0.49	9.7	0.79	1.250	96.9	83.0	1.445	225	
2-丁酮	0.51		0.40	0.805	72.1	79.6	1.381	330	
丙酮	0.56	9.4	0.32	0.818	58.1	56.5	1.359	330	
对二氧六环	0.56	9.8	1.54	1.033	88.1	101.3	1.422	220	UVD

溶剂名称	$\epsilon^{\ominus}_{Al_2O_3}$	δ	η /mPa·s	相对密度	相对分子质量	沸点/℃	折射率	UV截止波长/nm	备 注①
乙酸乙酯	0.58	8.6	0.45	0.901	88.1	77.2	1.370	260	
三乙胺	0.54	7.5	0.38	0.728	101.1	89.5	1.401		
乙腈	0.65	11.8	0.37	0.782	41.05	82.0	1.344	190	LLC(反)、UVD
硝基甲烷	0.64	11.0	0.67	1.394	61.0	101.2	1.138	380	
邻二氯苯			1.324	1.306	147.0	180.5	1.552		GPC、RID
二甲基甲酰胺		11.5	0.92	0.949	73.1	153.0	1.428		GPC、RID
异丙醇	0.82		2.30	0.786	60.1	82.3	1.380	210	LLC(反)、UVD
四氯乙烯		9.3	0.90	1.620	165.8	121.0	1.505		GPC、RID
乙醇	0.88	11.2	1.20	0.789	46.07	78.5	1.361	210	LLC(反)、UVD
甲醇	0.95	12.9	0.60	0.796	32.04	64.7	1.329	205	LLC(反)、UVD
乙酸		12.4	1.26	1.049	60.05	117.9	1.372		
水		21	1.00	1.000	18.0	100.0	1.330		LLC(反)、UVD

① LSC—液固色谱；LLC（反）—反相液液色谱；GPC—凝胶渗透色谱；UVD—紫外光度检测器；RID—示差折光检测器。

这类化学键合固定相，其表面的特征官能团与硅胶结合得十分牢固，能耐各种溶剂的洗脱，无流失现象，可用于梯度洗脱，传质速度快，已在高效液相色谱中获得广泛的应用。尤其是 ODS 柱，在液液分配色谱中发挥了重要的作用。

由于化学键合固定相具有不同的极性，当进行分析时，若流动相的极性大于化学键合固定相的极性，就称作反相液液色谱；若化学键合固定相的极性大于流动相的极性，就称作正相液液色谱。因此当使用不同极性的键合固定相时，其选择流动相的原则也不相同。

表 9-26 列出了常用化学键合相的类型及应用范围。

表 9-26 常用化学键合相的类型及应用范围

类 型	键合官能团	性质	色谱分离方式	应 用 范 围
烷基 C_8、C_{18}	$-(CH_2)_7-CH_3$ $-(CH_2)_{17}-CH_3$	非极性	反相、离子对	中等极性化合物,溶于水的高极性化合物,例如:小肽、蛋白质、甾族化合物(类固醇)、核碱、核苷、核苷酸、极性合成药物等
苯基 $-C_6H_5$	$-(CH_2)_3-C_6H_5$	非极性	反相、离子对	非极性至中等极性化合物,例如:脂肪酸、甘油酯、多核芳烃、酯类(邻苯二甲酸酯)、脂溶性维生素、甾族化合物(类固醇)、PTH 衍生化氨基酸
酚基 $-C_6H_5OH$	$-(CH_2)_3-C_6H_5OH$	弱极性	反相	中等极性化合物,保留特性相似于 C_8 固定相,但对多环芳烃、极性芳香族化合物、脂肪酸等具有不同的选择性

续表

类 型	键合官能团	性质	色谱分离方式	应 用 范 围
醚基 —CH—CH$_2$ \ O /	—(CH$_2$)$_3$—O—CH$_2$—CH—CH$_2$ \ O /	弱极性	反相或正相	醚基具有斥电子基团,适于分离酚类、芳硝基化合物,其保留行为比 C$_{18}$ 更强(k 增大)
二醇基 —CH—CH$_2$ | | OH OH	—(CH$_2$)$_3$—O—CH$_2$—CH—CH$_2$ | | OH OH	弱极性	正相或反相	二醇基团比未改性的硅胶具有更弱的极性,易用水润湿,适于分离有机酸及其低聚物,还可作为分离肽、蛋白质的凝胶过滤色谱固定相
芳硝基 —C$_6$H$_5$—NO$_2$	—(CH$_2$)$_3$—C$_6$H$_5$—NO$_2$	弱极性	正相或反相	分离具有双键的化合物,如芳香族化合物、多环芳烃
氰基 —CN	—(CH$_2$)$_3$—CN	极性	正相、反相	正相相似于硅胶吸附剂,为氢键接受体,适于分析极性化合物,溶质保留值比硅胶柱低;反相可提供与 C$_8$、C$_{18}$、苯基柱不同的选择性
氨基 —NH$_2$	—(CH$_2$)$_3$—NH$_2$	极性	正相、反相、阴离子交换	正相可分离极性化合物,如芳胺取代物、脂类、甾族化合物、氯代农药;反相分离单糖、双糖和多糖等碳水化合物;阴离子交换可分离酚、有机羧酸和核苷酸
二甲氨基 —N(CH$_3$)$_2$	—(CH$_2$)$_3$—N(CH$_3$)$_2$	极性	正相、阴离子交换	正相相似于氨基柱的分离性能;阴离子交换可分离弱有机碱
二氨基 —NH(CH$_2$)$_2$NH$_2$	—(CH$_2$)$_3$—NH—(CH$_2$)$_2$—NH$_2$	极性	正相、阴离子交换	正相相似于氨基柱的分离性能;阴离子交换可分离有机碱

2. 流动相

在液固色谱中使用的各种溶剂都可在液液色谱中应用。

若进行反相色谱分析,因固定相为十八烷基非极性键合固定相(ODS)或醚基、苯基弱极性键合固定相,选用的流动相应以强极性的水作为主体,加入甲醇、乙腈、四氢呋喃作为改性剂,以调节溶剂强度来改善样品中不同组分的分离度。

若进行正相色谱分析,因选用了强极性的氨基、氰基键合固定相,可以正己烷作为流动相的主体,加入氯仿、二氯甲烷、乙醚(或甲基叔丁基醚)作为改性剂,以调节溶剂强度来改善分离。

(三)离子(交换)色谱

1. 基本原理

典型的离子交换剂是含磺酸基或羧酸基的阳离子交换树脂或含季铵基的阴离子交换树脂,它们可以分离阳离子或阴离子,离子交换过程可表示为

$$R^-Y^+ + X^+ \rightleftharpoons R^-X^+ + Y^+ \qquad (阳离子交换)$$

$$R^+Y^- + X^- \rightleftharpoons R^+X^- + Y^- \qquad (阴离子交换)$$

式中，X^+（X^-）为溶质离子；R^-Y^+（R^+Y^-）为离子交换树脂；Y^+（Y^-）为从树脂上交换下来的离子；R^-（R^+）为离子交换树脂上的交换中心离子。离子交换色谱就是基于溶质离子与树脂交换中心离子相互作用强度的差异而实现分离的。若溶质离子与树脂交换中心离子的相互作用弱，则它在柱中保留时间短而先流出；反之，它将在柱中有较长保留时间而后流出。以阳离子交换为例，每种离子的离子交换平衡常数（即选择性系数）可表示为

$$K_s = \frac{[R^-X^+][Y^+]}{[R^-Y^+][X^+]}$$

被交换离子的容量因子 k_s 为

$$k_s = K_s \frac{V_s}{V_M}$$

式中，V_s 为柱中离子交换树脂的体积；V_M 为柱中流动相的体积。

溶质离子在离子交换柱上的容量因子 k_s 除与离子自身所带的电荷、半径有关外，也与离子交换树脂的交换容量、流动相的 pH 和离子强度有关。

2. 固定相

早期使用低交联度（<15%）的苯乙烯-二乙烯基苯共聚微球，粒径为 10～30μm。现已采用高交联度（>40%）的此类微孔网状树脂（孔径为 5～10nm）或大孔网状树脂（孔径为 10～50nm），还可制成以 5～30μm 的树脂球作基体，表面附聚一层厚约 0.5μm 小树脂球的薄壳型。

此类树脂可利用一般制备离子交换树脂的工艺，制成含磺酸基（—SO_3H）、羧基（—COOH）的强酸型、弱酸型阳离子交换树脂，以及含季铵基（—$NR_3^+Cl^-$）或伯氨基（—NH_2）、仲氨基（—RNH）的强碱型、弱碱型阴离子交换树脂。

表 9-27 显示了常用的有机聚合物基质离子交换树脂的性质。

表 9-27　常用离子交换树脂的性质

色谱柱型号	基　质	粒径 /μm	物理结构	交换基团	交换容量 /mmol·g⁻¹
阳离子交换柱					
Ionpac CS3	聚苯乙烯	10	表层	—SO_3H	0.01
Ionpac CS5	聚苯乙烯	13	表层	—SO_3H，—N^+R_3	0.02
Ionpac Fast Cation Ⅰ	聚苯乙烯	13	表层	—SO_3H	0.005
Ionpac Fast Cation Ⅱ	聚苯乙烯	7	表层	—SO_3H	0.005
Shim-pack IC-C1	聚苯乙烯	10	表层	—SO_3H	0.025
TSKgel IC Cation	聚苯乙烯	10	表层	—SO_3H	0.01
TSKgel IC Cation-SW	硅胶	5	全多孔	—SO_3H	0.3
Shodex IC-Y-421D	硅胶	5	表层	—COOH	0.03
Shodex IC-T-521	聚苯乙烯	10	全多孔	—SO_3H	0.015

续表

色谱柱型号	基　质	粒径/μm	物理结构	交换基团	交换容量/mmol·g⁻¹
阳离子交换柱					
Shodex IC-R-621	聚苯乙烯	5	全多孔	—SO_3H	2~3
HPICCS2	聚苯乙烯	13	表层	—SO_3H	0.02
YSC-1(国产)	聚苯乙烯	20	表层	—SO_3H	0.02
YSC-2(国产)	聚苯乙烯	10	表层	—SO_3H	0.02
阴离子交换柱					
Ionpac AS4	聚苯乙烯	15	表面多孔	—N^+R_3	0.02
Ionpac AS5	聚苯乙烯	15	表面多孔	—N^+R_3	0.01
Ionpac AS7	聚苯乙烯	10	表面多孔	—N^+R_3	0.02
Ionpac AS9	聚苯乙烯	15	表面多孔	—N^+R_3	0.03
Ionpac Fast Anion	聚丙烯酸酯	15	表面多孔	—N^+R_3	0.005
Shim-pack IC-A1	聚丙烯酸酯	10	全多孔	—N^+R_3	0.05
Shim-pack IC-A2	聚丙烯酸酯	10	表层	—N^+R_3	0.015
TSKgel IC Anion-SW	硅胶	5	全多孔	—N^+R_3	0.3
TSKgel IC Anion-PW	聚甲基丙烯酸酯	10	全多孔	—N^+R_3	0.1
Shodex IC-1-524A	聚丙烯酸酯	10	全多孔	—N^+R_3	0.04
HPIC-AS3	聚苯乙烯	25	表层	—N^+R_3	0.03
YSA-4(国产)		20		—N^+R_3	0.015
YINOPAK-LOIA(国产)	聚苯乙烯	20	表面多孔	—N^+R_3	0.02

当使用 10~30μm 上述树脂作固定相时，其在高压下操作，已不同于经典的常压离子交换色谱，所以现常称作离子色谱。

3. 抑制器的工作原理及发展

在化学抑制型电导检测法中，抑制反应是构成离子色谱的高灵敏度和选择性的重要因素，也是选择分离柱和流动相时必需考虑的主要因素。

离子色谱有几种检测方式可用，其中电导检测是最主要的，因为它对水溶液中的离子具有通用性。然而，正因为它的通用性，作为离子色谱的检测器，它本身就带来一个问题，即对流动相有很高的检测信号，这就使得它难以识别洗脱时样品离子所产生的信号。Small 等人提出的简单而巧妙的解决方法是选用弱酸的碱金属盐为分离阴离子的流动相，无机酸（硝酸或盐酸）为分离阳离子的流动相。当分离阴离子时，使流动相通过置于分离柱和检测器之间的一个氢（H^+）型强酸性阳离子交换树脂填充柱；分析阳离子时，则通过 OH^- 型强碱性阴离子交换树脂柱。这样，阴离子流动相中的弱酸盐被质子化生成弱酸；阳离子流动相中的强酸被中和生成水，从而使流动相本身的电导大大降低。这种柱子称为抑制柱。

抑制器主要起两个作用，一是降低流动相的背景电导，二是增加被测离子的电导值，改善信噪比。图 9-68 说明了离子色谱中化学抑制器的作用。图中的样品为阴离子 F^-、Cl^-、SO_4^{2-} 的混合溶液，流动相为 NaOH。若样品经分离柱之后的洗脱液直接进入电导池，则得到图 9-68(b) 的色谱图。图中非常高的背景电导来自流动相 NaOH，被测离子的峰很小，即信噪比不好，一个大的系统峰（与样品

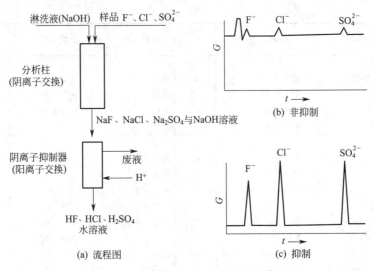

图 9-68　离子色谱中化学抑制器的作用

中阴离子相对应的阳离子）在 F^- 峰的前面。而当洗脱液通过化学抑制器之后再进入电导池，则得到图 9-68(c) 的色谱图。在抑制器中，流动相中的 OH^- 与 H^+ 结合生成水；样品离子在低电导背景的水溶液中进入电导池，而不是在高背景的 $NaOH$ 溶液中进入电导池；被测离子的反离子（阳离子）与流动相中的 Na^+ 一同进入废液，因而消除了大的系统峰。溶液中与样品阴离子对应的阳离子转变成了 H^+，由于电导检测器是检测溶液中阴离子和阳离子的电导总和，而在阳离子中，H^+ 的摩尔电导最高，因此样品阴离子 A^- 与 H^+ 的摩尔电导总和也被大大提高。

　　抑制器的发展经历了四个阶段。最早的抑制器是树脂填充的抑制柱，其主要缺点是不能连续工作，树脂上的 H^+ 或 OH^- 消耗之后需要停机再生；另一个缺点是死体积较大。1981 年商品化的管状纤维膜抑制器不需要停机再生，可连续工作，它的缺点是抑制容量中等和机械强度较差。第三阶段是 1985 年发展起来的平板微膜抑制器，它不仅可连续工作，而且具有高的抑制容量，满足梯度淋洗的要求。1992 年进入市场的自身再生抑制器是第四阶段，这种抑制器不用化学试剂来提供 H^+ 或 OH^-，而是通过电解水产生的 H^+ 或 OH^- 来满足化学抑制器所需的离子，其最新型号是 SRS-ULTRA。这种抑制器平衡快，背景噪声低，坚固耐用，工作温度从室温到 $40℃$，并可在高达 40% 的有机溶剂（反相液相色谱用有机溶剂）存在下正常工作。虽然树脂填充的抑制器是第一代抑制器，但由于其制作简单（可自己制作），价格便宜，抑制容量为中等，至今仍在使用。

　　4. 流动相

　　离子交换色谱主要使用由弱酸及其盐或弱碱及其盐组成的具有不同 pH 值的低浓度缓冲溶液，以离子交换机理实现分离。操作中可通过调节流动相的 pH 和溶液的离子强度来改善分离度，也可通过加入配位剂和有机溶剂的方法来改善分离度。

　　表 9-28 为用于化学抑制型电导检测器的阳离子和阴离子分析的流动相。

表 9-28 用于化学抑制型电导检测器的流动相

<table>
<tr><th colspan="2">流动相</th><th>被洗脱离子</th><th>流动相的洗脱强度</th><th>抑制反应产物</th></tr>
<tr>
<td rowspan="10">用于阳离子分析</td>
<td>0.005mol・L^{-1} HCl
0.002mol・L^{-1} HNO_3</td>
<td>Li^+、Na^+、NH_4^+、K^+、Rb^+、Cs^+ 及 H_2NCH_3、$HN(CH_3)_2$、$N(CH_3)_3$</td>
<td>强</td>
<td>H_2O</td>
</tr>
<tr>
<td>0.0015mol・L^{-1} HCl + 0.0015mol・L^{-1} 间苯二胺</td>
<td rowspan="3">Mg^{2+}、Ca^{2+}、Sr^{2+}、Ba^{2+}</td>
<td rowspan="3">中强</td>
<td>H_2O,间苯二胺</td>
</tr>
<tr>
<td>0.001mol・L^{-1} HNO_3 + 0.001mol・L^{-1} 乙二胺(pH=6.1)</td>
<td>H_2O,乙二胺</td>
</tr>
<tr>
<td>0.004mol・L^{-1} HNO_3 + 0.0025mol・L^{-1} $Zn(NO_3)_2$</td>
<td>H_2O,$Zn(OH)_2$</td>
</tr>
<tr>
<td>0.010mol・L^{-1} 柠檬酸 + 0.0035mol・L^{-1} 乙二胺</td>
<td>Fe^{3+}、Cu^{2+}、Ni^{2+}、Zn^{2+}、Co^{2+}、Fe^{2+}、Cd^{2+}、Ca^{2+}、Mg^{2+}</td>
<td rowspan="2">稍强</td>
<td>H_2O,乙二胺</td>
</tr>
<tr>
<td>0.002mol・L^{-1} 酒石酸 + 0.002mol・L^{-1} 乙二胺(pH=4.5)</td>
<td>Zn^{2+}、Co^{2+}、Ni^{2+}、Cd^{2+}、Pb^{2+}、Ca^{2+}、Sr^{2+}</td>
<td>H_2O,乙二胺</td>
</tr>
<tr>
<td>0.003mol・L^{-1} α-羟基异丁酸 + 0.004mol・L^{-1} 乙二胺</td>
<td>Lu^{3+}、Tm^{3+}、Ho^{3+}、Gd^{3+}、Nd^{3+}、Pr^{3+}、Ce^{3+}、La^{3+}、Er^{3+}、Dy^{3+}、Tb^{3+}等稀土元素离子</td>
<td>稍强</td>
<td>H_2O,乙二胺</td>
</tr>
<tr>
<td rowspan="4">用于阴离子分析</td>
<td>0.001mol・L^{-1}NaOH + 0.003mol・$L^{-1}$$Na_2CO_3$</td>
<td>F^-,Cl^-,NO_2^-,Br^-,NO_3^-</td>
<td>弱</td>
<td>H_2O</td>
</tr>
<tr>
<td>0.002mol・L^{-1}NaOH + 0.003mol・$L^{-1}$$Na_2CO_3$</td>
<td>大量 NO_3^- 中的 Cl^-、HPO_4^{2-}、SO_4^{2-}</td>
<td>强</td>
<td>H_2CO_3</td>
</tr>
<tr>
<td>0.0022mol・$L^{-1}$$Na_2CO_3$ + 0.00075mol・L^{-1}NaHCO$_3$</td>
<td>F^-、$COOH^-$、BrO_3^-、Cl^-、NO_2^-、HPO_4^{2-}、Br^-、NO_3^-、SO_4^{2-}</td>
<td>中</td>
<td>H_2O,H_2CO_3</td>
</tr>
<tr>
<td>0.005mol・$L^{-1}$$Na_2B_4O_7$</td>
<td>F^-、CH_3COO^-、$HCOO^-$、Cl^-、PO_4^{3-}、NO_3^-、I^-、SCN^-</td>
<td>最弱</td>
<td>H_3BO_3</td>
</tr>
</table>

(四) 凝胶色谱 (或空间排阻色谱)

1. 基本原理

凝胶色谱是依据溶质分子大小不同而实现分离的，它使用的固定相是一种多孔基体，可为柔性凝胶或刚性凝胶，具有不同的孔径。当样品进入色谱柱后，随流动相在凝胶外部间隙及孔穴附近流过，体积大的分子不能渗透到凝胶孔穴中去而受到排阻，最先流出色谱柱；中等体积的分子可以进入凝胶的一些孔穴，而不能进入另一些更小的孔穴，产生部分渗透作用，以稍后的时间流出色谱柱；体积小的分子能全部渗入凝胶内部的孔穴，而最后流出色谱柱。洗脱次序按相对分子质量由大至小先后流出色谱柱。溶质在凝胶固定相上进行分配的平衡常数，即渗透系数 K_{PF} 为

$$K_{PF} = \frac{[x_s]}{[x_m]}$$

式中，$[x_s]$ 和 $[x_m]$ 分别为溶质在凝胶上和流动相中的物质的量浓度。

溶质在凝胶色谱柱中的容量因子 k_{PF} 为

$$k_{PF} = K_{PF} \frac{V_P}{V_M}$$

式中，V_M 为凝胶填料间空隙的体积；V_P 为凝胶填料内孔穴的体积。由上述可知：

柱中流动相的体积 $\qquad V_m = V_M + V_P$

柱的总体积 $\qquad V_T = V_m + V_s$

式中，V_s 为柱中固定相的体积。

溶质的保留体积为

$$V_R = V_m + K_{PF} V_s$$

若柱中所有凝胶孔穴都不接受溶质分子，则 $[x_s] = 0$，即 $K_{PF} = 0$，此为凝胶的排斥极限；若柱中所有凝胶孔穴都接受溶质分子，则 $[x_s] = [x_m]$，即 $K_{PF} = 1$，此即为凝胶的渗透极限。

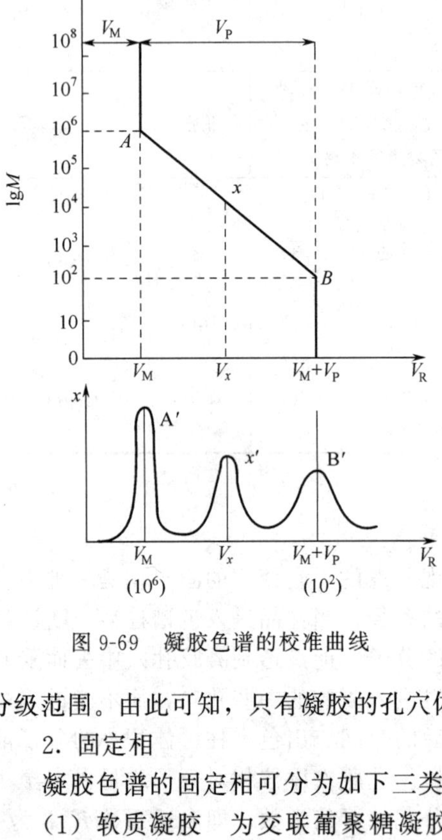

对由不同孔径的凝胶构成的色谱柱，其所能分离的样品相对分子质量（M）范围，是由组分从柱中洗脱出时的保留体积（V_R）来表示的。因此，为表示某凝胶色谱柱的特性，可作 $lgM\text{-}V_R$ 的校正图，如图 9-69 所示。图中 A 点（$K_{PF} = 0$）为排斥极限，即相当于相对分子质量大于 10^6 的分子被排斥在凝胶孔穴之外，以单一谱带 A' 流出柱外，保留体积相当于 V_M。图中 B 点（$K_{PF} = 1$）为渗透极限，相当于相对分子质量小于 10^2 的小分子都可完全渗入凝胶孔穴以内，以单一谱带 B' 流出柱外，保留体积相当于 $V_M + V_P$。由图中可看出，只有相对分子质量介于 $10^2 \sim 10^6$ 之间的化合物（K_{PF} 在 0～1 之间）可进入凝胶孔穴进行渗透分离，其保留体积为 V_x，A、B 两点之间的相对分子质量范围叫做此种凝胶的分级范围。由此可知，只有凝胶的孔穴体积 V_P 才是有分离能力的有效体积。

图 9-69 凝胶色谱的校准曲线

2. 固定相

凝胶色谱的固定相可分为如下三类。

（1）软质凝胶 为交联葡聚糖凝胶和网状交联聚丙烯酰胺凝胶。其溶胀作用大，只能在水相常压（<1.0MPa）下使用，适用于中、低压色谱，可用来分离蛋白质、多肽、核糖核酸及多糖。

（2）半刚性凝胶 为中等交联度的苯乙烯-二乙烯基苯共聚物、聚苯乙烯、聚甲基丙烯酸甲酯等树脂，粒度为 $37 \sim 75\mu m$，相对分子质量范围为 $10^2 \sim 10^8$。该类色谱柱可承受较高的压力，溶胀作用较小，可使用有机溶剂（如四氢呋喃、丙酮）作流动相，主要用于多种高聚物（塑料、橡胶、纤维）相对分子质量的测定。

（3）刚性凝胶　为多孔硅胶或多孔玻璃球，强度大，耐高压，在水和有机相中不变形。应避免在 pH＞7.5 的碱性介质中使用，以防止损坏硅胶。粒度为 $37\sim75\mu m$ 或 $75\sim125\mu m$，可分离的相对分子质量范围为 $10^3\sim10^6$。

3. 流动相

对软质凝胶的过滤色谱，可使用水或多种缓冲溶液作流动相。对硬质凝胶的渗透色谱，选择流动相时主要考虑它们对样品的溶解能力和折射率要大。凝胶渗透色谱常用的流动相见表 9-29。若使用高黏度流动相，不利于传质，会降低分离度。另外，要考虑所采用溶剂的腐蚀性，它会损坏仪器并降低其使用寿命。

表 9-29　凝胶渗透色谱常用的流动相

溶　剂	沸点 /℃	动力黏度 /mPa·s	折射率 (20℃)	使用温度 /℃	典型的分析应用(聚合物)
氯仿	61.7	0.58	1.446	室温	硅聚酯,N-乙烯吡咯烷酮聚合物,环氧树脂,脂族聚合物,纤维素
间甲基苯酚	202.8	20.8	1.544	30～135	聚酯,聚酰胺,聚亚胺酯
十氢萘	191.7	2.42	1.4758	135	聚烯烃
二甲基甲酰胺	153.0	0.90	1.4280	室温～85	聚丙烯腈,一些聚苯并咪唑,纤维素,聚亚胺酯
六氟异丙醇				室温～40	聚酯,聚酰胺
1,1,2,2-四氯乙烷				室温～100	低相对分子质量聚硫化物
四氢呋喃	66	0.55	1.4072	室温～45	一般聚合物(聚氯乙烯、聚苯乙烯),聚丙烯酸酯,聚芳醚,环氧树脂,纤维素
甲苯	110.6	0.59	1.4956	室温～70	高弹性橡胶,聚乙烯基酯
1,2,4-三氯苯	213	1.39 (25℃)	1.5717	130～160	聚烯烃
三氟乙醇	73.6	1.20 (38℃)	1.291	室温～40	聚酰胺
水(及缓冲液)	100	1.00	1.3330	室温～65	生物物质,生物聚合物,聚电解质(如聚乙烯酯)

五、高效液相色谱的基本理论

（一）表征色谱柱性能的重要参数

在高效液相色谱分析中使用的色谱柱具有以下特征：

① 固定相使用全多孔的、粒径 $5\sim10\mu m$ 的填料。

② 色谱柱具有内径窄（$4\sim6mm$）、柱长短（$10\sim25cm$）和入口压力高（$5\sim10MPa$）的特点。

③ 色谱柱具有高柱效（每米 $5\times10^3\sim10^4$ 理论塔板数）。

对这种具有高分离性能的色谱柱，应当了解色谱柱的填充情况，它常用色谱柱的总孔率、柱压力降和柱渗透率来表征。

1. 总孔率

指被固定相填充后的色谱柱，在横截面上可供流动相通过的孔隙率，用 ε_T 表示。

$$\varepsilon_T = \frac{F}{u\pi r^2} = \frac{Ft_M}{L\pi r^2} = \frac{Ft_M}{V}$$

式中，V 为色谱柱的死体积，mL；F 为流动相的体积流速，mL·s^{-1}；u 为流动相的线速度，cm·s^{-1}，$u = L/t_M$；r 为柱内径的半径，cm；t_M 为色谱柱的死时间，s。

ε_T 表达了色谱柱填料的多孔性。当使用全多孔硅胶固定相时，ε_T 约为 0.85。使用非多孔的玻璃微珠固定相时，ε_T 约为 0.40，此值可认为是柱中颗粒之间的孔率，用 ε 表示。

2. 柱压力降（Δp）

$$\Delta p = \frac{\varphi\eta Lu}{d_p^2} = \frac{\eta Lu}{k_0 d_p^2}$$

式中，φ 为色谱柱的阻抗因子；η 为流动相的黏度；L 为色谱柱长；u 为流动相的线速度；d_p 为固定相的颗粒直径；k_0 为色谱柱的比渗透系数。

k_0 与 φ 和 ε 有关：

$$k_0 = \frac{1}{\varphi} = \frac{\varepsilon^3}{180(1-\varepsilon)^2}$$

3. 柱渗透率（K_F）

$$K_F = k_0 d_p^2 = \frac{\eta Lu}{\Delta p}$$

K_F 值大，表明柱阻力小，柱渗透性好，流动相易于通过色谱柱。

（二）速率理论

在高效液相色谱分析中，溶质被液体流动相载带通过色谱柱时，引起色谱峰形扩展的因素和气相色谱过程完全相似，即存在涡流扩散、分子扩散和传质阻力三方面因素的影响。但液体流动相的密度和黏度都大大高于气体流动相，而其扩散系数（10^{-5}）远远小于气体流动相（10^{-1}），因此由分子扩散引起的峰形扩展较小，可以忽略。另外，由于使用了全多孔微粒固定相，不仅存在固定相和流动相的传质阻力，还存在滞留在固定相孔穴中的滞留流动相的传质阻力，因此在高效液相色谱中，上述诸因素对理论塔板高度提供的贡献可表示为

$$H = \underset{\substack{\text{涡流}\\\text{扩散}}}{H_E} + \underset{\substack{\text{分子}\\\text{扩散}}}{H_L} + \underset{\substack{\text{固定相}}}{H_S} + \underset{\substack{\text{流动}\\\text{相}}}{H_{MM}} + \underset{\substack{\text{滞留}\\\text{流动相}}}{H_{SM}} = A + \frac{B}{u} + Cu$$

传质阻力

在高效液相色谱中，由于使用了全多孔微粒固定相，而且液体流动相的扩散系数低，因而其 $H\text{-}u$ 曲线与气相色谱的 $H\text{-}u$ 曲线显著不同，如图 9-70 所示（HETP 为等效理论塔板高度），表现为与曲线最低点对应的 H_{min} 和 u_{opt} 的数值都很小，说明

分子扩散引起的谱带展宽是可以忽略的。影响谱带展宽的主要因素是涡流扩散和传质阻力。由低的 H_{min} 数值可看出，HPLC 色谱柱比 GC 的填充柱具有更高的柱效；由低的 u_{opt} 则可看出 HPLC 的 H-u 曲线有平稳的斜率，表明采用高的流动相流速对柱效无明显的损失，这也为 HPLC 的快速分离奠定了基础。

（三）诺克斯方程式（阅读材料）

在高效液相色谱中，当用不同粒度的固定相装填色谱柱时，其柱效差异很大。为了便于比较不同粒度固定相所填充色谱柱的性能，诺克斯（J. H. Knox）提出了半经验方程式，使用了 J. C. Giddings 提出的折合柱长（λ）、折合塔板高度（h）和折合线速（v）的概念。

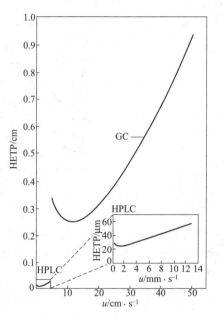

图 9-70　高效液相色谱（HPLC）和气相色谱（GC）H-u 曲线的比较

折合柱长：　　　$\lambda = \dfrac{L}{d_p}$

折合塔板高度：　$h = \dfrac{H}{d_p}$

折合线速：　　　$v = \dfrac{ud_p}{D_m}$

式中，L 为柱长；d_p 为固定相粒度；H 为理论塔板高度；u 为流动相的线速；D_m 为溶质在流动相中的扩散系数。

上述三个概念十分重要，它提供了可用统一的参数来比较由不同粒度固定相所填充色谱柱的性能。诺克斯在上述三个概念的基础上，提出了和范第姆特方程式相似的诺克斯方程式，指出色谱柱的折合塔板高度是由涡流扩散、分子扩散和传质阻力三方面因素提供的。

$$h = h_f + h_d + h_m$$
$$\text{涡流}\quad\text{分子}\quad\text{传质}$$
$$\text{扩散}\quad\text{扩散}\quad\text{阻力}$$

$$h = Av^{\frac{1}{3}} + \frac{B}{v} + Cv$$

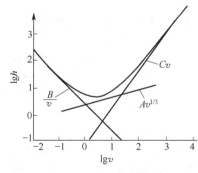

图 9-71　$\lg h$-$\lg v$ 曲线

式中，A、B、C 为常数。取对数后，由 $\lg h$-$\lg v$ 作图（见图 9-71）可知，在低的 v 时，B/v 起主要作用；在高的 v 时，Cv 起主要作用；在中间的 v 时，$Av^{1/3}$ 起主要作用。

由诺克斯方程式绘制 h-v 曲线，可方便地用来比较由不同粒度固定相填充的色谱柱性能的差异，以判断柱性能的优劣（见图 9-72）。

（四）高效液相色谱操作条件的优化（阅读材料）

在进行高效液相色谱分析时，评价色谱分离的优劣，是由色谱柱的柱容量、被分析组分的分离度和完成分析所需要的分析时间这三个重要特性来决定的。

评价用于色谱分离的一根色谱柱性能的优劣，是由柱长（L）、填充固定相粒径（d_p）和柱的压力降（Δp）三个柱性能参数来决定的。

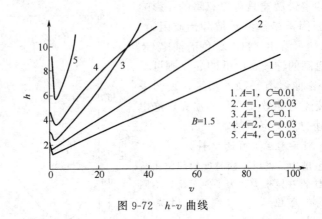

图 9-72　h-v 曲线

通常填充好的每根色谱柱的柱容量是确定的，对相邻组分分离度的要求也是确定的（如完全分离 $R=1.5$，基线分离 $R=1.0$）。分离度 R 不仅可由色谱图获得的数据进行计算，也可表示为

$$R=\frac{\sqrt{n}}{4}\times\frac{r_{2/1}-1}{r_{2/1}}\times\frac{k}{1+k}$$

因此，在柱容量恒定、保证完全分离的条件下，如何缩短分析时间就成为优化色谱分析的重要指标。任何一个组分的保留时间可按下述各式进行计算：

$$t_R=t_M+t'_R=t_M(1+k)=\frac{L}{u}(1+k)=\frac{nH}{u}(1+k) \tag{1}$$

$$t_R=16R^2\left(\frac{r_{2/1}}{r_{2/1}-1}\right)^2\times\frac{(1+k)^3}{k^2}\times\frac{H}{u} \tag{2}$$

$$t_R=\frac{\eta L^2}{k_0 d_p^2 \Delta p}(1+k) \tag{3}$$

式（1）为保留时间定义式，式（2）表明保留时间为多种保留参数和动力学参数的函数，式（3）表明保留时间是三个柱性能参数的函数。

HPLC 操作条件的优化就是要在保证高柱效（$n=5000$）的前提下，在最短的分析时间（$t_R=5\text{min}$）内，实现多组分完全分离（$R=1.5$）时，确定所必须的最佳的柱性能参数，即 $L=10\sim25\text{cm}$，$d_p=5\sim10\mu\text{m}$，$\Delta p=5\sim10\text{MPa}$ 时，可获得最佳的分析结果。此结论已由理论计算和大量验证实验予以证实。

（五）超高效液相色谱技术（阅读材料）

由以上讨论可知，在 HPLC 分析中，使用粒度 d_p 为 $5\sim10\mu\text{m}$ 的固定相，在色谱柱长为 $10\sim25\text{cm}$，Δp 为 $5\sim10\text{MPa}$ 时，就可获得 $n\geqslant5000$ 的柱效。在此条件下，使用大多数有机溶剂或水作流动相，可在 $2\sim30\text{min}$ 内，满足大多数不同组成样品的分析要求。

上述结论是在 20 世纪 80 年代末期获得的，20 世纪 90 年代后，液相色谱使用了粒度 $d_p=3.5\mu\text{m}$ 的固定相，2000 年报道了使用粒度 $d_p=2.5\mu\text{m}$ 的固定相，由于高压输液泵提供压力的限制，实现了使用色谱柱长仅为 $3\sim5\text{cm}$ 的快速分析。直至 2004 年美国 Waters 公司在匹茨堡会议上展出了最新研究的 ACQUITY 超高效液相色谱（ultra performance liquid chromatography，UPLC），它使用 d_p 仅为 $1.7\mu\text{m}$ 的新型固定相，色谱仪提供的 Δp 达 140MPa（20000psi），可使在常规高效液相色谱中需要 30min 时间的样品分析在超高效液相色谱中缩短为仅需 5min，并呈现出色谱柱柱效达每米 20 万块理论塔板数的超高柱效。

在高效液相色谱的速率理论中，范第姆特方程式的简化表达式为

$$H = A + \frac{B}{u} + Cu$$

如果仅考虑固定相的粒度 d_p 对 H 的影响，其简化方程式可表达为

$$H = ad_p + \frac{b}{u} + cd_p^2 u$$

此时范第姆特方程式的 H-u 曲线如图 9-73 所示。

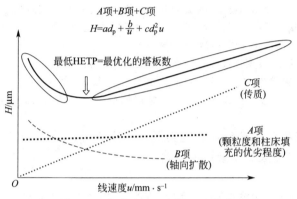

图 9-73 仅考虑 d_p 时的 H-u 曲线

UPLC 保持利用 HPLC 的基本原理，全面提升了液相色谱的分离效能，不仅提高了分辨率，也使检测灵敏度和分析速度大大提高，使液相色谱在更高水平上实现了突破。因此，必将大大拓宽液相色谱的应用范围，并大大加强了 UPLC 在分离科学中的重要地位。

使用由粒度 d_p 分别为 $10\mu m$、$5\mu m$、$3.5\mu m$、$2.5\mu m$ 和 $1.7\mu m$ 的固定相填充的色谱柱，对同一实验溶质测定的范第姆特方程式的 H-u 曲线如图 9-74 所示。

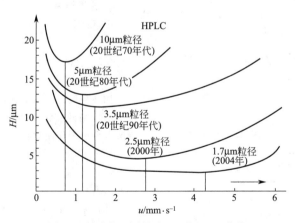

图 9-74 对应不同粒度 d_p 的 H-u 曲线

这些曲线表达了 HPLC 技术从 20 世纪 70 年代至 2004 年所取得的快速进展。由上述简化方程式可明显看出，色谱柱中装填固定相的粒度 d_p 越小，色谱柱的 H 越小，色谱柱的柱效就越

高。因此，色谱柱中装填固定相的粒度是对色谱柱性能产生影响的最重要的因素。

具有不同粒度固定相的色谱柱，都对应各自最佳的流动相线速度，在图 9-74 中，不同粒度的范第姆特曲线对应的最佳线速度为

$d_p/\mu m$:	10	5	3.5	2.5	1.7
$u/mm \cdot s^{-1}$:	0.79	1.20	1.47	2.78	4.32

上述数据表明，随着色谱柱中固定相粒度的减小，最佳线速度向高流速方向移动，并且有更宽的优化线速度范围。因此，降低色谱柱中固定相的粒度，不仅可以增加柱效，还可加快分离速度。

但也应当看到，在使用小粒度的固定相时，会使 Δp 大大增加，使用更高的流速会受到固定相的机械强度和色谱仪系统耐压性能的限制。使用很小粒度的固定相，只有当达到最佳线速度时，它具有的高柱效和快速分离的特点才能显现出来。

因此要实现超高效液相色谱分析，除必须制备出装填 $d_p < 2\mu m$ 固定相的色谱柱外，还必须提供高压溶剂输送单元、低死体积的色谱系统、快速的检测器、快速自动进样器以及高速数据采集、控制系统等。上述这几个单独领域最新成果的组合，才能促成超高效液相色谱的实现。

六、高效液相色谱分析法测定实例（阅读材料）

（一）增塑剂邻苯二甲酸酯的分析

1. 方法原理

邻苯二甲酸酯为中等极性的有机化合物，在非极性十八烷基硅胶键合固定相上，以极性的水-甲醇混合溶剂作流动相可实现完全分离。

2. 色谱分析条件

（1）色谱柱　$\phi 4.6mm \times 25cm$，ODS 固定相（$d_p = 10\mu m$），$\Delta p = 3.5MPa$。

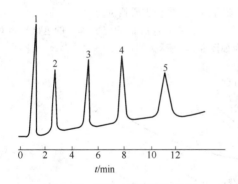

（2）流动相　40%～90% 甲醇-水溶液，梯度洗脱，5% $\cdot min^{-1}$。

（3）检测器　UVD，254nm。

3. 分析结果

色谱图见图 9-75，用归一化法进行定量分析。

图 9-75　邻苯二甲酸酯的分析
1—邻苯二甲酸二甲酯（DMP）；
2—邻苯二甲酸二乙酯（DEP）；
3—邻苯二甲酸二丁酯（DBP）；
4—邻苯二甲酸二辛酯（DOP）；
5—邻苯二甲酸二癸酯（DDP）

3. 分析结果

色谱图见图 9-76，用归一化法进行定量分析。

（二）稠环芳烃的分析

1. 方法原理

稠环芳烃含共轭 π 键，易于极化，在非极性十八烷基硅胶键合固定相上，以极性的水-甲醇混合溶剂作流动相可实现完全分离。

2. 色谱分析条件

（1）色谱柱　$\phi 4.6mm \times 25cm$，Zorbax ODS（$d_p = 5\mu m$），$\Delta p = 14MPa$。

（2）流动相　甲醇-水（80:20），1mL $\cdot min^{-1}$。

（3）检测器　UVD，254nm。

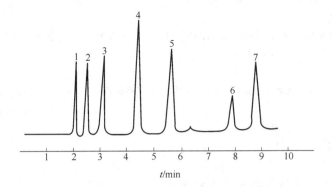

图 9-76 稠环芳烃的分离

1—萘；2—联苯；3—菲；4—芘；5—䓛；6—苯并 [e] 芘；7—苯并 [a] 芘

（三）水解蛋白中氨基酸的分析

1. 方法原理

氨基酸为含有氨基和羧基的双官能团化合物，在全多孔阳离子交换树脂上进行离子交换分离，用缓冲溶液作流动相进行洗脱，柱后用茚三酮衍生化后进行检测。

2. 色谱分析条件

（1）色谱柱 Aminex A5 树脂（10～15μm），Li 型，ϕ9mm×30cm，Δp=3.0MPa。

（2）流动相 柠檬酸锂缓冲溶液（pH=3.0～4.0），1mL·min^{-1}。

（3）检测器 可变波长 UVD，570nm。

3. 分析结果

色谱图见图 9-77，用归一化法进行定量分析。

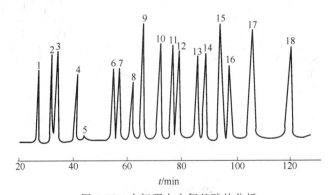

图 9-77 水解蛋白中氨基酸的分析

1—天冬氨酸（ASP）；2—苏氨酸（Thr）；3—丝氨酸（Ser）；4—谷氨酸（Glu）；

5—脯氨酸（Pro）；6—甘氨酸（Gly）；7—丙氨酸（Ala）；8—胱氨酸（Cys）；

9—缬氨酸（Val）；10—蛋氨酸（Met）；11—异亮氨酸（Ile）；12—亮氨酸（Leu）；

13—酪氨酸（Tyr）；14—苯丙氨酸（Phe）；15—赖氨酸（Lys）；16—氨；

17—组氨酸（His）；18—精氨酸（Arg）

（四）锅炉排放水中阴离子的分析

1. 方法原理

以阴离子交换树脂为固定相，以 Na_2CO_3 和 NaOH 水溶液作流动相，使用电导检测器检测锅炉排放水中被分离的多种阴离子。

2. 色谱分析条件

(1) 色谱柱　$\phi 3mm \times 100cm$，Chromex 阴离子交换树脂，$d_p = 28 \sim 35\mu m$，$\Delta p = 1.4MPa$。

(2) 流动相　$0.005mol \cdot L^{-1} Na_2CO_3 + 0.004mol \cdot L^{-1} NaOH$，$1.75mL \cdot min^{-1}$。

(3) 检测器　电导检测器。

3. 分析结果

色谱图见图 9-78。

（五）聚苯乙烯低聚物分子量的测定

1. 方法原理

以具有不同孔径的聚苯乙烯凝胶作固定相，以四氢呋喃作流动相，利用凝胶渗透色谱方法可分析聚苯乙烯低聚物的分子量分布情况。

2. 色谱分析条件

(1) 色谱柱　$\phi 7.6mm \times 60cm$，Styragel，$d_p = 37 \sim 75\mu m$，孔径 $10^2 \sim 10^8 nm$，$\Delta p = 2.0MPa$。

(2) 流动相　四氢呋喃，$1mL \cdot min^{-1}$。

(3) 检测器　示差折光检测器（RID），$RI = 1.408$。

3. 分析结果

色谱图见图 9-79。

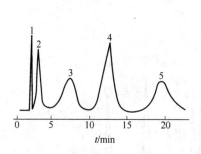

图 9-78　锅炉排放水中阴离子的分析
1—羟基乙酸根；2—Cl^-；3—SO_3^{2-}；
4—SO_4^{2-}；5—PO_4^{3-}

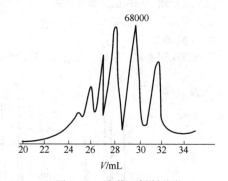

图 9-79　聚苯乙烯低聚物
分子量的测定

思考题和习题

1. 简述色谱分析法的原理及特点。

2. 何谓吸附系数、分配系数？如何表达？

3. 何谓分配比（或容量因子）？如何表达？

4. 色谱分析有哪几种分类方法？

5. 简述气相色谱法的特点及应用范围。

6. 由色谱流出曲线可获得哪些重要信息？

7. 何谓区域宽度？如何表达？

8. 简述气相色谱分析的流程及气相色谱仪的主要构件。

9. 试列出气固色谱常用的五种固定相。

10. 气液色谱固定相是如何组成的？各起何种作用？

11. 气液色谱分析中常用的载体哪有几种？载体改性有几种方法？

12. 对气液色谱分析中使用的固定液有何要求？写出十二种常用固定液的名称及缩写。

13. 简述热导池检测器的工作原理和影响灵敏度的因素。

14. 简述氢火焰离子化检测器的工作原理和影响灵敏度的因素。

15. 简述电子捕获检测器的工作原理和操作条件。

16. 简述火焰光度检测器的工作原理和操作条件。

17. 气相色谱分析中常用的保留值有哪几种？各如何表达？

18. 在气相色谱分析中常用哪些定性分析方法？

19. 简述色谱峰面积的计算方法。在何种情况下可用峰高进行定量分析？

20. 何谓绝对校正因子？何谓相对校正因子？应如何进行测定？

21. 何谓外标法、内标法、归一化法？它们的应用范围和优缺点各是什么？

22. 简述塔板理论的要点。如何计算理论塔板数和有效理论塔板数？

23. 简述速率理论的要点。写出范第姆特方程式，绘出 $H\text{-}u$ 曲线。

24. 如何计算两个相邻色谱峰的分离度？分离度的计算公式有几种表达方式？

25. 总结归纳柱温、柱效、载气流量、进样量、柱长等因素对色谱分离的影响。

26. 简述程序升温气相色谱和等温气相色谱的差别。各有何优点？各适用于分析何类样品？

27. 在一张色谱图上有 1、2、3 三个色谱峰，其峰高 h 分别为 10cm、10cm、8cm；另已知基线宽度 (W_b) 与峰高 (h) 的比值分别为 0.2、0.4 和 0.125。试计算每个色谱峰的基线宽度 (W_b) 和半峰宽 (W_h)，并比较三个组分柱效的高低。

28. 用热导池检测器分析下述组分，测得保留时间 t_R 为：

组分	空气	环己烷	苯	甲苯	乙苯	苯乙烯
t_R/s	20	70	110	140	180	260

试计算各组分对甲苯（标准物）的相对保留值 r_{is}。

29. 用热导池检测器，在角鲨烷柱（柱温120℃）上测得下述组分的保留时间 t_R 为：

组分	空气	正己烷	苯	1-丁醇	2-戊酮	1-硝基丙烷	正庚烷	吡啶	正辛烷
t_R/s	69	159	200	162	182	210	245	260	412

试计算苯、1-丁醇、2-戊酮、1-硝基丙烷、吡啶的科瓦茨（Kováts）保留指数。

30. 在 SE-30 柱，柱温150℃，使用氢火焰离子化检测器，已知甲烷、正十三烷、正十五烷的保留时间 t_R 分别为25s、72s 和381s。试计算正十七烷的调整保留时间。

31. 在一定的气相色谱分析条件下测得：

组分	苯	甲苯	乙苯	苯乙烯
进样量/mg	0.435	0.653	0.864	1.760
峰面积/cm^2	4.0	6.5	7.6	15.0

计算各组分的绝对质量校正因子 f_{m_i} 和对苯的相对质量校正因子 f'_{m_i}。

32. 在一定的气相色谱分析条件下，分析混合气中的丙炔、丁二烯和乙烯基乙炔的含量，采用标准丁二烯作外标，取 1mL 丁二烯标准气（氮气作稀释气），标定出丁二烯浓度为 73.8×10^{-6}，测得峰高为 14.4cm，半峰宽为 0.6cm。另取 1mL 混合气样品，测得数据如下：

组分	丁二烯	丙炔	乙烯基乙炔
峰高/cm	12.06	1.2	0.6
半峰高/cm	0.6	0.7	1.4
相对质量校正因子(f'_{m_i})	1.00	0.76	1.00

试计算各组分的含量。

33. 在一定的气相色谱分析条件下，用内标法测环氧丙烷中水的含量，取 0.0115g 甲醇作内标物，加到 2.267g 环氧丙烷样品中，进行两次分析，测得分析数据为：

	1	2
水的峰高/mm	150	148.8
甲醇的峰高/mm	174	172.3

已知水和甲醇对苯的相对质量校正因子分别为 1.42 和 1.34，试取两次测得的平均值来计算样品中水的含量。

34. 在一定的气相色谱分析条件下，由石油裂解气色谱图获以下数据：

组分	空气	甲烷	二氧化碳	乙烯	乙烷	丙烯	丙烷
峰面积/cm²	34	214	4.5	278	77	250	47.3
相对摩尔校正因子(f'_{n_i})	41.0	35.7	48.0	48.0	51.2	64.5	64.5

用归一化法计算各组分的体积分数。

35. 某高效色谱柱长 0.5m，测得 A、B 两组分的保留时间 t_R 分别为 35.2min 和 37.6min；基线宽度 W_b 分别为 5cm 和 7cm（纸速 10cm·min^{-1}），试计算 A、B 两组分的分离度及各组分的理论塔板数、理论塔板高度。

36. 在一定的气液色谱分析条件下，以氦气作载气，以苯作样品，在不同载气线速 u 下测得的理论塔板高度 H 如下。

$u/cm·s^{-1}$：0.5，1.0，1.5，2.0，2.5，3.0，4.0，5.0，6.0，7.0，9.0，11.0，13.0

H/cm：0.725，0.450，0.375，0.350，0.345，0.350，0.375，0.410，0.450，0.493，0.583，0.677，0.733

已知范第姆特方程式中 $A=0.1cm$，$B=0.30cm^2·s^{-1}$，$C=0.05s$。试画出相应的范第姆特曲线图（H-u），并计算等效理论塔板高度的最低值 H_{min} 和最佳线速 u_{opt}。

37. 简述高效液相色谱分析法与茨维特经典色谱分离方法的异同点。

38. 简述高效液相色谱仪的主要组件是什么。

39. 简述高效液相色谱使用的流动相为什么要脱气？

40. 高压输液泵有哪几种类型？哪种在高效液相色谱分析中获得最广泛的应用？

41. 在高效液相色谱分析中，使用梯度洗脱的目的是什么？

42. 何谓无限直径效应？为什么在高效液相色谱分析中存在无限直径效应？

43. 高效液相色谱柱的柱接头和气相色谱柱的柱接头有何不同？

44. 用于高效液相色谱的检测器有哪几种？应用最广泛的是哪几种检测器？

45. 可变波长紫外光度检测器和二极管阵列检测器在测量光路上有何不同？

46. 为什么在凝胶渗透色谱分析中普遍使用示差折光检测器？

47. 为什么在离子色谱中广泛使用电导检测器？

48. 为什么在痕量分析中使用荧光检测器？

49. 简述国产硅胶 YWG、YQG、YDG、YBK 型号的各自特点。哪种型号的硅胶在 HPLC 分析中应用得最多？

50. 表征溶剂特性的重要参数有哪几种？你认为哪几种参数在 HPLC 分析中最重要？

51. 何谓化学键合固定相？请查阅资料了解十八烷基键合固定相（通称 ODS）的制备方法。

52. 何谓正相液液色谱？它和液固色谱有无相似之处？

53. 何谓反相液液色谱？它和使用苯乙烯-二乙烯基苯高交联共聚微球作固定相进行的 HPLC 分析有无相似之处？

54. 正相色谱和反相色谱分析中，使用流动相的主体成分各是什么？哪些有机化合物可作为改性剂？改性的目的是什么？

55. 在 HPLC 分析中，为获得较好的分析结果，常通过调节流动相的强度，使被分析物质的容量因子 k 保持在 $1 \sim 10$ 之间。当进行正相色谱分析时使用溶剂 A 作流动相，被分析组分 m 的 k 值为 15，若欲使此组分的 k 值降至 10 以下，应加入改性剂来增加溶剂的极性，还是降低溶剂 A 的极性？

56. 当进行反相色谱分析时，若溶质 m 在 B 溶剂中的容量因子 k 值小于 1，为增大 k 值，加入改性剂应使 B 溶剂的极性增大，还是使它的极性减小？

57. 当进行离子色谱分析时，流动相应如何选择？哪些因素会影响洗脱效果？

58. 当使用示差折光检测器进行凝胶渗透色谱分析时，选择流动相主要考虑哪些因素？

59. 凝胶渗透色谱固定相的排斥极限和渗透极限的含义是什么？影响分离效果的主要因素是固定相的粒度还是固定相的孔隙度？

60. 为什么在 HPLC 分析中要考虑色谱柱的总孔率和柱渗透率？

61. 在 HPLC 分析中对理论塔板高度提供贡献的因素和 GC 分析比较有何异同点？

62. 简述 HPLC 的范第姆特曲线与 GC 不同的原因。

63. 何谓折合柱长、折合塔板高度和折合线速？

64. 简述诺克斯方程式的作用。

65. 为什么说保留时间是考核 HPLC 操作条件优化的重要参数？

66. HPLC 分析中使用的色谱柱，其柱性能参数应保持在何范围才能获得最优化的分析结果？

67. 如何根据样品组分的物理性质（相对分子质量、水中溶解度、能否电离、熔点、沸点等）来选择适当的高效液相色谱方法，以实现不同种类有机化合物的分离。

68. 有一邻苯二甲酸酯混合物，组成如下：

组成	二甲酯	二乙酯	二丁酯	二辛酯
相对分子质量	194	222	278	390
溶解度参数(δ)	10.5	9.9	9.3	8.8
沸点/℃(mmHg)	282(766)	298(760)	340(760)	390(760)

现有实验设备为往复式恒流泵和气动放大泵各一台（30MPa）、UVD（254nm）和 RID 各一台。

现有下述色谱柱：

(1) $25 \sim 37 \mu m$ YBK（$\phi 2mm \times 50cm$）

(2) $20 \mu m$ YWG-β,β-氧二丙腈键合相（$\phi 4mm \times 25cm$）

(3) $10 \mu m$ YQG-ODS 键合相（$\phi 4.6mm \times 10cm$）

(4) $10 \mu m$ YWG-ODS 键合相（$\phi 2mm \times 10cm$）

(5) $35 \mu m$ 聚苯乙烯凝胶（Styragel，孔径 $10 \sim 10^3 nm$）（$\phi 8mm \times 50cm$）

现有下述溶剂：水、甲醇、正己烷、丙酮、四氢呋喃、乙腈、苯。

试确定以下分离条件：(1) 选何种色谱柱；(2) 选何种溶剂构成流动相；(3) 高压输液泵；(4) 检测器；(5) 柱前压力；(6) 流动相流速；(7) 组分流出顺序。

第十章 定量分析中的分离方法及一般分析步骤

第一节 定量分析中的分离方法

当用化学分析法或仪器分析法欲对样品中的被测组分进行含量测定时，干扰组分的存在往往会影响测定结果的准确度和分析方法的灵敏度。为了除去干扰物质，至今已发展了多种依据不同原理的分离方法，每种分离方法都可在一定的条件下达到预期的目的，尤其当将两种分离方法配合使用时，可获得更佳的分离效果。分离方法不仅可用于除去样品中的干扰物质，还可用来作为富集手段，浓缩样品中的欲测组分，以满足测定方法灵敏度的要求。

为使样品中欲测组分和干扰组分分离开，需使它们分别存在于两相中，再用适当的方法将两相完全分开，因此分离方法实质上是将物质从一相转移至另一相的过程。

分离出干扰物质后，样品中欲测组分在分离过程中回收的完全程度常用回收率 R_r 表示：

$$R_r = \frac{Q_S}{Q_T} \times 100\%$$

式中，Q_T 为欲测组分在样品中的总量；Q_S 为经分离后欲测组分的实际量。

理想的回收率应为 100%，但实际上很难实现。当组分含量为常量时，回收率应大于 99.9%；组分含量为 1% 时，回收率要求 99%；对微量组分，回收率要求 90%～95%。

常用的分离方法有沉淀分离法、萃取分离法、离子交换分离法、液相色谱分离法。此外还可使用挥发与蒸馏分离法和配位掩蔽与解蔽分离法。

一、沉淀分离法

利用沉淀反应进行分离的方法称为沉淀分离法。它是一种经典的分离方法，可分为无机沉淀剂分离、有机沉淀剂分离、共沉淀分离等方式。

1. 无机沉淀剂分离

无机沉淀剂种类很多，常用的有氢氧化物、硫化物，也可使用碳酸盐、草酸盐及磷酸盐。

（1）氢氧化物沉淀分离　当使用强碱 NaOH 作沉淀剂时，可使两性氢氧化物与非两性氢氧化物分离，见表 10-1。

表 10-1　NaOH 沉淀分离法（pH＝12）

定量沉淀的金属离子	部分沉淀的金属离子	未沉淀的两性离子
Zr^{4+}、Hf^{4+}、Th^{4+}、Ti^{4+}、Bi^{3+}、Fe^{3+}、Cd^{2+}、Hg^{2+}、Ag^+、Au^+、Mn^{2+}、Co^{2+}、Ni^{2+}、Cu^{2+}、Mg^{2+}、稀土元素离子	Nb^{5+}、Ta^{5+}、Ca^{2+}、Sr^{2+}、Ba^{2+}	AlO_2^-、CrO_2^-、ZnO_2^{2-}、PbO_2^{2-}、SnO_3^{2-}、GeO_3^{2-}、GaO_2^-、BeO_2^{2-}、WO_4^{2-}、MoO_4^{2-}、SiO_3^{2-}、VO_3^- 等

使用氨水、氯化铵作沉淀剂时，可使生成氢氧化物沉淀的金属离子与生成氨配合物的金属离子分离，见表 10-2。

表 10-2　$NH_3 \cdot H_2O + NH_4Cl$ 沉淀分离法（pH＝8～10）

定量沉淀的金属离子	部分沉淀的金属离子	溶液中存留的离子
Zr^{4+}、Hf^{4+}、Ti^{4+}、Th^{4+}、Nb^{5+}、Ta^{5+}、U^{6+}、稀土元素离子、Hg^{2+}、Bi^{3+}、Sb^{3+}、Sn^{4+}、Fe^{3+}、Al^{3+}、Cr^{3+}、Be^{2+}、Mn^{2+}	Mn^{2+}、Fe^{2+}（存在氧化剂时，可定量沉淀）、Pb^{2+}（有 Fe^{3+}、Al^{3+} 共存时将被共沉淀）	$[Ag(NH_3)_2]^+$、$[Cu(NH_3)_4]^{2+}$、$[Cd(NH_3)_4]^{2+}$、$[Co(NH_3)_6]^{3+}$、$[Ni(NH_3)_4]^{2+}$、$[Zn(NH_3)_4]^{2+}$、Mg^{2+}、Ca^{2+}、Sr^{2+}、Ba^{2+} 等

用 ZnO 悬浮液作沉淀剂，保持溶液 pH＝6 左右，也用于生成氢氧化物，以实现分离，见表 10-3。

表 10-3　ZnO 悬浮液沉淀分离法（pH＝6 左右）

定量沉淀的金属离子	部分沉淀的金属离子	溶液中存留的离子
Zr^{4+}、Hf^{4+}、V^{4+}、U^{4+}、W^{6+}、Nb^{5+}、Ta^{5+}、Sn^{4+}、Ti^{4+}、Bi^{3+}、Ce^{4+}、Fe^{3+}、Cr^{3+} 等	Ag^+、Hg^{2+}、Cu^{2+}、Pb^{2+}、Sb^{3+}、Sn^{2+}、Mo^{6+}、V^{5+}、U^{6+}、Au^{3+}、Be^{2+}、稀土元素离子等	Co^{2+}、Ni^{2+}、Mn^{2+}、Mg^{2+} 等

（2）硫化物沉淀分离　许多金属离子都能生成硫化物沉淀，利用它们溶度积的差别，通过控制酸度使金属离子分别沉淀的方法，在阳离子定性分析的 H_2S 系统中获得有效的应用，其分离步骤示意图见图 10-1。

2. 有机沉淀剂分离

许多金属离子与有机沉淀剂作用生成难溶的螯合物。

丁二酮肟、8-羟基喹啉、铜铁试剂、二乙基二硫代甲酸钠、苯砷酸等都是常用的有机沉淀剂。

3. 共沉淀分离

共沉淀现象可用来将微量或痕量组分富集，使之从大量干扰组分中分离出来。如污水中含痕量 Pb^{2+}，因其含量低而难以测定，若向水中加入 Na_2CO_3 和 Ca^{2+}，使生成 $CaCO_3$ 沉淀，则痕量 Pb^{2+} 可被 $CaCO_3$ 共沉淀下来，然后将 $CaCO_3$ 溶于少量酸中，可大大提高 Pb^{2+} 的浓度而实现测定。常用的共沉淀剂有 $Fe(OH)_3$、$Al(OH)_3$、MnO_2、$BaSO_4$、HgS 等。共沉淀分离法在痕量分析中获得广泛的应用。

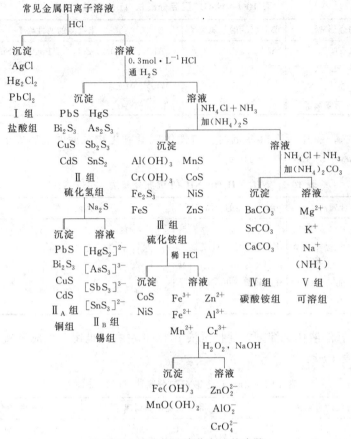

图 10-1　硫化物沉淀分离法的步骤

二、萃取分离法

(一)液液萃取

液液萃取法利用水相及与其不相混溶的有机溶剂在分液漏斗中一起振荡,使水相中的一些组分进入有机相,而另一些组分仍留在水相,从而达到分离的目的。

1. 分配定律与分配比

当用有机溶剂从水相中萃取组分 A 时,A 同时溶解在两相中,形成分配平衡:

$$A_水 \rightleftharpoons A_有$$

$$\frac{[A]_有}{[A]_水} = K_D$$

式中,$[A]_有$、$[A]_水$分别为达平衡时,物质 A 在两相中的平衡浓度;K_D 为分配系数,它与溶质和溶剂的特性及温度有关,在一定温度下为一常数。

上述分配定律仅适用于溶质在两相中存在形式相同,无离解、缔合等副反应,且溶质浓度较低的情况。

当溶质在水相和有机相中具有多种存在形式时,其分配定律应用总浓度的比值表示:

$$D = \frac{c_有}{c_水}$$

式中，$c_有$、$c_水$ 分别为溶质在有机相和水相中的总浓度；D 为分配比，即溶质在两相中的总浓度之比。

D 值愈大，表明溶质进入有机相的总量愈大。D 也可称为条件分配系数。

2. 萃取百分率

也称萃取效率，它表示萃取的完全程度，以 E 表示。

$$E = \frac{被萃取物质在有机相中的总量}{被萃取物质的总量} \times 100\%$$

用分配比表示为

$$E = \frac{D}{D + \dfrac{V_水}{V_有}} \times 100\%$$

如 $V_水 = V_有$，则

$$E = \frac{D}{D+1} \times 100\%$$

如 Ga^{3+} 在 $6mol \cdot L^{-1}$ HCl 中，若用乙醚等体积萃取，已知 Ga^{3+} 浓度为 $10\mu g \cdot mL^{-1}$ 时，$D = 18$，$V_有 = V_水$，则一次萃取的萃取效率为

$$E = \frac{D}{D+1} \times 100\% = \frac{18}{18+1} \times 100\% = 94.7\%$$

当分配比 $D > 10$ 时，一次等体积萃取的效率可大于 90%。若分配比 D 值较小，一次萃取不能满足分离要求时，可采用多次连续萃取法以提高萃取效率。

如 $w_0(g)$ 物质经 n 次萃取后，在水相中剩余的 $w_n(g)$ 物质可按下式计算：

$$w_n = w_0 \left(\frac{V_水}{DV_有 + V_水} \right)^n$$

如有 $2.00g$ 溶质 A 在 $50mL$ 水溶液中，用氯仿萃取时分配比 $D = 3.00$。若用 $150.0mL$ 氯仿进行萃取，问一次加入 $150.0mL$ 氯仿萃取得完全，还是每次加入 $50.0mL$ 氯仿进行三次萃取得完全？

若一次加入 $150.0mL$ 氯仿进行萃取，则

$$w_1 = w_0 \left(\frac{V_水}{DV_有 + V_水} \right)^n = 2.00 \times \left(\frac{50}{3 \times 150 + 50} \right)^1 = 0.200(g)$$

若 $150.0mL$ 氯仿分三次萃取，每次用 $50.0mL$，则

$$w_3 = w_0 \left(\frac{V_水}{DV_有 + V_水} \right)^n = 2.00 \times \left(\frac{50}{3 \times 50 + 50} \right)^3 = 0.0312(g)$$

比较两种结果可看出，使用相同体积的萃取剂，采用多次小体积萃取比用一次大体积萃取的效果要好。

3. 重要的萃取体系

在萃取分离中应用最多的是螯合物萃取体系和离子缔合物萃取体系。

螯合物萃取体系广泛用于微量和痕量金属离子的分离或富集。常用的螯合剂有 8-羟基喹啉、铜铁试剂、双硫腙、丁二酮肟、α-亚硝基-β-萘酚等。

离子缔合物萃取体系常用于基体元素的萃取分离。例如 Fe^{3+} 在盐酸溶液中以 $[FeCl_4]^-$ 配阴离子与乙醚在酸中形成的镎离子 $\left[\begin{matrix} H \\ | \\ C_2H_5-O-C_2H_5 \end{matrix} \right]^+$ 形成易溶于乙醚

的䥺盐而被萃取。又如硼与氟形成的 $[BF_4]^-$ 配阴离子，可与酸性条件下 H^+ 和亚甲基蓝形成的呈铵离子型的大阳离子结合，构成铵盐型离子缔合物而被 1,2-二氯乙烷萃取。

4. 萃取条件的选择

进行萃取分离时，首先要选择合适的不与水混溶的有机溶剂，如苯、氯仿、二氯甲烷等。

控制萃取时的酸度也是保证完全分离的重要条件。

此外，通过加入适当的配位剂或利用盐析作用，也可显著提高萃取效率。

进行萃取的操作方法也很重要，对一定体积的萃取溶剂，采用每次取少量溶剂进行多次萃取的方法，可显著提高萃取效率。

（二）液固萃取

最简单的液固萃取就是将欲萃取的固体放入萃取溶剂中，密闭后加以振荡，必要时也可加热，然后利用离心或过滤的方法使液、固分离，欲萃取组分进入溶剂。但是，这种最简单的液固萃取只能用于十分容易萃取的组分，它的萃取效率较低，加热时溶剂也容易损失，一般很少使用。

最常用的液固萃取是索氏萃取，如图 10-2(a) 所示。索氏萃取装置有商品化产品，其规格有 125mL、250mL、500mL，也可以自行设计加工制造。样品经索氏萃取之后，通常需要对萃取溶液进行浓缩和定容。浓缩和定容的步骤通过 K-D (Kudema-Danish) 浓缩器完成。K-D 浓缩器的结构组成如图 10-2(b) 所示。最后可将样品萃取液浓缩并定容到 1~5mL。

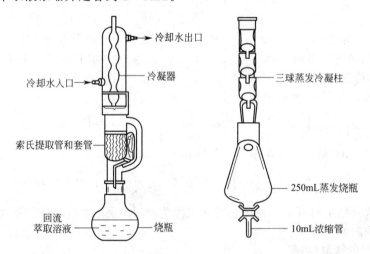

(a) 带有Allinn冷凝器的索氏萃取装置　　(b) 带有微Snyder柱的K-D浓缩器

图 10-2　索氏萃取装置

液固萃取是固体样品中某些欲测定组分分子在溶剂中的溶解和扩散的过程。影响萃取的主要因素是萃取时的温度和萃取时间。通常，萃取时的温度应当比所用溶剂的沸点低 10~15℃。萃取时间越长，被萃取物在溶剂中的浓度越大，萃取液的黏度也随着增大，这些都会影响萃取效率。

萃取时使用溶剂的性质和用量与萃取方法有关。萃取溶剂应对样品中的待测组分有较高的溶解度。溶剂用量太多，致使样品被稀释；但是溶剂用量太少，萃取作用不完全，萃取效率会降低。因此，溶剂的种类和性质对萃取效率影响很大。

快速溶剂萃取（accelerate solvent extraction，ASE）可取代索氏提取，它使用常规的溶剂，利用升高温度（最高达200℃）和提高压力［10～20MPa（1500～3000psi）］来提高萃取效率，可使需用4～48h的索氏提取缩短至12～20min来完成。此仪器的流路如图10-3所示。

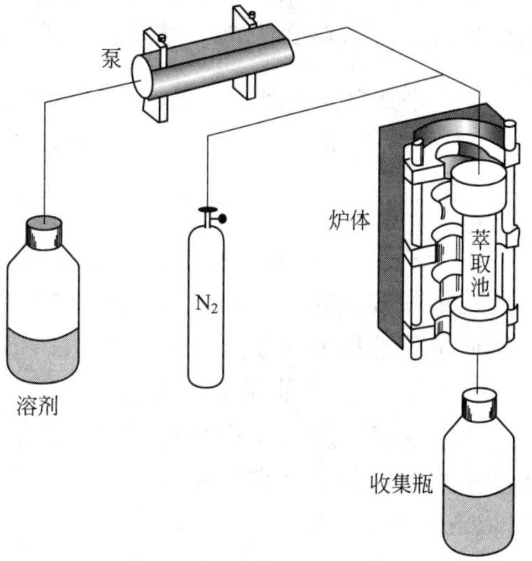

图 10-3　快速溶剂萃取仪的流路示意图

进行快速溶剂萃取的操作时，向萃取池中加入样品，并放至仪器中，仪器即自动进行下述步骤：

① 由泵向萃取池注入有机溶剂（极性或非极性），可切换四种不同溶剂；

② 将萃取池按设定温度加热，并按设定压力加压；

③ 保持在设定的温度、压力下进行静态萃取；

④ 由泵将萃取池中的萃取液置换出来；

⑤ 通入 N_2 气吹扫萃取池，以获得全部萃取液。

ASE法的优点是：可显著降低萃取所需溶剂的用量；萃取结束后只需对极少的溶剂进行处理；全部操作密闭进行。在升温加压下进行溶剂萃取，降低了溶剂的黏度，有利于溶剂分子向样品中扩散；增加压力使溶剂在萃取过程中一直保持液态，提高了对样品的溶解能力，并加快样品中的待分析物从样品基体中解析，快速进入溶剂中。

三、离子交换分离法

利用离子交换树脂与溶液中的离子发生交换作用而使离子分离的方法，称为离子交换分离法。该法既能用于无机离子的分离，也可用于在水中能离解的有机物（如氨基酸、胺类）的分离。离子交换树脂使用后经再生可反复使用。不同粒度的离子交换树脂不仅可用于化学分离，还可用于高效液相色谱法中，并已在工业生产中获广泛的应用。

1. 离子交换树脂

常用的离子交换树脂以苯乙烯-二乙烯基苯共聚物为基体，经化学改性后带有不同的活性基团。

阳离子交换树脂含有酸性基团，如磺酸基（—SO_3H）、羧基（—COOH）和酚基（—OH），交换反应为

$$n\text{R—SO}_3\text{H} + \text{M}^{n+} \underset{\text{再生}}{\overset{\text{交换}}{\rightleftharpoons}} (\text{R—SO}_3)_n\text{M} + n\text{H}^+$$

式中，M^{n+} 为阳离子。此交换反应是可逆的，已交换过的树脂用酸处理，可逆向进行，称为树脂的再生过程或洗脱过程。

阴离子交换树脂带有的活性基团为碱性基团，如季铵基 $[-\overset{+}{N}(CH_3)_3]$、伯氨基（$-NH_2$）、仲氨基（$-NHCH_3$）、叔氨基 $[-N(CH_3)_2]$，与阴离子的交换反应为

$$n R-N(CH_3)_3 OH + X^{n-} \underset{\text{再生}}{\overset{\text{交换}}{\rightleftharpoons}} [R-N(CH_3)_3]_n X + n OH^-$$

由苯乙烯-二乙烯基苯共聚物作基体的离子交换树脂中，二乙烯基苯可把链状聚苯乙烯联接成立体网状结构，因此被称作交联剂。在离子交换树脂中含二乙烯基苯的质量分数称为交联度，一般为 8%～12%。对用于高效液相色谱的树脂，其交联度应大于 40% 才能耐高的压力。

离子交换树脂的交换容量表示其离子交换能力的大小，取决于树脂所含活性基团的多少，通常以每克干树脂所能交换离子的物质的量（$mmol \cdot g^{-1}$）来表示。

2. 离子交换平衡

离子交换树脂与溶液中的离子进行交换的过程可表示为

$$R^- A^+ + B^+ \rightleftharpoons R^- B^+ + A^+$$

当达交换平衡时：

$$K_S = \frac{[B^+]_R [A^+]_W}{[A^+]_R [B^+]_W}$$

式中，$[A^+]_R$、$[B^+]_R$、$[A^+]_W$、$[B^+]_W$ 分别表示在树脂相和水相中 A^+、B^+ 的浓度。K_S 称为选择性系数，若 $K_S > 1$，表示树脂对 B^+ 的亲和力强；若 $K_S < 1$，表示树脂对 A^+ 的亲和力强；若 $K_S = 1$，则表示树脂对 A^+、B^+ 无选择性。选择性系数的大小，表示了树脂对离子的亲和力的大小，在室温、稀溶液中有如下规律。

强酸性阳离子交换树脂：

对一价离子的亲和力　　$Li < H^+ < Na^+ < NH_4^+ < K^+ < Ag^+$

对二价离子的亲和力　　$Be^{2+} < Mg^{2+} < Ca^{2+} < Sr^{2+} < Ba^{2+} < Fe^{2+} < Co^{2+} < Ni^{2+} < Cu^{2+} < Zn^{2+}$

对不同价态离子的亲和力　　$Na^+ < Ca^{2+} < Al^{3+} < Th^{4+}$

强碱性阴离子交换树脂：

$$F^- < OH^- < Ac^- < HCO_3^- < Cl^- < NO_3^- < HSO_4^- < I^- < SO_4^{2-}$$

为了方便地表示树脂对离子亲和力的大小，也常用分配系数来表示：

$$K_D = \frac{[M]_R}{[M]_W} = \frac{\text{溶质在每克干树脂上的量}}{\text{溶质在每毫升溶液中的量}}$$

前述选择性系数 K_S 即为交换离子 B^+ 与 A^+ 的分配系数的比值：

$$K_S = \frac{[B^+]_R/[B^+]_W}{[A^+]_R/[A^+]_W} = \frac{K_D^B}{K_D^A}$$

因此 K_S 也可称作分离因数。K_D 的大小决定了离子在树脂上保留时间的长短。

四、液相色谱分离法

液相色谱分离法沿用茨维特经典液相色谱分离装置，利用被分析物质在固定相和流动相两相间的反复分配，依据不同组分在固定相上的吸附系数或分配系数的差别，经流动相的不断洗脱而达到相互分离的目的。液相色谱分离法最常用的为柱色谱法和薄层色谱法。

1. 柱色谱法

使用茨维特经典液相色谱实验装置，在玻璃色谱柱中装填 80～100 目硅胶、氧化铝或高分子多孔小球（GDX）、大孔网状树脂（Tenax），就可实现对多组分混合物的分离。样品溶液加到固定相顶部后，选用适当的溶剂（或混合溶剂）作流动相，控制流速为 $0.5～2.0mL \cdot min^{-1}$，流出的溶液可分别收集，然后对各部分分别检测或进行定量分析。

2. 薄层色谱法

薄层色谱法将含 10% 煅石膏（$CaSO_4 \cdot \frac{1}{2}H_2O$）的硅胶（俗称硅胶 G），涂渍在长方形或方形玻璃片上作为吸附剂固定相。用玻璃毛细管或微量注射器吸取样品，并将样品点在薄层板一端离边缘 1.5～2.0cm 处，样品中各组分立即被吸附在固定相上，作为原点（O）。然后将点有样品的一端置于放在密闭容器的展开剂中，由于毛细管作用，展开剂被固定相吸附沿板展开，展开到一定距离时，样品中各组分由于吸附（或分配）系数的差异而被分离形成不同位置的斑点。若样品有色，可直接在板上看到各个色斑。若样品无色，可用适当显色剂（碘）喷洒在板上，使各组分显色，也可在紫外灯照射下，观察各个斑点的位置。此位置可用 R_f 值表示，并作为定性分析的依据。

$$R_f = \frac{原点至斑点中心的距离}{原点至溶剂前沿的距离}$$

图 10-4 中组分 A 的 $R_f = \frac{a}{l}$，B 的

$R_f = \frac{b}{l}$。溶质的吸附（或分配）系数愈小，其被薄层固定相吸附得愈不牢固，会先被流动相洗脱出来，呈现大的 R_f 值；反之，R_f 值较小。R_f 值一般在 0～1 之间。

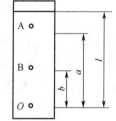

图 10-4　薄层板及其展开
1—密闭展开槽；2—薄层板；3—展开剂

薄层色谱中使用的展开剂由不同极性的溶剂组成，分为一元、二元或三元的混合溶剂，不同极性的流动相在展开时的洗脱能力不同。有时可向展开剂中加入酸、碱或一定 pH 的缓冲溶液，以改善分离效果。实践表明，溶质的 R_f 值在 0.15～0.85 范围内可获最佳分离效果。

常用溶剂的极性顺序如下：

水＞乙酸＞甲醇＞乙醇＞丙酮＞正丙醇＞苯酚＞正丁醇＞乙酸乙酯＞乙醚＞氯仿＞苯＞甲苯＞环己烷＞石油醚＞石蜡油

薄层板上经显色后呈现的斑点，可依据斑点面积的大小进行定量，也可将斑点从板上剥离，再用溶剂溶解后用化学分析法或分光光度法进行定量分析。

五、膜分离法

膜分离法是以膜作为分离介质，选择性透过分子尺寸不同或粒径不同的组分，以实现不同组分的分离的方法。

被分离的组分依据的推动力为浓度差、压力差或电位差，以达到分离的目的。

膜分离的对象多种多样，其对应被分离组分的粒径如图 10-5 所示。

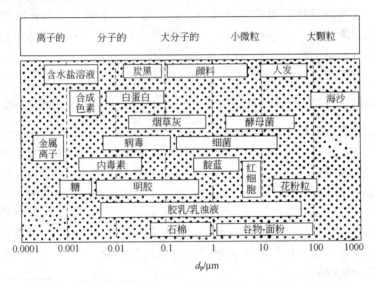

图 10-5　膜分离对象的种类及其对应的粒径范围

普通过滤就是使用滤纸的膜分离，它可分离直径为 $10\sim1000\mu m$ 的粒子；使用醋酸纤维素、聚四氟乙烯微孔膜或多孔陶瓷片，膜厚 $50\sim250\mu m$，可分离 $0.1\sim10\mu m$ 的粒子，称作微孔过滤（微滤）；若使用由聚砜、聚丙烯腈、醋酸纤维素制成的由表面活性层（膜厚 $0.1\sim1.5\mu m$）和支撑层（膜厚 $200\sim250\mu m$）构成的超滤膜，可分离 $0.01\sim0.1\mu m$ 的粒子，称为超滤；若使用具有极小孔径的纳米膜来分离 $0.001\sim0.01\mu m$（$1\sim10nm$）、相对分子质量 $200\sim1000$ 的组分，称为纳滤；若用天然的半透膜，如动物的膀胱，可将相对分子质量很小的水分子与高相对分子质量的水中溶质分离开，称作反渗透。所有上述的各种膜分离都是以压力差为驱动力的，它们可用图 10-6 表达。

当使用离子交换膜，在电场电位差作用下去除离子时，就称作电渗析。

在现代生化分析中，还使用微渗析技术来进行生物活体取样，可在不破坏生物体内环境的前提下，从生物活体中取出体液样品。图 10-7 为微渗析系统示意图。取样时，微渗析探针植入所需取样部位，用与细胞间液非常相近的生理溶液以慢速

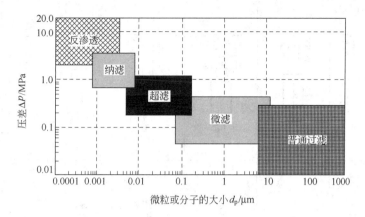

图 10-6　膜分离方法的分类

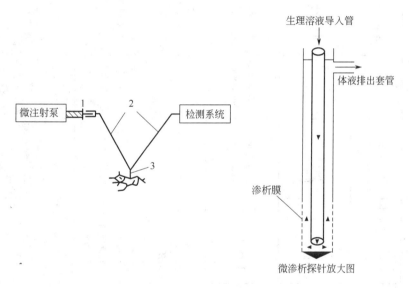

图 10-7　微渗析系统示意图

1—微注射针；2—连接管路；3—微渗析探针

（0.5～5μL·min⁻¹）灌注探针，并将体液导出体外以完成取样。微渗析探针是取样的关键部件，它由渗析膜、生理溶液导入管和体液排出套管三部分组成，探针长度为 0.5～10mm。渗析膜为纤维素膜、聚丙烯腈膜和聚碳酸酯膜，它们不具有化学选择性，由膜的孔径大小决定体液小分子的渗入和渗出。排出体外的体液可用生物传感器、毛细管电泳、化学发光法、免疫化学法、离子色谱或高效液相色谱法进行检测。Ben H. C. Westerink 报道用微渗析方法采样，分析了鼠脑中的神经传递物质，经用带有电化学检测器的 HPLC 分析，检测出多巴胺、去甲肾上腺素和瑟绕通宁（血清基）三种组分。

上述各种膜分离过程的基本特性见表 10-4。

表 10-4　膜分离过程的分类及其基本特性

过程	分离目的	透过组分	截留组分	推动力	传递机理	膜类型	进料和透过物的物态	简图
微滤 (MF)	溶液脱粒子;气体脱粒子	溶剂、气体	0.02~10μm粒子	压力差≈100kPa	筛分	多孔膜	液体或气体	进料→滤液(水)
超滤 (UF)	溶液脱大分子;大分子溶液脱小分子;大分子分级	溶剂、小分子溶质	1~20μm大分子溶质	压力差100~1000kPa	筛分	非对称膜	液体	进料→浓缩液、滤液
纳滤 (NF)	溶剂脱有机组分,脱高价离子,软化、脱色,分离	溶剂、低价小分子溶质	1nm以上溶质	压力差500~1500kPa	溶解扩散 Donna 效应	非对称膜或复合膜	液体	进料→高价离子(盐)、溶质(水)、低价离子
反渗透 (RO)	溶剂脱溶质;含小分子溶质溶液的浓缩	溶剂	0.1~1μm小分子溶质	压力差1000~10000kPa	优先吸附毛细管流动,溶解扩散	非对称膜或复合膜	液体	进料→溶质(盐)、溶剂(水)
微渗析 (MD)	含大分子溶质的溶液脱小分子;小分子溶质溶液脱大分子	小分子溶质	>0.02μm截留,血液渗析中>0.005μm截留	浓度差	筛分,微孔膜内的受阻扩散	非对称膜或离子交换膜	液体	进料→净化液、接受液、扩散液
电渗析 (ED)	溶液脱小离子,小离子溶质的浓缩;小离子的分级	小离子组分	大离子和水	电化学势-电渗透	反离子经离子交换膜的迁移	离子交换膜	液体	浓电解质、进料、阳离子交换膜、阴离子交换膜、产品(溶剂)、正极、负极

　　由于膜分离方法一般没有相变，可节约能源，对于热敏性物质和难分离物质是有特点的分离方法；应用范围广，可分离无机物、有机物及生物制品等；分离装置较简单，易于实现自动化，因此发展很快。

　　例如分析用水可以通过膜装置制备，在制纯水装置的前段，用反渗透及电渗析脱盐，后段采用超滤和微滤进一步除去水中的微粒和微生物。又如在取样和样品预处理过程中可以用膜分离装置富集待测组分和除去有害物质。再如高效液相色谱分析的样品在注入色谱柱前，均需用 $0.45\mu m$ 的滤膜过滤。

　　在分析化学领域中，膜分离法主要用来进行样品的分离和浓缩。膜分离技术与仪器分析的联用、膜和其他分离技术的联用，使分析测试在技术上达到一个新的高度。

六、固相萃取和固相微萃取

1. 固相萃取

　　固相萃取（SPE）是一种样品分离和富集技术，是由液固萃取和柱液相色谱相结合发展而来的。自 1978 年出现一次性商品柱至今 30 多年间一直以年增长率 10% 在扩大其应用。

　　SPE 是一个柱色谱分离过程，它的分离机理、固定相、溶剂选择与高效液相色谱有许多相似之处。固相萃取采用高效、高选择性的固定相，与高效液相色谱不同的是，它用的是短的柱床和大的填料粒径（$>40\mu m$）。当样品通过 SPE 柱时，一般地，被测组分及类似的其他组分被保留在柱上，不需要的组分用溶剂洗出，然后用适当的溶剂洗脱被测组分。有时候，也可以使分析组分通过固定相，不被保留，干扰组分被保留在固定相上而实现分离。

　　固相萃取装置有柱形、针头形和膜盘，示意图见图 10-8。

　　固相萃取柱管由医用级聚丙烯制成，也可以由聚乙烯、聚四氟乙烯等塑料或玻璃制成。烧结垫材料可由聚乙烯、聚四氟乙烯或不锈钢制成。自制小柱可用玻璃棉代替筛板。出售的SPE 小柱商品有多种规格，吸附剂量 50mg～10g，柱体积 1～60mL。按上样量为 5% 的吸附剂量计算，保留样品的负载量为 2.5～500mg；

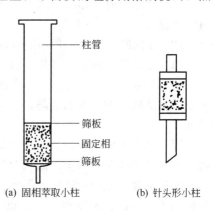

(a) 固相萃取小柱　　　　(b) 针头形小柱

图 10-8　固相萃取装置

按每 100mg 吸附剂的床体积 120μL 计算，最小洗提体积按 2 倍的柱床体积计算，最小洗提体积为 12.5μL～24mL。

　　样品通过固定相的方法有三种——抽真空、加压（用注射器或氮气）及将萃取小柱放入离心管中离心，也有可以同时处理多个试样的萃取装置。

　　固相萃取常用的吸附剂的类型及用途见表 10-5。

表 10-5　固相萃取常用的吸附剂

固定相	简　称	应　　用
十八烷基硅烷	ODS,C_{18}	反相萃取,适合非极性到中等极性化合物
丙氰基硅烷	CN	反相或正相萃取
二醇基硅烷	Diol	正相萃取,适用于极性化合物
丙氨基硅烷	NH_2	正相萃取,适用于极性化合物;弱阴离子交换萃取,适用于碳水化合物、弱酸性阴离子和有机酸
硅胶上接卤化季铵盐	SAX	强阴离子交换萃取,适用于阴离子、有机酸、核酸等
硅胶上接磺酸盐	SCX	强阳离子交换萃取,适用于阳离子、药物、有机碱、氨基酸等
硅胶	Si	吸附萃取,适用于极性化合物
氧化铝	Al_2O_3	极性化合物吸附萃取或离子交换,如维生素
硅酸镁		极性化合物的吸附萃取
石墨碳	Cab	极性和非极性化合物的吸附萃取
苯乙烯-二乙烯基苯树脂	Chromp	极性芳香化合物的萃取,如从水中萃取苯酚

SPE 操作包括四个步骤，即柱预处理、加样、洗去干扰物和回收分析物。在加样和洗去干扰物步骤中，部分分析物有可能穿透 SPE 柱造成损失；在回收分析物步骤中，分析物可能不被完全洗脱，仍有部分残留在柱上。因此，除了掌握基本操作外，还应该通过加标回收试验测定回收率。下面以反相 C_{18} SPE 柱为例说明。

(1) 柱预处理　柱预处理有两个目的：①除去填料中可能存在的杂质；②用溶剂润湿吸附剂，使分析物有适当的保留值。预处理的方法是使几倍柱床体积的甲醇通过萃取柱，再用水或缓冲液冲洗萃取柱，除去多余的甲醇。

(2) 加样　将样品溶于适当溶剂，加入到固相萃取柱中，并使其通过萃取柱。通常流速为 $2\sim4mL \cdot min^{-1}$。

(3) 淋洗除去干扰杂质　用淋洗溶剂淋洗萃取柱，洗去干扰组分。

(4) 分析物的洗脱和收集　将分析物从固定相上洗脱，洗脱溶剂用量一般是每 100mg 固定相 $0.5\sim0.8mL$。选择适宜强度的洗脱溶剂，溶剂太强，一些更强保留的杂质被洗脱出来，溶剂太弱，洗脱液的体积较大。洗脱液可直接进样或作进一步处理。

固相萃取主要用于复杂样品中微量或痕量组分的分离和富集，在处理环境和生物样品时最能体现其特点。固相萃取与液液萃取相比具有如下优点：①不需要使用大量有机溶剂，减少对环境的污染；②有效地将分析物与干扰组分分离，减小测定时的杂质干扰；③能处理小体积试样；④回收率高，重现性好；⑤操作简单，省时、省力，易于自动化。

SPE 用于样品的净化和浓缩能满足气相色谱、高效液相色谱、质谱、核磁共振、分光光度及原子吸收等多种仪器分析方法样品制备的需要。

2. 固相微萃取

固相微萃取（SPME）是在固相萃取基础上结合顶空分析建立起来的一种新的萃取分离技术，自 1990 年提出以来，发展非常迅速。它与液液萃取和固相萃取相比，具有操作时间短、样品量小、无需萃取溶剂、适于分析挥发性与非挥发性物质、重现性好等优点。在短短几年内，固相微萃取广泛应用于各个领域。

固相微萃取装置外形如一支微量注射器，由手柄和萃取头组成。萃取头是由一根长 1cm 涂有不同色谱固定相或吸附剂的熔融石英纤维接在不锈钢丝上，外套细不锈钢管（保护石英纤维不被折断），纤维头在钢管内可伸缩，细不锈钢管可穿透橡胶或塑料垫片取样或进样。使用方法如下所述。

（1）样品萃取　将 SPME 针管刺透样品瓶隔垫，插入样品瓶中，推出萃取头，将萃取头浸入样品（浸入方式）或置于样品上部空间（顶空方式）进行萃取。萃取时间约 2～30min，使分析物达到吸附平衡，缩回萃取头，拔出针管。

（2）进样　用于气相色谱时，将 SPME 针管插入气相色谱仪的进样器，推手柄杆，伸出纤维头，热脱附样品进入色谱柱。用于液相色谱时，将 SPME 针管插入 SPME/HPLC 接口解吸池，流动相通过解吸池洗脱分析物，将分析物带入色谱柱。

固相微萃取集浓缩、进样于一体，装置体积小，携带方便，操作简单，通常可测定 ng/kg 级的浓度，在环境、食品、药物、医学等领域获得广泛的应用。

七、微波溶样或微波萃取

微波是指频率在 300MHz～3000GHz 之间或波长在 1m～0.1mm 之间的无线电波。微波的能量通常为 $10^{-6}\sim10^{-3}$ eV，它能深入物质内部与其产生相互作用，水、含水化合物及有机溶剂对微波有吸收作用，可进行选择性加热，提高化学反应的速率，改善化学反应的选择性。微波加热具有速率快、加热均匀、易实现自动控制的优点。微波加热的效果见表 10-6。

表 10-6　室温下 50mL 溶剂经 560W，2.45GHz 微波场作用 1min 所能达到的温度

溶　剂	温度/℃	沸点/℃	溶　剂	温度/℃	沸点/℃
水	81	100	乙酸	110	119
甲醇	65	65	乙酸乙酯	73	77
乙醇	78	78	氯仿	49	61
1-丙醇	97	97	丙酮	56	56
1-丁醇	109	119	二甲基甲酰胺	131	153
1-戊醇	106	137	己烷	25	68
1-己醇	92	158	四氯化碳	28	77

由于许多微波加热反应必须在密闭容器中进行，通常反应介质在微波场作用下不仅具有相当高的温度，而且有很高的压力，并且即使是在主体温度较低时，仍能形成局部热点，导致高温，因此具有很高的热效率。

微波除了对反应物加热引起化学反应速率加快以外，还具有电磁场对反应分子间相互作用引起的"非热效应"，从而使化学反应速率显著提高。

有机溶剂吸收微波的能力与其具有的介电常数成正比。沸点不超过 100℃ 的极性溶剂（50mL），如甲醇、乙醇、丙醇等，微波辐照 1min 后即可沸腾（见表 10-6），而非极性的 CCl_4、正己烷则几乎不吸收微波。因此极性物质在非极性溶剂中升温较慢，要想获得高热效率，应使用极性溶剂。低沸点溶剂吸收微波还有明显的过热现象。易形成氢键的混合溶剂，随着分子缔合的加剧，会降低对微波的吸收，从而降低加热效率。

对样品进行微波处理的多模式反应器的结构如图 10-9 所示。图 10-10 为对样品进行溶解或萃取的双层加压消解罐示意图。加压消解罐可置于多模式反应器内进行微波处理。消解罐多用聚四氟乙烯或 PEEK 材料制作，容积约 60mL，耐温 200℃，耐压 1～4MPa。

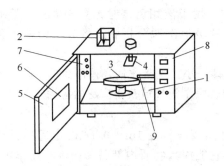

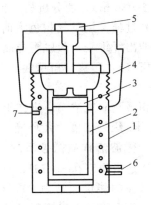

图 10-9　多模式微波反应器的结构示意图

1—箱体；2—微波馈能；3—盛物转盘；4—模式
搅拌器；5—炉门；6—观察窗；7—排气孔；
8—控制面板；9—测温传感器探头

图 10-10　双层加压消解罐示意图

1—消解罐体；2—内衬罐体；3—内
衬罐盖；4—消解罐帽；5—防爆膜；
6—测压孔；7—泄压孔

进行凝胶渗透色谱分析时高聚物样品在溶剂中的溶解，或对天然产物样品（如中药等）中有效成分的萃取，都可在微波反应器中进行。

八、超临界流体萃取

超临界流体是指处于流体的临界温度和临界压力以上时的状态，为与气体和液体状态相区别称作超临界流体。

超临界流体（supercritical fluid，SCF）呈现出与气体和液体不同的性质，SCF 的密度与液体相近，但其黏度要比液体小近百倍，流动性比液体好得多，传质系数也比液体大。溶质在 SCF 中的扩散系数虽比在气体中的小几百倍，但却比在液体中的大几百倍，这表明在 SCF 中的传质比液相传质好得多。

在一定温度（＞31.3℃）和压力（＞7.4MPa）下，使用超临界 CO_2 流体，可从中草药、咖啡豆、茶、啤酒花、烟草、天然香料固体样品中提取有效成分，也可从土壤、飞尘、沉积物中提取多环芳烃、多氯联苯、二噁英等有机污染物。

超临界流体萃取（supercritical fluid extraction，SFE）具有萃取效率高、费时少、不使用或少使用有毒溶剂、萃取流体易与被萃取物分离、自动化程度高等优点。实验室用 SFE 实验装置流程如图 10-11 所示。

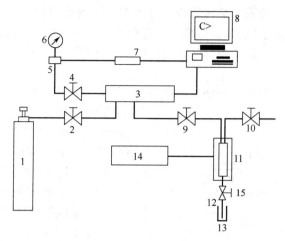

图 10-11　SFE 装置的流程示意图

1—高纯 CO_2（＞99.997％）钢瓶；2,4,9,10,15—高压开关阀；3—高压注
射泵；5—三通；6—压力表；7—压力传感器；8—计算机控制系统；
11—萃取池；12—毛细管阻尼器；13—收集器；14—温控仪

第二节　定量分析的一般步骤

一个样品的全部分析过程应当包括以下步骤：试样的采集和制备、试样的溶解或分解、干扰杂质的分离、试样中各组分的定量分析。

应当指出，试样溶解或分解后，首先要进行定性分析。对无机试样，如金属、矿石，在 20 世纪 60 年代以前多使用 H_2S 系统分析的化学方法进行定性分析，60 年代以后随着原子发射光谱，尤其是等离子体发射光谱技术的发展，可比较方便地解决样品组分的定性分析问题。对有机试样，如石油产品、表面活性剂、各种助剂等，可先采用不同极性的有机溶剂进行分级溶解，然后将粗分的各组成分，经柱色谱或薄层色谱分离后，再将获得的单个组分进行红外吸收光谱、紫外吸收光谱、核磁共振波谱和质谱分析，就可判定它们各属于哪类有机化合物。

以下分别介绍试样分析的各个步骤。

一、试样的采集和制备

在实际分析中遇到的试样是多种多样的，其可呈现气、液、固态，物料中组分分布的均匀性差异很大。采集的试样应具有代表性，能反映全部物料的平均组成，因此必须使用正确的采样方法，才能制备出具有平均组成的试样，否则分析结果再准确也是毫无意义的。

对气体试样，因其一般比较均匀，可直接采样分析。取样装置通常用由铝箔和聚乙烯薄膜组成的复合材料制成的球形和长方形（或方形）采样袋，或用大型注射器采样。采样前应将采样器用气体试样冲洗置换 3 次后，再取样。取样时还要考虑气样是处于正压还是负压状态，并相应采用不同的取样方法。

对液体试样，应先搅匀后再取样。对槽车、储罐中的样品，可在容器上部 1/6、中间 1/2 和下部 5/6 处等量取样，经混合均匀后可作为代表性试样。

对固体试样，因其组成不均匀，需经粉碎、过筛混合和缩分三个阶段，才能制备成分析试样。

固体试样经机械粉碎、研磨、金属切削方法，获得细小颗粒，经规定分样筛筛分，对不能过筛的大颗粒应继续粉碎，直至全部通过筛子，再用手铲将其混匀。混匀后的样品再用四分法缩分至分析室用量。四分法如图 10-12 所示，试样粉碎后，混匀，堆成锥形，略微压平，通过中心分为四等份，把任何相对的两份弃去，其余部分收集在一起混匀便使试样减少一半，如此重复进行，直至获得分析所需的用量（100～300g）。分样筛的目数和孔径关系见表 10-7。

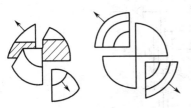

图 10-12　四分法缩样

表 10-7　筛号（目数）和孔径的大小

目数(孔数/in)	20	40	60	80	100	120	200
孔径/mm	0.83	0.42	0.25	0.18	0.15	0.125	0.074

二、试样的溶解或分解

通常样品分析都采用湿法分析方法进行，为此需将样品溶于水、酸、碱或有机溶剂中；若样品不溶解，可用熔融法或烧结法将样品分解后，再用适当方法溶解，然后再进行分析。

1. 溶解法

常用的溶剂如下。

（1）H_2O　绝大多数碱金属和碱土金属的盐类都溶于水；大部分金属的硝酸盐都溶于水；除 Ag^+、Hg_2^{2+}、Pb^{2+} 以外的氯化物都溶于水；除 Pb^{2+}、Ba^{2+}、Sr^{2+}、Ca^{2+} 以外的硫酸盐都溶于水。

（2）HCl　为最常用的溶剂之一，能溶解大部分金属氧化物、弱酸盐和金属电位次序在氢之前的金属及合金。由于 Cl^- 具有还原性，可促使具有氧化性的试样如 MnO_2 的溶解，又可与 Fe^{3+}、Sb^{3+} 等生成稳定的配合物 $[FeCl_6]^{3-}$、$[SbCl_6]^{3-}$，因此它是铁、锰、锑类材质的良好溶剂。

（3）HNO_3　具有强氧化性，除铂族和一些稀有金属外，大多数金属都能溶于其中。锑、锡、钨在 HNO_3 中生成难溶的偏锑酸、偏锡酸及钨酸；铁、铝、铬等金属在 HNO_3 中能生成氧化膜，会使表面钝化，为溶去氧化物薄膜需加入非氧化性的 HCl，才能将其溶解。HNO_3 溶解试样后会生成 HNO_2 或其他低价化合物，应加热煮沸除去，以防止产生干扰。

（4）H_2SO_4　热浓 H_2SO_4 具有氧化性，可溶解多种金属和矿石。它的沸点高，当低沸点的 HCl、HF、HNO_3 对测定有干扰时，常加入 H_2SO_4 蒸发至冒白烟而加以驱除。它也常用于分解有机试样。

（5）$HClO_4$　为高沸点（203℃）强氧化剂，加热蒸发可驱除溶液中的低沸点酸。热浓 $HClO_4$ 与有机物或其他易氧化物质一起加热时，易发生爆炸现象，为防止此类情况发生，应先加浓 HNO_3 将有机物分解，然后再用 $HClO_4$ 氧化。

（6）HF　酸性较弱，因与 Si 作用形成易挥发的 SiF_4 而用于溶解硅酸盐。溶解后可用 H_2SO_4 或 $HClO_4$ 反复蒸发，除去过剩的 HF。HF 对玻璃有强烈的腐蚀作用，分解样品时要使用铂坩埚或塑料容器。

（7）混合酸　具有更强的溶解能力，如 3 份 HCl 与 1 份 HNO_3 混合制成的王水可溶解金、铂等贵金属；HF 常与 H_2SO_4、HNO_3 或 $HClO_4$ 混合以分解硅酸盐、硅铁及钨、铌合金；H_2SO_4 与 HNO_3、H_2SO_4 与 $HClO_4$ 组成的混合酸可用于分解有机物。

（8）NaOH　20％～40％ NaOH 溶液常用于溶解铝合金和三氧化二砷等两性物质。

2. 熔融法

熔融法是将试样与 8～10 倍重的固体熔剂混合，在 500～1000℃高温下进行熔融反应，所得固熔物再用 H_2O 或酸进行浸取，以溶出待测组分。

常用的酸性熔剂为 $K_2S_2O_7$ 和 $KHSO_4$，在高温下可与难溶的碱性氧化物如 TiO_2 反应，生成可溶性硫酸盐。反应式为

$$K_2S_2O_7 \xrightarrow{\triangle} SO_3 + K_2SO_4$$
$$TiO_2 + 2SO_3 \xrightarrow{\hspace{1cm}} Ti(SO_4)_2$$

用此法可分解铁、铝、铬、锆、铌、钽等的氧化物。上述熔融反应可在铂坩埚中进行。

对酸难溶解的试样常用碱熔法分解，熔剂为 Na_2CO_3 或 K_2CO_3、NaOH 或 $NaOH + Na_2O_2$、$Na_2CO_3 + KNO_3$ 等，它们可分解硅酸盐、磷酸盐、铬铁矿石、钒合金、锌矿石、砷化物矿石、硫化物矿石等。碱熔法严重腐蚀瓷坩埚，可选用铂、铁、镍、银坩埚进行熔融。

3. 烧结法

又称半熔法，该法将试样与固体熔剂在低于熔点温度下，于瓷坩埚中进行分解，长时间烧结可达完全分解的目的。如煤可用 Na_2CO_3-ZnO 熔剂烧结，使其中的硫转化成 Na_2SO_4，可用水溶解浸出。

4. 有机试样的处理方法

分解有机试样可使用干法或湿法，处理后的样品中包含的有机官能团已被破坏，只能进行元素分析。

干法是将有机物置于瓷坩埚中，先在较低温度下炭化，再升高温度使其灰化。此时有机物主体已成 CO_2 和 H_2O 逸出，剩余残渣可用酸溶解测定所含有的无机金属离子或其他元素。

湿法是用 $H_2SO_4 + HNO_3 + HClO_4$ 三元混酸或二元混酸加热使有机物完全分解，再测其中含有的卤素、硫、氮、磷等元素的含量。

三、干扰组分的分离

在已知样品定性分析结果的基础上，选用适当的溶样方法将样品溶解，再采用前述合适的分离方法，除去干扰物质后，才能对样品中的欲测组分进行定量分析，以获得准确的分析结果。

四、欲测组分定量分析方法的选择

定量分析方法的选择应根据分析的目的要求、试样的性质、组分的含量范围、干扰组分的情况和实验室的工作条件等因素综合加以考虑。

1. 根据分析的目的要求考虑

如在工业生产中，各个生产车间的中间控制分析方法，要求分析速度快，能及时获取分析数据以指导生产的连续运行，如容量分析法、光度分析法、气相色谱法及单项测试法（如微量水、微量氧的测定）获得广泛的应用。在成品分析中，需确定产品质量，给产品定级，这就需要使用准确的分析方法，如容量分析法、重量分析法、气相色谱法、高效液相色谱法、原子吸收光谱法就获得广泛的应用。

2. 根据被测组分的性质考虑

如欲测物为无机物，常选用化学分析法、电化学分析法、原子发射光谱法或原子吸收光谱法来进行定量分析。

若欲测物为有机物，且定性组成已知，可采用官能团定量方法测其酸值、皂化值、碘值、溴值等含量。对组成复杂的有机化合物，如油脂、表面活性剂、各种助剂、塑料、橡胶、纤维等，应按照特定的有机化合物的剖析方法，先进行定性分析，即将样品经溶剂萃取、柱色谱分离后，用紫外吸收光谱法（UV）、红外吸收光谱法（IR）、核磁共振波谱法（NMR）、质谱法（MS）确定其结构后，才能决定采用适当的气相色谱法或高效液相色谱法来进行定量分析。

3. 根据欲测组分的含量范围考虑

若欲测组分为常量组分，可采用化学分析法、气相色谱法、高效液相色谱法进行测定。

若欲测组分为微量或痕量组分，可采用分光光度法、原子吸收光谱法、气相色谱法、电化学分析法进行测定。

4. 根据干扰组分的存在情况考虑

例如，欲测定硅酸盐中各个组分的含量，必须考虑不同组分间的相互干扰，需拟定详细的系统分析步骤，经沉淀分离除去主体成分 SiO_2 后，才能测定其中含有的 Fe_2O_3、TiO_2、Al_2O_3、CaO、MgO 的各自含量，测定中可使用多种分析方法。

又如，欲测定低压聚乙烯塑料中含有的痕量金属离子 Ti^{3+}、Ni^{2+}、Al^{3+}，可将其置于瓷坩埚中灰化后，用酸浸取残渣，再分别用分光光度法测定 Ti^{3+}、Ni^{2+}、Al^{3+} 的各自含量。

5. 根据实验室的工作条件考虑

一个设备完善的分析实验室对快速、准确地完成分析任务是十分重要的。为购置必要的分析测试仪器，往往需要昂贵的投资，此投资对保证长期稳定地提供准确的分析数据、保证产品质量是十分必要的。

对工作条件较差的分析实验室，若需完成较复杂的分析任务，就对分析工作者提出了更高的要求。此时分析工作者应在充分了解各种分析方法适用范围的基础上，尽量使用如分光光度法、电化学分析法去完成需用原子吸收光谱法进行的分析任务；为提高测定的灵敏度，可采用适当的浓缩富集方法；为解决多组分的测定，可将因子分析法用于光度分析等。总之，在具有一定工作条件的分析实验室中，充分发挥分析工作者的聪明才智，也是快速、准确地完成各种分析任务的重要因素。

思考题和习题

1. 何谓回收率？它有何作用？

2. 当用氢氧化物进行沉淀分离时，控制 pH 的目的是什么？

3. ZnO 悬浮液可用于氢氧化物的沉淀分离，$CaCO_3$ 悬浮液是否也可用于氢氧化物的沉淀分离？

4. 在含有 Fe^{3+}、Mg^{2+} 的 100mL $0.1mol \cdot L^{-1}$ 氨的溶液中，若加入 NH_4Cl 使 $[NH_4^+] = 1.5mol \cdot L^{-1}$，问此时能否使 Fe^{3+} 沉淀完全，而将 Mg^{2+} 保留在溶液中？已知 $K_{sp,Fe(OH)_3} = 4 \times 10^{-33}$，$K_{sp,Mg(OH)_2} = 1 \times 10^{-11}$，$K_{NH_3 \cdot H_2O} = 1.8 \times 10^{-5}$；设两种离子定量分离时，在溶液中离子浓度比值应大于 10^6。

5. 在 90mL 水中含 1.00mmol 正癸烷，若用 30mL 氯仿萃取，萃取出 0.80mmol 正癸烷，计算正癸烷在两相间的分配比和萃取效率；若每次用 15mL 氯仿萃取，连续萃取两次，其萃取效率是多少？

6. 某有机酸 HA 在有机溶剂和水相间的分配系数 $K_D = 31$，在水中的电离常数 $K_{HA} = 2 \times 10^{-5}$，将含有机酸 HA 的 50mL 水溶液用有机溶剂萃取三次，每次用 5mL，试计算在 pH=1 和 pH=5 的水溶液中萃取 HA 的萃取率各是多少？

7. 已知乙酸甲酯在氯仿和水中的分配比为 2.5，若 100mL 水溶液中含有 2.00g 乙酸甲酯，用氯仿萃取 3 次，每次用 20mL，问三次萃取后水中残留多少克乙酸甲酯？

8. 称取干燥的强酸型阳离子交换树脂 1.000g 置于烧杯中，准确加入 100.00mL $0.1000mol \cdot L^{-1}$ NaOH 溶液，摇匀密闭过夜，再吸取上层 NaOH 清液于 25.00mL 锥形瓶中，以 $0.1019mol \cdot L^{-1}$ HCl 标准溶液滴定至酚酞变色，消耗 14.88mL。计算树脂的交换容量（$mmol \cdot g^{-1}$）。

9. 称取一定量强酸型阳离子交换树脂，与含 0.0243g Mg^{2+} 的 100mL $0.1mol \cdot L^{-1}$ HCl 溶液一起振荡，已知选择性系数 $K_s = \dfrac{[Mg^{2+}]_R [H^+]_W^2}{[Mg^{2+}]_W [H^+]_R^2} = 2.9$，树脂的交换容量为 $2.5mmol \cdot g^{-1}$，计算 Mg^{2+} 的分配系数 $K_D = \dfrac{[Mg^{2+}]_R}{[Mg^{2+}]_W}$ 和交换平衡后 Mg^{2+} 留在溶液中的量（mg）。

10. 在硅胶 G 薄层板上测定苯酚和正丁酸混合样品，使用展开剂为正己烷-丙酮（2∶1），分别用相同体积的样品量点样，已知原点至正丁酸斑点中心的距离为 6.5cm，原点至苯酚斑点中心的距离为 7.5cm，原点至溶剂前沿的距离为 13.5cm，试计算正丁酸和苯酚的 R_f 值各是多少？若欲使正丁酸和苯酚两个斑点中心相距 2.0cm，此时溶剂前沿应距原点多远？

11. 采集试样的原则是什么？如不遵循此原则会对分析结果有何影响？

12. 对固体试样如何操作才能获取具有代表性的试样？

13. 简述下列各种溶（熔）剂对样品的分解作用：
HCl、HNO_3、H_2SO_4、$HClO_4$、$K_2S_2O_7$、NaOH、Na_2CO_3、$NaOH + Na_2O_2$

14. 欲分析以下样品中的微量 Ni，应如何分解试样？（1）聚乙烯；（2）汽油；（3）工业污水；（4）硅铅酸盐。

15. 选择定量分析方法时，应注意哪些问题？

第十一章 现代分析方法与分析仪器的发展趋向 (阅读材料)

第一节 分析工作者的分析技能培养

分析检验工作在钢铁、冶金、石油炼制、石油化工、精细化工、轻工、食品酿造等工业生产中的重要性,主要表现在产品质量检验、生产流程的质量控制上。分析检验是企业进行质量管理的主要手段,也是产品能够占领市场的重要保证,更是使生产企业保持蓬勃活力的基础。一些轻视分析检验工作重要性的表现,正是表明生产企业仍处于粗放管理陋习的初级阶段,在激烈的市场竞争中,这样的企业必然处于被动状态。

分析检验在农业生产中的重要性,表现为对土壤成分与肥料组成的测定、农药残留监测、农产品营养成分的质量检验等方面。现在随着人口的急剧增长及可耕地的逐渐减少,以土地资源等为基础的传统农业正在向以生物工程技术为基础的"绿色革命"转变,生物技术领域的细胞工程、基因工程正在为提高农作物产量、改良品种发挥着重要作用。涉及淀粉、糖类、叶绿素、维生素、核酸、蛋白质等组分的生物化学分析和检验也日益受到重视。

在医学科学中,分析工作承担着对药物成分的分析、中草药有效成分的研究,以及药物对人体的作用机制、药物的代谢与分解的监测等任务。在临床疾病诊断、药物检测等与人体健康相关的治疗和研究中,分析检测都是不可缺少的重要手段。

当代随着世界经济的快速发展,环境科学研究已成为全世界瞩目的问题。随着大气、水源污染的加剧,人类的生存环境受到极大的危害。对大气质量及水质的监测,对农药、多环芳烃、卤代烃对土壤和海洋的污染监测,已愈来愈受到重视。在追踪污染源、进行环境治理的过程中,分析检验发挥了极其重要的作用。

同样在生命科学、材料科学、国防建设及执法过程的物证检验中,分析化学的各种分析检验方法也在发挥着各自的重要作用。

对于在上述各个领域从事分析检验的工作者来讲,为及时提供准确可靠的分析数据,就需要每个分析工作者掌握必要的分析知识与技能。

分析知识与技能可归结为以下两方面的内容。

一方面是掌握分析测定方法涉及的分析化学的基本原理。具体要求分析工作者掌握法定计量单位和分析结果的表达方法;分析数据的处理方法;化学分析法中涉及的酸碱平衡、沉淀平衡、配位平衡和氧化还原平衡的基本原理;各种仪器分析方法涉及的无机化学、有机化学、物理化学、物理学、数学、自动化学等有关的测定方法原理。

另一方面是完成分析测定时所必需的各种实验操作技能。要求分析工作者掌握分析样品的取样和制备方法;除去干扰组分的分离方法;进行化学分析时必需的天平称量、容量分析仪器、重量分析仪器的正确使用和基本操作方法。进行仪器分析时,要了解每种仪器的基本组成部件,影响测量准确度的各种因素,进行定性和定量分析的基本方法以及数据处理装置的使用方法。

　　由上述可知，作为一个称职的分析工作者，必须具有比较宽厚的多学科的知识面和比较全面和熟练的实验操作技能。当前在面临分析化学专业知识不断更新、分析仪器设备日趋智能化的形势下，每一个分析工作者必须保持敏锐的眼光，关注分析化学学科的进展情况和分析仪器的更新现状，以不断驱动自己向新的水平攀登。

第二节　分析方法的发展趋向

　　分析方法根据不同的标准有不同的分类：根据分析任务的不同，可分为定性分析和定量分析；根据分析对象的不同，可分为无机分析和有机分析；根据测定原理和使用仪器的不同，可分为化学分析和仪器分析；根据试样用量的不同，可分为常量分析、半微量分析、微量分析和超微量分析（痕量分析）；根据分析结果发挥作用的不同，可分为例行分析和仲裁分析。

　　上述对分析方法的分类，主要是依据对样品进行成分分析的概念提出的。而当代在解决愈来愈复杂的实际分析任务过程中，分析方法已不局限于解决成分分析的问题，已在解决结构分析、微观的表面和微区分析、物质存在的价态和形态分析中，发挥了愈来愈重要的作用。

　　在成分分析中，需要确定物质的定性组成和各组分的定量含量，还需测定同分异构体和手性对映体的含量。在这些过程中常使用化学分析法、电化学分析法、光谱分析法和色谱分析法。这些方法在工农业生产、环境监测中的广泛应用，对保证产品质量、保护环境及科学研究发挥了重要作用，今后还将在新型材料研制、新型能源开发、生物工程技术、微电子和自动化技术、航空航天技术、海洋工程技术的开发和研究中发挥更加重要的作用。

　　在结构分析中，对无机化合物的单晶结构可使用 X 射线四圆衍射分析法进行测定，对多晶结构或物相组成可使用粉末 X 射线衍射法进行测定。对有机化合物的结构表征主要使用紫外吸收光谱法（UV）、红外吸收光谱法（IR）、核磁共振波谱法（NMR）和质谱法（MS）。UV 谱图提供了分子内共轭体系的结构信息；IR 谱图可鉴别分子中含有的特征官能团和化学键的类型；^{1}H 和 ^{13}C 核磁共振谱图提供的化学位移、耦合常数和共振峰峰面积积分强度之比，可判定对应官能团中所含氢原子个数和碳链骨架信息；由 MS 谱图中各碎片离子的质荷比和相对丰度，结合分子断裂过程机理，可推断被测物的分子结构。若将 UV、IR、NMR、MS 组合起来应用，可提供相互补充的结构信息，从而大大提高它们在有机物结构分析中的总有效性。

　　表面和微区分析主要用于研究半导体材料、高分子材料、复合材料、多相催化剂的表面特性。通常使用一种粒子束（如电子、光子、离子或原子）作为探针，去探测样品表面，通过检测二者相互作用时从样品表面发射或散射的粒子探束的能量、质荷比、束流强度的变化，就可得到样品微区及表面的形貌、原子排列、化学组分及电子结构等信息。为防止样品表面被周围气氛污染，此类仪器必须在高真空（$\leqslant 10^{-4}$ Pa）下操作。常用的此类仪器为透射电子显微镜、扫描电子显微镜、扫描隧道显微镜、电子探针、俄歇电子能谱仪、X 射线光电子能谱仪、离子探针、二次离子质谱仪以及高能、中能和低能离子散射谱仪。

　　在价态和形态分析中，主要测定样品中被测元素的价态和存在的形态。化学元素在样品中可以不同的价态、配位态、吸附态、可溶态或不可溶态存在。它们在生命科学和环境科学中的可利用性或毒性，不仅取决于它们的总量，还取决于它们存在的价态和化学形态。例如，六价铬对皮肤有刺激性，具有致癌作用；而三价铬则是维持生物体内葡萄糖平衡、脂肪和蛋白质代谢作用所必需的。又如，重金属离子的自由状态和有机化合物状态（如 Hg^{2+} 和甲基汞 CH_3Hg^+）对鱼类的毒性很大，而它们的稳定配位态或难溶固态颗粒的毒性就很小。因此仅根据痕量元素的总量来判断它们的生理作用、生态效应和环境行为，特别是对人体健康的影响，往往不能得出正确的结论。所以在生命科学和环境科学中，对元素的价态和形态分析已成为研究的热点。

影响分析方法发展的另一个重要方面，就是化学计量学在分析方法中日益广泛的应用。化学计量学作为化学科学的一个分支，它使用数学和统计学方法，以计算机为工具，来设计或选择最优化的分析方法和最佳的测量条件，可通过对有限的分析化学测量数据的解析，获取最大强度的化学信息。化学计量学的研究对象涉及分析方法的全部过程，如取样、实验设计、分析信号解析、化学信息获取等。化学计量学的兴起，使分析化学被重新认识为一门获取化学信息的科学。现代分析化学的使命，已由单纯提供分析数据，上升到从原始分析数据中最大限度地获取有用的信息，以解决生产和科研中的实际问题。化学计量学中研究的多变量分析（包括因子分析、主成分分析、聚类分析、判别分析、回归分析等）、优化策略（包括单纯形优化法、窗图优化法、混合物设计统计技术、重叠分离度图等）、模式识别等内容，已在分析方法研究中获得广泛的应用。

由上述分析方法发展趋向的介绍可知，现代分析方法已综合采用了多种学科的原理、方法和技术。分析化学作为化学信息表征与测量的科学，不仅能检测信息，还能识别信息，可对物质进行纵深分析、精确描述无机物和有机物的定性、定量组成、分子结构、表面与微区特点、价态和形态特征。分析化学已进入研究原子和分子的种类、数量、结合状态及在多维空间分布等信息的阶段，所以可以把现代分析化学概括为"研究原子、分子信息探测和识别规律的科学"。

第三节 分析仪器的发展趋向

分析仪器是随着分析方法的建立和科学技术的进步而逐渐由简单向复杂方向发展的。现代分析仪器尽管品种繁多、形式多变，但它们的基本组成相似，可概括为四个单元，即样品处理单元、组分分离单元、组分检测单元、检测信号处理和显示单元，其中分离技术和检测方式是影响分析仪器发展的两个关键问题。

当前，随着科技的迅速发展，分析任务需要解决的问题也愈来愈复杂。例如，常规的取样分析已发展成在线分析和不用取样的原位分析；常规的一维分离技术已发展成二维或多维分离技术；常规的单一分析方法已发展成多种分析方法的联用。随着采用微电子学和计算机技术的最新成果，分析仪器正朝着自动化和智能化方向发展，已成为高科技领域中不可缺少的重要分析手段。

一、分析仪器分类简介

比较切合现在实际情况的分析仪器的分类方法是把种类繁多的分析仪器分为分析样品的预处理仪器、分离分析仪器、可以鉴定分子的分析仪器、可以鉴定原子的分析仪器、联用分析仪器和分析数据处理仪器。表 11-1～表 11-8 简要介绍了各类仪器的主要应用范围及特点。

表 11-1 样品预处理仪器

仪　　器	主要应用	备　　注
高压分解器(压力溶弹器)	用于含难溶组分的试样,在酸(碱)存在下加压、加热溶样	在 AAS 中用于难溶催化剂试样的预处理
微波消解器	用于试样的快速溶解、干燥、灰化及浸取	在 AAS 中用于样品预处理或痕量分析
自动进样器	用于多个样品的自动化进样	用于 GC 或 HPLC
裂解进样器	利用管式电炉、电热丝、居里丝、激光加热分解高聚物试样	用于 GC

续表

仪　器	主要应用	备　注
快速溶剂萃取器	用于药物、天然产物、食品中有效成分的提取，固体废弃物中污染物的提取	在 AAS、GC、HPLC 中用于样品的预处理
固相萃取器	用于痕量或微量无机离子或有机污染物的富集；使用多种改性硅胶作为吸附剂	用于 IC 或 HPLC
固相微萃取器	用于富集水溶液中的痕量有机物	用于 GC、MS 等
微渗析系统	用于生物活体取样	用于 HPLC、CEC 等
热解吸器 （捕集-清洗器）	用于痕量或微量挥发性有机污染物的富集和热解吸再进样；使用 Tenax、GDX 作为吸附剂	用于 GC
超临界流体萃取器	用于难挥发和热不稳定样品的萃取	用于 GC 或 HPLC
自动样品收集器	用于样品经色谱分离后，纯组分的收集	用于制备 GC 或制备 HPLC

注：AAS—原子吸收光谱；GC—气相色谱；HPLC—高效液相色谱；IC—离子色谱；MS—质谱。

表 11-2　分离分析仪器

仪　器	主要应用	备　注
气相色谱仪（GC）	适宜于高效分离分析复杂多组分的挥发性有机化合物、同分异构体和旋光异构体以及痕量组成	改换不同色谱柱和不同的检测器可改变方法的专一性
高效液相色谱仪（HPLC）	分离不太挥发的物质，适宜于分离窄馏分或簇分离	包括离子交换色谱和离子色谱，改变柱型（不同柱填料）和不同检测器可改变方法的选择性
超临界流体色谱仪（SFC）	可分离重于气相色谱能分离的样品，柱温可比气相色谱低，分离速度和效率以及定性选择性比 LC 优越	流动相种类不多够，对分离极性化合物还是有一定的局限性
排阻或筛析色谱仪（SEC）	根据分子量大小分离高聚物	1959 年开始采用凝胶过滤色谱（GFC），几年后采用凝胶渗透色谱（GPC），现在统称 SEC，即包括过去的 GFC 和 GPC
场流分离仪（FFF）	可分离直径 $0.001\mu m$ 至几十个微米的颗粒样品、分子质量可高达 10^{17} Da 的超高分子量物质	有不同力场的 FFF 变体
逆流色谱仪（CCC）	分离生化和植物样品，制备少量样品（小于 1g）比 LC 有效和经济	最新发展的一种 CCC 为快速逆流色谱（HSCCC）
薄层色谱仪（TLC）	适宜于分离极性有机化合物，高速和经济	可进行半制备的分离，有平板和棒状 TLC
毛细管电泳仪（CE）	分离无机和有机离子、中性化合物、氨基酸、肽、蛋白质、低聚核苷酸、DNA	是近 20 多年来发展起来的方法，经常使用的有 4～5 种变体
毛细管电色谱仪（CEC）	依靠电渗流推动流动相，可分离中性和带电荷的有机化合物	最近 10 年来快速发展的分析方法

表 11-3　多维分离分析仪器

一维 ＼ 二维	GC	HPLC（包括 SEC、IC）	SFC	CE	TLC
GC	GC-GC	—	—	—	GC-TLC
HPLC（包括 SEC、IC）	HPLC-GC	HPLC-HPLC	HPLC-SFC	HPLC-CE	HPLC-TLC
SFC	SFC-GC		SFC-SFC		SFC-TLC

表 11-4　可以鉴定分子的分析仪器

仪　器	主要应用	备　注
紫外-可见分光光度计	芳香族和其他含双键的有机化合物（如苯、丙酮）、稀土元素、有机化合物自由基和生物物质的测定	要用光谱纯溶剂
红外光谱仪	只有在长波段（$5\sim20\mu m$）范围才能测各元素分子，如氧、氮、氢、氯、碘、溴、氟、氙、氩、氖、氮等；能鉴定官能团和提供指纹峰，可与已知标准谱图对比	
拉曼光谱仪	可测水溶液，提供与红外光谱不同的官能团信息，如固体分子簇团的对称性	近几年来拉曼光谱发展极快，已有激光拉曼光谱、表面增强拉曼散射光谱和傅里叶变换拉曼光谱
质谱仪	能给出元素（包括同位素）和化合物的相对分子质量和分子结构信息；可鉴定有机化合物	日常维持费用较高，有简易四极矩型、高分辨磁铁场型、飞行时间型，还有两台 MS 串联型
核磁共振波谱仪	结构测定和鉴定有机化合物；能提供分子构象和构型信息；能测定原子数	日常维护费用比质谱还高，高分辨型要用液氦，有简易型（6MHz）至高分辨型（$200\sim700$MHz）多种型号
顺磁共振波谱仪	有机自由基测定；电子结合信息，还可研究聚合机理	
X 射线衍射仪	鉴定晶体结构（特别是无机物、高聚物、矿物、金属半导体、微电子材料）	
圆二色光谱仪	分析药物和毒物中的对映体；高聚物的基础性研究	
热分析仪	研究物质的物理性质随温度变化而产生的信息；广泛用于研究无机材料、金属、高聚物和有机化合物；表征高聚物的性能变化；测定生物材料或药物的稳定性	

表 11-5　可以鉴定原子的分析仪器

仪　器	主要应用	备　注
原子发射光谱仪	特别适宜于分析矿物、金属和合金	使用电感耦合等离子体作为光源时氩气消耗较多，运行费用较高
原子吸收光谱仪	元素精确定量，金属元素痕量分析	

续表

仪　器	主　要　应　用	备　　注
X射线荧光光谱仪	特别适用于稀土元素,可测比硫重的元素	
中子活化分析仪	精确定量,痕量和超痕量分析元素和大多数元素的同位素	
电化学分析仪	可氧化还原的物质,包括金属离子和有机物质	
电感耦合等离子体质谱仪	同位素分析,多元素同时测定,痕量元素分析	

表 11-6　常见的联用分析仪器

色谱仪 ＼ 光谱仪	MS	FTIR	AAS	ICP-ES	MIP-ES	NMR
GC	GC-MS	GC-FTIR	GC-AAS	GC-ICP-ES	GC-MIP-ES	—
HPLC	HPLC-MS	HPLC-FTIR	HPLC-AAS	HPLC-ICP-ES	—	HPLC-NMR
SFC	SFC-MS	SFC-FTIR	—	—	SFC-MIP-ES	—
CE	CE-MS	—	—	—	—	CE-NMR
CEC	CEC-MS	—	—	—	—	CEC-NMR
TLC	—	TLC-FTIR	—	—	—	—

注：MS—质谱；FTIR—傅里叶变换红外吸收光谱；AAS—原子吸收光谱；ICP-ES—电感耦合等离子体发射光谱；MIP-ES—微波电感等离子体发射光谱；NMR—核磁共振波谱。

表 11-7　一些常用联用仪器的接口

色谱仪 ＼ 光谱仪	接　　口		
	MS	FTIR	NMR
GC	分流式、浓缩式、喷射式、泻流式分子分离器	内壁镀金的硼硅玻璃光管	
HPLC	热喷雾、电喷雾、粒子束、连续快原子轰击、大气压力化学电离等	流通池	连续流、驻流式
SFC	直接流体注射、分子束等	流通池	
CE 或 CEC	无鞘动式、同轴鞘动式、液体粘接式	流通池	扩径毛细管式

表 11-8　分析数据处理仪器

仪　器	主　要　应　用	备　　注
原子吸收光谱仪的数据处理系统	可对仪器操作条件(波长、狭缝宽度、灯电流、气源流量)进行选择,测量吸收峰高、峰面积,计算分析结果,打印报告,绘制分析曲线	适用于 AAS

续表

仪　器	主要应用	备　注
傅里叶变换红外吸收光谱仪的数据处理系统	绘制红外吸收谱图，波数定标，显示差谱或叠加谱图，傅里叶变换	适用于 FTIR 或 IR
色谱仪的数据处理工作站	记录色谱峰的保留时间、峰高、峰面积，计算组分的含量，绘制谱图；配有专家系统，可提供优化分析结果的途径	适用于 GC、HPLC、SFC 和 CE
质谱仪的数据处理系统	质谱数据采集，质量定标，峰检测，峰强度，棒图显示，标准谱图检索，归一化	适用于 MS
核磁共振波谱仪的数据处理系统	核磁共振数据采集，化学位移定标，谱图绘制，傅里叶变换和数据处理	适用于 NMR（^{1}H、^{13}C 及多核）
电子显微镜的数据处理系统	图像的自动分析，标记图像尺寸和放大倍数	适用于透射电子显微镜和扫描电子显微镜

二、分析仪器的发展趋向

当代分析仪器对科技领域的发展起着关键作用，一方面科技领域对分析仪器不断提出更高的要求，另一方面随着科学技术的发展，新材料、新器件不断涌现，又大大推动分析仪器的快速更新。分析仪器的发展趋向主要有以下特点。

1. 向多功能、自动化、智能化方向发展

以色谱仪为例。当前气相色谱仪的制作工艺已达全新水平，由于单片机的使用，仪器对温度、压力、流量的控制已全部实现自动化，由计算机键盘输入操作参数，仪器就可正常运行。对一台通用型气相色谱仪，主机不仅可使用填充柱，还可使用毛细管柱；除配有 TCD、FID、ECD、FPD 四种常用检测器外，还可配备离子阱检测器（或称质量选择检测器）；色谱柱箱具有程序升温功能。此处，还可配备自动进样器、高聚物裂解进样器、热解吸器等附件。和主机联接的色谱工作站，可完成谱图绘制、谱图放大或缩小、谱图对比等，还可记录保留时间、峰高、峰面积等定性和定量参数，可用不同的定量方法计算样品中各个组分的含量；若配有对分析结果进行化学计量学优化的软件，还可对分析结果作出评价，提供获取最佳分析结果的途径。

又如质谱仪，其离子源可配有电子轰击（EI）、化学电离（CI）、解吸化学电离（DCI）、场致解吸电离（FDI）、快原子轰击（FAB）、辉光放电（GDI）、大气压化学电离（APCI）、光致电离（PI）、等离子解吸电离（PDI）、激光解吸电离（LDI）等多种方式。质量分析器配有磁式单聚焦和双聚焦、四极杆滤质器、离子阱、离子回旋、飞行时间等多种结构方式。检测器可配有法拉第筒、闪烁计数器、电子倍增器、光电子倍增器、微通道板等形式。高真空系统已使用机械泵和涡轮分子泵组合。质谱工作站可用于控制仪器的操作参数、数据采集、实时显示、标准谱图自动检索、绘制质谱图、打印出定性和定量分析结果的实验报告。

2. 向专用型、小型化和微型化方向发展

随着环境科学的发展，为控制和治理环境污染，防止环境恶化，维护生态平衡，环境监测已成为掌握环境质量状况的重要手段，发展对化学毒物、噪声、电磁波、放射性、热源污染进行监测的专用型分析仪器，已受到愈来愈多的关注。这类分析仪器可用于对污染现场进行实时监测，对人类居住环境进行定点、定时监测，对污染源头进行遥控监测。现已生产出对大气、水、土壤进行取样的多种采样器；监测大气中 SO_2、NO_x、汽车尾气排放的专用分析仪；监测水中化学需氧量（COD）、生化需氧量（BOD）、总有机碳（TOD）的单项分析仪。其他如噪声与振动测量仪、连续流动多功能水质分析仪及环境污染连续自动监测系统也都被环监部门广泛采用。

生物化学与医学专用分析仪器也是现代分析仪器中的一个大分支。生物医学领域主要包括生物化学、生态平衡、医疗诊断、医药制造、毒品检验和食品营养检测等方面。当前生物医学分析仪器的发展已成为国际上的热门领域，如高效毛细管电泳仪，已被公认为 20 世纪 90 年代在生物分析领域中产生巨大影响的分析仪器，它能快速、准确地定量测定蛋白质、核苷酸、RNA 和 DNA 的含量，已在疾病诊断、传染源确证、艾滋病毒的检测中发挥了重要作用。其他如动态心电图分析仪、超声诊断仪、磁共振成像系统、DNA 自动测序仪、免疫分析仪、X 射线数字减影血管造影系统（DSA）等，由于它们都采用了先进的分析测试技术而在生物医学应用上占有重要地位。

常规分析仪器体积庞大，结构复杂，能源消耗大，维持仪器正常运转费用高。现在随着新材料、新器件、微电子技术的发展，已使仪器制造商有可能采用新的仪器工作原理来制造小型化、性能价格比优异、自动化程度高的分析仪器。如化学传感器、生物传感器、光导纤维、电荷耦合器件（CCD）和电荷注入器件（CID）被广泛采用；还研制出了小型台式傅里叶变换红外吸收光谱仪（如 PE 公司的 FTIR1700 系列）、台式质谱仪（如 VG 公司的 Trio-LS 型）和台式扫描电子显微镜（如 Philips 公司的 XL 系列）。现在微型化的传感器已小到可以插入人体动脉进行血的分析；可携带式的离子迁移光谱仪、气相色谱仪、高效液相色谱仪、傅里叶变换红外吸收光谱仪、气相色谱-质谱联用仪等微型化的复杂仪器也已用于现场监测违禁药物和化学武器核查。

20 世纪 90 年代初发展的微全分析系统（μ-TAS），开拓了分析化学发展的新方向。它通过化学分析设备的微型化和集成化，最大限度地把分析实验室的功能转移到便携式分析设备中，实现所有分析步骤（取样、预处理、化学反应、产品分离、检测）集成化，构成"芯片实验室"。依据芯片结构和工作机理，芯片可分为两类：一类是以亲和作用为核心，用于生物分子（DNA、蛋白质）检测的微阵列芯片（生物芯片）；另一类是用于检测化学反应的微流控芯片［可看作流动注射分析（FIA）的微型化］。这两类芯片近年来已获得快速发展，由于使用了集成化芯片元件，大大降低了样品用量（μL→nL），大大加快了分析速度（提高 10～100 倍），并有利于分析测试技术的普及，促进傻瓜型分析仪器的出现，从而会引起分析测试方法的重大变革。

3. 向多维分离仪器发展

气相色谱仪、高效液相色谱仪、超临界流体色谱仪和毛细管电泳仪已对相对分子质量、沸点、热稳定性、生物活性存在差别的化合物的分离发挥了重要作用，但随着分析任务复杂性的增加，只用一种分离方法已不能将样品中的不同组分完全分离。20 世纪 70 年代中期首先出现了二维气相色谱（GC-GC）技术，它使用同一种流动相，将两根气相色谱柱串联起来（填充柱-填充柱、填充柱-毛细管柱、毛细管柱-毛细管柱），使组成复杂的样品先在第一根一维色谱柱上进行初步分离，再利用中心切割方法将未分离开的难分离组分，转移到第二根二维色谱柱上实现完全分离。一维柱和二维柱后可联接不同的检测器（FID 或 ECD）。因此可通过进行一次色谱分析过程，获得双重分析信息。在 20 世纪 80 年代中期又发展了二维高效液相色谱（HPLC-HPLC）和二维超临界流体色谱（SFC-SFC）技术，它们都显示出超强的分离能力。在 20 世纪 80 年代末期又先后发展了使用两种不同性质流动相的多维色谱耦合技术，如高效液相色谱-气相色谱偶联系统（HPLC-GC）、高效液相色谱-超临界流体色谱偶联系统（HPLC-SFC）、超临界流体色谱-气相色谱偶联系统（SFC-GC）、高效液相色谱-毛细管区带电泳偶联系统（HPLC-CZE），以及气相色谱、超临界流体色谱、高效液相色谱分别与薄层色谱偶联系统（GC-TLC、SFC-TLC、HPLC-TLC）。20 世纪 90 年代已研制出用于气相色谱、超临界流体色谱和微柱高效液相色谱的统一色谱仪，可分别实现 GC→SFC、HPLC→GC、HPLC→SFC、SFC→HPLC 的顺序分析。

在质谱分析中于 20 世纪 70 年代后期迅速发展了二维质谱技术（MS-MS），它使离子在运动过程中，通过活性碰撞经过两个串联的质量分析器，使分子碎裂过程产生的分子离子（母离子）和碎片离子（子离子）分离开。从仪器结构上看，一个质量分析器用于碎片离子的质量分离，获得碎片离子的谱图，另一个质量分析器用于分子离子的质量分离，获得分子离子的谱图。使用软电离法（FAB、CI 等）的一维质谱法，仅能获得强的分子离子峰和弱的碎片离子峰，若使用二维质谱法，就可提供强的碎片离子峰和强的分子离子峰，从而获得完整的结构信息。

二维核磁共振波谱（NMR-NMR）也是在 20 世纪 70 年代后期发展起来的。一维核磁共振波谱的谱线位置、强度和形状是在一定的磁场强度作用下，作为电磁波频率单一变量的函数，它描述了核自旋系统对射频场能量的吸收关系，谱峰只沿一个频率轴分布。二维核磁共振波谱使用两个频率变量（时间变量），它可将由单一频率变量决定的核磁共振谱谱图转变成由两个频率参数构成函数的谱图，谱峰分布在由两个频率轴组成的平面图上。二维核磁共振波谱扩大了 NMR 的应用范围，可进行自旋密度成像、双共振实验、多脉冲实验等，已成为阐明分子结构的最有力的工具，可提供固体物质、生物大分子的三维结构，显示原子核在样品中分布的立体图像。

4. 向联用分析仪器方向发展

当采用一种分析技术不能解决复杂分析问题时，就需要将多种分析方法组合进行联用。其中特别是将一种分离技术和一种鉴定方法组合成联用技术，已愈来愈受到广泛的重视。实现两种分析仪器联用的关键部件是硬件接口，或称联接界面，它的功能是协调两种仪器的输出及输入的矛盾。两种分析仪器通过专用的接口联接，并使用计算机自动控制联机后的操作参数，能使其成为一个整体而提供多重分析信息。

1957 年首先实现了气相色谱-有机质谱的联用系统（GC-MS），其后作为联接界面的分子分离器经不断改进已日趋完善，现已在环境监测中获得广泛应用。20 世纪 80 年代中期实现了高效液相色谱-质谱联用系统（HPLC-MS），其联接界面比 GC-MS 更加复杂，至今已有热喷雾（TS）、电喷雾（ES）、大气压化学电离（APCI）接口获得广泛采用。目前 HPLC-MS 联用仪器已在医药、生物活性物质分析中广泛应用。20 世纪 90 年代出现了毛细管电泳-质谱联用系统（CE-MS），采用电喷射接口，已在蛋白质等生物大分子分析中发挥了重要作用。

20 世纪 70 年代以后，先后实现了气相色谱、高效液相色谱、超临界流体色谱与傅里叶变换红外吸收光谱联用（GC-FTIR、HPLC-FTIR、SFC-FTIR）。GC-FTIR 联用，接口使用了两端安装有可透过红外光的 KBr 晶片、内壁镀金的硼硅玻璃光管。HPLC-FTIR 和 SFC-FTIR 联用，使用了流通池接口。上述联用系统在有机化合物的定性鉴定中发挥了重要作用。

20 世纪 80 年代美国 HP 公司生产出了气相色谱-傅里叶变换红外吸收光谱-质谱联用仪（GC-FTIR-MD），并有了关于高效液相色谱-傅里叶变换核磁共振波谱联用系统（HPLC-FT-NMR）的报道。20 世纪 80 年代末 HPLC-NMR 联用技术作为一种有效的分析手段，才获得承认，在 20 世纪 90 年代后期 HPLC-NMR 联用技术获得迅速发展，并取得重大成功，在药物、生化和环境分析中得到愈来愈多的应用。1996～2000 年已有文献报道在 HPLC 分析后，经分流，可实现 HPLC-MS 和 HPLC-NMR 的同时联用，构成 HPLC-NMR-MS 的联用系统，在药物结构分析中，发挥了重要的作用，并用于手性化合物的分离和鉴定。

应当指出，化学计量学对分析仪器的发展也产生了重大影响。由分析仪器得到的数据是获取所需化学信息的基础，因此仪器的灵敏度、精密度和选择性对化学信息的获得具有决定意义。化学计量学中对信号与噪声的研究，直接关系到对分析仪器灵敏度、检测限、信噪比等性能的提高；对信号处理的研究，可寻觅出信号变化的数学规律，进行曲线拟合、平滑化和信号求导，以及使用最小二乘多项式法、傅里叶变换等数学方法扩大分析仪器的使用功能（如傅里叶变换红外吸收光谱和傅里叶变换核磁共振波谱已获得广泛应用）；对信息校准的研究，关系到干扰的消除和降低多组分同时测定中的误差；对最优化方法的研究，关系到自动化分析仪器要具有能自动选择最佳实验条件的软件系统；对人工智能、模式识别的研究，直接关系到对紫外、红外、核磁、质谱等大型仪器的谱图检索和解析；对神经网络、专家系统的研究，关系到智能化大型联用仪器的研制；对信息量和熵的研究，为发展新型多维分离、分析仪器奠定了基础。

由上述分析仪器的发展趋向，可了解到分析仪器是一种高科技产品，它受益于采用各种技术的最新成果，也接受了它们的挑战，并在不断地创新和发展。可以预计，随着生命科学、材料科学和环境科学的发展，以及新技术的不断出现，分析仪器也会在多功能化、小型化、自动化、智能化等方面不断取得新的成绩。

附 录

表一 弱酸、弱碱在水溶液中的离解常数（25℃）

1. 弱酸

酸	分 子 式	K_{a_i}	$I=0$		$I=0.1$	
			K_a	pK_a	K_a^M	pK_a^M
砷酸	H_3AsO_4	K_{a1}	6.5×10^{-3}	2.19	8×10^{-3}	2.1
		K_{a2}	1.15×10^{-7}	6.94	2×10^{-7}	6.7
		K_{a3}	3.2×10^{-12}	11.50	6×10^{-12}	11.2
亚砷酸	H_3AsO_3	K_{a1}	6.0×10^{-10}	9.22	8×10^{-10}	9.1
硼酸	H_3BO_3	K_{a1}	5.8×10^{-10}	9.24		
碳酸	$H_2CO_3(CO_2+H_2O)$	K_{a1}	4.2×10^{-7}	6.38	5×10^{-7}	6.3
		K_{a2}	5.6×10^{-11}	10.25	8×10^{-11}	10.1
铬酸	H_2CrO_4	K_{a2}	3.2×10^{-7}	6.50		
氢氰酸	HCN		4.9×10^{-10}	9.31	6×10^{-10}	9.2
氢氟酸	HF		6.8×10^{-4}	3.17	8.9×10^{-4}	3.1
氢硫酸	H_2S	K_{a1}	8.9×10^{-8}	7.05	1.3×10^{-7}	6.9
		K_{a2}	1.2×10^{-13}	12.92	3×10^{-13}	12.5
磷酸	H_3PO_4	K_{a1}	6.9×10^{-3}	2.16	1×10^{-2}	2.0
		K_{a2}	6.2×10^{-8}	7.21	1.3×10^{-7}	6.9
		K_{a3}	4.8×10^{-13}	12.32	2×10^{-12}	11.7
硅酸	H_2SiO_3	K_{a1}	1.7×10^{-10}	9.77	3×10^{-10}	9.5
		K_{a2}	1.6×10^{-12}	11.80	2×10^{-13}	12.7
硫酸	H_2SO_4	K_{a2}	1.2×10^{-2}	1.92	1.6×10^{-2}	1.8
亚硫酸	$H_2SO_3(SO_2+H_2O)$	K_{a1}	1.29×10^{-2}	1.89	1.6×10^{-2}	1.8
		K_{a2}	6.3×10^{-8}	7.20	1.6×10^{-7}	6.8
甲酸	HCOOH		1.7×10^{-4}	3.77	2.2×10^{-4}	3.65
乙酸	CH_3COOH		1.75×10^{-5}	4.76	2.2×10^{-5}	4.65
丙酸	C_2H_5COOH		1.35×10^{-5}	4.87		
氯乙酸	$ClCH_2COOH$		1.38×10^{-3}	2.86	2×10^{-3}	2.7
二氯乙酸	$Cl_2CHCOOH$		5.5×10^{-2}	1.26	8×10^{-2}	1.1
氨基乙酸	$NH_3^+CH_2COOH$	K_{a1}	4.5×10^{-3}	2.35	3×10^{-3}	2.5
	$NH_3^+CH_2COO^-$	K_{a2}	1.7×10^{-10}	9.78	2×10^{-10}	9.7
苯甲酸	C_6H_5COOH		6.2×10^{-5}	4.21	8×10^{-5}	4.1
草酸	$H_2C_2O_4$	K_{a1}	5.6×10^{-2}	1.25	8×10^{-2}	1.1
		K_{a2}	5.1×10^{-5}	4.29	1×10^{-4}	4.0
α-酒石酸	CH(OH)COOH | CH(OH)COOH	K_{a1}	9.1×10^{-4}	3.04	1.3×10^{-3}	2.9
		K_{a2}	4.3×10^{-5}	4.37	8×10^{-5}	4.1

酸	分 子 式	K_{a_i}	$I=0$		$I=0.1$	
			K_a	pK_a	K_a^M	pK_a^M
琥珀酸	CH₂COOH | CH₂COOH	K_{a1}	6.2×10^{-5}	4.21	1.0×10^{-4}	4.00
		K_{a2}	2.3×10^{-6}	5.64	5.2×10^{-6}	5.28
邻苯二甲酸	⬡—COOH —COOH	K_{a1}	1.12×10^{-3}	2.95	1.6×10^{-3}	2.8
		K_{a2}	3.91×10^{-6}	5.41	8×10^{-6}	5.1
柠檬酸	CH₂COOH | C(OH)COOH | CH₂COOH	K_{a1}	7.4×10^{-4}	3.13	1×10^{-3}	3.0
		K_{a2}	1.7×10^{-5}	4.76	4×10^{-5}	4.4
		K_{a3}	4.0×10^{-7}	6.40	8×10^{-7}	6.1
苯酚	C_6H_5OH		1.12×10^{-10}	9.95	1.6×10^{-10}	9.8
顺丁烯二酸	CH—COOH || （顺式） CH—COOH	K_{a1}	1.2×10^{-2}	1.92		
		K_{a2}	6.0×10^{-7}	6.22		

2. 弱碱

碱	分 子 式	K_{b_i}	$I=0$		$I=0.1$	
			K_b	pK_b	K_b^M	pK_b^M
氨	NH_3		1.8×10^{-5}	4.75	2.3×10^{-5}	4.63
联氨	$H_2N—NH_2$	K_{b1}	9.8×10^{-7}	6.01	1.3×10^{-6}	5.9
		K_{b2}	1.32×10^{-15}	14.88		
羟氨	NH_2OH		9.1×10^{-9}	8.04	1.6×10^{-8}	7.8
甲胺	CH_3NH_2		4.2×10^{-4}	3.38		
乙胺	$C_2H_5NH_2$		4.3×10^{-4}	3.37		
苯胺	$C_6H_5NH_2$		4.2×10^{-10}	9.38	5×10^{-10}	9.3
乙二胺	$H_2NCH_2CH_2NH_2$	K_{b1}	8.5×10^{-5}	4.07		
		K_{b2}	7.1×10^{-8}	7.15		
三乙醇胺	$N(CH_2CH_2OH)_3$		5.8×10^{-7}	6.21	1.3×10^{-8}	7.9
六亚甲基四胺	$(CH_2)_6N_4$		1.35×10^{-9}	8.87	1.8×10^{-9}	8.74
吡啶	C_5H_5N		1.8×10^{-9}	8.74	1.6×10^{-9}	$8.79(I=0.5)$

表二 金属配合物的稳定常数

金属离子	离子强度	n	$\lg\beta_n$
氨配合物			
Ag^+	0.1	1,2	3.40,7.40
Cd^{2+}	0.1	1,…,6	2.60,4.65,6.04,6.92,6.6,4.9
Co^{2+}	0.1	1,…,6	2.05,3.62,4.61,5.31,5.43,4.75
Cu^{2+}	2	1,…,4	4.13,7.61,10.48,12.59
Ni^{2+}	0.1	1,…,6	2.75,4.95,6.64,7.79,8.50,8.49
Zn^{2+}	0.1	1,…,4	2.27,4.61,7.01,9.06

金属离子	离子强度	n	$\lg\beta_n$
氟配合物			
Al^{3+}	0.53	1,…,6	6.1,11.15,15.0,17.7,19.4,19.7
Fe^{3+}	0.5	1,2,3	5.2,9.2,11.9
Th^{4+}	0.5	1,2,3	7.7,13.5,18.0
TiO^{2+}	3	1,…,4	5.4,9.8,13.7,17.4
Sn^{4+}	*	6	25
Zr^{4+}	2	1,2,3	8.8,16.1,21.9
氯配合物			
Ag^+	0.2	1,…,4	2.9,4.7,5.0,5.9
Hg^{2+}	0.5	1,…,4	6.7,13.2,14.1,15.1
碘配合物			
Cd^{2+}	*	1,…,4	2.4,3.4,5.0,6.15
Hg^{2+}	0.5	1,…,4	12.9,23.8,27.6,29.8
氰配合物			
Ag^+	0~0.3	1,…,4	—,21.1,21.8,20.7
Cd^{2+}	3	1,…,4	5.5,10.6,15.3,18.9
Cu^+	0	1,…,4	—,24.0,28.6,30.3
Fe^{2+}	0	6	35.4
Fe^{3+}	0	6	43.6
Hg^{2+}	0.1	1,…,4	18.0,34.7,38.5,41.5
Ni^{2+}	0.1	4	31.3
Zn^{2+}	0.1	4	16.7
硫氰酸配合物			
Fe^{3+}	*	1,…,5	2.3,4.2,5.6,6.4,6.4
Hg^{2+}	1	1,…,4	—,16.1,19.0,20.9
硫代硫酸配合物			
Ag^+	0	1,2	8.82,13.5
Hg^{2+}	0	1,2	29.86,32.26
柠檬酸配合物			
Al^{3+}	0.5	1	20.0
Cu^{2+}	0.5	1	18
Fe^{3+}	0.5	1	25
Ni^{2+}	0.5	1	14.3
Pb^{2+}	0.5	1	12.3
Zn^{2+}	0.5	1	11.4
磺基水杨酸配合物			
Al^{3+}	0.1	1,2,3	12.9,22.9,29.0
Fe^{3+}	3	1,2,3	14.4,25.2,32.2
乙酰丙酮配合物			
Al^{3+}	0.1	1,2,3	8.1,15.7,21.2
Cu^{2+}	0.1	1,2	7.8,14.3
Fe^{3+}	0.1	1,2,3	9.3,17.9,25.1

金属离子	离子强度	n	$\lg\beta_n$
邻二氮菲配合物			
Ag^+	0.1	1,2	5.02,12.07
Cd^{2+}	0.1	1,2,3	6.4,11.6,15.8
Co^{2+}	0.1	1,2,3	7.0,13.7,20.1
Cu^{2+}	0.1	1,2,3	9.1,15.8,21.0
Fe^{2+}	0.1	1,2,3	5.9,11.1,21.3
Hg^{2+}	0.1	1,2,3	—,19.65,23.35
Ni^{2+}	0.1	1,2,3	8.8,17.1,24.8
Zn^{2+}	0.1	1,2,3	6.4,12.15,17.0
乙二胺配合物			
Ag^+	0.1	1,2	4.7,7.7
Cd^{2+}	0.1	1,2	5.47,10.02
Cu^{2+}	0.1	1,2	10.55,19.60
Co^{2+}	0.1	1,2,3	5.89,10.72,13.82
Hg^{2+}	0.1	2	23.42
Ni^{2+}	0.1	1,2,3	7.66,14.06,18.59
Zn^{2+}	0.1	1,2,3	5.71,10.37,12.08

注：＊表示离子强度不定。

表三　金属离子与氨羧配合剂配合物稳定常数的对数值

金属离子	EDTA			EGTA			HEDTA
	$\lg K_{MHL}^{H}$	$\lg K_{ML}$	$\lg K_{M(OH)L}^{OH}$	$\lg K_{MHL}^{H}$	$\lg K_{ML}$	$\lg K_{M(OH)L}^{OH}$	$\lg K_{M(OH)L}^{OH}$
Ag^+	6.0	7.3					
Al^{3+}	2.5	16.1	8.1				
Ba^{2+}	4.6	7.8		5.4	8.4	6.2	
Bi^{3+}		27.9					
Ca^{2+}	3.1	10.7		3.8	11.0	8.0	
Ce^{3+}		16.0					
Cd^{2+}	2.9	16.5		3.5	15.6	13.0	
Co^{2+}	3.1	16.3			12.3	14.4	
Co^{3+}	1.3	36					
Cr^{3+}	2.3	23	6.6				
Cu^{2+}	3.0	18.8	2.5	4.4	17	17.4	
Fe^{2+}	2.8	14.3			12.2		5.0
Fe^{3+}	1.4	25.1	6.5		19.8		10.1
Hg^{2+}	3.1	21.8	4.9	3.0	23.2	20.1	
La^{3+}		15.4			15.6	13.2	
Mg^{2+}	3.9	8.7			5.2	5.2	
Mn^{2+}	3.1	14.0		5.0	11.5	10.7	
Ni^{2+}	3.2	18.6		6.0	12.0	17.0	
Pb^{2+}	2.8	18.0		5.3	13.0	15.5	
Sn^{2+}		22.1					
Sr^{2+}	3.9	8.6		5.4	8.5	6.8	
Th^{4+}		23.2					8.6
Ti^{3+}		21.3					
TiO^{2+}		17.3					
Zn^{2+}	3.0	16.5		5.2	12.8	14.5	

表四　一些配合物滴定剂、掩蔽剂、缓冲剂阴离子的 $\lg\alpha_{L(H)}$ 值

pH	EDTA	HEDTA	NH_3	CN^-	F^-
0	24.0	17.9	9.4	9.2	3.05
1	18.3	15.0	8.4	8.2	2.05
2	13.8	12.0	7.4	7.2	1.1
3	10.8	9.4	6.4	6.2	0.3
4	8.6	7.2	5.4	5.2	0.05
5	6.6	5.3	4.4	4.2	
6	4.8	3.9	3.4	3.2	
7	3.4	2.8	2.4	2.2	
8	2.3	1.8	1.4	1.2	
9	1.4	0.9	0.5	0.4	
10	0.5	0.2	1.1	0.1	
11	0.1				
12					
13					
酸的形成常数					
$\lg K_1$	10.34	9.81	9.4	9.2	3.1
$\lg K_2$	6.24	5.41			
$\lg K_3$	2.75	2.72			
$\lg K_4$	2.07				
$\lg K_5$	1.6				
$\lg K_6$	0.9				

表五　一些金属离子的 $\lg\alpha_{M(OH)}$ 值

金属离子	离子强度	pH													
		1	2	3	4	5	6	7	8	9	10	11	12	13	14
Al^{3+}	2					0.4	1.3	5.3	9.3	13.3	17.3	21.3	25.3	29.3	33.3
Bi^{3+}	3	0.1	0.5	1.4	2.4	3.4	4.4	5.4							
Ca^{2+}	0.1													0.3	1.0
Cd^{2+}	3									0.1	0.5	2.0	4.5	8.1	12.0
Co^{2+}	0.1								0.1	0.4	1.1	2.2	4.2	7.2	10.2
Cu^{2+}	0.1								0.2	0.8	1.7	2.7	3.7	4.7	5.7
Fe^{2+}	1									0.1	0.6	1.5	2.5	3.5	4.5
Fe^{3+}	3			0.4	1.8	3.7	5.7	7.7	9.7	11.7	13.7	15.7	17.7	19.7	21.7
Hg^{2+}	0.1			0.5	1.9	3.9	5.9	7.9	9.9	11.9	13.9	15.9	17.9	19.9	21.9
La^{3+}	3									0.3	1.0	1.9	2.9	3.9	
Mg^{2+}	0.1											0.1	0.5	1.3	2.3
Mn^{2+}	0.1										0.1	0.5	1.4	2.4	3.4
Ni^{2+}	0.1									0.1	0.7	1.6			
Pb^{2+}	0.1							0.1	0.5	1.4	2.7	4.7	7.4	10.4	13.4
Th^{4+}	1				0.2	0.8	1.7	2.7	3.7	4.7	5.7	6.7	7.7	8.7	9.7
Zn^{2+}	0.1								0.2	2.4	5.4	8.5	11.8	15.5	

表六　金属指示剂的 $\lg\alpha_{In(H)}$ 值及金属指示剂变色点的 pM 值（即 pM_t 值）

1. 铬黑 T

pH	6.0	7.0	8.0	9.0	10.0	11.0	12.0	13.0	稳　定　常　数
$\lg\alpha_{In(H)}$	6.0	4.6	3.6	2.6	1.6	0.7	0.1		$\lg K_{HIn}^H=11.6;\lg K_{H_2In}^H=6.3$
pCa_t(至红)			1.8	2.8	3.8	4.7	5.3	5.4	$\lg K_{CaIn}=5.4$
pMg_t(至红)	1.0	2.4	3.4	4.4	5.4	6.3			$\lg K_{MgIn}=7.0$
pZn_t(至红)	6.9	8.3	9.3	10.5	12.2	13.9			$\lg K_{ZnIn}=12.9;\lg K_{ZnIn}=20.0$

2. 紫脲酸铵

pH	6.0	7.0	8.0	9.0	10.0	11.0	12.0	稳　定　常　数
$\lg\alpha_{In(H)}$	7.7	5.7	3.7	1.9	0.7	0.1		$\lg K_{HIn}^H=10.5$
$\lg\alpha_{HIn(H)}$	3.2	2.2	1.2	0.4	0.2	0.6	1.5	$\lg K_{H_2In}^H=9.2$
pCa_t(至红)			2.6	2.8	3.4	4.0	4.6	5.0	$\lg K_{CaIn}=5.0$
pCu_t(至橙)	6.4	8.2	10.2	12.2	13.6	15.8	17.9	
pNi_t(至黄)	4.6	5.2	6.2	7.8	9.3	10.3	11.3	

3. 二甲酚橙

pH	1.0	2.0	3.0	4.0	4.5	5.0	5.5	6.0	6.5	7.0
pBi_t(至红)	4.0	5.4	6.8							
pCd_t(至红)					4.0	4.5	5.0	5.5	6.3	6.8
pHg_t(至红)						7.4	8.2	9.0		
pLa_t(至红)					4.0	4.5	5.0	5.6	6.7	
pPb_t(至红)			4.2	4.8	6.2	7.0	7.6	8.2		
pTh_t(至红)	3.6	4.9	6.3							
pZn_t(至红)					4.1	4.8	5.7	6.5	7.3	8.0
pZr_t(至红)	7.5									

注:表中二甲酚橙与各金属配合物的 pM_t 均系实验测得值。

4. PAN

pH	4.0	5.0	6.0	7.0	8.0	9.0	10.0	11.0	稳定常数(20%二氧六环)
$\lg\alpha_{In(H)}$	8.2	7.2	6.2	5.2	4.2	3.2	2.2	1.2	$\lg K_{HIn}=12.2;\lg K_{H_2In}^H=1.9$
pCu_t(至红)	7.8	8.8	9.8	10.8	11.8	12.8	13.8	14.8	$\lg K_{CuI}=16.0$

表七　标准电极电位（$\varphi^\ominus$）及一些氧化还原电对的条件电极电位（$\varphi^{\ominus\prime}$）

1. 标准电极电位(25℃)

电　极　反　应	$\varphi^\ominus/V$
$F_2+2e\!\!=\!\!2F^-$	+2.87
$O_3+2H^++2e\!\!=\!\!O_2+H_2O$	+2.07
$S_2O_8^{2-}+2e\!\!=\!\!2SO_4^{2-}$	+2.0
$H_2O_2+2H^++2e\!\!=\!\!2H_2O$	+1.77

电 极 反 应	$\varphi^{\ominus}/\mathrm{V}$
$Ce^{4+}+e \Longrightarrow Ce^{3+}$	$+1.61$
$2BrO_3^-+12H^++10e \Longrightarrow Br_2+6H_2O$	$+1.5$
$MnO_4^-+8H^++5e \Longrightarrow Mn^{2+}+4H_2O$	$+1.51$
$PbO_2(固)+4H^++2e \Longrightarrow Pb^{2+}+2H_2O$	$+1.46$
$BrO_3^-+6H^++6e \Longrightarrow Br^-+3H_2O$	$+1.44$
$Cl_2+2e \Longrightarrow 2Cl^-$	$+1.358$
$Cr_2O_7^{2-}+14H^++6e \Longrightarrow 2Cr^{3+}+7H_2O$	$+1.33$
$MnO_2(固)+4H^++2e \Longrightarrow Mn^{2+}+2H_2O$	$+1.23$
$O_2+4H^++4e \Longrightarrow 2H_2O$	$+1.229$
$2IO_3^-+12H^++10e \Longrightarrow I_2+6H_2O$	$+1.19$
$Br_2+2e \Longrightarrow 2Br^-$	$+1.08$
$VO_2^++2H^++e \Longrightarrow VO^{2+}+H_2O$	$+0.999$
$HNO_2+H^++e \Longrightarrow NO+H_2O$	$+0.98$
$NO_3^-+3H^++2e \Longrightarrow HNO_2+H_2O$	$+0.94$
$Hg^{2+}+2e \Longrightarrow 2Hg$	$+0.845$
$Ag^++e \Longrightarrow Ag$	$+0.7994$
$Hg_2^{2+}+2e \Longrightarrow 2Hg$	$+0.792$
$Fe^{3+}+e \Longrightarrow Fe^{2+}$	$+0.771$
$O_2+2H^++2e \Longrightarrow H_2O_2$	$+0.69$
$2HgCl_2+2e \Longrightarrow Hg_2Cl_2+2Cl^-$	$+0.63$
$MnO_4^-+2H_2O+3e \Longrightarrow MnO_2+4OH^-$	$+0.588$
$MnO_4^-+e \Longrightarrow MnO_4^{2-}$	$+0.57$
$H_3AsO_4+2H^++2e \Longrightarrow HAsO_2+2H_2O$	$+0.56$
$I_3^-+2e \Longrightarrow 3I^-$	$+0.54$
$I_2(固)+2e \Longrightarrow 2I^-$	$+0.535$
$Cu^++e \Longrightarrow Cu$	$+0.52$
$[Fe(CN)_6]^{3-}+e \Longrightarrow [Fe(CN)_6]^{4-}$	$+0.355$
$Cu^{2+}+2e \Longrightarrow Cu$	$+0.34$
$Hg_2Cl_2+2e \Longrightarrow 2Hg+2Cl^-$	$+0.268$
$SO_4^{2-}+4H^++2e \Longrightarrow H_2SO_3+H_2O$	$+0.17$
$Cu^{2+}+e \Longrightarrow Cu^+$	$+0.17$
$Sn^{4+}+2e \Longrightarrow Sn^{2+}$	$+0.15$
$S+2H^++2e \Longrightarrow H_2S$	$+0.14$
$S_4O_6^{2-}+2e \Longrightarrow 2S_2O_3^{2-}$	$+0.09$
$2H^++2e \Longrightarrow H_2$	$+0.00$
$Pb^{2+}+2e \Longrightarrow Pb$	-0.126
$Sn^{2+}+2e \Longrightarrow Sn$	-0.14
$Ni^{2+}+2e \Longrightarrow Ni$	-0.25
$PbSO_4(固)+2e \Longrightarrow Pb+SO_4^{2-}$	-0.356

电　极　反　应	$\varphi^{\ominus}$/V
$Cd^{2+}+2e=\!\!=\!\!=Cd$	-0.403
$Fe^{2+}+2e=\!\!=\!\!=Fe$	-0.44
$S+2e=\!\!=\!\!=S^{2-}$	-0.48
$2CO_2+2H^++2e=\!\!=\!\!=H_2C_2O_4$	-0.49
$Zn^{2+}+2e=\!\!=\!\!=Zn$	-0.7628
$SO_4^{2-}+H_2O+2e=\!\!=\!\!=SO_3^{2-}+2OH^-$	-0.93
$Al^{3+}+3e=\!\!=\!\!=Al$	-1.66
$Mg^{2+}+2e=\!\!=\!\!=Mg$	-2.37
$Na^++e=\!\!=\!\!=Na$	-2.713
$Ca^{2+}+2e=\!\!=\!\!=Ca$	-2.87
$K^++e=\!\!=\!\!=K$	-2.925

2. 一些氧化还原电对的条件电极电位(25℃)

电　极　反　应	$\varphi^{\ominus\prime}$/V	介　　质
$Ag^++e=\!\!=\!\!=Ag$	2.00	$4mol \cdot L^{-1}HClO_4$
	1.93	$3mol \cdot L^{-1}HNO_3$
$Ce(Ⅳ)+e=\!\!=\!\!=Ce(Ⅲ)$	1.74	$1mol \cdot L^{-1}HClO_4$
	1.45	$0.5mol \cdot L^{-1}H_2SO_4$
	1.28	$1mol \cdot L^{-1}HCl$
	1.60	$1mol \cdot L^{-1}HNO_3$
$Co(Ⅲ)+e=\!\!=\!\!=Co(Ⅱ)$	1.95	$4mol \cdot L^{-1}HClO_4$
	1.86	$1mol \cdot L^{-1}HNO_3$
$Cr_2O_7^{2-}+14H^++6e=\!\!=\!\!=2Cr^{3+}+7H_2O$	1.03	$1mol \cdot L^{-1}HClO_4$
	1.15	$4mol \cdot L^{-1}H_2SO_4$
	1.00	$1mol \cdot L^{-1}HCl$
$Fe(Ⅲ)+e=\!\!=\!\!=Fe(Ⅱ)$	0.75	$1mol \cdot L^{-1}HClO_4$
	0.70	$1mol \cdot L^{-1}HCl$
	0.68	$1mol \cdot L^{-1}H_2SO_4$
	0.51	$1mol \cdot L^{-1}HCl$-$0.25mol \cdot L^{-1}H_3PO_4$
$[Fe(CN)_6]^{3-}+e=\!\!=\!\!=[Fe(CN)_6]^{4-}$	0.56	$0.1mol \cdot L^{-1}HCl$
	0.72	$1mol \cdot L^{-1}HClO_4$
$I_3^-+2e=\!\!=\!\!=3I^-$	0.545	$0.5mol \cdot L^{-1}H_2SO_4$
$Sn(Ⅳ)+2e=\!\!=\!\!=Sn(Ⅱ)$	0.14	$1mol \cdot L^{-1}HCl$
$Sb(Ⅴ)+2e=\!\!=\!\!=Sb(Ⅲ)$	0.75	$3.5mol \cdot L^{-1}HCl$
$SbO_3^-+H_2O+2e=\!\!=\!\!=SbO_2^-+2OH^-$	-0.43	$3mol \cdot L^{-1}KOH$
$Ti(Ⅳ)+e=\!\!=\!\!=Ti(Ⅲ)$	-0.01	$0.2mol \cdot L^{-1}H_2SO_4$
	0.15	$5mol \cdot L^{-1}H_2SO_4$
	0.10	$3mol \cdot L^{-1}HCl$
$V(Ⅴ)+e=\!\!=\!\!=V(Ⅳ)$	0.94	$1mol \cdot L^{-1}H_3PO_4$
$U(Ⅵ)+2e=\!\!=\!\!=U(Ⅳ)$	0.35	$1mol \cdot L^{-1}HCl$

表八　难溶化合物的活度积（$K_{sp}^{\ominus}$）和溶度积（K_{sp}）（25℃）

化　合　物	$I=0$		$I=0.1$	
	$K_{sp}^{\ominus}$	$pK_{sp}^{\ominus}$	K_{sp}	pK_{sp}
AgAc	2×10^{-3}	2.7	8×10^{-3}	2.1
AgCl	1.77×10^{-10}	9.75	3.2×10^{-10}	9.50
AgBr	4.95×10^{-13}	12.31	8.7×10^{-13}	12.06
AgI	8.3×10^{-17}	16.08	1.48×10^{-16}	15.83

续表

化 合 物	$I=0$		$I=0.1$	
	$K_{sp}^{\ominus}$	$pK_{sp}^{\ominus}$	K_{sp}	pK_{sp}
Ag_2CrO_4	1.12×10^{-12}	11.95	5×10^{-12}	11.3
$AgSCN$	1.07×10^{-12}	11.97	2×10^{-12}	11.7
Ag_2S	6×10^{-50}	49.2	6×10^{-49}	48.2
Ag_2SO_4	1.58×10^{-5}	4.80	8×10^{-5}	4.1
$Ag_2C_2O_4$	1×10^{-11}	11.0	4×10^{-11}	10.4
Ag_3AsO_4	1.12×10^{-20}	19.95	1.3×10^{-19}	18.9
Ag_3PO_4	1.45×10^{-16}	15.84	2×10^{-15}	14.7
$AgOH$	1.9×10^{-8}	7.71	3×10^{-8}	7.5
$Al(OH)_3$(无定形)	4.6×10^{-33}	32.34	3×10^{-32}	31.5
$BaCrO_4$	1.17×10^{-10}	9.93	8×10^{-10}	9.1
$BaCO_3$	4.9×10^{-9}	8.31	3×10^{-8}	7.5
$BaSO_4$	1.07×10^{-10}	9.97	6×10^{-10}	9.2
BaC_2O_4	1.6×10^{-7}	6.79	1×10^{-6}	6.0
BaF_2	1.05×10^{-6}	5.98	5×10^{-6}	5.3
$Bi(OH)_2Cl$	1.8×10^{-31}	30.75		
$Ca(OH)_2$	5.5×10^{-6}	5.26	1.3×10^{-5}	4.9
$CaCO_3$	3.8×10^{-9}	8.42	3×10^{-8}	7.5
CaC_2O_4	2.3×10^{-9}	8.64	1.6×10^{-8}	7.8
CaF_2	3.4×10^{-11}	10.47	1.6×10^{-10}	9.8
$Ca_3(PO_4)_2$	1×10^{-26}	26.0	1×10^{-23}	23.0
$CaSO_4$	2.4×10^{-5}	4.62	1.6×10^{-4}	3.8
$CdCO_3$	3×10^{-14}	13.5	1.6×10^{-13}	12.8
CdC_2O_4	1.51×10^{-8}	7.82	1×10^{-7}	7.0
$Cd(OH)_2$(新沉淀)	3×10^{-14}	13.5	6×10^{-14}	13.2
CdS	8×10^{-27}	26.1	5×10^{-26}	25.3
$Ce(OH)_3$	6×10^{-21}	20.2	3×10^{-20}	19.5
$CePO_4$	2×10^{-24}	23.7		
$Co(OH)_2$(新沉淀)	1.6×10^{-15}	14.8	4×10^{-15}	14.4
$CoS(\alpha$ 型)	4×10^{-21}	20.4	3×10^{-20}	19.5
$CoS(\beta$ 型)	2×10^{-25}	24.7	1.3×10^{-24}	23.9
$Cr(OH)_3$	1×10^{-31}	31.0	5×10^{-31}	30.3
CuI	1.10×10^{-12}	11.96	2×10^{-12}	11.7
$CuSCN$			2×10^{-13}	12.7
CuS	6×10^{-36}	35.2	4×10^{-35}	34.4
$Cu(OH)_2$	2.6×10^{-19}	18.59	6×10^{-19}	18.2
$Fe(OH)_2$	8×10^{-16}	15.1	2×10^{-15}	14.7
$FeCO_3$	3.2×10^{-11}	10.50	2×10^{-10}	9.7
FeS	6×10^{-18}	17.2	4×10^{-17}	16.4
$Fe(OH)_3$	3×10^{-39}	38.5	1.3×10^{-38}	37.9
Hg_2Cl_2	1.32×10^{-18}	17.88	6×10^{-18}	17.2
HgS(黑色)	1.6×10^{-52}	51.8	1×10^{-51}	51.0
HgS(红色)	4×10^{-53}	52.4		
$Hg(OH)_2$	4×10^{-26}	25.4	1×10^{-25}	25.0
$KHC_4H_4O_6$	3×10^{-4}	3.5		

续表

化　合　物	$I=0$		$I=0.1$	
	$K_{sp}^{\ominus}$	$pK_{sp}^{\ominus}$	K_{sp}	pK_{sp}
K_2PtCl_6	1.10×10^{-5}	4.96		
$La(OH)_3$（新沉淀）	1.6×10^{-19}	18.8	8×10^{-19}	18.1
$LaPO_4$			4×10^{-23}	$22.4(I=0.5)$
$MgCO_3$	1×10^{-5}	5.0	6×10^{-5}	4.2
MgC_2O_4	8.5×10^{-5}	4.07	5×10^{-4}	3.3
$Mg(OH)_2$	1.8×10^{-11}	10.74	4×10^{-11}	10.4
$MgNH_4PO_4$	3×10^{-13}	12.6		
$MnCO_3$	5×10^{-10}	9.30	3×10^{-9}	8.5
$Mn(OH)_2$	1.9×10^{-13}	12.72	5×10^{-13}	12.3
MnS（无定形）	3×10^{-10}	9.5	6×10^{-9}	8.8
MnS（晶形）	3×10^{-13}	12.5		
$Ni(OH)_2$（新沉淀）	2×10^{-15}	14.7	5×10^{-15}	14.3
NiS（α 型）	3×10^{-19}	18.5		
NiS（β 型）	1×10^{-24}	24.0		
NiS（γ 型）	2×10^{-26}	25.7		
$PbCO_3$	8×10^{-14}	13.1	5×10^{-13}	12.3
$PbCl_2$	1.6×10^{-5}	4.79	8×10^{-5}	4.1
$PbCrO_4$	1.8×10^{-14}	13.75	1.3×10^{-13}	12.9
PbI_2	6.5×10^{-9}	8.19	3×10^{-8}	7.5
$Pb(OH)_2$	8.1×10^{-17}	16.09	2×10^{-16}	15.7
PbS	3×10^{-27}	26.5	1.6×10^{-26}	25.8
$PbSO_4$	1.7×10^{-8}	7.78	1×10^{-7}	7.0
$SrCO_3$	9.3×10^{-10}	9.03	6×10^{-9}	8.2
SrC_2O_4	5.6×10^{-8}	7.25	3×10^{-7}	6.5
$SrCrO_4$	2.2×10^{-5}	4.65		
SrF_2	2.5×10^{-9}	8.61	1×10^{-8}	8.0
$SrSO_4$	3×10^{-7}	6.5	1.6×10^{-6}	5.8
$Sn(OH)_2$	8×10^{-29}	28.1	2×10^{-28}	27.7
SnS	1×10^{-25}	25.0		
$Th(C_2O_4)_2$	1×10^{-22}	22.0		
$Th(OH)_4$	1.3×10^{-45}	44.9	1×10^{-44}	44.0
$TiO(OH)_2$	1×10^{-29}	29.0	3×10^{-29}	28.5
$ZnCO_3$	1.7×10^{-11}	10.78	1×10^{-10}	10.0
$Zn(OH)_2$（新沉淀）	2.1×10^{-16}	15.68	5×10^{-16}	15.3
ZnS（α 型）	1.6×10^{-24}	23.8		
ZnS（β 型）	5×10^{-25}	24.3		
$ZrO(OH)_2$	6×10^{-49}	48.2	1×10^{-47}	47.0

表九　相对原子质量表

原子序数	元素名称	符号	相对原子质量	原子序数	元素名称	符号	相对原子质量
1	氢	H	1.00794	3	锂	Li	6.941
2	氦	He	4.002602	4	铍	Be	9.012182

原子序数	元素名称	符号	相对原子质量	原子序数	元素名称	符号	相对原子质量
5	硼	B	10.811	49	铟	In	114.82
6	碳	C	12.011	50	锡	Sn	118.710
7	氮	N	14.00674	51	锑	Sb	121.75
8	氧	O	15.9994	52	碲	Te	127.60
9	氟	F	18.9984032	53	碘	I	126.90447
10	氖	Ne	20.1797	54	氙	Xe	131.29
11	钠	Na	22.989768	55	铯	Cs	132.90543
12	镁	Mg	24.3050	56	钡	Ba	137.327
13	铝	Al	26.981539	57	镧	La	138.9055
14	硅	Si	28.0855	58	铈	Ce	140.115
15	磷	P	30.973762	59	镨	Pr	140.90765
16	硫	S	32.066	60	钕	Nd	144.24
17	氯	Cl	35.4527	61	钷	Pm	[145]
18	氩	Ar	39.948	62	钐	Sm	150.36
19	钾	K	39.0983	63	铕	Eu	151.965
20	钙	Ca	40.078	64	钆	Cd	157.25
21	钪	Sc	44.955910	65	铽	Tb	158.92534
22	钛	Ti	47.88	66	镝	Dy	162.50
23	钒	V	50.9415	67	钬	Ho	164.93032
24	铬	Cr	51.9961	68	铒	Er	167.26
25	锰	Mn	54.93805	69	铥	Tm	168.93421
26	铁	Fe	55.847	70	镱	Yb	173.40
27	钴	Co	58.93320	71	镥	Lu	174.967
28	镍	Ni	58.69	72	铪	Hf	178.49
29	铜	Cu	63.546	73	钽	Ta	180.9479
30	锌	Zn	65.39	74	钨	W	183.85
31	镓	Ga	69.723	75	铼	Re	186.207
32	锗	Ge	72.61	76	锇	Os	190.2
33	砷	As	74.92159	77	铱	Ir	192.22
34	硒	Se	78.96	78	铂	Pt	195.08
35	溴	Br	79.904	79	金	Au	196.96654
36	氪	Kr	83.80	80	汞	Hg	200.59
37	铷	Rb	85.4678	81	铊	Tl	204.3833
38	锶	Sr	87.62	82	铅	Pb	207.2
39	钇	Y	88.90585	83	铋	Bi	208.98037
40	锆	Zr	91.224	84	钋	Po	[210]
41	铌	Nb	92.90638	85	砹	At	[210]
42	钼	Mo	95.94	86	氡	Rn	[222]
43	锝	Tc	98.9062	87	钫	Fr	[223]
44	钌	Ru	101.07	88	镭	Ra	226.0254
45	铑	Rh	102.90550	89	锕	Ac	227.0278
46	钯	Pd	106.41	90	钍	Th	232.0381
47	银	Ag	107.8682	91	镤	Pa	231.03588
48	镉	Cd	112.411	92	铀	U	238.0289

注：[ ] 中为稳定的同位素。

表十　国际单位制的基本单位

量 的 名 称	单 位 名 称	单 位 符 号
长度	米	m
质量	千克(公斤)	kg
时间	秒	s
电流	安[培]	A
热力学温度	开[尔文]	K
物质的量	摩[尔]	mol
发光强度	坎[德拉]	cd

表十一　国际单位制的辅助单位

量 的 名 称	单 位 名 称	单 位 符 号
平面角	弧度	rad
立体角	球面度	sr

表十二　国际单位制中具有专门名称的导出单位

量 的 名 称	单 位 名 称	单 位 符 号	其他表示式例
频率	赫[兹]	Hz	s^{-1}
力;重力	牛[顿]	N	$kg \cdot m \cdot s^{-2}$
压力;压强;应力	帕[斯卡]	Pa	$N \cdot m^{-2}$
能量;功;热	焦[耳]	J	$N \cdot m$
功率;辐射通量	瓦[特]	W	$J \cdot s^{-1}$
电荷量	库[仑]	C	$A \cdot s$
电位;电压;电动势	伏[特]	V	$W \cdot A^{-1}$
电容	法[拉]	F	$C \cdot V^{-1}$
电阻	欧[姆]	Ω	$V \cdot A^{-1}$
电导	西[门子]	S	$A \cdot V^{-1}$
磁通量	韦[伯]	Wb	$V \cdot s$
磁通量密度;磁感应强度	特[斯拉]	T	$Wb \cdot m^{-2}$
电感	亨[利]	H	$Wb \cdot A^{-1}$
摄氏温度	摄氏度	℃	
光通量	流[明]	lm	$cd \cdot s$
光照度	勒[克斯]	lx	$lm \cdot m^{-2}$
放射性活度	贝可[勒尔]	Bq	s^{-1}
吸收剂量	戈[瑞]	Gy	$J \cdot kg^{-1}$
剂量当量	希[沃特]	Sv	$J \cdot kg^{-1}$

表十三　国家选定的非国际单位制

量 的 名 称	单 位 名 称	单 位 符 号	换算关系和说明
时间	分	min	1min＝60s
	[小]时	h	1h＝60min＝3600s
	天(日)	d	1d＝24h＝86400s

续表

量 的 名 称	单 位 名 称	单 位 符 号	换算关系和说明
平面角	［角］秒	(″)	$1'' = (\pi/648000)\,rad$ （π 为圆周率）
	［角］分	(′)	$1' = 60'' = (\pi/10800)\,rad$
	度	(°)	$1° = 60' = (\pi/180)\,rad$
旋转速度	转每分	$r \cdot min^{-1}$	$1r \cdot min^{-1} = (1/60)\,s^{-1}$
长度	海里	n mile	$1n\ mile = 1852m$ （只用于航行）
速度	节	kn	$1kn = 1n\ mile \cdot h^{-1} = (1852/3600)m \cdot s^{-1}$ （只用于航行）
质量	吨	t	$1t = 10^3\,kg$
	原子质量单位	u	$1u \approx 1.660540 \times 10^{-27}\,kg$
体积	升	L,(l)	$1L = 1dm^3 = 10^{-3}\,m^3$
能	电子伏	eV	$1eV \approx 1.602177 \times 10^{-19}\,J$
级差	分贝	dB	
线密度	特［克斯］	tex	$1tex = 1g \cdot km^{-1}$

表十四 SI 词头

因　数	词头名称		符　号	因　数	词头名称		符　号
	原文（法）	中文			原文（法）	中文	
10^{18}	exa	艾［可萨］	E	10^{-1}	de ci	分	d
10^{15}	peta	拍［它］	P	10^{-2}	centi	厘	c
10^{12}	tera	太［拉］	T	10^{-3}	milli	毫	m
10^{9}	giga	吉［咖］	G	10^{-6}	micro	微	μ
10^{6}	me′ga	兆	M	10^{-9}	nano	纳［诺］	n
10^{3}	kilo	千	k	10^{-12}	pico	皮［可］	p
10^{2}	hecto	百	h	10^{-15}	femto	飞［母托］	f
10^{1}	de′ca	十	da	10^{-18}	atto	阿［托］	a

参 考 文 献

[1] 于世林. 第四章分析测试方法和仪器的进展. //全国化工标准物质委员会编. 分析测试质量保证. 沈阳：辽宁大学出版社，2004：190～247.

[2] ［美］L. M. 科尔索夫等著. 定量化学分析. 南京化工学院分析化学教研组译. 北京：人民教育出版社，1981.

[3] ［美］H. A. 莱蒂南，W. E. 哈里斯著. 化学分析. 南京大学，复旦大学，吉林大学，北京大学，四川大学，兰州大学译. 北京：人民教育出版社，1982.

[4] 彭崇慧，冯建章，张锡瑜编著. 定量化学分析简明教程. 北京：北京大学出版社，1985.

[5] 华中师范学院，东北师范大学，陕西师范大学编. 分析化学. 北京：人民教育出版社，1981.

[6] ［捷］L. 休哈，S. 柯特尔里著. 分析化学中的溶液平衡. 周锡顺，戴明，李俊义译. 北京：人民教育出版社，1979.

[7] ［美］James N. Butler 著. 离子平衡及其数学处理. 陆淑引等译. 天津：南开大学出版社，1989.

[8] 彭崇慧. 酸碱平衡的处理. 第 2 版. 北京：北京大学出版社，1982.

[9] 彭崇慧，张锡瑜. 络合滴定原理. 北京：北京大学出版社，1981.

[10] ［芬兰］林邦著. 分析化学中的络合作用. 戴明译. 北京：高等教育出版社，1987.

[11] ［丹麦］J. Rozicka，E. H. Hansen 著. 流动注射分析. 徐淑坤，朱兆海，范世华等译. 北京：北京大学出版社，1991.

[12] 宋清. 定量分析中的误差和数据评价. 北京：人民教育出版社，1982.

[13] 邓勃. 数理统计在分析测试中的应用. 北京：化学工业出版社，1984.

[14] 郑用熙. 分析化学中的数理统计方法. 北京：科学出版社，1986.

[15] 潘秀荣. 分析化学准确度的保证和评价. 北京：计量出版社，1985.

[16] ［美］J. P. 杜克斯著. 分析化学实验室质量保证手册. 徐立强等译. 上海：上海翻译出版公司，1988.

[17] 全浩主编. 标准物质及其应用技术. 北京：中国标准出版社，1990.

[18] 岳慧灵主编. 仪器分析. 北京：水利电力出版社，1994.

[19] 于世林，李寅蔚主编. 波谱分析法. 第 2 版，重庆：重庆大学出版社，1994.

[20] 魏复盛，齐文启编著. 原子吸收光谱及其在环境分析中的应用. 北京：中国环境科学出版社，1988.

[21] 朱明华编. 仪器分析. 第 2 版. 北京：高等教育出版社，1993.

[22] 中国石化总公司生产部质量处编. 化验工必读——仪器分析基础（上、下册）. 北京：中国石化出版社，1993.

[23] 刘珍主编. 化验员读本. 第 4 版. 上、下册. 北京：化学工业出版社，2004.

[24] 于世林编著. 高效液相色谱方法及应用. 第 2 版. 北京：化学工业出版社，2005.